粮油作物基础知识问答

李 兰 淳 俊 编著

科学出版社

北 京

内 容 简 介

本书以长期从事粮油新品种、新技术研究与应用推广的研究成果和实践经验及"大学习、大讨论、大调研"调研报告等为基础合编而成，采用粮油作物分章和常见问题分类的方式，全面系统地解答了四川周边乃至西南地区的粮油生产中可能遇到的各类实际问题。内容涵盖粮油作物生产的基础常识、品种选用、绿色栽培与生产、主要病虫害防治、收获与贮藏技术要点及部分产后加工工艺等，语言朴实易懂、可读性强、信息量大，可为农业生产提供理论指导。

本书理论联系实际，对教学、科研与生产具有重要指导意义，可供农业领域教学、科研与生产等相关专业工作者参考。

图书在版编目(CIP)数据

粮油作物基础知识问答/李兰，淳俊编著. —北京:科学出版社，2020.9
ISBN 978-7-03-063683-6

Ⅰ.①粮… Ⅱ.①李… ②淳… Ⅲ.①粮食作物–问题解答②油料作物–问题解答 Ⅳ.①S51-44②S565-44

中国版本图书馆 CIP 数据核字 (2019) 第 280979 号

责任编辑：孟　锐／责任校对：彭　映
封面设计：墨创文化／责任印制：罗　科

科 学 出 版 社 出版
北京东黄城根北街16号
邮政编码：100717
http://www.sciencep.com

成都锦瑞印刷有限责任公司 印刷
科学出版社发行　各地新华书店经销

*

2020年9月第　一　版　　开本：787×1092 1/16
2020年9月第一次印刷　　印张：16 3/4
字数：400 000

定价：98.00 元
(如有印装质量问题,我社负责调换)

编 委 会

主　编：李兰　淳俊

副主编：付绍红　张　帆　汤云川　秦　燕　白瑞贤

　　　　冯　焱　胥　筝　章明海

编委会(按姓氏笔画)：

王　波　王继胜　王富全　文　勇　尹　炜

刘　锋　孙小波　李　云　李治义　李　倩

杨　进　杨　洪　杨新梅　吴学明　何立川

余　勤　邹　琼　沈　超　张庆沛　张　林

陈　涛　欧运霞　赵永康　袁亚章　徐敬洪

殷丽琴　唐　蓉　陶兰蓉　桑有顺　黄　敏

梅碧蓉　龚万灼　龚继续　康泽明　梁　义

彭云强　彭　慧　蔡良俊　颜　旭

前　言

国以民为本，民以食为天。

水稻、小麦、玉米和马铃薯是我国的四大主粮，油菜是重要的油料作物，具有极高的战略地位和重要性。粮油作物是国民赖以生存的基本食粮作物，其优质、高效、稳产不仅对粮食安全、农业结构优化和乡村振兴意义重大，对于民族地区和贫困地区的口粮保障、精准扶贫也有重要意义。

2015 年，我国粮食产量实现"十二连增"。同年 11 月，习近平总书记在中央财经领导小组第十一次会议上首次提出"着力加强供给侧结构性改革"；12 月中央经济工作会议将"去产能、去库存、去杠杆、降成本、补短板"作为翌年推进供给侧结构性改革的五大任务。至此，农业系统也做出了重大改革和调整，改变过去盲目追求高产的耕作模式，转换成以提高质量与效益为目标的发展方式。2016 年，全国粮食总产量出现 13 年以来的首次下降，下降幅度为 0.8%，粮食种植总面积和单产均有减少。而 2017 年，在播种面积减少 0.7% 的情况下，总产量反而增加了 0.3%，单产提高了 1%，成为历史第二高产年，此为农业供给侧结构性改革取得积极成效、农业综合生产能力进一步提高的可喜表现。

本书依托单位成都市农林科学院作物研究所，长期从事粮油新品种、新技术的研究与应用推广，"九五"以来，育成 41 个粮油新品种通过国家或省级审定；集成粮油生产新技术 20 余项；获国家、省、市各类科技成果 55 项，其中 6 项达国际先进水平。特别是近年来，在油菜、水稻、马铃薯新品种选育和高产技术研究与推广方面取得了长足发展，贮备了一批可供应用的高产、优质良种；集成了一批粮油高效生产技术；累积了丰富的基层工作经验。本书研究内容先后受到了国家现代农业产业技术体系——马铃薯、油菜成都综合试验站(农科教发〔2017〕10 号)；国家现代产业技术体系四川创新团队(川农业函〔2014〕91 号)——薯类、油菜、水稻；2017 年成都市农林科学院科研专项(510100-201700290-2017-00363)；农业重大技术协同推广计划试点(川农业函〔2018〕553 号)等国家级、省部级与市级相关项目的资助，研究基础扎实。

2018 年 7 月，值此新农业背景下，为深入开展"大学习、大讨论、大调研"活动，学懂弄通习近平新时代中国特色社会主义思想，贯彻落实党的十九大精神和习近平总书记对四川工作做出的重要批示精神，编者通过实地走访、调查问卷、集中座谈、个别访谈的形式，对粮油产业发展现状和未来态势进行了大调研。此次调研覆盖面广、受访对象类型多样，编者耦合种植业者、农业科技人员和相关院校师生在粮油作物生产中面对的具体问题与生态区实际情况，总结出重要粮油作物生产中的关键技术，并以一问一答的形式进行编写，内容浅显易懂、针对性强。希望本书能为粮油作物生产相关人员答疑解惑，为农业产业科技进步和提质升级做出贡献。敬请各位专家和读者提出宝贵意见和建议，以便编者补正。

目 录

第1章 西南稻区水稻生产主要关键技术

1.1 水稻种植与生产常识

1.1.1 什么是籼稻、粳稻、糯稻，它们有什么区别

籼稻和粳稻是长期适应不同生态条件，尤其是温度条件而形成的两种气候生态型，两者在形态生理特性方面具有明显差异。在世界产稻国中，只有中国是籼粳稻并存，而且种植面积都很大，地理分布明显。糯稻，是稻的黏性变种，其颖果平滑，粒饱满，稍圆，脱壳后称糯米，一些方言中称为酒米，又名"江米"，外观为不透明的白色。

(1)籼稻：直链淀粉含量在20%左右，属中黏性。生长期短，在无霜期长的地区一年可多次成熟。主要分布于我国华南热带和淮河以南亚热带的低地，分布范围较粳稻窄。籼稻具有耐热、耐强光的习性，它的植物学特性为粒形细长，米质黏性差，叶片粗糙多毛，颖壳上茸毛稀而短并且较易落粒，去壳成为籼米后，外观细长、透明度低。籼稻是由野生稻演变成的栽培稻，是基本型。

(2)粳稻：直链淀粉含量低于15%，煮食特性介于糯米与籼米之间。种植于温带和寒带地区，生长期长，一般一年只能成熟一次。在我国分布范围广泛，从南方的高寒山区，云贵高原到秦岭，淮河以北的广大地区均有栽培。粳稻具有耐寒、耐弱光的习性；植物学特性为粒形短圆，米质黏性较强，叶面少毛或无毛，颖毛长密，不易落粒。去壳成为粳米后，外观圆短、透明(部分品种米粒有局部白粉质)。粳稻是人类将籼稻由南向北、由低向高引种后，逐渐适应低温的变异型。

(3)糯稻：支链淀粉含量接近100%，黏性最高，又分粳糯及籼糯。粳糯外观圆短，籼糯外观细长，颜色均为白色不透明，煮熟后米饭较软、黏。通常粳糯用于酿酒、制作米糕，籼糯用于制作八宝粥、粽子。我国做主食的为非糯米，做糕点或酿酒用糯米。两者的主要区别在米粒黏性的强弱上，糯稻黏性强，非糯稻黏性弱。一般糯稻的耐冷和耐旱性都比非糯稻强。

1.1.2 什么是软米，主要有哪些品种

稻米品质性状属于复杂的综合数量性状，而淀粉的种类与数量直接决定了稻米品质。一般而言，直链淀粉含量20%以上的稻米品种食味差，直链淀粉含量为14%～20%的食味较好。按照优质稻谷国家标准(GB/T 17891—2017)，直链淀粉含量籼稻为14%～24%、粳稻为14%～20%、糯稻≤2%、软米为2%～14%。软米具有软而不烂、甜润爽口、膨化性好、

富有弹性、冷后不易变硬、回生程度小等优点，是制作方便米饭、米类点心等速食食品的高档原材料。

(1)分布地区。我国软米种植主要分布于西南地区尤其是云南。据统计，西南地区占我国软米总种植面积的53%，其次是华中和华南地区，华东、东北、华北、西北等地种植面积较少。随着江苏、东北对软米育种、发展的日益重视，预计华东和东北地区的种植面积会大幅增加，所占的比例也会增大。

(2)分类及品种。由于软米的米质介于糯米与黏米之间，故又称为半糯米。根据植物分类学，软米通常可分为籼、粳两大类型，其中以晚籼型占多数。籼型软米品种主要有丰优香占、毫屁、毫底拉号、毫木西等，粳型软米品种主要有云粳20号、云粳优4号、龙粳38、南粳46等。除籼、粳之分外，软米还有红、白、紫，以及透明、半透明和乳白色之分。谷粒形状视品种而不同，有椭圆者，也有细长者。

1.1.3　什么是镉大米，稻米重金属污染指的是什么

2013年2月27日，《南方日报》发表了一篇题为《湖南问题大米流向广东餐桌》的报道；5月广州市食品药品监督管理局发布的监测结果显示18批次大米及制品中有8批次大米镉超标，一度引起轰动。2017年11月初，一篇名为《临近稻谷收割期，江西九江出现"镉大米"》的公开举报信让镉大米污染再次进入公众视线。我们常说的镉大米，一般是指镉含量超标的大米。水稻对镉的耐受力强，但也是极易吸收和积累镉的粮食作物。

(1)稻米重金属污染的原因。稻米重金属污染是水稻在生长环节因农田、灌溉水源受工业污染和使用不适当的化肥、农药，水稻过度富集重金属，致使稻谷重金属含量超过规定限量标准。不是在稻米库存、加工和流通环节人为添加所致。

(2)稻米重金属限量标准。稻米中重金属限量标准是以人每日每公斤体重的耐受摄入量为依据，结合其他食品中的污染水平、可能的摄入量等因素科学评估制定的。如我国《粮食卫生标准》(GB 2715—2016)和《食品中污染物限量》(GB 2762—2017)规定，稻谷和大米中镉的限量标准为0.2mg/kg，与欧盟的标准一致，是CAC(国际食品法典委员会)及日本、泰国等国家和地区限量标准的1/2。

(3)重金属对人体的危害。土壤中的镉等重金属通过食物链进入人体，长期富集超过自身耐受量，则可能对人体器官产生危害，导致中毒，引发有关疾病。在工业尤其是有色等重化工业较为发达的地区，稻米中都存在重金属，只要没有超过限量标准，或摄入量没有超过人体自身耐受量，就不会对人体造成危害，就如空气中的有害尘埃对人体的危害一样，只要没有超过人体自身耐受量，人体就有能力耐受。

(4)重金属超标稻米的处置。重金属超标稻米不是毒大米，只是根据其超标程度不同，用途有所不同。只有经加工超过食品限量标准的，才不得进入口粮市场，但可用作饲料或其他工业原料，无须封存、禁售，更不必采取深埋销毁等措施。

1.1.4　什么是有色稻(米)，它们有何营养及药用价值

有色稻作为一种特殊的水稻种质资源广泛存在于野生稻中，由于其色素基因与落粒性基因、种子萌芽基因连锁，所以在种子驯化过程中慢慢趋于淘汰。但研究发现，有色稻米具有丰富的营养价值，如富含维生素、大量的微量元素以及黄酮类物质。随着人们生活水平的不断提高，"营养与健康"成为大家关注的热点，有色稻米因其丰富的营养价值而开始受到大众青睐，育种专家也关注到其较大的市场潜力，目前市场上的有色大米主要是红米和黑(紫)米。有色稻米是由于花青素在果皮、种皮内累积，糙米呈有色泽的稻米，花青素在果皮、种皮积累量从低到高使糙米依次出现绿色、黄褐色、褐色、咖啡色、红色、红褐色、紫红色、紫黑色、乌黑色等颜色，但迄今未发现胚乳有色泽的品种。

(1)栽培现状。中国保存的水稻种质资源中，有色稻种质占 10%左右。目前，有色稻米在云南、贵州、广西、广东、福建等地都有一定规模的种植。

(2)营养价值。红米与紫米含有丰富的蛋白质、氨基酸、植物脂肪、纤维素和人体必需的矿物质，以及丰富的维生素 B 族和维生素 D、维生素 E，尤其是含有一般稻米缺乏的维生素 C、胡萝卜素等。黑米中赖氨酸、色氨酸、蛋白质、脂肪、维生素 B_1、维生素 B_2 含量都显著高于普通大米(白米)。红米的 Mg、Ca、Ba、维生素和 Fe 含量高于紫米。

(3)药用价值。近年来，由于人们生活方式的转变，特别是膳食结构的改变，动脉粥样硬化、冠心病、高血脂和癌症等各种慢性疾病频发，有色米中含有较强抗氧化活性物等，能预防上述各种慢性疾病的发生。

1.1.5　什么是彩色水稻，稻田画是怎么种出来的

彩色水稻是指叶色、穗色等为常规绿色以外颜色的水稻，除能观赏外，产出的稻米还可以食用。彩色水稻区别于有色稻，前者主要是指在生育期内，其叶片、穗部呈现出不同颜色，后者是由于花青素在种皮内大量累积，从而使糙米出现褐色、紫色、红色、紫黑色等颜色。

(1)彩色稻的种类。彩色水稻主要分为两大类。一类是叶片彩色，指水稻的叶片呈现红色、紫色、黄色、白色等，常见的以红色、紫色为主，这类彩色叶片品种中有些糙米也带有色泽，但大部分稻米为普通白米，常用于大田景观、标记等。另一类是谷壳彩色，指水稻的叶片和大米与普通(白米)水稻相同，但谷壳呈棕色、褐色、红色、黑色等。目前国内还没有选育出彩色水稻的专用品种，产量较低，一般亩产量 300～350kg。

(2)是否为转基因。彩色水稻并不是转基因水稻，在自然条件下，野生水稻有些突变基因往往可以直接或间接影响水稻叶绿素的合成和降解，通过改变叶绿素含量，从而改变水稻叶色。研究人员在收集到这些野生突变种质资源后，利用杂交和反复回交以及花药培养等技术手段，选育出彩色水稻。除了色彩不同外，彩色水稻与普通水稻没有区别。

(3)稻田画的种植。稻田画源于日本，自 1993 年以来，日本青森县田舍馆村每年都会举办一次"稻田艺术节"展示农民所做的稻田画以吸引游客。近年来，我国的部分省份发

展乡村旅游，也相继出现稻田画。稻田画种植，先根据田块的尺寸设计图案，再用常规的绿叶水稻种植背景色；然后在农田里用传统画线器，画出九宫格，依图样定出坐标，再牵线描出图样或字体轮廓；最后种上彩色稻秧苗，随着水稻生长，就会呈现出预先规划的图形或文字。

1.1.6 什么是转基因水稻，可以大面积种植吗

转基因水稻，是指通过转基因技术将不同品种水稻或近缘物种的抗虫基因、抗病基因等导入某种水稻基因组内培育出的水稻品种。转基因生物技术的研究，大多分布在抗虫、抗盐、抗病、品质改良等基因工程领域。如将 Bt 基因导入棉花、玉米、水稻、烟草、马铃薯等作物，毒杀害虫。2009 年，两个由华中农业大学研发的抗虫转基因水稻"华恢 1 号"和"Bt 汕优 63"首次获得农业部为转基因水稻颁发的安全证书。但是，任何水稻品种的生产和销售都必须经过国家或者区域审定，目前中国对转基因水稻一般不予审定通过，也就是说迄今为止，中国政府从没有批准任何一种转基因水稻的商业化种植，所以市面上不会有转基因水稻种子的正规销售。目前我国已批准可用于商业化种植的转基因品种只有转基因抗虫棉和转基因木瓜。尽管获得安全证书的品种是安全的，但如果私自种植，因违反了《中华人民共和国种子法》《中华人民共和国专利法》《农业转基因生物安全管理条例》，将严格依法查处。

1.1.7 什么是杂交水稻，杂交水稻为什么不能留种

杂交水稻区别于普通水稻(又称为常规稻)，是指选用两个在遗传上有一定差异，同时它们的优良性状又能互补的水稻品种进行杂交，生产具有杂种优势的第一代杂交种，用于生产。

(1)杂种优势。杂种优势是生物界的普遍现象，利用杂种优势提高农作物产量和品质是现代农业科学的主要成就之一。杂交水稻具有明显的杂种优势，主要表现在生长旺盛、根系发达、穗大粒多、抗逆性强等方面。

(2)发展历程。世界上首次成功的水稻杂交是由美国人 Henry Beache 于 1963 年在印度尼西亚完成的，并由此获得 1996 年的世界粮食奖。由于其设想和方案存在某些缺陷，无法进行大规模推广。杂交水稻技术在中国的推广应用使中国成为世界上第一个在水稻生产上利用杂种优势的国家。1981 年，中国政府向杂交水稻研究者袁隆平、李必湖等农业科技工作者颁发了中华人民共和国成立以来的第一个特等发明奖，以表彰他们在杂交水稻上的杰出贡献，他们的工作为中国乃至世界的粮食生产做出了重要贡献。

(3)不能留种原因。杂交稻是利用杂交一代来进行水稻生产的，由于它的遗传基础是杂合体，杂种个体间遗传型相同，故外观上看，群体整体一致。可以作为生产用种，但并不能稳定地遗传下去，从第二代起就会产生很大的性状分离，杂种优势减退，产量明显下降，不能继续作种子使用。因此，杂交稻必须进行生产性制种。与杂交水稻不同的常规稻，是通过若干代自交达到基因纯合的品种，个体遗传型相同，从外观上看，群

体整齐一致，上下代的长相也一样，产量也不会下降。因此，常规稻不需年年换种，但也要注意提纯复壮。

1.1.8　稻谷加工后，有哪些常见的米（产品）

通常稻的种类与米的种类一致时，习惯称"某某米"，而非"某某稻"。但有时米和稻不能混为一谈，原因是同一种稻，可能精制出不同的米。

（1）糙米：稻谷去除稻壳后的米，保留了八成的产物比例。营养价值较胚芽米和白米高，但浸水和煮食时间也较长。

（2）胚芽米：糙米加工后去除糠层保留胚及胚乳，保留了七成半的产物比例，是糙米和白米的中间产物。

（3）白米：即人们平时食用的大米，糙米经继续加工，碾去皮层和胚（即细糠），基本上只剩下胚乳，保留了七成的产物比例，是市场上消费的最主要类别。

（4）预熟米：又称为改造米，将食米经浸润、蒸煮、干燥等处理得到。

（5）营养强化米：食米添加一种或多种营养素。

（6）速食米：食米经加工处理后，用开水浸泡或经短时间煮沸，即可食用。

（7）免淘洗米：是一种清洁干净、晶莹整齐、符合卫生要求、不必淘洗就可以直接蒸煮食用的大米。

（8）蒸谷米：经清理、浸泡、蒸煮、烘干等水热处理后，再按常规碾米方法加工的大米。

1.1.9　水稻种植有哪些副产品，它们有什么用途

（1）米糠。米糠是米的皮层，在美国等发达国家已经有食用米糠问世。通过食品加工精准碾制技术可将米糠分级为饲料级米糠和食品级米糠两种。米糠用压榨法或浸出法可制取米糠油，在日本，米糠油被视为一种美白圣品。此外，米糠也能腌菜，甚至单独成为一道菜，称为炒米糠。米糠的营养价值也相当高，除含有稻米中64%的营养外，还含有90%以上人体需要的营养。除米糠油外，米糠蛋白和米糠营养素都是科学家研究的主要方向。因此有许多保健食品、生活用品中都强调它们有新鲜米糠的成分。

（2）稻糠。也就是稻谷的壳，是不错的畜禽饲料。稻糠的营养高于花生壳粉，稻糠在度荒年代常用于果腹。稻壳的主要成分为纤维质，可以作为无土栽培的基质或用于培植食用菌等；也被用做建筑材料，许多乡下的传统泥屋，如我国客家村落中的圆形土楼，其建造材料中就有稻糠。现代社会中，稻糠也被试用在水泥混合材上，在冶金、钢铁、铸造行业可作诸如铁水、钢液、铝水等的覆盖剂；也用来生产植酸钙、肌醇。

（3）稻草。稻草也是一种很有特色的经济副产品，除供牛羊等牲畜食用外，以稻草编成的草绳、草鞋与蓑衣，是许多农人的必备品。利用稻草编织出的工艺产品，生活中也相当常见，如草席、草帽等。如今由于塑胶生活用品的广泛应用，稻草的用处急剧减少，导致许多农民收割水稻之后，会在田中以焚烧的方式来处理大量稻草，造成了空气污染。稻草最佳的处理方式是就地掩埋，可增加土壤的养分。据台湾农业改良会研究，

在排水良好的稻田中，就地掩埋稻草，能使第一期作水稻增产 10%；排水不良的田中，每年都掩埋稻草，第四年以后水稻可增产 5%～8%；研究资料也显示，连续三年都掩埋稻草，会使稻田土壤有机质含量自 2.1%增加至 2.7%，同时田中的磷、钾、钙、铁、硅含量也都会增加。

1.1.10 什么是"地理标志产品"，四川有哪些稻(米)属地理标志产品

地理标志产品，是指产自特定地域，所具有的质量、声誉或其他特性本质上取决于该产地的自然因素和人文因素，经审核批准以地理名称进行命名的产品。目前，四川省的富顺再生稻、宣汉桃花米、德昌香米、黄龙贡米、长赤翡翠米、王家贡米、米城大米、普格高原粳稻米属地理标志产品。

(1)富顺再生稻：是富顺人民在独特的自然环境和长期的水稻生产种植过程中，不断探索、研究、发展，打造出来的具有鲜明地方特色的品牌产品。经加工而成的再生稻米，外形细长偏小，色泽洁净鲜亮，腹白较小，具有胶稠度高、垩白米率低、直链淀粉和脂肪含量较高、矿质营养元素丰富的特点，其米饭清香、洁白、油亮，饭粒结构紧密，软硬适中而略带黏性，口感细腻舒适。

(2)宣汉桃花米：四川省宣汉县特产，原产于该县桃花乡。宣汉桃花米属带粳性的籼型稻米，品质精良，色泽白中显青，晶莹发亮，米粒形状细长，腹白小，煮出的饭黏度适度，胀性强，油性适度，米不断腰，具有绢丝光泽，香气横溢，吃起来滋润芳香、富有糯性的特点，且蛋白质含量丰富。天然的富硒土壤使桃花米富含对人体有益的硒元素。

(3)德昌香米：历史上为贡品，又名"德昌贡米"，是我国六大香米之一，有米中"味精"之称。其米粒中长，半透明，整粒米率高，各项指标超过国家一级米标准。其米蒸煮粥、饭，松稠较软，色香味俱佳。用 10%～20%的香米佐以其他稻米煮饭，食之也香。

(4)黄龙贡米：又称"黄龙香米"，传说曾作为贡米送皇室享用故称黄龙贡米。产于四川省广安市岳池县黄龙乡。其地质生长条件特殊，加工的米粒椭圆，呈油浸色，半透明，做成的米饭酥软清香，略带黏性。

(5)长赤翡翠米：四川省南江县特产，也称"南江翡翠米"，主要选用"泸香 615""丰优香占""丰优 28"等优质稻种。其米粒细长、整齐饱满、晶莹润泽、饭粒爽口、柔韧软滑、米色及粥色微绿似翡翠。无污染、营养丰富，饭粒光亮油润、口感柔韧、略带糯性。

(6)王家贡米：四川广元昭化区的特产。在清朝光绪年间，王家大米的好口感在民间广为流传，被当地官员作为地方特产向皇家进贡。其良好的口感、晶莹饱满的外形得到了当时皇亲国戚的喜爱，后被皇室列为"皇家贡米"，王家贡米也因此而得名。

(7)米城大米：又称"米城贡米"，产于四川省达州市达川区米城。全部采用优质稻种，全程实施无公害栽培技术，产出的稻米米质优良，米饭滋和、糯实、香甜可口。

1.2　水稻品种与良种选购

1.2.1　如何选择杂交水稻品种

优良的水稻品种是增产增效的前提条件,生产者向技术人员咨询时出现频率最高的一个问题便是:什么样的品种最好? 一般来说,品种的选择应具备高产、优质、适应性广、抗性强的特点。品种的生产表现是遗传基础和环境互作的综合表达,抛开生产地具体情况谈"高产、优质、高效"的目标是很不实际的。不同的生产目的、不同的生产条件,应该有不同的选择。

(1)根据复种轮作方式选择水稻品种。①不同冬作(小麦、油菜等)-水稻复种方式,选择中迟熟杂交稻;②不同冬作(小麦、油菜等)-水稻-秋作(蔬菜、中药材等)复种方式,选择中早熟杂交稻。

(2)根据当地气候条件选择水稻品种。平坝低海拔区选择中迟熟杂交水稻;浅山区选择中熟杂交水稻;高山区选择中早熟杂交水稻。

(3)根据当地生态条件选择水稻品种。在稻瘟病常发区、高发区选择对稻瘟病中抗以上的杂交水稻;稻瘟病非常发区选择优质高产杂交水稻。

1.2.2　选购种子时,如何辨别常规稻、杂交稻种子

有的农民朋友在购买杂交稻种子时错买成了常规稻种子,结果导致少秧、耽误农事、影响产量。相反,如果将杂交稻种子作常规稻种子用,则会浪费种子。辨别常规稻与杂交稻种子,一般有以下几种方法。

(1)看饱满度:杂交稻种子的饱满度一般不如常规稻种子。

(2)看谷尖颜色:杂交稻种子的谷尖多呈紫色,而常规稻种子谷尖一般无色。

(3)看柱头痕迹:一般杂交稻种子柱头外露,而常规稻种子柱头不外露。

(4)看外稃痕迹:杂交稻种子的外稃和内稃交界处有一个小黑圆点,而常现稻种子则无黑点。

(5)看稻种颜色:杂交稻种子稃壳略带黄褐不均匀的生物性杂色,而常规稻种子较为单一。

(6)看种子形状:一般杂交稻种子的腹部呈凹形,而常规稻种子腹部呈直线。

(7)看种子内外稃吻合度:一般杂交稻种子的内外稃吻合度差,还有部分种尖开裂,而常规稻种子内外稃吻合度好,种尖无开裂现象。

(8)看谷壳厚度:剥开谷壳观察,一般杂交稻种子的谷壳轻薄,常规稻种子壳较厚。

(9)看稃内颜色:剥开稻种外稃,稻壳内有 1~4 枚瘦小干秕的黄色花药残迹的是杂交稻种子,没有的则是常规稻种子。

1.2.3 购稻种时如何杜绝买到假劣种子，怎样简单地识别水稻假劣种子

购种时为了杜绝买到假劣种子以及防备今后万一出现的种子质量纠纷，应做到"一问，二看，三保存"。一问：根据种植需求，询问适宜自己田块种植的品种类型、特性及种植要领，尽可能索要相关栽培技术资料。二看：看售种单位种子经营许可证、种子质量合格证、种子生产许可证、营业执照是否齐全，种子包装是否规范。三保存：保存种子包装和购种发票，在发生种子质量纠纷时，可以此为依据进行索赔。

1. 从种子标签和包装外观识别真假

(1) 看有无稻种说明书或品种简介：其内容应包含适宜种植地域、特征特性、栽培措施等。无说明书及品种简介的最好不要购买。

(2) 看标签：标签应当标注种子类别、品种名称、产地、质量指标、检疫证明编号、种子生产及经营许可证编号或者进出口审批文号，标签标注的内容应当与销售的种子相符，缺少上述任何一项内容，则应提出疑问。

2. 从种子自身的理化性能识别真假

(1) 看整齐度：混有其他稻谷的杂交种子粒型不整齐，如混入父本或其他籼稻谷粒，其明显比杂交种子细长饱满。

(2) 看谷壳颜色：杂交种谷壳上略带不均匀的黄褐色等生理性杂色，而父本、保持系等谷粒颜色较为一致。保持系和其他杂株谷粒比杂交种子透明度高，谷壳比杂交种光滑。

(3) 水分鉴别：用牙咬，手指头搓捻，谷粒有破碎声，断面茬口光滑，这种种子的含水量一般在 13% 左右；若无破碎声或谷粒断面不齐，这种种子的含水量一般高于 13%。

(4) 净度鉴别：一般目测种子时无土粒、砂粒，用手插入种子堆或种子袋内，抽出时指缝和手背上没有灰尘等杂质，这种种子的净度一般在 97% 左右。

(5) 陈种子鉴别：凡种皮色泽鲜、壳黄，种胚充实丰满，挖胚时，湿润带绿色，这类种子为生活力强的新种；反之，种皮色泽暗淡，种胚暗褐干秕，这类种子为生活力弱的种子。

(6) 观察病变：稻种外壳呈黑褐色或有不规则的麻斑点及块状，均属感染病害的种子。如感染有稻瘟病的种子表面有黑褐色斑块。

(7) 观察种胚：优质稻种外观平滑有光泽，种胚饱满充实，用手搓捻时，种胚有湿润感，并带绿色。劣质稻种种胚颜色较暗，且干瘪。

以上是一些简单识别假劣种子的方法，只能对种子假劣作初步判断，如要对某种种子真假优劣作定性判断，只有抽取样品送有资质的种子检验检测机构检验才能准确定性。

1.2.4 什么是优质稻，西南稻区有哪些优质稻品种

参照《食用稻品种品质》(NY/T 593—2013)标准，稻谷品质性状(糙米率、整精米率、垩白率、透明度、感官评价、碱消值、胶稠度、直链淀粉含量)指标均达到三级及以上的

称为优质稻品种。

(1) 蓉 7 优 528：国审稻 20176015。籼型三系杂交水稻。全生育期 149.8d，每亩有效穗数 14.7 万穗，株高 112.9cm，穗长 24.4cm。中感稻瘟病，高感褐飞虱。米质达到国家《优质稻谷》(GB/T 17891—2017)标准 3 级。适宜云南、贵州(武陵山区除外)、重庆(武陵山区除外)的中低海拔籼稻区，四川平坝丘陵区，陕西南部稻区作一季中稻种植，稻瘟病重发区不宜种植。

(2) 蓉优 33：国审稻 20170005。籼型三系杂交水稻。全生育期 157.0d，每亩有效穗数 14.9 万穗，株高 113.7cm，穗长 25.2cm。中感稻瘟病，感褐飞虱。米质达到国家《优质稻谷》(GB/T 17891—2017)标准 1 级。适宜在四川省平坝丘陵稻区、贵州省(武陵山区除外)和云南省的中低海拔籼稻区(文山州除外)、重庆市(武陵山区除外)海拔 800m 以下地区、陕西省南部稻区作一季中稻种植。

(3) 蓉 18 优 2348：国审稻 2015006。籼型三系杂交水稻。全生育期 151.5d，每亩有效穗数 14.8 万穗，株高 109.9cm，穗长 25.5cm，抽穗期耐热性较强。中感稻瘟病，高感褐飞虱。米质达到国家《优质稻谷》(GB/T 17891—2017)标准 3 级。适宜云南、贵州(武陵山区除外)、重庆(武陵山区除外)的中低海拔籼稻区，四川平坝丘陵区，陕西南部稻区作一季中稻种植。

(4) 蓉 18 优 609：川审稻 2014001。仲衍种业股份有限公司、成都市农林科学院作物研究所选育。籼型三系杂交水稻。全生育期 154.5d，每亩有效穗数 13.1 万穗，株高 115.3cm，株型适中，穗长 25.9cm，米质达到国家《优质稻谷》(GB/T 17891—2017)标准 3 级。适宜四川省平坝、丘陵地区种植。

(5) 隆两优 534：国审稻 20170001。籼型两系杂交水稻。全生育期 158.5d，每亩有效穗数 16.2 万穗，株高 107.7cm，穗长 23.4cm。中感稻瘟病，高感褐飞虱。米质达到国家《优质稻谷》(GB/T 17891—2017)标准 1 级。适宜在四川省平坝丘陵稻区、贵州省(武陵山区除外)和云南省的中低海拔籼稻区(文山州除外)、重庆市(武陵山区除外)海拔 800m 以下地区、陕西省南部稻区作一季中稻种植。

(6) 旌 1 优华珍：国审稻 20170002。籼型三系杂交水稻。全生育期 153.8d，每亩有效穗数 15.3 万穗，株高 113.2cm，穗长 24.4cm。感稻瘟病，高感褐飞虱。米质达到国家《优质稻谷》(GB/T 17891—2017)标准 1 级。适宜在四川省平坝丘陵稻区、贵州省(武陵山区除外)和云南省的中低海拔籼稻区、重庆市(武陵山区除外)海拔 800m 以下地区、陕西省南部稻区作一季中稻种植。稻瘟病重发区不宜种植。

(7) 旌优 781：国审稻 20170006。籼型三系杂交水稻。全生育期 154.1d，每亩有效穗数 14.7 万穗，株高 110.7cm，穗长 25.5cm。感稻瘟病，高感褐飞虱。米质达到国家《优质稻谷》(GB/T 17891—2017)标准 1 级。适宜在四川省平坝丘陵稻区、贵州省(武陵山区除外)和云南省的中低海拔籼稻区、重庆市(武陵山区除外)海拔 800m 以下地区、陕西省南部稻区作一季中稻种植。稻瘟病重发区不宜种植。

(8) 荃优华占：国审稻 20176001。籼型三系杂交水稻。全生育期 152.8d，每亩有效穗数 15.6 万穗，株高 105.7cm，穗长 23.9cm。中感稻瘟病，高感褐飞虱。米质达到国家《优质稻谷》(GB/T 17891—2017)标准 1 级。适宜在四川省平坝丘陵稻区、贵州省(武陵山区除外)和云南省的中低海拔籼稻区、重庆市(武陵山区、涪陵地区除外)海拔 800m 以下地区、陕西省南部稻区作一季中稻种植。

(9)晶两优 534:国审稻 2016605。籼型两系杂交水稻。全生育期 157.9d,亩有效穗数 16.5 万穗,株高 109.3cm,穗长 24.3cm。中感稻瘟病,高感褐飞虱。米质达到国家《优质稻谷》(GB/T 17891—2017)标准 2 级。适宜在云南和贵州(武陵山区除外)的中低海拔籼稻区、重庆(东北部和武陵山区除外)海拔 800m 以下籼稻区、四川平坝丘陵稻区、陕西南部稻区作一季中稻种植。

(10)晶两优 1377:国审稻 2016608。籼型两系杂交水稻。全生育期 158.5d,亩有效穗数 15.74 万穗,株高 108.9cm,穗长 24.2cm。中感稻瘟病,高感褐飞虱。米质达到国家《优质稻谷》(GB/T 17891—2017)标准 2 级。适宜在贵州(武陵山区除外)的中低海拔籼稻区、重庆(武陵山区除外)海拔 800m 以下籼稻区、四川平坝丘陵稻区作一季中稻种植。

(11)五山丝苗:通过四川省、陕西省和安徽省审定(川审稻 2015019、皖审稻 2016055、陕审稻 2015012 号)。籼型常规水稻。全生育期 142.1d,亩有效穗数 15.6 万穗,株高 103.6cm,株型适中,叶片直立,穗长 23.9cm,米质达到国家《优质稻谷》(GB/T 17891—2017)标准 2 级。适宜四川省平坝、丘陵地区作中熟中稻种植。

(12)川优 6203:国审稻 2014016。籼型三系杂交水稻品种。全生育期 156.3d,每亩有效穗数 15.2 万穗,株高 111.6cm,穗长 25.6cm。中感稻瘟病,高感褐飞虱。米质达到国家《优质稻谷》(GB/T 17891—2017)标准 2 级。适宜云南和贵州(武陵山区除外)的中低海拔籼稻区、重庆(武陵山区除外)海拔 800m 以下籼稻区、四川平坝丘陵稻区、陕西南部稻区作一季中稻种植。不宜在高肥水条件下种植。

(13)德优 4727:国审稻 2014019。籼型三系杂交水稻。全生育期 158.4d,每亩有效穗数 14.9 万穗,株高 113.7cm,穗长 24.5cm。感稻瘟病和褐飞虱。抽穗期耐热性中等。米质达到国家《优质稻谷》(GB/T 17891—2017)标准 2 级。适宜云南和贵州(武陵山区除外)的中低海拔籼稻区、重庆(武陵山区除外)海拔 800m 以下籼稻区、四川平坝丘陵稻区、陕西南部稻区作一季中稻种植。稻瘟病重发区不宜种植。

(14)宜香优 2115:国审稻 2012003。籼型三系杂交水稻。全生育期 156.7d,每亩有效穗数 15.0 万穗,株高 117.4cm,穗长 26.8cm。中感稻瘟病,高感褐飞虱。米质达到国家《优质稻谷》(GB/T 17891—2017)标准 2 级。适宜在云南、贵州(武陵山区除外)、重庆(武陵山区除外)的中低海拔籼稻区,四川平坝丘陵稻区,陕西南部稻区作一季中稻种植。

(15)楚粳 28 号:川审稻 2012010。粳型常规水稻。全生育期 183.0d,每亩有效穗 34.1 万穗,株高 88cm,穗长 16.8cm。米质达到国家《优质稻谷》(GB/T 17891—2017)标准 3 级。适宜云南省海拔 1500～1940m 的稻区及四川省凉山州海拔 1500～1850m 的常规粳稻区种植。

其他适宜的优质稻品种还有隆两优华占、望两优华占、晶两优 1125、旌优华珍、深两优 5814、花优 357、Y 两优 1998、望两优 312、望两优 091、内 6 优 1116、隆两优 1125、隆两优 149、隆晶优 1199、隆两优 1813、隆两优 3188、梦两优黄莉占、创两优华占、荃优 0861、千乡优 616、德优 4923、内 6 优 138、鹏两优 713、繁优 609、隆两优 1206、旌 8 优 727、金卓香 1 号、川优 1727、绿优 4923、鹏两优 187、F 优 498、内 5 优 39、宜香 4245 等。

1.2.5　什么是超级稻，主要有哪些品种

超级稻品种是指采用理想株型塑造与杂种优势相结合的技术路线等途径育成的产量潜力大，配套超高产栽培技术后比现有水稻品种在产量上有大幅提高，并兼顾品质与抗性的水稻新品种。超级稻品种在产量、品质和抗性等方面都有具体的指标要求，农业部依据《超级稻品种确认办法》（农办科〔2008〕38 号），对达到各项指标的品种确认为"超级稻"品种。自 2005 年以来，按照超级稻品种冠名、退出的规定，有些品种由于推广面积达不到要求，先后有 36 个品种被取消，不再冠名"超级稻"。截至 2017 年 3 月，被确认推广且仍在生产上推广应用的超级稻品种实际只有 130 个（表 1.1）。

表 1.1　农业部 2005～2017 年确认并仍在生产上推广的超级稻品种

认定年份	品种(组合)名称
2005	国稻 1 号、中浙优 1 号、Ⅱ优航 1 号、Ⅱ优明 86、特优航 1 号、D 优 527、协优 527、Ⅱ优 162、Ⅱ优 7 号、Ⅱ优 602、金优 299、天优 998、Ⅱ优 084、Ⅱ优 7954、两优培九、准两优 527、吉粳 88、丰优 299
2006	天优 122、金优 527、D 优 202、Q 优 6 号、Y 优 1 号、株两优 819、两优 287、培杂泰丰、新两优 6 号、甬优 6 号、桂农占、松粳 9 号
2007	千重浪 2 号、辽星 1 号、玉香油占、新两优 6380、丰两优四号、淦鑫 688、内 2 优 6 号(国稻 6 号)、楚粳 27、Ⅱ优航 2 号
2009	龙粳 21、扬两优 6 号、陆两优 819、丰两优香一号、洛优 8 号、荣优 3 号
2010	扬粳 4038、中嘉早 17、桂两优 2 号、五优 308、五丰优 T025、天优 3301、合美占
2011	沈农 9816、武运粳 24 号、甬优 12、陵两优 268、徽两优 6 号、特优 582
2012	楚粳 28 号、连粳 7 号、金农丝苗、德香 4103、准两优 608、中早 35、宜优 673、深优 9516、广两优香 66、金优 785、天优华占
2013	龙粳 31、松粳 15、镇稻 11、扬粳 4227、宁粳 4 号、Y 两优 087、天优 3618、中早 39、天优华占、中 9 优 8012、H 优 518、甬优 15
2014	龙粳 39、莲稻 1 号、Y 两优 2 号、长白 25、南粳 5055、荣优 225、两优 616、武运粳 27 号、Y 两优 5867、两优 038、C 两优华占、广两优 272、两优 6 号、五丰优 615、盛泰优 722、内 5 优 8015、F 优 498
2015	扬育粳 2 号、南粳 9108、镇稻 18 号、华航 31 号、H 优 991、N 两优 2 号、宜香优 2115、深优 1029、甬优 538、春优 84、浙优 18
2016	吉粳 511、南粳 52、徽两优 996、深两优 870、德优 4727、丰田优 553、五优 662、吉优 225、五丰优 286、五优航 1573
2017	南粳 0212、楚粳 37 号、Y 两优 900、隆两优华占、深两优 8386、宜香 4245、Y 两优 1173、吉丰优 1002、五优 116、甬优 2640

1.3　水稻种子处理与播种

1.3.1　水稻播种前如何进行种子处理

在播种前为了增强稻种活力，提高播种质量需对种子进行处理，一般包括晒种、选种、浸种、消毒等。

(1)晒种：在播种前，选择晴朗天气，将稻种薄薄地摊开在晒垫上或水泥地上晒1～2d，注意薄摊勤翻动，操作要精细，防止搓伤种皮。

(2)选种：由于秧苗3叶期以前，其生长所需的养分主要是由种子胚乳供应，种子饱满度与秧苗的壮弱有密切关系。同时精选种子还可以剔除混在种子中的草籽、杂质、重瘪和病粒。选种可用风选、粒选、泥(盐)水选等方法。泥(盐)水选种一般在50kg清水中放入15～20kg黄泥或10kg盐，充分搅拌，密度达到1.08～1.13g/mL为宜。用泥(盐)水选种后，要冲洗干净，以免有碍发芽。

(3)浸种：自然条件下的浸种方法可分为动水(河流、排灌沟)浸种和静水(山塘、水库)浸种。前者一般水温较低，浸种的时间较长，发芽较慢，但流水能随时将种子呼吸所产生的二氧化碳(CO_2)排除，因此发芽率高，发芽势强；后者一般水温较高，种子易于吸水萌发，但要注意水质要清洁，上下搅动种子以排除附在谷面的CO_2。室内一般采用温水浸种，浸种时间短，发芽迅速，宜选择晴天催芽，抢晴、暖播种。浸种时间与温度和品种有关，一般粳稻的浸种时间比籼稻长。浸种时间太短，种子吸不足发芽所需的水分，萌发慢，萌芽不齐；反之则会将种子的养分浸出，降低发芽率及幼苗的健壮程度。一般以浸1～2d为宜。

(4)消毒：为了杀死附在稻种表面和颖壳与种皮之间的病原菌，生产上常常将浸种和消毒结合进行。一般清水浸12～24h后，置于一定浓度的药液中浸泡，针对不同病菌，药剂配方也不同，常用的有三氯异氰尿酸、三环唑、叶枯唑等。

1.3.2　怎样对水稻种子进行杀菌消毒

水稻种子表面和颖壳与种皮之间常常会附着少量的病原菌，如恶苗病菌、立枯病菌、稻曲病菌、白叶枯病菌、稻瘟病菌和水稻干尖线虫等。浸种消毒是防治病虫害经济有效的措施，生产上一般采用以下几种。

(1)温汤浸种。将谷种在冷水中浸24h，然后放入54℃的温水中浸10min，搅拌使种子受热均匀。再用15℃左右的水浸至种子吸水达饱和。用此法可以杀死稻瘟病菌、白叶枯病菌、恶苗病菌、干尖线虫病菌等。

(2)草木灰浸种。筛去草木灰杂物，用100kg清水加7.5kg草木灰，浸泡7.5kg稻种，搅拌1min，捞出浮在水面上的稻谷，静置浸泡1～2d。浸好的种子捞出后放到55℃热水中，搅拌浸泡3min，取出即可进入催芽环节。

(3)石灰水浸种。石灰水浸种是一种传统的浸种消毒方法。取0.5kg生石灰放入50kg水中，石灰化解后滤去渣屑，然后把种子放入石灰水内。50L的石灰水可以浸种30kg，石灰水面应高出种子17～20cm。在浸种过程中注意不要搅动水层，以免弄破表面形成的碳酸钙结晶薄膜导致空气进入而影响杀菌效果。浸种时间因气温不同而有所不同，一般情况下，温度在15℃时，浸种4d；20℃时浸种3d；25℃时浸种2d。浸过的种子，捞出后应立即用清水冲洗干净。

(4)三氯异氰尿酸浸种。清水预浸12h后，用三氯异氰尿酸(又称强氯精)300倍液浸种12h，捞起用清水洗净，再用清水浸至吸水达饱和。可预防细条病、恶苗病、白叶枯病和稻瘟病等。

（5）沼液浸种。将种子放进装有沼液的容器中浸泡，或将种子放入编织袋中，袋口扎紧，拴上绳子吊在沼气池出料口，直接在沼气池浸泡 1～2d。浸种后用清水洗种。

（6）"402"浸种。用 70%的"402"（乙基硫代磺酸乙酯）4000 倍液，浸种 48h 后反复冲洗干净，可预防稻瘟病、白叶枯病、细菌性条斑病等。

（7）三环唑浸种。用 20%的三环唑可湿性粉剂 400g，兑水 50kg，浸种 48h；用 75%三环唑可湿性粉剂配成 500 倍液，浸种 48h 后再催芽，对防治稻瘟病效果明显。

（8）叶枯唑浸种。20%叶枯唑可湿性粉剂 1000 倍液浸种 48h，可预防白叶枯病、细菌性条斑病等。

（9）多菌灵浸种。用 50%多菌灵可湿性粉剂 1000 倍液浸种 48h，或用 70%硫菌灵可湿性粉剂 1000 倍液浸种 24h，可预防稻曲病、稻瘟病、稻粒黑粉病等。

1.3.3　水稻种子催芽的技术要点有哪些

催芽是根据种子发芽过程中对温度、水分和氧气的需求，采用适当措施，创造良好的发芽条件，使种子发芽达到"快、齐、匀、壮"的目的。水稻种子催芽的技术要点如下。

（1）高温露白：指种子开始催芽至破胸露白阶段。种子露白前，呼吸作用弱，温度偏低是主要矛盾。可先在 50～55℃温水中预热 5～10min，再起水沥干，上堆密封保温，保持谷堆温度为 35～38℃，15～18h 后开始露白。种子露白前不宜过多翻动，否则会使谷堆里的热气散失，影响出芽时间和齐芽程度。种子发芽最适温度为 30～32℃，温度低时萌芽极慢，温度过高发芽受阻且有"烧芽"的危险，所以催芽时要严格掌握温度。

（2）适温催根：种子破胸后，呼吸作用大增，谷堆温度迅速上升，如果超过 42℃，持续 3～4h，就会出现"高温烧芽"。露白后要根据温度情况及时翻堆和适当淋水。可在稻种中插一支温度计，定时查看，保持谷堆温度在 30～35℃，促进齐根。

（3）保湿促芽：齐根后控根促芽，使根齐芽壮。根据"干长根、湿长芽"的原理，适当淋浇 25℃左右的温水，保持谷堆湿润，促进幼芽生长。但要保持谷堆内湿度适当，防止淋水过多造成谷堆缺氧，产生酒气味，谷壳外面发黏，造成出芽不快、不齐、不壮。一般谷堆表面的谷壳不发白，就不需淋水，同时仍要注意翻堆散热，保持适宜的温度。

（4）摊凉锻炼：根芽长度达到预期要求，催芽即结束。播种前应把芽谷在室内摊薄，炼芽 1～2d，以增强芽谷播后对环境的适应性。

1.3.4　水稻催芽中容易出现哪些问题？补救方法有哪些

在催芽过程中由于温度、水分、氧气调节不当，不能满足种子发芽的需要，常会出现一些异常现象。

（1）"酒糟"味。出现酒糟气味多半发生在种芽破胸高峰期，这时种子呼吸旺盛，如不及时翻堆散热通气，易产生高温缺氧，种子便进行无氧呼吸，随之产生酒糟气味，此时种芽通常已被高温灼伤。被高温灼伤的种子，发芽慢且不齐，甚至变成哑种；已发芽的种芽被灼伤后会出现畸形，根尖和芽尖变黄甚至黏手，伴有酸臭味。防范措施：催芽时定期检查，种子破胸后发现温度超过 30℃时，应及时翻堆降温。如果有轻微的酒糟气味，立即散堆摊凉，并用清水洗净再重新上堆升温催芽。

(2) 高温烧芽。没有掌握好发芽所需的最高温度，受害轻的芽畸形，芽鞘有黄色锈斑，严重的芽鞘尖和根尖枯死。防范措施：密切注意种子破胸后温度的变化，温度过高，及时翻堆降温。

(3) 哑种。排除种子质量问题，可能是浸种时间不够，种粒硬实未浸透，种子吸水未达饱和；或浸种温度过高，种胚受害；或破胸阶段温度不够，种堆吸水受热不均，破胸不整齐。防范措施：浸种充分，保证种子吸水达到饱和，严格控制温度、水分条件。若哑种比例大，应将其筛出，以免播种后烂种。

(4) 根、芽不齐。为避免"有芽无根"或"有根无芽"的现象，应严格遵循催芽技术要点，协调温度、水分、氧气之间的矛盾。

(5) 霉口、乙醇中毒。浸种时间过长或催芽中途降温，胚乳中的营养物质从种口处外流，易滋生霉菌，出现"霉口"。种堆过大，透气不好易出现乙醇中毒。防范措施：出现霉口现象应立即用 30℃温水洗净种子，再上堆催芽，催芽时不宜用透气性差的塑料布或塑料编织袋包扎。

1.3.5　如果遇上水稻陈种，浸种催芽应该注意哪些方面

陈种是指收获后贮藏 1 年以上的种子。只要种子质量符合国家标准，是允许销售的。为避免造成不必要的损失，这类种子的浸种催芽应注意以下几点。

(1) 播种前不宜晒种。对于杂交陈种，一般应在播种前 10d 把种子摊凉在室内，让种子自然吸潮，使种子含水量适当提高，从而平衡水分，让种子的细胞膜得以恢复，进而提高发芽率。

(2) 适当增加播种量。杂交稻陈种经过长期贮藏，种胚活力下降，发芽率和发芽势有所降低，分蘖能力也稍差。在浸种前掌握所购种子的发芽率，依据新种与陈种的发芽率差异备足种子，或者有目的地多备一些种子，以确保大田有足够的基本苗和有效穗。

(3) 少浸多露。种子清洗消毒后，采用间歇浸种、少浸多露、日浸夜露等方法提高发芽率。浸种时间不宜过长，一般每次浸种不超过 4h，两次浸种的中间露种时间以 3～4h 为宜，如发现种子变黑或有酒糟味，则应多清洗、多沥滤。当谷壳颜色变深，皱纹不明显，腹白鲜明，米粒易折断，即可转入催芽阶段。

(4) 控制温度，破胸催芽。种子吸足水分后，用布袋或其他通气性能良好的容器装种子，将其放于做好保温的环境中。在阴凉处进行催芽，种谷升温后，控制温度在 35～38℃，温度过高要翻堆，过低则需浇温水提高温度。20h 左右后种子露白破胸，转入保湿催芽，加强通气，保持温度在 30～35℃，促进根系生长。

(5) 摊凉炼芽。根和芽出齐后，常温下摊凉 5～6h(谷层厚 6～10cm)，增强芽谷抵抗能力，同时保持芽谷湿润，防止干芽。

(6) 合理调整播种期。水稻陈种的全生育期会缩短 2～3d，对早稻品种要相应推迟播

种，以免引起早穗。

（7）注意防治绵腐病。陈种因发芽率低、烂种多，易发生绵腐病。一般播种后 5～6d 就有发生，发病时先在稻种谷粒、幼芽部位出现少量乳白色胶状物，之后长出白色绵絮状物，并向四周呈放射状扩散。一旦发现，应立即用 70%敌克松 1000 倍液或硫酸铜 $(CuSO_4)$ 1000 倍液喷雾防治。

1.3.6　如何确定适宜的播种期

播种期的确定通常要考虑气候条件、品种特性要求（生育期）和前后茬关系等因素，从有利于出苗、分蘖、安全孕穗和安全齐穗出发，做到适时播种。

早播界限期要根据发芽出苗对温度的要求确定。在自然条件下，当日平均气温稳定通过 12℃的初日，作为籼稻的早播界限期，再根据当年气象预报，抓住冷尾暖头，抢晴播种。早播还要考虑能适时早栽，安全孕穗。水稻安全移栽的温度指标为日平均温度 15℃ 以上。移栽过早会推迟返青，导致死苗或僵苗。

迟播界限期是要保证安全齐穗。水稻抽穗期低温伤害的温度指标为日平均温度连续 3d 以上低于 22℃。一般以秋季日平均温度稳定通过 22℃的终日，作为籼稻与籼型杂交稻的安全齐穗期。根据各品种从播种到齐穗的生长天数，就可向前推算出该种的迟播界限日期。

确定播种期还要考虑本地区常有的旱、涝、低温、高温等灾害性天气，应掌握灾害发生规律，调整播期，避灾保收。播种期还要和耕作制度以及品种类型相适应，做到播种期、移栽期、秧龄三对口。

1.3.7　如何确定秧田的播种量

秧苗播量多少是培育壮秧的关键。秧田播种量是依据育苗方式、秧龄长短、气温高低、品种特性、不同栽培方法和对秧田分蘖的要求等条件而定。一般秧龄长的宜稀播，反之可适当密播；育苗期间气温高、秧苗生长快的宜稀播；叶宽品种比叶窄品种的播量要相对稀一些，常规稻品种比杂交稻品种的播量要相对密一些；要求培育带蘖壮秧移植的要适当稀播，反之适当密播；手插秧比机插秧的播量要稀一些；陆地育苗比盘育苗的播量要适当少些。另外，适宜的播种量还要根据种子质量、发芽率、田间成苗率和基本苗要求等因素确定。

适宜播种量的标准，以掌握移栽前不出现秧苗群体因光照不足而影响个体生长为原则。以成都平原稻麦（油）两熟种植制度区杂交稻机插秧育秧为例，一般 4 月 5～10 日播种，选用透水膜作育秧材料，播种密度 300g/m² 左右；或选用塑料软盘，每盘播种 50g。

1.3.8　什么是种子包衣？水稻种子怎样包衣

种子包衣是 20 世纪 80 年代中期研究开发的一项促进农业增产丰收的高新技术。水稻种子包衣对种子起着保护作用，能够预防苗期病、虫、鼠的危害，并能给种子增加营养，辅助吸水，缓释少量药肥，确保种子正常发芽、生长，保证全苗、壮苗，提高种苗质量。

(1) 人工种子包衣。种子包衣前，提倡要足时泡种，精选种子，沥干后按使用说明拌药。若干谷拌药直接播种，不利于选种，发芽出苗慢，出苗也不整齐。一般的方法有圆底大锅包衣法：先将大锅固定好，放入种子，再按药种比例称取种衣剂，倒入锅内，立即用铲子快速翻动拌匀。大瓶包衣法：称取一定量种子(大瓶容量的1/4)，再按比例放入种衣剂，然后封盖，快速摇动，直到均匀。

(2) 种子包衣机。种子必须经过精选，若种子含杂质过多，不仅浪费药剂，而且会造成包衣效果差，特别是种子表面尘土过多时，药剂不能很好地黏附，影响包衣成膜。包衣比例不宜太大，一般以药种比1∶50为宜，机械包衣前先用小样试包，选择最佳比例，使包衣均匀，若比例太大就会不均匀，影响包衣质量。

注意：种衣剂为农药，应严格按照农药操作规程使用和贮运。包衣时应戴好口罩和手套，避免药品直接与皮肤接触。

1.4　水稻育秧及移栽技术

1.4.1　水稻育秧方式有哪几种，该如何选择

水稻育秧方式目前主要有水育秧、湿润育秧和旱育秧三种。

(1) 水育秧：这是一种比较原始的育秧方式，其特点是整个育秧期间，秧田以淹水管理为主的育秧方法，对利用水层保温防寒和防除秧苗杂草有一定作用，且易拔秧，伤苗少。盐碱地秧田淹水，有防盐护苗的作用，但长期淹水，土壤中氧气不足，秧苗易徒长及影响秧根下扎，秧苗素质差，目前已很少采用。

(2) 湿润育秧：是介于水育秧和旱育秧之间的一种育秧方法。具体做法是将种子播种在厢式秧厢上，种子所处的泥层裸露在外，厢沟里的水能够保证种子萌发的需求。在播种后至秧苗扎根立苗前，秧田保持土壤湿润通气，以利根系发育，同时覆盖保温的塑料薄膜；在扎根立苗后，采取浅水勤灌相结合排水晾田。

(3) 旱育秧：是整个育秧过程中只保持土壤湿润、不保持水层的育秧方法。旱育秧通常在旱地进行，秧田采用旱耕旱整，秧田通气性好，秧苗根系发达，这种条件所育秧苗的耐寒性、耐旱性强，插后不易败苗，成活返青快。

一般来说，在温度、水分和土壤条件较优越的地区，可采用湿润育秧；在水分条件较差，需要抵抗低温等不利条件的地区，宜采用旱育秧。相较于水育秧和湿润育秧，旱育秧的技术要求较高。

1.4.2　如何进行湿润育秧，技术要点有哪些

水稻湿润育秧技术作为手工插秧的配套育秧方法，适宜不同地区、不同水稻种植季节及不同水稻品种育秧，在我国广泛采用。该技术操作方便、适用范围广，采用这种技术育

成的秧苗素质好、产量高。

(1)秧板准备。选择背风向阳、排灌方便、肥力较高、田面平整的稻田作秧田,秧田与本田的比例为 1∶(8～10)。在播种前 10d 左右干耕干整,耙平耙烂,开沟做畦,畦长10～12m,畦宽 1.4～1.5m,沟宽 0.25～0.30m、沟深 0.15m。畦面达到“上糊下松,沟深面平,肥足草净,软硬适中”的要求。结合整地做畦,每亩秧田施复合肥 20kg,施后将泥肥混匀耙平。

(2)种子处理和浸种催芽。播种前选择晴天晒种 2d。采用风选或盐水选种。浸种时结合强氯精、咪鲜胺等进行种子消毒,杂交籼稻浸种 1d,常规粳稻品种浸种 2～3d。催芽用35～40℃温水洗种预热 3～5min 后,把谷种装入布袋或箩筐,四周可用农膜与无病稻草封实保温,每隔 3～4h 淋 1 次温水,谷种升温后,控制温度在 35～38℃,温度过高要翻堆,谷种露白后调降温度到 25～30℃,适温催芽促根,待芽长半粒谷、根长 1 粒谷时即可。播种前把种芽摊开在常温下炼芽 3～6h 后播种。

(3)精量播种。一般杂交稻秧田的播种量为 7～10kg/亩,常规稻为 10～12kg/亩。播种时以芽长为谷粒的半长,根长与谷粒等长时为宜。播种要匀播。可按芽谷重量确定单位面积的播种量。播种时先播 70%的芽谷,再播剩余的 30%补匀。播种后进行塌谷。塌谷后喷施秧田除草剂封杀杂草。

(4)覆膜保温。一般采用拱架盖塑料薄膜保温的方法,用竹篾搭起高 40～50cm 的拱架,然后盖上膜,膜的四周用泥压紧,防备大风掀开。可搭建遮阳网防止鸟害和暴雨的影响,出苗后撤网。

(5)秧苗管理。薄膜保温育苗可提早移栽,但是由于膜内温度高时易引起秧苗徒长和烧苗,连续低温时又易萎缩不长,甚至青枯死苗,因此加强管理是育秧的关键。从播种到1 叶 1 心期为密封期,把薄膜封闭严密,创高温、高湿条件,促进生根出苗。当水稻出苗以后根据种植的原则在揭膜之前需要灌水上畦,促进水稻根系成长。揭膜时要灌浅水上畦,之后也要保证秧畦上有浅水。如遇天气变化出现寒流潮,为保护秧苗必须进行深水灌溉。当棚内温度高于 30℃时,需进行通风降温,当秧苗齐苗长到 2 叶期时可降温炼苗。进行炼苗时,早上揭膜,傍晚盖膜。揭膜时根据苗的生长情况,施入 1～1.5kg 尿素,供给秧苗生长所需养分,以保营养充足。

(6)病虫草害防治。塌谷后喷施秧田除草剂封杀杂草,秧苗期间应注意及时拔除杂草。注意防治立枯病、稻瘟病、稻蓟马、卷叶虫等病虫害。

1.4.3　如何进行旱育秧,技术要点有哪些

水稻旱育秧技术具有省水、省工、省种、增产等优点,并且应用该技术成秧率高,秧苗健壮、根系发达,返青期短,是实现水稻高产高效栽培的一项有效措施,在各稻作区均可采用。

1. 苗床准备

(1)秧田地的选择。选择地势较高、通风向阳、平坦肥沃、含盐碱低、渗水适中、排

灌方便的秧田地。

(2)苗床整地。在播种前 3～5d，开好四周排水沟，沟深 50cm。作厢一般按 2m 开厢，其中厢宽 1.5m，厢沟走道宽 0.5m，厢面高 10～15cm，厢长随地面长短而定。精细平整厢面，做到厢平土细。将走道中的床土取出用筛子过筛后备用，于播种后盖土。

(3)苗床培肥。施优质农家肥或有机肥 10kg/m^2，复合肥 100g/m^2，硫酸锌 10～15g/m^2，施肥后多次翻耕，达到肥土均匀混合。

(4)调酸与消毒。旱育秧苗床的土壤要求 pH 为 4～6。pH 为 6.5～7.0 时，需施用硫黄粉 50g/m^2 调酸；pH 在 7 以上时，则需施用硫黄粉 100g/m^2。播种前 25～30d，将硫黄粉均匀撒于土面，翻耕，混合均匀，调酸；或播种前 7d，用 1%食用醋 50～100g/m^2 兑水浇施调酸。播种前用敌克松 1.5～2g/m^2 与细土混合均匀后撒在苗床上，与苗床 0.1m 深土壤充分锄均匀，灌水使秧床充分渗透；或用敌克松粉剂 2.5g/m^2 稀释成 1000 倍液喷施苗床，进行土壤消毒。

2. 种子处理与播种

(1)种子处理。播种前晒种 1～2d，打破休眠，提高种子活性；播前用清水选种，然后用 50%多菌灵或强氯精 600～800 倍液浸泡 24h，再用清水冲洗 2、3 次后浸种催芽(处理种子的容器忌油、盐，忌密封、曝光)。旱育秧要求种子露白即可播种。

(2)播种。播种前秧床灌透水，苗床面无积水，整个耕作层达到饱和状态。播种要均匀，扣种稀播，可先播 2/3 的量，然后用 1/3 的种子补缺、补漏；约播 125g/m^2 芽谷。播种结束后在种子上面盖上过筛的细土和农家肥，充分搅拌均匀后盖严、盖匀，厚 0.5～1cm。

(3)盖膜。旱育秧单膜覆盖，播后先搭好弓架，弓架间距 50cm 左右，弓顶高度 45cm 左右；地膜平铺覆盖的应先将地膜卷在一块木板上，用直径 0.4cm 的皮带冲按孔距 4cm 交叉打孔后方可使用，地膜平铺覆盖后应在膜四周用土压牢，以免被风吹起。

3. 苗床管理

(1)小秧管理。小秧开始长出土面后要加强管理，防治烧苗，晴天早上 9～10 点进行放风，下午 5 点以后封膜。小秧长至 1.5 片叶时选择早上揭膜。

(2)肥水管理。小秧揭膜后 1～2d，用敌克松按 1.5g/m^2 拌土后撒施于苗床上防治立枯病，然后浇足第一次水，再按每亩 2～3kg 尿素兑水均匀浇施，之后要等到白天气温最高小秧叶片卷曲，早上秧叶上无露清水时再浇一次透水。2～3 叶期用神锄防除稗草。在移栽前 10d 左右(小秧 4 片叶左右)浇水时，再施 5～6kg 尿素作为送嫁肥。

(3)病害防治。旱育秧的主要病害是立枯病，必须在苗床地和揭膜后使用敌克松进行防治，苗稻瘟用三环唑防治。

1.4.4 水稻旱育秧死苗有哪些原因

死苗在旱育秧整个过程中都会发生，死苗类型可分为伤害死苗型，枯萎型，烂种、烂根型，烧苗型，病害死苗型，青枯型等。其死因主要有以下几点。

(1)高温烧苗。育苗期间，当遇到日均温达 20℃以上，膜内温度达 50～60℃时，若未及时揭膜通风降温，或在保温齐苗期间未及时采取遮阳降温措施，温度超过 40℃以上时，就会发生高温烧苗现象；而播前未用药剂处理，秧苗在膜内高温、高湿条件下，造成叶稻瘟病暴发。

(2)低温死苗。播种过早或播种后遇到连续低温阴雨天气，使种谷中胚乳转化效率降低，苗体细胞质膜受损，导致细胞中盐类等物质大量外渗，就会出现烂种、烂芽、死苗现象。如果在旱育秧播种后覆膜不平或揭膜过早，也会出现死苗现象。

(3)病害死苗。育秧时突遇寒流，2～3 叶期的秧苗正处在种子胚乳营养耗尽、开始吸收土壤中养分的营养交替"断奶期"，秧苗抗寒性和抗病性弱，易发生立枯病。立枯病发生较重时，秧苗烂根、叶鞘腐烂，影响水分吸收和输导，造成生理缺水而黄枯死苗。旱育秧催芽及播后盖膜温度较高(30～35℃)，易于病菌侵入，发生恶菌病造成死苗。播种至 1 叶 1 心期低温阴雨，易发生绵腐病而死苗。

(4)碱害死苗。选用盐碱土或酸碱度过高的土壤作苗床，未进行调酸，揭膜后土壤含水量下降，尤其早春土壤易返盐碱，造成烂根枯萎死苗。据测定，pH 为 7.5 左右的土壤中，秧苗生长速度缓慢；在 pH 为 7.5～8.0 的土壤中秧苗生长明显受阻；在 pH 为 8.5～9.0 的土壤中秧苗难以立苗。

(5)青枯死苗。是指由于秧苗周围空气湿度急剧下降，叶面蒸腾过速，根部水分供不应求时，叶片迅速卷曲(萎蔫)，叶色由浅绿色变为深绿色而死亡的现象。防止青枯死苗，要把握好揭膜的时间。在空气湿度大，温度较低的阴雨天，可在上午揭膜，晴朗天气必须在傍晚前揭膜，揭膜后及时浇 1 次透水，可有效防止青枯死苗的发生。

(6)干枯死苗。主要发生在 1 叶 1 心期至 3 叶期。叶片从下向上逐步干枯而死。防止干枯死苗的关键是提高苗床培肥质量，真正达到"肥、松、厚、软、细"的要求，改善苗床的理化性状，提高苗床的供肥保墒能力。

(7)虫害死苗。旱育苗床土壤肥沃，播种盖膜后，膜内土壤温度较高，蝼蛄等地下害虫活跃，易咬伤、咬断或松动根系，造成秧苗死亡。

(8)药害死苗。喷施除草剂用量过大或施用不匀，造成局部秧苗用药过量而不能出苗或出苗后瘦黄。

(9)肥害死苗。旱育苗床的肥料用量特别是有机肥的用量通常是水育秧的 2～3 倍。由于床土中肥料浓度大，加之在干旱土壤中肥料迁移性小，易发生肥害。

1.4.5　什么是水稻工厂化育秧，如何实现

水稻工厂化育秧技术是以精量半精量播种技术为基础，采用温室或大棚集中培育的一种大规模育秧方式。通过水稻工厂化育秧培育出的秧苗健壮、整齐，可为水稻机械化栽插提供较高素质的规格化、标准化秧苗。

1. 类型

(1)盘式育秧。将稻种播在带土的规格化育秧盘内,发芽、出苗和育苗过程全部在育秧盘内进行。育秧盘的长宽尺寸与水稻插秧机秧箱的尺寸一致,育成的毯状带土秧苗直接装到水稻插秧机上。盘式育秧所需面积较小,管理简便,能保证育成秧苗的规格化和标准化,但由于秧苗营养体积小,需增加补肥和浇水次数。

(2)框式条状育秧。采用具有成排条状通孔的栅格状秧盘,填土播种后置放在平整的土床上,用塑料薄膜覆盖育秧。育成的条状带土秧苗连同秧盘放到专用的带土苗插秧机上,可简化水稻插秧机的分秧工序,并具有苗齐、苗壮、插秧时勾伤秧和漏秧率低等优点。但育秧所需面积大,必须与专用水稻插秧机配套。

(3)无土育秧。在无土的育秧盘内播种浇水,出苗后用肥水育秧,秧苗靠根系结盘成块。无土育秧工序简单,所需设备少,秧盘搬动和秧苗运输方便,育成的秧苗根系发达,但要求播种密度高、用种量大,所育秧苗素质和保水保肥性差,秧根纠结,在插秧时漏秧率和勾伤秧率较高。

2. 主要设备

(1)土壤处理设备:盘式育秧用的土壤应细碎肥沃,酸碱度适当,并经消毒处理。常用的设备有碎土筛土机和土肥混合机。

(2)种子处理设备:育秧用的水稻种子需经精选、脱芒、盐水浸种、清水漂洗和催芽等处理过程,常用的设备有种子清洗机械、脱芒机、催芽设备和种子消毒设备等。

(3)育秧盘播种联合作业机:由机架、自动送盘机构、秧盘输送带、铺床土装置、播种装置、覆土装置、喷水装置、传动装置和控制台等构成。作业时,将一定数量的秧盘放到自动送盘机构上,使之逐个地被连续推送到秧盘输送带上,依次通过铺床土、播种、覆土和喷水等装置,完成各项作业后由末端排出。

(4)育苗设备:在育秧盘内培育健壮秧苗的设备。为此需将育秧盘置于能自动控制温度和湿度的环境中。常用的设备有育秧架、发芽台车、塑料大棚、供水设备和加温控温设备等。

(5)物料运送设备:运用床土、种子、肥料、育秧盘等物料的输送机。

3. 工艺流程

水稻工程化育秧工艺流程如图 1.1 所示。

4. 管理技术

(1)棚温。秧苗 1 叶 1 心期至 3 叶期,棚内温度要控制在 20～30℃,超过 30℃时要适当通风炼苗。秧苗 3 叶期以后,棚内温度控制在 20～25℃。种子发根期,超过 32℃时立即通风。秧苗 1 叶 1 心时开始通风炼苗,2 叶 1 心时多设通风口加大通风量炼苗,避免秧苗徒长,棚内湿度大时、下雨天时通风炼苗。在连续低温后开始晴天时,要提早开口通风,防止立枯病。秧苗 3 叶时需大通风,使秧苗逐渐适应外界温度。灵活掌握通风时间和通风量是温度管理的关键，如天气晴朗，阳光充足，要及时通风，切不可超过控制温度时再通风。

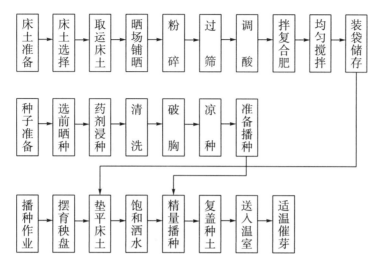

图 1.1　水稻工程化育秧工艺流程

(2)水分。出苗前 2d 如有缺水应及时补水。出苗后地膜揭开时打开喷灌设备，水分管理要保证旱育，浇足底水后一般不再浇水，注意水温要接近棚内温度，浇水量根据秧苗的需水情况适当调整。3 叶期后的管理重点是控水蹲苗壮根，此时要促进根系发育，使秧苗盘根良好。插秧前 2d 不浇水，以确保秧苗在运输、装箱时秧片不散，保证机插不缺苗断条。

(3)追肥。若床土肥力不够，秧苗叶片发黄，导致插秧后返青慢。可在插秧前 5d，施磷酸氢二铵 $[(NH_4)_2HPO_4]$ $150g/m^2$，促进根系发育。

1.4.6　如何防止水稻烂秧

水稻烂秧是秧田中常发生的烂种、烂芽和死苗的总称，严重的造成秧苗不足，延误农时。出苗见青前烂掉的属烂种、烂芽，出苗见青后烂掉的属死苗。烂秧可分为生理性烂秧和传染性烂秧两大类。生理性烂秧主要是种谷和秧田管理措施不当或不良气候所致。传染性烂秧是由病菌侵染引起的病害造成的。

1. 水稻烂秧原因分析

(1)水稻烂种。水稻烂种是指播种以后，种谷不发芽就腐烂。其原因是：贮藏不善，种子失去发芽力；浸种时换水不勤或浸于不洁净的塘水中引起种子发酸发臭；催芽过程中温度过高，芽发焦；秧田泥浆过烂，稻种陷入泥土太深，经久不发芽而腐烂。

(2)水稻烂芽。烂芽主要是由于长期淹水，种芽因长时间缺氧，处于无氧呼吸状态，根不入泥，头重脚轻，翻根倒芽引起的；其次是施用未腐熟的有机肥后长期淹水，产生大量的有机酸等有毒物质，毒害芽谷，幼根变黑而烂死；在气温 12℃以下，秧苗不能生长，绵腐病菌乘虚侵入种芽，产生芽腐。

(3)水稻死苗。发生水稻死苗的原因主要是育秧时温差过大引起的青枯死苗。

2. 水稻烂秧防治措施

(1)改进育秧方式。因地制宜地采用旱育秧稀植技术或采用薄膜覆盖或温室蒸气育秧，露地育秧应在湿润育秧基础上加以改进。

(2)精选种子，抓好浸种催芽关。选成熟度好、纯度高且干净的种子，浸种前晒种。浸种要浸透，以胚部膨大突起，谷壳呈半透明状，达到谷壳隐约可见月夏白和胚为准，但不能浸种过长。催芽要做到高温(36～38℃)露白、适温(28～32℃)催根、淋水长芽、低温炼苗。

(3)计划育秧，提高播种质量。根据品种特性，确定播期、播种量和苗龄。日均气温稳定通过 12℃时方可播于露地育秧，均匀播种，根据天气预报使播后有 3～5 个晴天，有利于谷芽转青来调整浸种催芽时间。播种以谷陷半粒为宜，播后撒灰，保温保湿有利于扎根竖芽。

(4)加强水肥管理，培育壮秧。培育壮秧是水稻高产的基础，也是防止烂秧的前提。在立苗期，一般只在秧田沟中灌水，保持田面湿润通气，而不灌水上田面，促使种子迅速伸根立苗。在扎根期，要灵活掌握水层，防冻防晒。保持秧田既有水，又通气，以利扎根保苗。若遇到寒潮袭击，应灌深水护苗，并及时排水通气。遇到阴雨连绵天气，要打开排水口，勿使秧田积水。

1.4.7 水稻秧苗使用多效唑须注意什么

多效唑是一种植物生长调节剂。在水稻生产上，秧田中喷施多效唑，可明显增加秧苗分蘖，促使秧苗根系发达，移栽后返青分蘖快，生长迅速，有一定的增产效果。此外，还能有效提高秧龄弹性，在一定程度上或避免秧苗超龄；有效抑制秧田杂草的发生。但在使用过程中，常常出现因使用不当，造成秧苗过于矮化、生长停滞甚至死亡、贪青迟熟等不良后果。为了避免这种情况发生，水稻秧苗使用多效唑必须注意以下五点。

(1)剂量适宜。不同品种、不同季节，多效唑的喷施浓度不尽相同，使用时，剂量不可过大或过小。如剂量过大，则秧苗过于受控矮化；若过小，则壮秧效果不明显。实践表明，秧苗常用剂量(均以 15%可湿性粉剂为例)：早稻秧田亩用量 120g，兑水 60kg；晚稻秧田亩用量 200g，兑水 100kg；中稻秧田早熟品种亩用量 150g，兑水 75kg，迟熟品种亩用量 180g，兑水 90kg。使用方法为均匀喷雾。若因浓度过大造成滞长，可喷施 4%～10%的"九二〇"促使秧苗转入正常生长。

(2)使用适时。育秧季节不同，使用多效唑的适期也不同。早稻育秧期间由于气温低，秧苗生长较慢，使用多效唑的目的是壮苗，增强抗性，施药时期一般以 3 叶期为宜。晚稻使用多效唑既控长又促蘖，使用适期应在秧苗 1 叶 1 心期，最迟不得超过 2 叶 1 心期。中稻依茬口、气候情况灵活掌握，一般早熟品种在 2～3 叶期施药，迟熟品种在 1 叶 1 心期施药。

（3）田管抓早。秧苗喷施多效唑后，移栽大田具有返青快、早发快的特点。因此，大田田间管理要相应做到"三早"，即早管、早促、早控苗，一般晒田时间可提早 2～3d。切忌晒田过迟而贪苗过多，造成病虫害加剧、空秕粒增加、粒重下降、倒伏等情况。

（4）谨防迟熟。水稻喷施多效唑后，全生育期有推迟的趋势，要注意上下茬播期的安排和因迟熟带来的一些问题。防止迟熟的关键是将播种期提早 2～3d。

（5）注意残毒。由于多效唑在土壤中移动较慢且不易分解，如果在同一块地上一年多次或连年使用多效唑，或者用过多效唑的秧田不经翻耕就栽种后茬作物，就有可能因多效唑残留量过多而使后茬作物再次受控，影响后茬作物的正常生长。对此，要注意使用剂量和做好秧田选择，尽量避免同一块地连年使用或一年多次使用多效唑。

1.4.8　怎样做到水稻适时栽插

水稻适时栽插与水稻高产、稳产、优质等都有密切关系。适时栽插要根据气温、苗情、茬口、劳力等情况而定，不能千篇一律。对于我国南方稻区冬闲田或绿肥茬早稻以及山区的冬闲田一季稻，要适时早栽，以栽插小苗为主；在双季稻区，由于早稻早栽早成熟，也有利于后季稻增产。适时早栽的优点是有利于增穗增产，春夏之交前早插秧，白天温度较高，夜晚温度低，主茎基部由于受低温刺激能促进低节位分蘖发生，同时有效分蘖期时间较长，有效分蘖多，可确保达到目标穗数。另外，由于早插秧，分蘖出生早，营养生长时间长，干物质积累多，有利于大穗形成而增加穗粒数，也有利于提高结实率和抗病抗倒能力。

但是，适时早栽有一个基本条件，就是温度条件要跟上，要保证栽后秧苗能安全成活。水稻安全成活的最低温度为 12.5℃。水稻幼苗生长需求最低温度粳稻为 12℃、籼稻为 14℃，但在 15℃以下时，水稻生长极为缓慢。杂交籼稻幼苗生长起点温度较高，一般不低于 15℃。各地可根据气温稳定通过水稻成活的最低温度确定适宜移栽期。对于多熟制地区"油菜-水稻"茬或"小麦-水稻"茬的早稻、中稻或一季单晚稻以及接早稻茬的双季晚稻，栽插时期的温度较高，已经不是制约因素，主要应根据前茬收获期来确定适栽期，尽量在极短的时间内栽插完毕，一般不应超过 7～10d，特别是油菜茬早稻和双季晚稻，抢时栽插越早，产量越高。对于我国西南稻区油菜、小麦茬一季中、单晚稻，适宜栽插较长秧龄的多蘖壮秧，秧龄 40～45d，叶龄 7～8 叶，单株带 2、3 个较大的分蘖。这样的壮苗栽后发根快，能很快地吸收水分和营养而迅速生长。一般不宜在 4～5 叶龄期移栽，因为这一时期移栽，秧苗单株带的分蘖较小，栽插时很容易埋入烂泥里面造成死蘖，栽后要重新从较高节位上出生分蘖，失去了秧苗低节位分蘖获得高产的优势。概括地说，适时栽插，要么栽小苗，3～3.5 叶移栽，带土浅栽，让低节位的分蘖到大田去出生；要么栽大苗，叶龄 6.5 叶以上，则可充分利用秧田低节位分蘖大穗的优势而增产。

1.4.9　水稻栽插密度到底多大合适

合理密植是水稻获得优质高产的前提，密度过稀、过密均不利于水稻单株和群体结构的协调发展，从而影响稻谷的品质与产量。适宜的栽插密度应综合考虑地理条件、土壤肥力、品种类型、种植形式等因素。一般肥力中偏上，大穗型品种偏稀；肥力中偏下，穗数型品种偏密；低海拔地区偏稀、高海拔地区偏密；旱育秧偏稀、湿润育秧偏密；杂交稻偏稀、常规稻偏密。

杂交稻：肥田亩栽 1.8 万～2 万窝，基本苗 6 万～7 万苗；中等肥力田亩栽 2 万～2.2 万窝，基本苗 7 万～8 万苗；瘦田亩栽 2.2～2.5 万窝，使基本苗达到 9 万～10 万苗以上；最高茎蘖数控制在 25 万～30 万，成穗率 60%～65%以上，有效穗 18 万～22 万穗，穗粒数 130～160 粒，结实率 85%以上。

粳型常规稻：旱育秧亩栽 2.5 万～3.5 万窝、湿润育秧亩栽 4 万～5 万窝；中海拔稻区亩栽 2.2 万～2.5 万窝，高海拔稻区亩栽 3 万～3.5 万窝。

籼型常规稻：旱育秧亩栽 1.5 万～2.5 万窝、湿润育秧亩栽 2 万～3 万窝，海拔低、肥力高的宜稀，海拔高、肥力差的宜密。

不论杂交稻还是常规稻，每窝 1、2 苗，栽插深度 2～3cm，有利于秧苗成活和低位分蘖的发生。

1.4.10 水稻合理密植有几种形式

合理密植包括适宜的基本苗数、株行距以及每穴苗数 3 个方面。秧苗密度是水稻获得高产的中心环节，合理的密度要根据品种特性、土壤肥力、施肥水平、水源条件、秧苗素质、插秧时间、产量指标等方面进行综合分析确定。目前生产上合理密植有以下 4 种形式。

(1) 等行距(正方形)栽插：行距和株距相等，苑与苑排列成正方形。如 16.7cm×16.7cm、20cm×20cm 等。这种栽培方式，植株间所占的土地面积相等，分布比较均匀，禾苗能均匀地得到光照、温度、水分和肥料，地下部的根群伸展也比较一致，对前期分蘖的发生较有利，但封行较早，而密度增大株行距缩小，田间操作不方便，通风透光也受阻碍。

(2) 宽行窄株(长方形)栽插：栽插的行距和株距不等长，行距宽，株距窄。如 13.3cm×16.7cm、16.7cm×20cm 等。宽行窄株栽插不仅可以达到较高的密度水平，同时封行较迟，便于通风透光和管理操作，光合效率高，在生产上应用较为普遍。

(3) 宽窄行条插：宽行距与窄行距相间移栽，一行宽，一行窄。如 (13.3+20) cm×6.7cm、(13.3+27) cm×10cm 等。这种栽培方式既能增加栽插密度，又便于通风透光和田间管理。稀中有密，密中有稀，能充分发挥边际优势。对于分蘖性较弱、株型比较紧凑的品种，采用这种栽插方式增产效果比较显著。

(4) 小株密植：小株密植每穴的苗数一般为 2、3 苗，也可以单本插。小株密植苗壮肥足，栽插密度均匀，容易达到壮秆、大穗、粒饱的增产效果。在确定秧苗栽插株行距之后就可以算出每亩穴数和基本苗数。穴数(穴/亩)=666.7×10^4(cm^2)/株距(cm)×行距(cm)；基本苗数或落田苗数(穴/亩)=穴数×平均每穴苗数。

1.4.11 什么是水稻机械化插秧及实现方法

水稻机械化插秧技术，是一种适用于大批量、大规模生产的种植方式。自动化插秧，方便快捷，工作效率较高。

1. 整地准备

(1)大田质量要求。水稻机插采用中、小苗移栽，耕整地质量的好坏直接关乎机械化插秧作业质量，要求田块平整、上细下粗、上烂下实、水层适中。综合土壤的地力、茬口等因素，可结合旋耕作业施用适量有机肥和无机肥。整地后保持水层 2～3d，即可薄水机插。

(2)适时刮田灌水。应在机插前 2～3d 将田刮平，然后将水放干，以降低营养土的含水量。待机插头一天或当天再放 1～2cm 深的水层，这样既有利于插秧机行走，又可防止秧苗倒伏严重，提高插秧质量和效率。表层土的含水量以泥脚深度为 15～20cm 为宜。

(3)秧块准备。插秧前秧床土含水率 40%左右(用手指按住底土，以稍微能按进去的程度为宜)。将秧苗起盘后小心卷起，叠放于运秧车，堆放层数一般以 2、3 层为宜，运至田头应随即卸下平放，使秧苗自然舒展；且做到随起随运随插，严防烈日伤苗。

2. 插秧作业

(1)插秧前的准备。作业前对插秧机进行一次全面检查调试，各运行部件应转动灵活，无碰撞卡滞现象。转动部件要加注润滑油，装秧前将空秧箱移至导轨一端，防止漏秧。秧块紧贴秧箱，秧块接头处不留间隙，必要时秧块与秧箱间洒水润滑，使秧块下滑顺畅。按照农艺要求，调节好株距和取秧量，保证基本苗。根据大田泥脚深度，调整插秧机插秧深度，根据土壤软硬度，调节仿形机构灵敏度来控制插深一致性，达到不漂不倒，深浅适宜。

(2)插秧作业质量。机插秧的总体要求：一是行走要直，接行宽窄一致。二是田边要留出一行插幅，便于出入稻田，插后整齐，不用补插边行。三是秧片接口要整齐，减少漏插。四是在秧箱中加水保持下滑顺利，防止漏插。五是漏插行段，注意抛足补苗秧片，随漏随补，减少漏插、漂秧和勾伤秧。插秧深度为 10～35mm。

3. 插秧机准备

(1)合理配置机具。根据插秧机的日工作量和当地的插秧期来配置插秧机，一般以10～15 亩水稻地配备一台插秧机为宜。这样既能保证机插的效率，又不耽误农时。

(2)技术状态。插秧前应对插秧机进行全面的保养检修，尤其对栽植臂部分，要拆卸检查保养，以免影响正常工作。插秧结束后，要对插秧机进行清洗，以便下次使用。

4. 大田管理

根据机插水稻的生长发育规律，采取相应的肥水管理技术措施，促进秧苗早发稳长和低节位分蘖，提高分蘖成穗率，争取足穗、大穗。

(1)巧施蘖肥。肥料种类和施肥量与当地的常规栽插相似。基肥为有机肥和无机肥结合施用；栽插后的 5～7d，适时施返青分蘖肥；栽后 15d 左右再施一次分蘖肥促平衡。

(2)少吃多餐。分蘖肥应分次施用，使肥效与最适分蘖发生期同步，促进有效分蘖，确保形成适宜穗数控制无效分蘖，以利于形成大穗，提高肥料利用效率。

（3）适时晒田。当总茎蘖苗达到目标成穗数的 80%时开始搁（晒）田，控制无效分蘖，改善通风透光条件，提高群体质量，保证低位分蘖成大穗。

（4）适时管水。栽后及时灌浅水护苗活棵，栽后 2～7d 间歇灌溉，扎根立苗。分蘖期浅水勤灌；有效分蘖临界叶龄期及时晒田，以"轻晒、勤晒"为主；拔节孕穗期保持 10～15d 浅水层，其他时间采用间歇湿润灌溉；抽穗扬花期保持薄水层；灌浆结实期干湿交替，防止断水过早。

（5）化学除草。在返青分蘖期时使用小苗除草剂进行化除，施后并保持一定水层 5～7d，同时开好平水缺，以防雨水淹没秧心，造成药害，并注意二次化除。

1.5 水稻轻简化栽培技术

1.5.1 什么是水稻轻简化栽培，主要包括哪些内容

水稻轻简化栽培，即相对传统的栽培技术而言，所采用的作业工序简单，劳资投入较少的省时、省力、省畜、降耗、节本、增效的栽培技术，是一个栽培技术系统的总称。

水稻轻简化栽培技术直观地讲就是直播（水直播、旱直播）、抛秧（包括旱育秧抛秧、湿润育秧抛秧）、免耕等减少水稻生产环节的技术，同时还包括机械化或半机械化栽培技术；利用植物生长调节剂、除草剂等诱导和调节水稻生长发育技术；缓释肥、菌肥、微肥、专用肥等高效栽培技术；土壤、病虫、矿质营养代谢等快速准确的诊断与防治技术；节肥增效、秸秆综合利用等节约资源和保护环境的栽培技术；旱育秧、旱育保姆技术、再生稻栽培技术等。

在我国，传统的水稻生产采用的方式主要是育秧及小规模的精耕细作，这种方式虽能获得相对较高且相对较稳定的产量，但需要耗费巨大的人力、物力，成本较高。随着农村劳动力向城市转移和土地集约化经营步伐的加快，农村劳动力缺乏问题越来越突出。水稻轻简化栽培技术是一种减轻劳动强度、提高劳动生产率的新型水稻栽培技术，因此，在当前具有很大的推广应用价值。

1.5.2 什么是水稻抛秧，如何进行水稻抛秧育秧

水稻抛秧是采用塑盘或纸筒育出根部带有营养土块的、相互易于分散的水稻秧苗，或采用常规育秧方法育出秧苗后以手工掰块分秧，然后将秧苗连同营养土一起均匀撒抛在空中，使其根部随重力落入田间定植的一种栽培方法。

1. 抛秧稻的生育特点

（1）无返青期，早生快发。
（2）前期分蘖早、分蘖多，表现出较强的生长优势。
（3）中期叶层垂直分布相对比较匀称，表现出群体光合生产率高的优势。

(4)后期单位面积的穗数及总粒数较多，群体光合层厚，源强库大，表现出旺盛的生产能力和多穗增产的优势。

(5)分蘖成穗率较低。

(6)抗倒伏能力弱。抛栽的秧苗伤根少，植伤轻，入土浅，一般抛后第一天露白根，第二天扎新根，发根比手插秧早。但根的分布多集中于土壤表层，必须注意防倒伏。

(7)单位面积容纳的穗数及颖花量均多，穗形不够整齐。

2. 育秧类型

(1)有专用设备的育秧类型。一是肥床细土法塑盘旱育秧，指在肥沃疏松的秧床上，利用塑料软盘进行育秧，集肥床和塑料盘于一体。这种育秧方法，播种期不受水源限制，旱秧地育操作方便，便于统一供种，集中规模育种，并实现商品化供秧，适于大、中、小苗培育，是我国北方稻区的主要育秧方法。二是泥浆法软盘湿润育秧，这是目前我国南方双季稻抛秧采用最为广泛的方法，利用秧沟肥泥或河泥浆作为盘育苗床土，就地取材，无须事先准备床土，并且成苗率较高。三是吸水树脂种子包衣旱育秧，利用高吸水树脂，辅以植物生长调节剂、杀菌剂、杀虫剂、微肥等制成粉状种衣剂，种子浸湿后进行种子包衣，然后播入旱育苗床。

(2)无专用设备育种类型。一是无盘旱育秧直抛，就是采用肥床旱育秧方法培育大、中、小健壮秧苗，采用手拔、带泥抛秧，这种方法成本低，但在拔秧时节难以控制水分，遇到降水会导致土壤过湿，带泥太多不利于抛匀；土壤过干时，拔秧不易带泥，抛后宜出现躺苗。二是无盘旱育乳苗直抛，这种方法在连作晚稻上应用比较多，其特点是秧龄特别短，在秧床上生长不受任何限制，高度密播对本田来说，几乎不需要留多少专用秧田。三是半旱育秧手拔抛栽，这种方法一般在短秧龄(10～12d)情况下，直接密播在土壤较疏松的半旱秧田内，然后手拔带泥抛栽。

1.5.3　水稻直播有什么优点，如何进行直播栽培

水稻直播栽培(简称直播稻)是指在水稻栽培过程中省去育秧和移栽作业，在本田里直接播上谷种，栽培水稻的技术。

1. 直播栽培的方式

(1)水直播。水直播是指在淹水已经达到生产作业需要的深度的田地里进行播种，对于种子的选择没有特殊要求，无论是经过浸泡的湿种子还是干燥的种子，都可以在此过程中使用。这一技术的要点是需要注意在撒种过程中保证播种的均匀程度，苗床应有适当的粗糙度，以便秧苗可以尽快稳定生根。

(2)旱直播。旱直播是指在土壤的水分含量比较低或者土壤土质比较干燥的田间进行的直播技术。与水直播对种子的良好适用性所不同的是，旱直播使用的种子必须是干稻种。进行旱直播主要有两种方式，即旱撒播和旱条播。前者对于整地的精细化没有特殊要求，后者则必须进行精细化的整地后才能播种，而且多使用机械化播种方式进行。

2. 直播栽培的优点

(1)省工、省力,劳动生产率高。直播稻省去了育苗移栽用工,尤其有利于机械化操作和飞机播种,能节省大量人工和减轻劳动强度,把农民从繁重的插秧劳动中解脱出来,提高了劳动生产率,适于规模经营。

(2)不占用秧田,提高土地利用率。直播稻无须育秧和专用秧田,可提高土地利用率,减少了前茬作物因预留秧田而不能种植的产量损失。

(3)缩短水稻生育期。直播稻没有拔秧断根和移栽后的返青过程,能提早分蘖,加快生长发育,同时因直播稻分蘖早,有效穗数多,每穗总粒数减少,其灌浆结实,成熟时间也相应缩短,使得直播稻的全生育期缩短。一般直播稻的生育期比同品种(组合)同期播种的移栽稻生育期短10d左右。

(4)经济效益好。直播稻由于省工、不占用秧田、大田生长期缩短和机械化作业程度高等原因,使得生产成本大幅降低,投入产出率明显增高。

3. 直播栽培技术要点

(1)整田开沟。直播稻所用的稻田应选择排水条件和灌溉条件好的田块,对所用的田块区域进行精耕细整,达到田平泥融、三沟(中沟、围沟和厢沟)相通的标准。特别是田要整平,力争做到全田高低落差不超过一寸,否则低洼处种子会因淹水缺氧窒息而死,高处种子因缺水干旱而停止生长,甚至死亡,难以实现一播全苗的目标。

(2)品种选取。直播稻品种宜选择穗型较大、分蘖力中等、株高相对较矮、抗倒能力强的品种。选好稻种后,经过1~2d的晾晒,药剂浸种,可以有效防止恶苗病害的出现。

(3)科学管水。直播田秧苗立根后至1叶1心前坚持湿润管理,晴天灌好跑马水,2叶1心后坚持浅水勤灌,促分蘖。分蘖末期排水晒田,孕穗至抽穗阶段应保持水层,齐穗至成熟时期坚持湿润管理,切忌脱水过早。为调节水稻生长,缩短植株基部节间,可在2叶1心期和拔节期各喷施多效唑1次,提高抗倒伏能力。

(4)合理施肥。根据直播稻生育特点和需肥规律,按"少量多次、平稳促进"的原则施肥,采用重底穗肥、轻施断奶促蘖肥、看苗补粒肥的施肥方法。

(5)病虫草防治。直播稻田病害、虫害和草害发生较重,特别是草害,要加强防控,主要措施有化学封闭除草、苗前除草和人工除草。病虫主要抓好稻蓟马、稻飞虱、稻纵卷叶螟、稻蝗等虫害和纹枯病、稻曲病的防治。要特别注意防治水稻纹枯病,提高水稻的抗倒伏能力。

1.5.4 如何做好直播稻田的除草工作

直播稻由于播种及播后一段时间内未建立水层,为田间杂草生长提供了良好的环境条件,如果不进行杂草防治将会严重影响水稻产量。化学除草技术是直播管理中的关键技术,按照因地制宜、预防为主、综合治理的原则,采用"一封,二杀(封),三补"的模式,前期降低杂草基数,中后期根据杂草情况进行补杀,是解决稻田杂草草害及抗药性问题的可行手段。

1. 降低杂草基数、封草是除草成功的关键

1）耕前消灭已出土杂草

前茬小麦或油菜收获后，部分低洼田块或多年生杂草危害严重的田块，要及时喷洒灭生性除草剂，如施用 20%草铵膦水剂 100～150mL/亩。如果部分田块马唐等禾本科杂草发生严重，可用 5%精喹禾灵乳油 80～100mL/亩喷施防除。

2）"一封"（播后苗前喷雾封草）

(1) 水直播。一般在播后苗前灌水自然落干后进行第一次化除，选择杀草谱宽、土壤封闭效果好的除草剂，通过播后苗前土壤封闭处理，控制第一个出草高峰的发生。亩用 30%丙草胺+安全剂乳油 100mL＋10%苄嘧磺隆可湿性粉剂 15g；或者 20%丙草胺+安全剂乳油 100mL＋苄嘧磺隆可湿性粉剂 120～180g。若播种后连遇阴雨天，水稻秧苗已长至 2 叶期，稗草、千金子等禾本科杂草均已长出时，亩用 30%丙草胺+安全剂乳油 100～150mL+10%氰氟草酯乳油 100 mL。

(2) 旱直播。在水稻播种后，旋耕复土、灌水回田，待田面湿润无明显水层后喷雾施药，亩用 42%噁草丁草胺乳油 150～180g 兑水 30～60kg 均匀喷雾土表。阔叶杂草或莎草发生重的田块每亩可加 10%苄嘧磺隆可湿性粉剂 20～30g 一起喷雾。必须在稻种未出芽前用药，若播种后经常下雨造成田块积水，建议亩用 30%丙草胺+安全剂乳油 160～200mL+10%苄嘧磺隆可湿性粉剂 20～30g。用药后田面不能有积水，厢沟内可保持水层。

2. 封杀二次出草高峰，化学除草的主战场

1）"二杀"（苗后前期茎叶处理剂灭杀）

"二杀"是在水层建立并稳定后，在第一次进行化除后仍残存的大龄杂草，兼顾第二个出草高峰的杂草控制。根据草相选择既有茎叶处理效果，又有土壤封闭作用的除草剂。要点：杀早、杀小，均匀周到，施药前排干田水，药后 1d 复水并保水 3～5d。

(1) 以千金子为主兼有稗草的田块：在千金子 2～4 叶期，亩用 10%氰氟草酯乳油 80～100mL 茎叶喷雾处理。如果稗草发生量较大，适当增加用药量，或与 2.5%五氟磺草胺油悬浮剂混合使用。

(2) 以稗草为主兼有其他一年生杂草的田块：在稗草 2～5 叶期，亩用 2.5%五氟磺草胺油悬浮剂 60～80mL，或 10%噁唑酰草胺乳油 80～100mL 茎叶喷雾处理。

(3) 以阔叶杂草和莎草科杂草为主的田块：在水稻分蘖盛末期即水稻 5～6 叶期，每亩使用 48%灭草松水剂 100mL+20%二甲四氯水剂 100mL，兑水 40～50kg 均匀喷雾处理。

(4) 防除马唐、牛筋草、金色狗尾草、千金子等禾本科杂草：每亩可使用 26%氰氟草酯氯氟吡氧乙酸乳油 100～150mL，建议高浓度、细雾滴、避高温、定向喷，使用电动喷雾器，不用弥雾机。田间禾本科杂草、莎草、阔叶杂草同时发生的田块，可加 48%灭草松水剂 100～150mL 兑水 15kg 对田面杂草进行均匀喷雾处理。早期使用氰氟草酯、噁唑酰草胺等单剂或混剂后，7～10 d 内不要追施肥料。若需追肥，请与二次封闭处理剂混用。

2）二次封闭处理

因稻田杂草萌发有二次小高峰，早期使用茎叶处理剂后，部分杂草还要萌发。建议使用苗后茎叶处理剂 5～7d 后，使用二次封闭处理剂。可亩用 46%苄嘧·苯噻酰可湿性粉剂 60～100g 或 25%苄嘧丁草胺细粒剂 150～200g 配成药肥或药土撒施，施药时保持浅水层 3～5cm，施药后保水 3～5d，水层不能超过稻苗心叶。

3) 期茎叶处理剂灭杀

(1) 水稻 4 叶期后：如果田间稗草较多，可亩用 10%双草醚悬浮剂 10～20mL。南方籼稻区稗草草龄大、密度高时可适当增加用药量。

(2) 水稻 5～6 叶期：防除稗草、双穗雀稗、莎草及阔叶杂草，可亩用 10%双草醚悬浮剂 30～40mL+50%吡嘧磺隆二氯喹啉酸可湿性粉剂 30～40g。田间千金子同时大发生时，亩用 10%双草醚悬浮剂 10～20mL+10%氰氟草酯乳油 100～200mL，草龄大时可适当增加用药量。

(3) 水稻 6 叶期至拔节期前：异型莎草、牛毛毡、鸭舌草、丁香蓼等较多的田块，亩用 48%灭草松水剂 100～200mL+56%二甲四氯钠盐可溶性粉剂 60g；或 48%灭草松水剂 100～200mL+20%氯氟吡氧乙酸乳油 40mL。野荸荠、水莎草、野慈姑、泽泻等较多的田块，亩用 10%吡嘧磺隆可湿性粉剂 15～20g+56%二甲四氯钠盐可溶性粉剂 60g。

3. 根据草情，选准药剂，补除到位

1) "三补"（分蘖期茎叶处理剂补除）

在水稻进入分蘖期至拔节期前，如果田间仍有一些恶性杂草发生，采取专草专治的方法防除残存杂草。这时草龄较大，用药剂量应适当增加。防除稗草、双穗雀稗时，用 10%双草醚悬浮剂进行茎叶处理；防除千金子等禾本科杂草亩用 10%氰氟草酯乳油 150～300mL；防除水花生亩用 20%氯氟吡氧乙酸乳油 40～50mL；防除野荸荠、野慈姑亩用 30%吡嘧磺隆唑草酮可湿性粉剂 15g 或 48%灭草松水剂+56%二甲四氯钠盐可溶性粉剂喷雾防治。

2) 田埂除草技术

(1) 防除稗草、千金子、稻李氏禾、双穗雀稗等：亩用 10%双草醚悬浮剂 15～20mL+10%氰氟草酯乳油 50～100mL 兑水 15kg 喷雾处理。施药时，气温应稳定在 20℃以上，才能保障药效。最好是在雨后露水干后、田埂湿润时用药。

(2) 防除稗草+野荸荠、水莎草、野慈姑、泽泻等：亩用 10%双草醚悬浮剂 15～20mL+稻成 15g 兑水 15kg 喷雾处理。

(3) 防除稗草+空心莲子菜、鳢肠、铁苋菜等：亩用 10%双草醚悬浮剂 15～20mL+20%氯氟吡氧乙酸乳油 20 mL 兑水 15kg 喷雾处理。

(4) 防除问荆、节节草等：亩用 48%灭草松水剂 100mL+56%二甲四氯钠盐可溶性粉剂 30g+农用表面活性剂兑水 15kg 喷雾处理。

1.5.5 如何进行水稻免耕直播栽培

免耕直播稻与移栽稻、常规直播稻相比，稻株高度更矮，穗型更小，产量主要取决于有效穗数、实粒数、千粒重。因此免耕直播稻产量主攻目标是在确保穗数的同时，做好肥水管理，适当提高结实率和千粒重。

(1)选用超级稻品种。超级稻品种具有较强的耐碱性抗干旱能力、抗逆性强、增产潜力大等特点。同时具有适宜的株高、分蘖力强、茎秆粗壮、产量构成因素协调等特点。

(2)适时精量播种。小麦、油菜收获时高留桩还田，一般留柱高度控制在 30～40cm，杀灭田间杂草后灌水泡田，整平厢面，清除杂草，田间灌水浸泡 2～3d。依据前茬收获时间，做到适时播种，每亩播种量控制在 1.5kg，旱育保姆进行包衣。

(3)合理开沟分厢。免耕直播稻栽培中合理开沟分厢是非常重要的。一般要求开沟方向统一，厢面一致，保证厢面宽度 1.6m 左右，沟宽 0.3m，沟深 0.15m，稻田利用率可保证在 85% 左右。

(4)化学除草。对于杂草防除：播后 7d 左右进行封闭除草，秧苗 3～4 叶期进行第二次除草，主要防除对象是稗草和千金子等恶性杂草，结合大田情况可进行第三次补防。用药后 1～2d 灌水，保持厢面湿润 5～7d。对于自生稻防除：在前茬收获后 10～15d 灌水，促使自生稻提前萌发进行拔除；对自生稻严重田块可进行改种或用早熟品种推迟播种，可降低其危害。

(5)合理匀苗。田间杂草防除后，根据苗情长势长相及时定苗，一般保证 80～100 株/m^2 秧苗。均苗时期秧苗叶龄控制在 3～4 叶为宜。

(6)科学施肥。免耕直播稻苗期入土浅，根系分布在土壤表层，吸收量少，分蘖期持续时间长，肥料宜分次施用，中后期根系健壮发达，吸收能力强，需求量大，应重点提高中后期供肥水平。

(7)节制管水。适度供水是免耕直播稻生产管理上最重要的环节之一，是获取水稻高产和节水双利的关键，以不建立水层又确保土壤湿润为原则，水分管理按"平沟播种、湿润育苗、旱管培根、沟水育穗、干湿防衰"的半旱式管理原则进行。

(8)综合防治病虫害。根据病虫害的发生规律以及免耕直播稻的生长特点及时做好病虫害综合防治。重视防治稻蓟马，适时防治螟虫、稻飞虱，注重中后期纹枯病的防治。

1.5.6　什么是再生稻，如何种植再生稻

再生稻即在前茬水稻收割后，利用稻桩上的休眠芽，给予适宜的水、温、光和养分等条件加以培育，使之萌发出再生蘖，进而抽穗为成熟的水稻。

1)再生稻的优势

省时省工、增收增产、环保绿色，且在受灾的时候也能发挥奇效。

2)适宜地区

再生稻适宜地区要有足够的热量，积温为 5150～5300℃。

3)栽培技术要点

(1)品种选择。选择头季产量高、再生能力强、生产期适宜、耐高低温能力强、米质口感好的杂交中稻品种。

(2)种好头季基础。适时早播促早穗，使抽穗扬花在高温伏旱前进行，促使再生稻躲过秋风秋雨，确保再生稻安全齐穗。做好配方施肥、浅水管理和病虫害防治工作，提高头

季产量，促进再生稻发苗。

(3)主攻头季稻多穗。头季稻单位面积的有效穗是再生稻发苗的基数，直接决定着发苗的多少和再生稻单位面积的有效穗数，从而决定再生稻的产量。

(4)选好田块，早施促芽肥。选择全田植株正常、无重大病虫危害、收期适中、再生芽大而且有活力、水源较好的田块。早施、施足促芽肥，保持中稻后期根系活力和叶片功能，使稻株不早衰、再生芽健壮。

(5)适时收割。头季稻完全成熟后 3d 内收获，能够达到头季稻高产，再生稻发苗多、有效穗和结实率高、产量高的效果。

(6)高留稻桩。头季稻茎秆的倒二节、倒三节位芽产生的穗子占再生稻产量的 70%以上，而倒四节位以上芽的穗子只占不到 30%。在头季稻收割时，在距保留芽上部 10cm 左右处收割。

(7)化学调控促芽。在施促芽肥当天露水干后，每亩用"九二〇" 2g 兑水 50L 喷施叶面，既可促进头季稻提早成熟，又可促进再生稻萌发，提高产量作用十分明显。

(8)科学管水。采用浅水插秧、有水活蔸、湿润促蘖、晒田控苗、足水养胎、浅水抽穗、干干湿湿灌浆、深水打药的水浆管理原则，整个过程只有施肥、打农药、孕穗、抽穗扬花期灌深水，其他时间都露田，干干湿湿为主。

1.6　水稻栽后管理与应急

1.6.1　如何预防水稻春季低温冷害

健壮的秧苗是水稻创造高产的基础，如果育苗期遭遇低温冷害天气会对幼苗的质量造成严重影响。主要表现为秧苗生长缓慢、病害发生严重、成苗率降低等，在生产上必须对幼苗期间的低温冷害采取积极有效的预防措施，改进育苗技术，保证水稻稳产、高产。

1. 低温对水稻育苗的影响和危害

(1)水稻种子发芽慢、出苗慢、生长慢。有的地区育苗采取不催芽，这种情况下从播种到出苗一般需要 6~7d，在此期间遭遇低温冷害天气，种子的发芽出苗时间延长，出苗后生长相对缓慢，延长了育苗时间，进而推迟大田插秧时期，对后期的产量和质量有很大影响。

(2)发病严重。水稻苗期病害与低温有关的主要是立枯病和青枯病。低温造成水稻根系的细胞代谢紊乱和结构损伤，秧苗根系附近一些弱寄生性的腐生菌在低温下生长正常，而且避免了其他土壤微生物的拮抗作用，在有利的条件下大量繁殖，侵害受伤的小苗根系，使根系生理状况进一步恶化。

(3)成苗率降低。在低温条件下或出现寒流和倒春寒年份，秧苗病害严重，出现大量死苗，成苗率下降，一般可从 90%降到 60%~70%，秧本田比例降低，育苗面积增大，成本增加。

(4)秧苗素质下降。在低温条件下，小苗根系吸收能力下降，光合作用降低，导致植株生长矮小，整齐度下降，个体间差异大。特别是含氮有机物降低，干物质少，供水稻发根基质不足，插秧后小苗表现为发根慢、发根少、缓苗差、分蘖推迟。

2. 主要预防措施

(1)高做床。苗床高出地面 25～50cm，高床可以避免翻浆影响和雨水倒灌影响，提高苗床土壤温度，避免因苗床湿度过大土壤过凉，引起烂种、立枯病等病害。

(2)大棚育苗。大棚保温效果好、缓冲能力强、温度波动小，能有效防止高温徒长和低温冻害，遇到特殊温度变化便于采取相应措施预防。

(3)选址防寒。为减轻冷空气侵袭对早稻育秧的威胁，可利用地形特点，选择冷空气不易入侵的背风向阳田块作秧田。

(4)催芽播种。浸种催芽后播种，能提高秧苗前期生长速度。种子催芽一般在室内进行，不受外界不良环境影响，使秧苗根短芽壮，尽快扎根，提高抗寒能力。

(5)低量播种。在稀播情况下，秧苗个体所占营养空间大，个体与群体之间协调较好，光照充足，叶面积指数合理，光合效率高，干物质积累多，秧苗素质提高，抗低温能力增强，即使遇到寒流天气和倒春寒年份，受害程度也可明显减轻。

(6)抢晴播种。生产时可根据天气预报，抓住"冷尾暖头"的规律，抢时播种，减少低温对秧苗的危害。

(7)以水增温。在冷空气来临时，用温度较高的河水进行夜灌(白天排空晒田)或灌深水的办法，可以使土壤和株间温度相对提高，也有利于保温。

1.6.2　什么是水稻高温热害，有什么预防和补救措施

水稻在含苞、抽穗期对温度极为敏感(即抽穗前后各 10d)，最适宜的温度为 25～30℃，日平均温度 30℃以上时就会产生不利影响。孕穗期如遇 35℃以上的持续高温，水稻花器发育不全，花粉发育不良，活力下降；抽穗扬花期如遇 35℃以上高温就会产生热害，影响散粉和花粉管伸长，导致不能受精而形成空壳粒，造成结实率下降，千粒重偏低，甚至绝收。

1. 高温热害的预防措施

(1)品种选择：选择抗高温能力较强的品种。

(2)合理安排播期：根据品种的生育期合理安排播种期，使开花期避开高温胁迫的时间，从而减轻高温天气带来的不利影响。

(3)加强栽培管理：施足底肥，分期多次追肥，磷、钾、锌肥配合施用，生育中期施足长穗肥，后期补给氮素，做到前后相应、均衡供氮。通过灌水改善稻田小气候，抽穗扬花期采取浅层水浆管理，确保水稻生长发育及产量形成所需的生态用水和生理用水；抽穗开花至乳熟期要注意"养根保叶"，采取干干湿湿、以湿为主的灌溉方法，保持土壤湿润；至完熟期不宜过早断水，防止青枯逼熟。

(4)喷施叶面肥：在抽穗后 15d 左右用 1%～2%尿素加 0.2%～0.5%磷酸二氢钾

(KH_2PO_4)溶液进行叶面喷肥,既有利于降温增湿,又能够补充作物生长发育所需的水分及营养,增加粒重。但需注意,如果水稻正处在扬花期,则不能采用喷雾的方法来降温。

2. 高温热害的补救措施

(1)浅水湿润灌溉:对已遭受高温热害但仍有一定产量的田块,要坚持浅水湿润灌溉,防止秋旱使灾害进一步加剧。

(2)加强病虫害防治:水稻生育中后期气温高、空气湿度大,群体的叶面积达到最大值,田间小气候非常适宜多种病虫害的发生,要加强对病虫害的防治。

(3)补追穗粒肥,提高结实率和千粒重:对受灾比较轻的田块,追施1次穗粒肥,一般在破口期前后每亩追施尿素2~3kg,也可采用根外喷施叶面肥或植物生长调节剂的方法。

1.6.3　怎样防止水稻"小老秧"

有些水稻在栽插后20多天,甚至一个多月不发棵,秧苗生长缓慢,分蘖不正常,一些秧苗还抽出长3cm左右的小穗,几天后又干枯了。这种被稻农称为"小老秧"的早穗现象,严重影响了水稻的生长和产量。防止水稻形成"小老秧"的关键是抓好移栽前秧苗培育和移栽后稻田管理两个环节。

1. 形成原因

(1)床温过高,生长发育速度过快。日平均气温20℃左右,最有利于培育壮秧,超过30℃秧苗素质变劣,当2叶1心期苗床温度连续2d超过25℃时,生长点受高温刺激,由营养生长向生殖生长转变,进入幼穗分化期,插秧30d左右便会抽穗变成"小老秧"。

(2)越区栽培,早熟品种生长过快。由于早熟种感温性强,苗床一遇高温便会加速生长,加上阶段积温超常,缩短了生育期,打破了早熟品种的生长规律,提前抽穗变成"小老秧"。

(3)秧龄过长,延长了秧苗缓苗期。有人误以为秧龄越长苗越大,移栽后分蘖越多,这是一种误解。中苗苗龄为28~32d,大苗苗龄为35d左右。通常最适宜叶数不超过本品种叶数的1/3,即早熟品种叶龄不超过3~3.5片,中熟品种叶龄不超过4片,晚熟品种叶龄不超4.5片,秧龄一长营养生长变短,便会出现"小老秧"。

(4)其他因素。苗床播种量大,本田插秧密度大,加上本田施肥不足,也会不同程度地出现"小老秧"。这是因为苗床叶片拥挤,肥料消耗过大,秧苗细弱生长不良,插秧密度过大,主茎多,分蘖少,便会出现早穗。而施肥量小,营养生长期缩短,再加上春季低温,有效成分释放慢,前期营养不足,分蘖少,提前进入生殖生长期也会出现早穗。

2. 防止措施

(1)选择适合本地区栽培的品种,严防越区栽培,因为越区栽培极易发生早穗或贪青。

(2)降低播种量。水稻播种量以300~400g/m² 最佳,秧龄35d左右。

(3)加强苗床管理。苗床管理要本着"宁冷勿热"的原则,第2片叶伸出后,温度控制在 20℃，自第 3 片叶开始温度控制在 18℃左右。

（4）加强水分管理。水分管理要"宁干勿湿"，播前浇透底水，2 叶 1 心期无明显旱象尽量不浇水，2 叶 1 心期后逐渐增加水分。

（5）平衡施肥。平衡施肥能促使秧苗早生快发，增加分蘖。一般以磷、钾肥总量的 50%，氮肥总量的 30%做基肥；氮肥总量的 30%～35%做分蘖肥，15%～20%做调节补充肥，10%～15%做穗肥，5%～10%做粒肥；钾肥总量的 50%做穗肥，其余做追肥。

1.6.4　水稻田间如何科学管水

水稻在田间生长发育过程中离不开水分的供给，其一切生理活动也都在有水分的参与下完成。水稻在不同的生长发育期对水分的需求量不同。水稻移栽后，根据不同的生长发育阶段进行科学、合理管水，是水稻高产、稳产的一项技术措施。

（1）浅水栽秧。合理密植，浅栽浅插，促进水稻早生快发，提高低位分蘖率和分蘖成穗率，从而提高水稻产量。

（2）寸水返青。因秧苗移栽时根部受伤，吸水力弱，移栽后容易失去水分平衡而凋萎，所以应保持田水 1 寸左右，使田间形成一个比较合理的保温、保湿环境，促进新根发生、迅速返青活棵。

（3）薄水分蘖。秧苗进入分蘖期后，应进行浅水灌溉，一般保持 0.5～1 寸水层为宜，水过深会抑制分蘖的产生和推迟分蘖时间，造成高位分蘖，降低分蘖成穗率。

（4）蘖够晒田控苗。当水稻分蘖达到高产田要求的分蘖数量时，要排水晒田。晒田对土壤养分有先抑制，后促进的作用。对控制水稻群体、促进水稻营养生长向生殖生长转化、培育大穗多粒有较好的作用。一般黏重田、低洼田、施肥过重、水稻长势过旺的田块重晒；砂质田、高埂田、瘦田、水稻长势弱的田块轻晒。一般晒到田面开小裂，脚踏不下陷，叶色褪淡，叶片直立为止。

（5）足水孕穗。水稻孕穗期是需水高峰期，植株生长旺盛，光合作用强，叶面蒸腾最大，是水稻一生中生理需水最多的时期，应保持田水 1～2 寸，才能确保穗大粒多。但也不宜灌水过深，深水会影响稻根呼吸和根系发育，降低根系活力。

（6）浅水抽穗。抽穗期田中不能无水受旱，应保持田水 1 寸，才有利于抽穗、扬花、授粉。干旱柱头容易受旱干枯，不能受粉或抽穗不齐。

（7）干湿灌浆。在水稻灌浆期应进行间歇灌溉，确保稻田湿润，以促进植株体内的有机物质向籽粒转运，减少空秕粒，增加千粒重。实行"干干湿湿、以湿为主"的水分管理措施，有利于增气保根、以根养叶、以叶壮籽。

（8）落干黄熟。水稻进入黄熟阶段，稻田应排水落干，有利于籽粒充实饱满和田间收获。

1.7 水稻绿色栽培与生产

1.7.1 什么是水稻清洁栽培，主要有哪些类型

水稻清洁栽培是将水稻生产每个环节与控制环境污染相结合的新技术。根据生产目标、生产标准规范、土壤肥力来源及病虫草害防治手段，可将其分为无公害稻米栽培、绿色稻米栽培和有机稻米栽培3种。

(1)无公害稻米栽培。无公害稻米在生产过程中的肥料，除包括有机稻米、绿色稻米生产允许使用的肥料种类外，还可包括其他行业标准规定允许使用的肥料，但禁止使用未经国家或省级农业部门登记的化学或生物肥料。施肥技术体系必须按照平衡施肥，以优质有机肥为主；有机肥与无机肥的比例不低于1∶1。病虫害的防治手段除有机稻米、绿色稻米生产允许使用的防治措施外，提倡使用生物防治和生物化学农药防治，可限量使用高效、低毒、低残留农药，但必须避免有机合成农药在水稻生长期内重复大量使用。

(2)绿色稻米栽培。绿色稻米是指遵循可持续发展原则，按照特定生产方式生产，经专门机构认定，许可使用绿色食品标志商标的无污染、安全、优质稻米。绿色稻米又分为A级和AA级。A级绿色大米可限量、限品种、限时间使用部分化肥、农药。AA级绿色大米要求在生产过程中不施用化肥、农药和其他有害于环境和人体健康的物质。

(3)有机稻米栽培。有机大米是根据有机农业生产要求和相应标准生产加工，并且通过合法的、独立的有机食品机构认证的大米。按照有机农业生产标准，在生产过程中不使用有机化学合成的肥料、农药、生长调节剂等物质，不采用基因工程技术获得的生物及其产物，而是遵循自然规律和生态学原理，采取一系列可持续发展的农业技术、协调种植业和畜牧业的关系，促进生态平衡、物种的多样性和资源的可持续利用。

1.7.2 绿色大米与有机大米有什么区别

1. 绿色大米的特点

绿色大米与其他大米相比有以下特点。

(1)强调产品出自良好生态环境，即产地经监测，其土壤、大气、水质符合《绿色食品产地环境技术条件》(NY/T 391—2014)要求。

(2)对产品实行"从土地到餐桌"全程质量控制，生产过程中的投入品符合绿色大米相关生产资料使用准则规定，生产操作符合绿色大米生产技术规程要求。

(3)对产品依法实行统一的标志与管理，绿色食品标志认证一次有效许可使用期限为三年，三年期满后可申请续期，通过认证审核后方可继续使用绿色食品标志。

(4)绿色大米是一种满足更高需求，增强市场竞争力的大米，力求达到发达国家普通食品质量水平。绿色大米是从普通大米向有机大米发展的一种过渡性新产品。

2. 有机大米的特点

有机大米与其他大米相比有以下几个特点。

(1)有机大米在生产加工过程中绝对禁止使用农药、化肥、激素等人工合成物质，并且不允许使用基因工程技术；绿色大米则允许有限使用这些物质，并且不禁止使用基因工程技术。

(2)有机大米在土地生产转型方面有严格规定，考虑到某些物质在环境中会残留相当一段时间，土地从生产其他食品到生产有机大米需要 2～3 年的转换期，而绿色大米则没有转换期的要求。

(3)有机大米在数量上进行严格控制，要求定地块、定产量，生产其他大米没有如此严格的要求。

(4)按照国际惯例，有机食品标志认证一次有效许可期为一年，一年期满后可申请"保证认证"，通过检查、审核合格后方可继续使用有机食品标志。

3. 广义上讲绿色大米包括有机大米

(1)有机大米是在绿色大米基础上的进一步提高。

(2)绿色大米、有机大米都注重生产过程的管理，绿色大米侧重对影响产品质量因素的控制，有机大米侧重对影响环境质量因素的控制。

1.7.3 如何进行无公害稻米生产

无公害稻米是指在生态环境质量符合规定标准的产地，按特定的生产操作规程采用无公害稻生产、加工、包装，并经权威机构认证，许可使用无公害标志的品质达到国家优质稻米标准的稻米。

1. 产地环境

选择有水源、土壤质量好、无工业及生活垃圾污染的地区作为生产基地，符合《无公害农产品种植业产地环境条件》(NY/T 5010—2016)标准。灌溉用水需经过抽查监测符合《农田灌溉水质标准》(GB 5084—2005)的才能使用。土壤条件达到国家无公害食品生产环境标准，排灌方便。

2. 水稻品种

选用通过国家或地方审定，且在当地示范成功，稻米品质达到了国家优质米标准三级以上的高产水稻品种，并定期更换。

3. 肥料和农药

生产中使用的肥料和农药必须符合国家规定的低毒、无残留和生物富积的要求，肥料使用符合《肥料合理使用准则》(NY/T 496—2010)的规定，农药使用符合《农药合理使用准则(十)》(GB/T 8321—2018)的规定，禁止使用未经国家和省级农业部门登记的农药和肥料。禁止使用重金属含量超标的肥料。

4. 栽培技术要点

(1)适时播种。原则上以抽穗成熟期定播种期，尽可能使成熟期在昼夜温差大、有利于优质稻米形成的时段。

(2)合理密植。直播田每亩用种量：常规种 3～4kg，杂交种 1.5～2.5kg。移栽田早、晚稻每亩栽植密度：常规品种为 2 万～2.5 万穴，杂交稻为 1.8 万～2.0 万穴，中稻为 1.5 万～1.8 万穴。

(3)平衡施肥，科学管水。提倡测土配方施肥，有机肥与无机肥相结合，一般有机肥占总施肥量的 30%以上。以水控苗，以水控病，切忌成熟期断水过早影响米质。

(4)综合防治病虫害。在选用抗病、抗虫品种的基础上，综合运用农业防治、生物防治、物理防治和化学防治等措施，采用轮作换茬、种养结合等手段，减少病虫害发生。保护天敌，多用黑光灯、频振灯等物理措施诱杀害虫，不用违禁农药。

(5)收获后处理要求。适时收脱，禁用石碾、机动车碾压，禁止在公路、沥青路面及粉尘污染严重的地上脱粒晒谷。包装物和运输工具必须清洁无污染，不得与有毒、有腐蚀性、有异味的物品混装、混运、混贮。仓库消毒、熏蒸用药必须符合国家食品卫生安全规定。

1.7.4 如何进绿色稻米生产

绿色稻米是指在无污染的条件下种植，以施用有机肥料为主，控制使用化学农药及其他化学药品，在规范的生产技术和卫生标准下加工，经国家有关机构认定并使用专门标识的安全、优质、绿色、营养的稻米产品。绿色稻米分 A 级和 AA 级。

(1)产地环境。必须经过国家专门机构的检测认定，符合标准才能进行绿色稻米的生产。

(2)品种选择。参照无公害稻米生产品种选择标准。

(3)肥料使用。①AA 级：主要施用农家肥、生物肥。如堆肥、沤肥、沼气肥、绿肥、作物秸秆、无污染的泥肥、饼粕肥及经专门机构认定正式推荐用于 AA 级绿色食品生产的生产资料。在以上肥料不足时，可部分使用商品有机肥、腐殖酸类肥料、微生物肥、有机复合肥。无机肥允许使用矿物钾肥、硫酸钾、磷矿粉、钙镁磷肥、脱氟磷肥、石灰、石膏、硫黄、不含化学合成物的叶面肥、有机无机肥(半有机肥)。②A 级：除可使用 AA 级准许使用的肥料之外，还可使用部分化肥。主要有两方面必须按规定进行：一是禁止使用硝态氮肥(如硝酸铵、含硝态氮的复合肥)；二是在总用肥量中有机肥的用量应达到一半以上。

(3)农药使用。AA 级绿色食品原则上不准使用化学农药。A 级绿色食品严格按《绿色食品农药使用准则》(NY/T 393—2013)执行，禁止使用在农业上不准使用的化学药剂，且一种药在一季作物上只准使用一次。水稻抽穗之后原则上不用化学农药或尽量少用药。

(4)肥水管理。返青期保持浅水层，分蘖期湿润灌溉，分蘖末期中露轻晒，并保持沟中有水以保护天敌；孕穗期后在保证稻田表面不软的前提下，尽量保持薄水层，以减少水稻对重金属的吸收；收割前 7d 左右断水。

（5）储藏。做好消毒、杀菌、防虫灭鼠等工作。库内禁止存放农药、化肥等物质，谷物入库后经常检查温湿度及虫鼠害等情况。在运输过程中禁止与其他有毒有害物混载，以防污染。

1.7.5　如何进有机稻生产

种植有机水稻具有显著的生态、经济和社会效益，可以减少农药和化肥对环境的污染，保护农业环境，提高生产者的收入。

1. 地块选择

有机水稻的种植过程中地块选择非常关键，所选地块的土壤污染物含量等于或低于《土壤环境质量　农用地土壤污染风险管理标准（试行）》（GB 15618—2018）的风险筛选值；空气条件符合国家一级质量标准；水质符合《农田灌溉水质标准》（GB 5084—2005）。一般选择在肥力较好、排灌便利、与其他地块有自然隔离的地块，附近有污染源地块禁止种植有机水稻。

2. 品种选择

选择中熟、抗性强、适应性广、高产稳产的品种。种子经过筛选，籽粒饱满、粒型整齐、无病虫害。

3. 育苗与移栽

播种前必须先进行晒种、选种，然后用 1%生石灰浸种，避免种子带菌。秧田管理的重点是调温控水，要掌握秧苗生长的临界温度，稻根 12℃，稻叶为 15℃。秧苗生长适温22～25℃。控制好水分，育成具有旱生根系、茎基部宽、早期超重、株高标准、叶片不披垂的适龄壮秧。田间种植密度合理，确保秧苗质量，插秧做到浅、直、匀、稳、足。

4. 田间管理

（1）土壤施肥。可以通过秸秆还田技术对土壤进行培肥，即在秋季进行机械收获时将秸秆充分切碎，均匀撒在大田里，然后进行深翻，将秸秆与土壤混匀，并在旋耕前施入充分腐熟的农家肥。

（2）水分管理。幼穗分化到抽穗前采取"浅—湿—干"间歇灌溉技术，抽穗后浅水湿润灌溉。井灌区采取增温灌溉技术，避免井水直接进田。割净田埂杂草，既可防治病虫害，又可以保证阳光直射水面，提高水温。黄熟期即可停水，洼地早排，漏水地适当晚排。

（3）本田除草。对本田进行泡田可采取大水漫灌的方式，能够漂除土壤中的杂草种子。在水稻的生长过程中发现有萌生的杂草要及时进行人工拔除。

（4）病害防治。通过培育壮秧、合理密植、科学调控肥水、适时搁田、控制高峰苗等方法来增强植株的抗性，从根本上控制病害的发生。

(5)虫害防治。有机水稻虫害防治的首选方法是农业防治,通过加强田间管理,增强水稻的抗性;物理防治,是指在水稻栽培过程中使用频振式杀虫灯对趋光性害虫进行诱杀的害虫防治方法;生物防治,选用经有机认证机构认可的生物农药和植物性农药控制田间害虫基数。此外,可以利用现有的天敌控制害虫的种群数量。

1.8　水稻缺素及施肥措施

1.8.1　水稻的需肥特点是什么

水稻生产离不开肥料,它为水稻生长提供了必需的营养元素,同时改善土壤性质、提高土壤肥力,可以说肥料是农业生产的物质基础之一。

1. 水稻吸收养分的基本规律

(1)水稻正常生长发育所必需的营养元素有碳、氢、氧、氮、磷、钾、钙、镁、硫、铁、锌、锰、铜、钼、硼及硅。碳、氢、氧在植物体组成中占绝大多数,是水稻淀粉、脂肪、有机酸、纤维素的主要成分。它们来自空气中的二氧化碳和水,一般不需要另外补充。水稻对氮、磷、钾三元素的需要量大,单纯依靠土壤供给,不能满足其生长发育所需,必须另外施用。水稻对其他元素的需要量有多有少,一般土壤中的含量基本能满足,但随着高产品种的种植,氮、磷、钾施用量增加,水稻微量元素缺乏症也日益增多。

(2)一般来说,每生产100kg稻谷需要吸收氮1.7～2.4kg、磷0.9～1.3kg、钾2.1～3.3kg,氮、磷、钾的大致比例为2:1:3。但随着种植地区、品种类型、土壤肥力、施肥和产量水平的不同,水稻对氮、磷、钾的吸收量不同,且不同生育时期对氮、磷、钾吸收量的差异也十分显著,通常水稻从秧苗到成熟期,吸收氮、磷、钾的数量呈正态分布。另外,常规稻的吸氮量高于杂交稻,杂交稻的吸钾量高于常规稻。

2. 水稻各生育阶段的需肥规律

(1)氮素吸收规律。水稻对氮素营养十分敏感,是决定水稻产量最重要的因素。水稻整个生育期中体内具有较高的氮素浓度是其高产所需具备的营养生理特性。水稻对氮素的吸收有两个明显的高峰,一是水稻分蘖期,即插秧后两周;二是插秧后7～8周,此时如果氮素供应不足,常会引起颖花退化,不利于高产。

(2)磷素的吸收规律。水稻对磷的吸收量远比氮肥低,平均约为吸氮量的一半,但是在生育后期仍需较多的磷吸收量。水稻各生育期均需磷素,其吸收规律与氮素营养的吸收相似。以幼苗期和分蘖期吸收最多,插秧后3周左右为吸收高峰。此时在水稻体内的积累量约占全生育期总磷量的54%左右,分蘖盛期每1g干物质重含磷最高,约为2.4mg,此时磷素不足,对水稻分蘖数及地上与地下部分干物质的积累均有影响。水稻苗期吸收的磷,在生育过程中可反复从衰老器官向新生器官转移,至稻谷黄熟时,60%～80%的磷素集中于籽粒中,而出穗后吸收的磷多数残留于根部。

(3)钾素的吸收规律。水稻对钾的吸收量高于氮，表明水稻需要较多钾素，但在水稻抽穗扬花前其对钾的吸收已基本完成。幼苗对钾素的吸收量不高，植株体内钾素含量在0.5%～1.5%时不影响正常分蘖。水稻对钾的吸收高峰是在分蘖盛期到拔节期，此时茎、叶的钾含量保持在 2%以上。孕穗期茎、叶含钾量不足 1.2%，颖花数会显著减少。出穗期至收获期茎、叶中的钾并不像氮、磷那样向籽粒集中，其含量维持在 1.2%～2%。

1.8.2　常见的不合理施肥现象有哪些

农民朋友们在水稻生产过程中，施肥方面往往会存在很多问题，直接导致施入土壤中的肥料利用效率普遍较低。不合理的施肥方式通常是由于施肥数量、施肥时间、施肥方法等不科学造成的。生产上常见的不合理施肥现象有以下几个方面。

(1)施肥浅：常见的浅施和表施肥料，肥料易挥发、流失或难以到达作物根部，不利于作物吸收，造成肥料利用率低。

(2)双氯肥：用氯化铵和氯化钾生产的复合肥称为双氯肥，含氯约 30%，易烧苗，要及时浇水。

(3)施化不当：可能造成肥害，发生烧苗、植株萎蔫等现象。施氮肥过量，土壤中有大量的氨或铵离子，一方面氨挥发，遇空气中的雾滴形成碱性小水珠，灼伤作物，在叶片上产生焦枯斑点；另一方面，铵离子在旱土上易硝化，在亚硝化细菌作用下转化为亚硝酸铵(NH_4NO_2)，气化产生 CO_2 会毒害作物，在作物叶片上出现不规则水渍状斑块，叶脉间逐渐变白。

(4)元素过量：过多施用某种营养元素的肥料，不仅会对作物产生毒害，还会妨碍作物对其他营养元素的吸收，引起缺素症。例如，施氮过量会引起缺钙；硝态氮过多会引起缺钼失绿；钾过多会降低钙、镁、硼的有效性；磷过多会降低钙、锌、硼的有效性。

(5)粪尿直施：新鲜的人(畜禽)粪尿中含有大量病菌、毒素和寄生虫卵，如果未经腐熟而直接施用，会导致作物污染，易传染疾病，需经高温堆沤发酵或无害化处理后才能施用。

1.8.3　水稻的施肥原则有哪些

水稻高产施肥要注意重视化肥，配合有机肥，增加土壤中氮、磷、钾和微量元素的含量，总的来说，要把握好以下几个原则。

(1)基肥为主，基肥、追肥、无机肥、有机肥配合。根据水稻的需肥特性，水稻施肥应以基肥为主，追肥为辅。基肥一般占总用氮量的 70%左右，占磷肥的全部，钾肥的 50%左右，余下的作追肥施用。在水稻—小麦(油菜)轮作免耕条件下，氮肥的施用以 30%作基肥，70%作追肥，钾肥基肥与追肥各占 50%为最佳。基肥宜以有机肥(农家肥)为主，化肥为辅，追肥建议以速效氮复肥［碳酸氢铵(NH_4HCO_3)、尿素等］为主。

(2)测土配方、平衡施肥。水稻生长至少需要 16 种营养元素，根据"最少养分律"原理，无论作物需要多少养分，决定作物产量的都是土壤中有效含量相对最少的养分，只要有一种养分缺乏，其他养分再多都可以说是无用的，生产上必须满足水稻的所有养分需求，土壤不能或不足以供给的就需要通过施肥补充。因此，开展测土配方施肥，首先要对土壤进行养分分析测定，再根据水稻目标产量需要的养分量，按照"需要什么补什么"和"土壤缺什么补什么"原则，综合考虑土壤特性、气候特点、栽培习惯、生产水平等条件，提出各种养分的最适施用量和最佳比例。

(3)控制氮肥。水稻适量施用氮肥可促进稻株发棵生长，但过量施用，不仅会造成无效分蘖增多、贪青、倒伏、病虫害加剧，而且会导致空秕粒多、结实率下降，影响水稻产量。

(4)重视施用磷钾肥。磷钾肥是水稻生长发育不可缺少的元素，可增强植株体内活力，促进养分合成与运转，加强光合作用，延长叶的功能期，增强抗倒伏能力，使谷粒充实饱满，提高产量。基肥以磷肥为宜，追施以钾肥较好。

(5)适当补充中微量元素。中量元素硅、钙、镁、硫，均具有增强稻株抗逆性，改善植株抗病能力，促进水稻生长的作用。微量元素如锌、硼等，能改善水稻根部氧的供应，增强抗逆性，提高抗病能力，促进后期根系发育，延长叶片功能期，防止早衰；能加速颖花发育，增加花粉数量，促进花粒萌发，有利于提高水稻成穗率；还能促进穗大粒多，提高结实率和籽粒的充实度，从而增加稻谷产量。

1.8.4 如何把握水稻种植的施肥量和施肥时间，生产上有哪些施肥方法

1. 施肥量

(1)土壤养分供应量。一般旱地改水田比老稻田释肥量大；冷浸田土壤有机质含量高，但养分释放量小；砂土地地温高，养分挥发快，但后劲差；洼地土温低，养分释放慢，但后劲足。土壤养分供给量可按上年50%~70%的产量与施肥量来估算。

(2)肥料利用率。施到土壤中的肥料，不能当季被水稻全部利用，肥料利用率的大小与肥料种类、施用方法、土壤性质等因素有关。氮肥、钾肥利用率为30%~50%，过磷酸钙[Ca(H_2PO_4)_2]利用率为20%~40%，粪便利用率为10%~20%，绿肥耕翻利用率为40%~50%。

(3)产量与施肥量。根据水稻的需肥量、土壤供肥能力及肥料利用率，就可以估算出不同目标产量的施肥量，但实际施肥量常因条件的不同而变化。一般情况下，产量因施肥的增加而增加，但有一定范围。

2. 施肥时间

(1)基肥：水稻移栽前施入土壤，可结合最后一次耙田施用。
(2)分蘖肥：分蘖期是增加株数的重要时期，在移栽或插秧后半个月施用。
(3)穗肥：分为促花肥和保花肥。促花肥在穗轴分化期至颖花分化期施用，此期施氮可增加每穗颖花数。保花肥在花粉细胞减数分裂期稍前施用，具有防止颖花退化和增加茎鞘贮藏物积累的作用。
(4)粒肥：粒肥具有延长叶片功能、提高光合强度、增加粒重、减少空秕粒的作用。尤其对于群体偏小的稻田及穗型大、灌浆期长的品种作用明显。

3. 常见的施肥方法

(1)基肥一次清：全称为基肥一次清全层施肥法，是将水稻在全生育期中所需的肥料全部均匀撒施于田中，通过整田使肥料与土壤完全混合的全层施肥法。该方法适用于黏土、重壤土等保肥力强的稻田，宜采用缓(控)释性肥料。

(2)前促施肥：一基一追，重基早追。在施足基肥的基础上，早施、重施分蘖肥，特别在基本苗少的情况下。一般基肥占 70%～80%，余下的在返青后全部施用。该法一般用于生育期短的品种，特别是施肥水平不高或前期温度低，肥效发挥慢的稻田。

(3)前促、中控、后补。在施足基肥的基础上，早施分蘖肥，中期当分蘖达到一定数量后，晒田控氮，后期酌情施穗粒肥。基肥用量一般占总施肥量的 60%～70%，分蘖肥占总施肥量的 20%～30%，穗粒肥占总施肥量的 10%。该法适用于施肥水平较高、生育期较长、分蘖穗比重大的杂交稻。

(4)前稳、中促、后保。在栽足基本苗的前提下，适当减少前期施肥量，主要依靠栽植的基本苗成穗，中期重施穗肥，后期适当补施粒肥。一般基、蘖肥占总施量的 50%～60%，穗、粒肥占 40%～50%。适用于生育期长的品种和肥料不足、土壤保肥力较差的田块。

(5)前轻、中促、后保。近年来，免耕和秸秆还田技术大范围推广应用。由于免耕条件下通常伴随土壤不同程度的龟裂，种稻初期水分渗漏严重，施入的肥料容易流失。应轻基肥，重追肥，基肥、分蘖肥、粒肥比例以(3～4)∶(5～6)∶1 为佳。

(6)测土配方。根据土壤养分测定结果及作物全生育期所需各种养分的多少，科学搭配各种养分比例及施用量，合理供应，满足全生育期所需养分，达到增产、增效的目的；减少不必要的施肥，降低成本，减少对环境的污染，减轻土壤板结及病虫害。

1.8.5 氮、磷、钾对水稻生长有什么作用，缺氮、缺磷、缺钾各有什么症状

1. 氮

(1)对水稻的生理作用。在各种营养元素中氮素对水稻生育和产量的影响最大，是构成蛋白质的主要成分。水稻体内的核酸、磷脂、叶绿素及植物激素等重要物质也都含有氮。氮素能明显促进茎叶生长和分蘖原基的发育，还与颖花分化及退化有密切关系。

(2)缺氮症状描述。水稻缺氮，株形矮小，生长缓慢，植株直立，分蘖少，叶形小，与茎干的夹角小；植株褪绿，叶色呈浅绿或黄绿，症状从下向上扩展，一般先从老叶尖端开始向叶中均匀黄化，渐渐由基叶延及心叶，最后全株叶色黄绿，严重时下叶枯黄早衰；根量少，细长；抽穗早而不整齐，穗短粒少，成熟提早，产量下降。

2. 磷

(1)对水稻的生理作用。磷是细胞质和细胞核的重要成分之一，直接或间接参与糖、蛋白质和脂肪的代谢，存在于生理活性高的部位，在细胞分裂和分生组织的发育中是不可缺少的。磷素供应充足，水稻根系生长良好，分蘖增加，代谢作用旺盛，抗逆性增强，并

有促进早熟和提高产量的作用。

(2)缺磷症状描述。水稻缺磷，植株瘦小，一般分蘖前多无明显症状，到分蘖时，生长速度显著减慢，分蘖迟缓，分蘖少或不分蘖，新叶呈现暗绿色，老叶呈现灰紫色，叶片细窄，直立不披，鞘叶比例失调，叶鞘长而叶片短，根系细弱软绵，须根量少，弹性差。严重缺磷时，叶片纵向卷曲，叶尖呈紫红色，稻丛簇状呈"一柱香"形，挺立叶片的夹角很小，僵苗根系细而短，分枝侧根少，扎根浅，根量比正常苗少，根系腐烂发黑，抽穗和成熟期延迟，每穗枝梗数和粒数减少，千粒重下降，产量降低。

3. 钾

(1)对水稻的生理作用。钾与氮、磷不同，它不是原生质、脂肪、纤维素等的组成成分。但在一些重要的生理代谢上如碳水化合物的分解和转移等，钾具有触媒作用，能促进这些过程的顺利进行，还有助于氮素代谢和蛋白质的合成，对多种重要的酶有活化作用。适量钾能提高光合作用和增加碳水化合物含量，使细胞壁变厚，从而增强植株抗病、抗倒伏的能力。

(2)缺钾症状描述。水稻缺钾，植株矮小，茎短而细，分蘖少，老叶软弱下披，心叶挺直。叶片自下而上叶尖先黄化，随后叶基部逐渐出现黄褐色至红褐色斑点，最后干枯变成暗褐色。严重缺钾时叶片枯死，有些植株叶鞘、茎秆也出现病斑，远看一片焦赤，俗称"铁锈病"；根系发育显著受损，发育不良，易脱落，易烂根；穗长而细，谷粒缺乏光泽，不饱满，易倒伏或感病。

1.8.6 主要微量元素对水稻的生理作用是什么

(1)硫对水稻的生理作用。水稻吸收利用的主要是硫酸盐，也可以吸收亚硫酸盐和部分含硫的氨基酸。硫素与氮素代谢的关系非常密切。稻株缺硫可破坏蛋白质正常代谢，阻碍蛋白质的合成。

(2)钙对水稻的生理作用。钙是构成植物细胞壁的元素之一，约60%的钙集中于细胞壁。

(3)镁对水稻的生理作用。镁是水稻叶绿素的成分之一，缺镁时叶绿素不能形成，同时镁是多种酶的活化剂。孕穗期前保证充足的镁素营养特别重要。

(4)铁对水稻的生理作用。水稻体内含铁较低，老叶的含铁量比嫩叶更高，其中相当部分集中于叶绿体内。铁参与植物体内的呼吸作用，影响与能量有关的生理活动。缺铁时叶绿素不能形成，在一般情况下土壤中不缺铁。在酸性和长期渍水土壤中铁多被还原成溶解度大的亚铁，如水稻大量吸收会发生亚铁中毒。

(5)锰对水稻的生理作用。锰是水稻体内含量较多的一种微量元素，能促进水稻种子发芽和生长，并能增强淀粉酶活力。叶绿素中虽不含锰，但锰能影响叶绿素的形成。正常生育的稻株体内铁和锰之间能保持一定平衡，缺锰则亚铁含量增高，引起亚铁中毒。

(6)锌对水稻的生理作用。锌在生长素合成上是不可缺少的，并能催化叶绿素的合成，可以促进水稻生长和提高有效分蘖数，并能提高其叶绿素含量和防止早衰。

(7)钼对水稻的生理作用。钼能促进蛋白质的形成，参加水稻体内各种氧化还原过程，可消除酸性土壤中铝、锰离子的毒害作用，促进水稻土中自生固氮菌的活力。

（8）铜对水稻的生理作用。铜是一些氧化酶的成分，它能影响植物体内的氧化还原过程，稻株对铜的需要量极微。

（9）硼对水稻的生理作用。水稻对硼的需要量极少，硼对水稻的氮代谢和养分吸收有促进作用。

1.8.7　水稻缺主要微量元素会有什么症状

（1）水稻缺钙症状描述。水稻缺钙症状先发生于根系及地上幼嫩部分。缺钙时根系生长差，茎和根尖的分生组织受损，根尖细胞腐烂、死亡，植株矮小呈未老先衰状。幼叶卷曲且叶尖有黏化现象，叶缘发黄，逐渐枯死。定型的新生叶片前端及叶缘枯黄，老叶仍保持绿色，结实少，秕粒多。

（2）水稻缺铁症状描述。水稻缺铁症状一般发生在秧苗的幼苗期。水稻缺铁时，叶片褪绿变白，表现为"缺绿症"或"失绿症"，开始幼叶叶脉间失绿黄化，叶脉仍保持绿色，呈清晰黄绿相间条纹，之后叶片完全变白，有时一开始整个叶片就呈黄白色。由于铁在作物体内的移动性很小，不容易从老叶片转移至幼嫩部位，所以，一般都是新抽生心叶较下部的老叶症状明显。根系多白色或淡黄色，严重时不能正常抽穗。

（3）水稻缺锌症状描述。水稻缺锌易引起僵苗，农民常称之为"坐苑"。与缺磷不同，缺锌症状在插秧后 2～4 周才普遍发生，而缺磷则是插秧后即可发生。缺锌症状表现为植株新叶基部发白，老叶叶尖干枯，沿中脉两侧变褐，并有褐色斑点。新叶小，出叶慢，叶鞘短，植株矮缩。严重时新叶外整株枯赤焦干，甚至连叶鞘茎秆上也有锈斑。发根少或不发新根，根系呈黄白色，当土壤中含有毒物质时根系会变黑。

（4）水稻缺镁症状描述。水稻缺镁时，症状表现为中下位叶片先出现黄化，常以中部功能叶片最明显，老叶叶片的叶肉部分褪绿呈淡黄色，叶脉仍保持绿色，呈黄绿相间的条纹，病叶从叶枕处呈折角下垂，植株矮小，分蘖少，稻穗基部退化，颖花增加，严重时褪绿部分干枯坏死。

（5）水稻缺硫症状描述。水稻缺硫时，全株褪绿黄化，呈黄绿或深黄色，叶片薄，叶尖焦枯，分蘖少或不分蘖，植株瘦矮，根系明显伸长，须根减少，呈暗褐色，白根少。

（6）水稻缺锰症状描述。水稻缺锰时，症状先出现在幼叶，幼叶叶脉间黄化，脉间呈浅绿色，出现褐色细小斑点，严重时脉间变褐色或枯死。

（7）水稻缺铜症状描述。水稻缺铜时，新生叶片失绿黄化，叶尖卷曲变白，叶窄，叶软，萎蔫。叶缘黄白色，叶片上出现坏死斑点，茎伸长推迟，易患病害，抽穗晚，稻穗发育受阻，籽粒不饱满甚至不结实。

（8）水稻缺硅症状描述。水稻缺硅无典型症状，与正常水稻相比，缺硅稻株表现出稻叶披散、萎垂无力，并常见并发稻瘟病、胡麻叶枯病和铁、锰中毒症等，且易倒伏。缺硅的水稻生育衰弱，茎叶黄化，叶片上有褐色枯斑，甚至出穗延迟，发生白穗，秕粒增多，出现畸形稻壳，产生结实障碍，谷粒有褐色小斑，米粒也带褐色。水稻缺硅常导致稻谷减产和品质下降。

1.8.8 叶面肥种类有哪些，如何正确使用

叶面施肥是植物吸收营养成分的一种补充，用于弥补根系吸收养分的不足，但其不能代替土壤施肥。叶面肥对于强化作物营养、防止缺素病状发生有很好的效果，而且具有肥效迅速、肥料利用率高、用量少等特点。

1. 叶面肥的种类

(1)营养型叶面肥：氮、磷、钾及微量元素等养分含量较高，主要功能是提供各种营养元素，改善作物的营养状况，尤其适用于作物生长后期各种营养的补充。

(2)调节型叶面肥：含有调节植物生长的物质，如生长素、激素类等成分，主要功能是调控作物的生长发育等。适于作物生长前、中期使用。

(3)生物型叶面肥：含微生物体及代谢物，如氨基酸、核苷酸、核酸类物质。主要功能是刺激作物生长、促进作物代谢、减轻和预防病虫害的发生等。

(4)复合型叶面肥：复合混合肥，其功能既可提供营养，又可刺激生长，调控发育。

2. 叶面肥正确使用

(1)要注意适宜的喷洒浓度。不同的叶面肥有不同的施用浓度，施用浓度过高或过低都会产生不利影响。一方面要根据产品说明书的要求进行浓度配制；另一方面要进行小面积试验，确定有效的施用浓度。另外，在配制叶面肥时应注意将喷雾器清洗干净，有些叶面肥可以与农药混合喷施，而有些则要求单独喷施。

(2)依据不同生育期，选择适宜的叶面肥。有的叶面肥适合生育前期喷，有的适合生育后期喷。另外，叶面肥的施用时期还与肥料品种有关。

(3)叶面肥要充分溶解。叶面肥的剂型有两种：固体和液体。特别是固体粉状的叶面肥溶解较慢，放入喷雾器中，加水后要充分搅拌，完全溶解后再喷，否则浓度低了效果差，浓度高了有时会烧苗。具体稀释时应严格按照说明书上的要求操作。

(4)注意喷施方法和时间。喷施叶面肥时要注意叶片的正反面都要喷到，喷均匀，喷到位。选择在不刮风的天气，日照弱、温度较低时喷，一般在上午 9 点以前，下午 4 点以后进行，这时水分蒸发较弱，有利于作物吸收。空气湿度大时，叶面肥喷后不易干，作物吸收好，注意下雨不要喷。

(5)喷洒液量要充足。一般以肥液欲流下却未流下为宜；一般要求亩用肥液量 50～70kg；喷洒次数应根据使用说明而定。

(6)叶面施肥与土壤施用相结合。氮、磷、钾肥配合使用，更有利于满足作物全生育期多种营养元素的需要。在土壤施肥、夯实地力的基础上，又能突出叶面肥针对性强、见效快等特点，效果会更好。

1.8.9　具体怎么使用水稻根外施肥(叶面肥)

水稻生长中后期，根系的吸收功能日渐衰退，而穗部尚处在营养充实阶段，需要有足够的养分供应。通过土壤施肥，有一个吸肥过程，难以满足要求。若是通过根外喷施叶面肥的方法补充养分，让水稻茎叶直接吸收利用，则用肥少，见效快。

(1)氮肥。水稻生育中后期喷施氮肥，可延长功能叶寿命，防止脱氮早衰。孕穗期和灌浆初期各喷 1 次 1%尿素溶液，如与 3000～4000 倍的"九二〇"调节剂混合喷施效果更好。

(2)磷肥。水稻生长后期喷磷，可提高结实率和千粒重，促进早熟。抽穗至灌浆期喷 2 次 2% $Ca(H_2PO_4)_2$ 溶液，在缺氮田块可在配制好的磷肥溶液中添加适量尿素混喷。

(3)钾肥。水稻孕穗期和齐穗期各喷 1 次钾肥溶液，能促进抽穗，提高结实率。取新鲜草木灰 5kg，加清水 100kg，充分搅拌后浸泡 12～24h，然后取上清液喷用，每次亩喷肥液 50kg。也可选用 1%氯化钾(KCl)溶液喷施。

(4)KH_2PO_4。水稻喷施 KH_2PO_4，可提高抗逆性，增强抗热和抗寒能力，增粒增重，增产效果好。孕穗期、齐穗期和灌浆期各喷 1 次，每次亩用 150g，加水 50kg 稀释后喷雾。抽穗达 20%时，亩用 150g 加 1～2g"九二〇"，加水 50kg 稀释后均匀喷布，可促进抽穗整齐，减少包颈，增产效果显著。

(5)锌肥。水稻对锌敏感，始穗期和齐穗期各喷 1 次锌肥液，可促进抽穗整齐，增强叶片功能，加速养分运转，有利于灌浆结实。每次亩用硫酸锌 100g，加水 50kg 稀释后喷施。与磷酸二氢钾混用效果更佳，但不宜与磷肥混用。

(6)硼肥。水稻灌浆期硼营养供应充足，结实率高，空秕少，尤其是杂交稻增产作用更明显。齐穗期和灌浆期各喷 1 次 0.1%～0.2%硼砂溶液，可增产 10%左右。当水稻灌浆结实期遇低温阴雨时，喷施硼肥效果更好。喷施硼砂，应先用少量温热水将其溶解，再加水稀释至所需浓度后及时喷用。

1.8.10　什么是水稻侧深施肥技术，该项技术有何优点

长期以来，我国大部分地区一直采取在水稻种植前将肥料人工撒施在水面上，或是整地时将肥料均匀搅拌于土壤中的方法，肥料利用率不高。侧深施肥(也称侧条施肥或机插深施肥)技术是水稻插秧机配带深施肥器，在水稻插秧的同时将肥料施于秧苗侧位土壤中的施肥方法。几年的试验研究表明，水稻机插秧同步侧深施肥技术具有显著提高肥料利用率、促进水稻前期营养生长、降低成本等优势，被农业农村部确定为重大引领性农业技术之一。该项技术主要有以下几个优点。

(1)提高肥料利用率。水稻侧深施肥是在插秧的同时将肥料施于距稻苗 3～5cm、深 5cm 的土壤中，肥料呈条状集中施于耕层，距水稻根系较近，利于根系吸收利用，由于肥料条施集中，在土壤中浓度较高，增加了吸收压力，使水稻吸收速度加快，因而提高了肥料的利用率。因此侧深施肥可节省速效化肥 20%～30%。

(2)促进水稻早期生育。采用侧深施肥可使水稻根际氮素浓度较全耕层施肥提高 5 倍

左右，可解决因低温、地冷、冷水灌溉、早期栽培、稻草还田等造成的水稻生育初期营养缺乏问题，这是常规施肥难以达到的。

（3）水稻生育期和成熟期提早。采用侧深施肥可提高水稻前期生长量，即使在不良条件下也能促进肥料的吸收（与常规施肥相比），最高分蘖期出现较早，出穗期（50%出穗）略有提早，可确保安全成熟，在低温年份和三冷田（寒地、井水灌溉、山间地）表现尤为突出。

（4）水稻无效分蘖少、抗倒伏。影响水稻倒伏的主要因素有生长过旺、氮素过多、长期深水、病虫害等。侧深施肥施用速效肥料，在水稻插秧后 30d 土壤氮素浓度降低，由于侧深施肥促进了水稻早期生育，确保了分蘖茎数和生长量，可及时晒田，所以易于控制倒伏。

（5）减轻环境污染。由于侧深施肥是将肥料埋于土壤中，肥料流失较少。实践证明采用侧深施肥的稻田，由于藻类所需的氮、磷营养元素少，藻类等杂草危害明显减轻，同时随排水流入江、河的肥料也少，可防止水质污染。

（6）高产、优质。侧深施肥可促进水稻早期生育，低位分蘖多，早期确保分蘖茎数、穗数增多，倒伏减轻，结实率高，因此一般年份可比常规施肥增产 5%～10%，低温年增产可达 10%～13%。另外侧深施肥水稻病虫害轻，可提早抽穗成熟，使水稻结实期积温相对较高，品质较好，据测定，食味值比常规施肥增加 10 个点数，在低温和土壤条件较差地块更明显。

1.8.11 如何进行水稻测深施肥，技术要点有哪些

1. 测深施肥的施肥量

施肥量与水稻品种、土地条件、气候因素和施肥方法有关，若采用侧深施肥，在同样目标产量下，施肥量应适当降低。具体降低幅度应以有关的土肥试验确定。有研究表明，侧深施肥可提高肥料利用率 15%～20%，这样达到相似目标产量一般可节约基肥和蘖肥总量的 20%～30%。

2. 侧深施肥深度、肥料距稻根侧向距离

施肥深度 4.5～5cm，肥料距稻根侧向距离 3～5cm。施肥位置在苗侧附近，秧苗返青后肥料很快被吸收，肥料与土壤接触少，肥料浓度高，微生物获取少，脱氮少，水稻吸收利用率高。为防止水稻初期生长旺盛，中后期衰落，在水稻生育的中后期按照叶龄诊断，结合田间水稻长势长相及时施用调节肥和穗肥，施肥量调节肥为氮肥总量的 10%左右，穗肥为氮肥总量的 20%、钾肥总量的 30%～40%，并结合水稻健身防病叶面追肥 2、3 次。

3. 水稻侧深施肥专用肥

肥料种类直接影响水稻侧深施肥效果，由于肥料颗粒大小、密度不同而造成的施肥不匀是生产中存在的主要问题之一。利用氮、磷、钾三要素混配后加入缓释剂而制成的水稻侧深施肥专用肥，在该技术中应用效果较好。

4. 技术要点

(1)培育壮秧。培育壮秧是水稻侧深施肥技术的基本保证。侧深施肥是在机械插秧的同时进行施肥作业,因此秧苗必须满足机插苗的要求。

(2)土壤耕作。水稻田侧深施肥对土壤耕作的基本要求是要有适宜的耕深。稻田耕作、整地深度最少在 12cm 以上。耕层过浅,水稻生育中后期易脱肥。稻田基本耕作以松旋耕、松耙耕及轮耕为好。水整地要求土壤松软适度,以手划沟后自然合拢为宜,否则土壤过软或过硬都将影响插秧质量和侧深施肥的效果。

(3)适时追肥。侧深施肥要与追肥相结合,侧深施肥虽可代替基肥和分蘖肥,但中后期追肥量不能减少。根据地力情况,基肥加蘖肥施用量比常规施肥的减少 20%~30%。在施肥方法上,磷肥一次侧深施入;钾肥 80%侧深施入,20%作追肥;氮肥 60%侧深施入,其余 40%作调节肥、穗肥、粒肥施用。

(4)作业调整。调整好排肥量,保证各条间排肥量均匀一致。田间作业时,施肥器、肥料种类、转数、速度、泥浆深度、天气等都可影响排肥量。为此,要及时检查调整。

(5)现混现施。氮、磷、钾肥料配合施用时应混拌均匀,不同类型的肥料(颗粒、粉状)混合施用时,现混现施,以免造成施肥不匀,影响侧深施肥效果。

(6)水层管理。整地后以水调整泥的硬度,插秧后保持水层促进返青,水稻分蘖期保持 3~5cm 水层,水稻生育中期根据分蘖、长势及时晒田,晒田后采用浅、湿为主的间歇灌溉法,蜡熟末期停灌,黄熟初期排干。

1.8.12　水稻过多施用氮肥有什么危害,若偏多又该如何处理

氮是水稻生长不可或缺的营养元素之一,对提高作物产量具有重要作用,但氮肥施用过量,会适得其反。

1. 施用氮肥过多对水稻的危害

(1)分蘖期施用氮肥过多,地上部生长过旺,根系生长缓慢,很多分蘖因无根供养而形成无效分蘖,结实率低,造成多瘪粒,影响水稻产量。

(2)生长期氮素过多,水稻植株生长茂盛但软弱,株形相对增高,造成早期下部荫蔽,下部湿度和温度相对提高,通风不好,给病虫害提供条件,易发病虫害。一般氮肥过多会造成纹枯病、稻瘟病严重,纹枯病严重的田块,稻飞虱也会严重。

(3)氮肥过多,造成水稻贪青,营养生长旺盛,节间距离加长,可能引起水稻后期倒伏。同时,水稻体内大量积累硝态氮引起中毒,下部叶片枯死早,根易老化,无效分蘖的茎秆就会倒伏,造成严重减产。

(4)氮肥施用过多,大米中蛋白质含量增加,导致品质不好,口感差。

2. 水稻后期氮肥过多处理方法

(1)喷施磷酸二氢钾,增加产量,防早衰。

(2)建议在孕穗期和抽穗期，用 100～200g KH_2PO_4 兑水 15kg 喷施一次，对后期水稻千粒重和结实率都有帮助。由于是高浓度喷雾，建议使用高纯品，不建议使用杂质较多的产品。

(3)适当使用硅肥，增强抗倒伏能力。有条件的农户可以使用 1、2 次硅肥，增强水稻抗倒伏能力，特别是靠近湖海边缘的农田，风力较大，抗倒伏预防是必须的。

(4)病虫害防治必须到位。建议使用苯甲丙环唑和 KH_2PO_4 一起喷施，可以预防稻曲病和纹枯病。稻瘟病易感品种，建议加入三环唑或吡唑醚菌酯预防。

1.8.13　硅肥在水稻生产中有什么特殊作用，该如何正确施用

水稻是典型的喜硅作物，硅又是水稻生长的必需元素之一，水稻茎叶中的含硅量可达到 10%～20%，每生产 100kg 稻谷稻株要吸收硅酸 17～18kg。缺硅水稻体内的可溶性氮和糖类增加，容易诱致菌类寄生而减弱抗病能力。有研究认为，茎叶中的硅酸化合物能对病原菌呈现某种毒性而减少危害。随着水稻产量不断提高，水稻增施硅肥效应也在逐渐显现，尤其是在土壤有效硅含量不丰富的地区，水稻施用硅肥已是稳产高产的有效措施。

1. 水稻施用硅肥有增产作用

(1)参与细胞壁的组成。硅与水稻体内的果胶酸、多糖醛酸等有较高的亲和力，形成稳定的、溶解度低的硅酸混合物沉积在木质化细胞壁上，可使表皮硅质化，增加细胞壁的厚度，形成坚固的保护层，增强组织的机械强度和稳固性，增强水稻抵御病虫害的能力和抗倒伏能力。

(2)增强光合作用、减弱蒸腾作用。水稻叶片的硅化细胞比绿色细胞更易让散射光透过，促进水稻的光合作用。硅化物质沉积在叶片和茎秆表面，形成"角质双硅层"减弱蒸腾强度，一方面，提高水稻抗旱能力，节约水资源；另一方面，当水稻吸收硅素后，十分有利于叶片和根系的生长发育。

(3)硅与其他营养元素的相互作用。施用硅肥可以调节水稻对氮、磷的过量吸收，促进通化产物向多糖物质转化，以保证水稻的高产优质。提高水稻的硅氮比可提高水稻的耐高氮能力，减轻偏施氮肥引起的贪青、晚熟和倒伏。水稻在淹水条件下硅肥能促进根系的氧化能力，抑制对铁、锰的过量吸收，减轻毒害。

2. 水稻施硅肥方法

土壤中硅的性质稳定，移动性差，以化合物的形态被固定，水稻难以吸收，所以施用硅肥十分重要。硅肥一般做为基肥与氮磷钾配合施用，也可在苗期配合其他肥料追施。另外，还可进行根外喷施，在水稻分蘖盛期亩喷施高效速溶硅肥 100g，连喷两次，对水稻增产效果十分显著，一般水稻施用硅肥可增产 5%～20%。

1.9　水稻主要病虫害防治

1.9.1　我国西南稻区主要有哪些病虫草害

水稻病虫害发生危害严重,是影响水稻高产、稳产和可持续生产的重要因素。我国西南稻区主要的病虫害见表 1.2。

表 1.2　西南稻区主要病虫害

为害期	病害	虫害
种子和幼苗	稻瘟病、胡麻叶斑病、烂秧、恶苗病、叶鞘腐败病、白叶枯病、条纹叶枯病、黑条矮缩病、南方黑条矮缩病、干尖线虫病、根结线虫病	灰飞虱、白背飞虱、褐飞虱、稻蓟马、稻瘿蚊、稻秆潜蝇
生长期	稻瘟病、纹枯病、胡麻叶斑病、恶苗病、一炷香病、稻曲病、颖枯病、窄条斑病、云形病、叶黑粉病、叶鞘网斑病、叶鞘腐败病、紫秆病、白叶枯病、细菌性条斑病、细菌性基腐病、条纹叶枯病、黑条矮缩病、南方黑条矮缩病、干尖线虫病、根结线虫病、赤枯病、细菌性谷枯病	三化螟、二化螟、大螟、台湾稻螟、稻纵卷叶螟、褐飞虱、白背飞虱、灰飞虱、直纹稻弄蝶、黑尾叶蝉、白翅叶蝉、电光叶蝉、稻蓟马、稻瘿蚊、稻秆潜蝇、稻水象甲、黏虫、稻绿蝽
成熟收获期	稻瘟病、纹枯病、胡麻叶斑病、稻曲病、颖枯病、一炷香病、稻粒黑粉病、叶黑粉病、紫秆病、白叶枯病、根结线虫病、细菌性谷枯病	三化螟、二化螟、大螟、台湾稻螟、稻纵卷叶螟、褐飞虱、白背飞虱、直纹稻弄蝶、黏虫、稻绿蝽

1.9.2　如何识别与防治水稻稻瘟病

稻瘟病是水稻的主要病害之一,又名稻热病、火烧瘟、叩头瘟,属真菌性病害,可种子带菌。本病在各地均有发生,以叶部、节部发生较多,发生后可造成不同程度的减产,严重时减产 40%～50%,尤其穗颈瘟或节瘟发生早而重,可造成白穗以致绝产。

1. 发病特点

以日照少、雾露持续时间长的山区和气候较温和的沿江及水稻生育期处于雨季的地区稻瘟病发生重。稻瘟病从水稻苗期到穗期均可发生为害。根据病害发生的时期和危害部位不同,稻瘟病可分为:苗瘟、叶瘟(普通型、急性型、白点型、褐点型)、节瘟(叶枕瘟)、穗颈瘟、枝梗瘟、谷粒瘟。

2. 危害症状

1) 苗瘟

在 3 叶期前发病,主要由种子带菌引起。3 叶期前病苗基部呈灰黑色,无明显病斑;3 叶期后病苗叶片病斑呈纺锤形、菱形或不规则形小斑。病斑呈灰绿色或褐色,湿度大时病斑上产生灰绿色霉层,严重时秧苗成片枯死。

2）叶瘟

在秧苗 3 叶期至穗期均可发生，分蘖期至拔节期发病较多。初期病斑为水渍状褐点，以后病斑逐步扩大，最终造成叶片枯死。根据病斑形状、大小和色泽的不同，可将其分为以下 4 种类型。

（1）普通型病斑：为最常见的症状类型。病斑呈梭形或纺锤形，外层为淡黄色晕圈，称中毒部；内圈为褐色，称坏死部；中央呈灰白色，称崩溃部。病斑两端常有沿叶脉延伸的褐色长条状坏死线。空气潮湿时，病斑背面产生青灰色霉层。

（2）急性型病斑：病斑为椭圆形、圆形、菱形或不规则形，针头大小至绿豆大小，暗绿色，水渍状，叶片正反面都有大量灰绿色霉层。此类病斑发展快，常为流行的先兆。

（3）白点型病斑：感病品种的嫩叶感病后产生的圆形或近圆形小白斑。在气候条件适宜时，可转为急性型病斑。

（4）褐点型病斑：病斑褐色，针头大小。多产生在气候干燥、抗病品种和稻株下部叶片上，在适温高湿条件下，可转为慢性型病斑。

3）节瘟

在稻株下部节位上发生。初期在稻节上产生褐色小点，逐步扩展至全节，节部变黑腐烂，并凹陷缢缩，干燥时病部易横裂折断。早期发病可造成白穗。叶枕瘟发生在叶片基部的叶耳、叶环和叶舌上。初期病斑呈灰绿色，后呈灰白色或灰褐色，潮湿时长出灰绿色霉层，可引起病叶片枯死和穗颈瘟。

4）穗颈瘟、枝梗瘟

在穗颈部和小穗枝梗上发生。病斑初期为暗褐色，渐变为黑褐色。在高湿条件下，病斑产生青灰色霉层。发病早的形成白穗，发病迟者，籽粒不饱满，空秕谷增加，千粒重下降，米质差，碎米率高。

5）谷粒瘟

在谷粒的内外颖上发生。发病早的病斑呈椭圆形，灰白色，随稻谷成熟，病斑不明显；发病迟的病斑为褐色，椭圆形或不规则形。

3. 传播途径

病稻草、病谷是稻瘟病病菌的主要越冬场所，也是翌年病害的主要初侵染源。病菌孢子主要借风雨传播，也可经昆虫传播。该病有多次再侵染。孢子接触稻株后，遇适宜温湿度后萌发并直接侵入表皮，也可从伤口侵入，但不从气孔侵入。

4. 发病规律

（1）品种和生育期。一般籼稻较抗病，粳、糯稻较易感病。但同一类型的不同品种、同一品种不同生育期，发病程度也不同。水稻分蘖盛期和始穗期最易感病。

（2）气候条件。气温在 20～30℃、相对湿度在 90% 以上有利于病原菌的生长繁殖。水稻生育期间的温度一般适合发病，主要取决于雨量和湿度。多雨、多雾、多露、日照少的天气易发生稻瘟病。

（3）栽培管理。移栽过密、田间通风透光差、虫害严重的田块易发病，田间及田埂四周杂草丛生的田块、施用未充分腐熟有机肥的田块易发病。施用氮肥过多或过迟引起稻株疯长、表皮细胞硅质化程度降低、叶片柔软披垂，易受病菌侵染而发病；长期灌深水、排水不良、未及时晒田的田块，也容易发病。

5. 防治措施

1) 农业防治

(1) 选用抗病品种。选定的品种种植 2～3 年后要及时更新或更换。

(2) 消灭菌源。选无病田留种，用无病土做苗床育秧，及时处理病稻草、病谷以消灭初侵染源，进行种子消毒或包衣。

(3) 加强肥水管理。施足基肥，早施追肥，氮、磷、钾肥配合施用，严防偏施氮肥。在排灌方面，前期浅水勤灌，中期适时晒田，后期干干湿湿管水。

2) 化学防治

(1) 播种前处理稻种。常用药剂有：75%三环唑可湿性粉剂、10%抗菌剂 401 乳油、80%抗菌剂 402 乳油、40%异稻瘟净乳剂、70%甲基硫菌灵可湿性粉剂、50%多菌灵可湿性粉剂等。用上述药剂浸种 48～72h，不需淘洗即可催芽。

(2) 防治水稻苗瘟、叶瘟。在发病初期用药，在秧苗 3～4 叶期或移栽前用 20%三环唑可湿性粉剂兑水喷雾或浸秧。本田从分蘖期开始，若发现发病中心或叶片上有急性型病斑，应及时用药。常用药剂有：20%三环唑可湿性粉剂、40%稻瘟灵可湿性粉剂(乳油)、40%异稻瘟净乳油、45%瘟特灵胶悬剂、50%稻瘟酞可湿性粉剂。

(3) 防治水稻节瘟、叶枕瘟、穗颈瘟。穗颈瘟要着重在抽穗期进行防治，孕穗末期、破口期和齐穗期是防治适期，各用药 1 次。常用药剂有：75%三环唑可湿性粉剂、70%甲基硫菌灵可湿性粉剂、40%稻瘟灵可湿性粉剂(乳油)、40%异稻瘟净乳油、50%稻瘟酞可湿性粉剂、45%瘟特灵胶悬剂等。

1.9.3　如何识别与防治水稻纹枯病

水稻纹枯病又称云纹病，俗名花足秆、烂脚瘟、眉目斑，是当前水稻生产上的主要病害之一。由感染立枯丝核菌而发病，水稻苗期至穗期均可发生，以分蘖盛期至抽穗期受害最重，多在高温、高湿条件下发生，主要危害水稻叶鞘和叶片，严重时也危害茎秆和穗部。纹枯病在南方稻区为害严重，一般受害轻的减产 5%～10%，严重时减产可达 50%～70%。

1. 发病症状

(1) 叶鞘发病。先在近水面处出现暗绿色水渍状小斑点，逐渐扩大呈椭圆形病斑，互相融合成云纹状大斑，由下向上蔓延到上部叶鞘。空气干燥时，病斑中心为灰白色或草黄色，边缘呈暗褐色；潮湿时，病斑中部为灰绿色，边缘呈暗绿色、湿润状。病部产生白色或灰白色蛛丝状菌体，纠结形成白色绒球状菌丝团，最后变成褐色、坚硬的菌核，借小量菌丝附着在病斑表面，易脱落。高温条件下，病组织表面产生一层白色粉状霉层。

(2)叶片发病。病斑与叶鞘上的病斑相似，但形状不规则，病斑外围褪绿或变黄，病情发展迅速时，病部暗绿色似开水烫过，叶片很快呈青枯或腐烂状。

(3)茎秆受害。症状初期似叶片发病症状，后期呈黄褐色，易折倒。

(4)穗部发病。轻者呈灰褐色，结实不良；重者不能抽穗，造成"胎里死"或全穗枯死。

2. 发病规律及传播途径

在稻田土壤里或稻行、杂草中越冬的菌核，于第二年春耕灌水时浮于水面，炽附在稻株基部的叶鞘上。当温湿条件适宜时，菌核萌发长出菌丝，直接侵入叶鞘，病斑不断扩大蔓延，病部的菌丝体集结形成菌核，落入水中，随水流扩大传播。水稻生长前中期，病害主要在稻株基部叶鞘横向扩展。抽穗以后，在温湿条件适宜情况下，病害很快向上面的叶鞘、叶片侵染扩展。在水稻整个生育期中，分蘖期、孕穗期至抽穗期抗病能力较低，病菌侵染最快。当湿度大，气温30℃左右时，只要1～2d菌核就能萌发长出菌丝，7d左右又可形成新的菌核。

3. 发病因素

(1)越冬菌核数量。田间越冬菌核残留量越多，发病越重。

(2)气候条件。水稻纹枯病适宜在高温、高湿条件下发生和流行。雨日多、湿度大、气温偏低，病情扩展缓慢；湿度大、气温高，病情扩展迅速；高温、干燥，抑制病情扩展。气温20℃以上，相对湿度大于90%，纹枯病开始发生。气温在28～32℃，遇连续降雨，病害发展迅速。气温20℃以下，田间相对湿度小于85%，发病迟缓或停止发病。

(3)栽培管理。稻田插秧密度大，长期灌深水或不晒田，过迟或过量施用氮肥且缺少磷、钾、锌肥，均利于水稻纹枯病发生。

(4)品种和植株生育状态。杂交稻比常规稻易感病，株型密集、矮秆阔叶、分蘖数多的水稻品种较易感病，生育期较短的品种比生育期长的品种发病重。

4. 防治措施

1)农业防治

(1)打捞菌核，减少菌源。要每季大面积打捞菌核并带出田外深埋。

(2)加强栽培管理，施足基肥，追肥早施，不可偏施氮肥，增施磷钾肥，采用配方施肥技术，使水稻前期不披叶，中期不徒长，后期不贪青。灌水做到分蘖浅水、够苗露田、晒田促根、肥田重晒、瘦田轻晒、长穗湿润、不早断水、防止早衰，要掌握"前浅、中晒、后湿润"的原则。

(3)选用良种，在注重高产、优质、熟期适中的前提下，宜选用分蘖能力适中、株型紧凑、叶型较窄的水稻品种；以降低田间荫蔽作用、增加通透性及降低空气相对湿度、提高稻株抗病能力。

(4)合理密植，水稻纹枯病发生的程度与水稻群体的大小关系密切；群体越大，发病越重。因此，适当稀植可降低田间群体密度、提高植株间的通透性、降低田间湿度，从而达到有效减轻病害发生及防止倒伏的目的。

2) 化学防治

(1) 防治策略。化学防治水稻纹枯病应采取"前压、中控、后保"的策略，根据病害发生情况及时用药。一般在水稻分蘖末期丛发病率达 10%，或水稻拔节至孕穗期丛发病率达 15%时用药防治。前期(分蘖末期)施药可杀死气生菌丝，控制病害的水平扩展；后期(孕穗期至抽穗期)施药可抑制菌核的形成，控制病害垂直扩展，保护稻株顶部功能叶片不受侵染。

(2) 药剂选择。己唑醇、井冈·己唑醇、井冈·蜡芽菌、戊唑醇等对水稻纹枯病的防治效果都很突出。在水稻分蘖盛期(纹枯病暂未发病或发病初期)，每亩用 10%己唑醇 40mL 兑水 20~30kg；或在水稻分蘖末期(纹枯病进入快速扩展期)，每亩用 10%己唑醇 55mL 兑水 30~40kg，趁早晨露水未干时粗雾喷于水稻下部。

1.9.4　如何识别与防治水稻白叶枯病

水稻白叶枯病又名白叶瘟、地火烧、茅草瘟，是我国水稻的主要病害之一。白叶枯病为细菌性病害，在水稻整个生育期均可发生，以苗期和分蘖期受害最重。该病可侵染水稻各个器官，叶片最易侵染。水稻受害后，叶片干枯，瘪谷增多，米质松脆，千粒重降低，一般减产 20%~30%，严重时可达 50%~60%，甚至颗粒无收。

1. 发病症状

(1) 叶枯型。即典型的叶枯型症状，苗期很少出现，一般在分蘖期后才较明显。发病多从叶尖或叶缘开始，初为暗绿色水渍状短侵染线，后沿叶脉从叶缘或中脉迅速向下加长加宽而扩展成黄褐色，最后呈枯白色病斑，可达叶片基部和整个叶片。此病的诊断要点是病斑沿叶缘坏死，呈倒"V"形斑，病部有黄色菌脓溢出，干燥时形成菌胶。

(2) 急性型。叶片病斑呈暗绿色，迅速扩展，几天内可使全叶变成青灰色或灰绿色，呈开水烫状，随即纵卷青枯，病部有黄色珠状菌脓。

(3) 凋萎型。一般不常见，多在秧田后期至拔节期发生。病株心叶或心叶下 1~2 叶先呈现失水、青枯，随后其他叶片相继青枯。如折断病株茎基部并用手挤压，有大量黄色菌脓溢出；剥开刚刚青卷的枯心叶，也常见叶面有珠状黄色菌脓。

(4) 中脉型。在剑叶下 1~3 叶中脉表现为淡黄色症状，沿中脉逐渐向上下延伸，并向全株扩展，为发病中心，此类症状是系统侵染的结果且在抽穗前便枯死。

(5) 黄叶(化)型。病株的较老叶片颜色正常，新出叶片均匀褪绿呈黄色或黄绿色宽条斑。之后，病株生长受到抑制。在病株茎基部以及衔接病叶下面的节间有大量病菌存在，但在病叶上检查不到病菌。

2. 发病条件

带菌种子、带病稻草和残留田间的病株稻桩是主要初侵染源。细菌在种子内越冬，播后由叶片水孔、伤口侵入，形成中心病株，病株上分泌带菌的黄色小球，借风雨、露水、灌水、昆虫等因素传播。低洼积水、雨涝以及漫灌可引起连片发病。高温高湿、多露暴雨是病害流行条件，长期积水、氮肥过多、生长过旺、土壤酸性都有利于病害发生。一般籼稻发病重于粳稻，矮秆阔叶品种发病重于高秆窄叶品种，不耐肥品种发病重于耐肥品种。水稻在幼穗分化期和孕穗期易感病。

3. 防治方法

选用抗病品种为基础，在减少菌源的前提下，狠抓肥水管理，辅以药剂防治，重点抓好秧田期的水浆管理和药剂防治。

(1)种子处理。严格做好种子消毒工作，种子消毒的方法有：用80%抗菌剂"402"2000倍液浸种48～72h；20%叫青双500～600倍液浸种24～48h。

(2)农业防治。选用抗病品种，是防治白叶枯病最经济有效的途径。清理病田稻草残渣，病稻草不直接还田，防止病稻草上的病原菌传入秧田和本田。秧田应选择地势高，无病，排灌方便，远离稻草堆、打谷场和晒地的田块，防止串灌、漫灌和长期深水灌溉，防止过多偏施氮肥，还要配施磷、钾肥。

(3)药剂防治。老病区在暴雨来临前或过境后，对病田或感病品种立即全面喷药1次，特别是洪涝淹水的田块。用药次数根据病情发展情况和气候条件决定，一般间隔 7～10d 喷1次，发病早的喷2次，发病迟的喷1次。每亩用70%叶枯净胶悬剂100～150g，或25%叶枯宁可湿性粉剂100g，或10%氯霉素可湿性粉剂100g，或25%消菌灵可湿性粉剂40g，以上药剂兑水50L喷雾处理。

(4)治虫控病。这是防治持久性虫传病毒病的通用措施，也是当前条纹叶枯病防治上的急救措施，如防治不当仍会造成严重危害。治虫时要注意同时连片用药，以确保防治效果。由于灰飞虱传毒过程非常迅速和病毒病本身的特殊性，单一依靠药剂治虫并不能达到100%的效果，最好与抗耐品种结合使用方能达更好效果。

1.9.5 如何识别与防治稻蓟马

稻蓟马是指危害水稻的蓟马类害虫的统称，属缨翅目蓟马科，主要吸食水稻的幼嫩叶片，部分种类还能在穗部颖花内取食，主要危害苗期和分蘖期水稻。

1. 形态特征

稻蓟马体型微小，成虫体长 1.0～1.3mm，深褐色至黑色。头近正方形，触角鞭状 7 节，第6、7节与体同色，其余各节均呈黄褐色，复眼黑色。前胸背板发达，后缘角各有 1 对长鬃。前翅深灰色，近基部色淡，上脉端鬃 3 条，下脉鬃 11～13 条。

2. 危害特点

苗期和分蘖期叶片受害后，轻者出现花白斑，重者叶尖卷褶枯黄，严重者秧苗返青慢，萎缩不发。稻管蓟马主要危害水稻抽穗扬花期及穗期，多在颖花内取食、产卵和繁殖，引起籽粒不实。若危害心叶，常引起叶片扭曲，叶鞘不能伸展，还破坏颖壳，形成空粒。

3. 田间检测方法

发现叶片出现白斑或者叶尖处枯黄时，手掌用水浸湿后在上述症状明显的地方轻轻扫拂稻叶，仔细观察，手掌上即可见头发丝大小的短小黑色蓟马成虫爬动。

4. 发生规律

稻蓟马生活周期短，发生代数多，世代重叠。有趋嫩危害习性，3 月中旬，成虫开始活动，先在麦类及禾本科杂草上取食、繁殖，4 月下旬水稻秧苗露青后，成虫大量迁往稻秧上，在水稻秧田及分蘖期稻田为害、繁殖，水稻圆秆拔节后，大多转移到田边杂草或周边水稻秧苗上，并在田边杂草中越冬，于翌年早稻秧田期迁回稻田危害。成虫性活泼，迁移扩散能力强，天气晴朗时，成虫白天多栖息于心叶及卷叶内，早晨和傍晚常在叶面爬动。

5. 防治方法

1）农业防治

冬春季清除杂草，特别是秧田附近的游草及其他禾本科杂草等越冬寄主，降低虫源基数。栽插后加强管理，促苗早发，适时晒田、搁田，提高植株耐虫能力。对已受害的田块，增施一次速效肥，恢复秧苗生长。

2）药剂拌种

每 100kg 水稻干种拌 70%吡虫啉可湿性粉剂 100～200g，有效期可达 30d 以上。

3）化学防治

重点抓好水稻苗期稻蓟马的防治，狠治秧田，巧治大田，主攻若虫，兼治成虫。

（1）防治指标：一查发生期和苗情，定防治适期。水稻苗期，即秧田和直播稻苗期防治，以苗情为基础，虫情为依据，在若虫孵化高峰，叶尖初卷时为防治适期。二查卷叶率或虫量，定防治对象田。秧苗，若虫孵化高峰期，叶尖初卷，卷叶率达 20%～30%时用药，或受害出现黄苗为防治对象田。

（2）药剂处方：播种前每亩稻种用 10%吡虫啉可湿性粉剂 30g 拌种后播种，可控制前期稻蓟马。秧田和直播稻苗期亩用 90%晶体敌百虫 1500 倍液，或 10%吡虫啉可湿性粉剂 2500 倍液喷雾或弥雾，喷雾每亩兑水 60～70L，弥雾每亩兑水 10～15L。施药后田间保持 3～5cm 水层 5d 左右。

1.9.6　怎样识别与防治水稻稻曲病

稻曲病又称为黑穗病、绿黑穗病、谷花病、青粉病，俗称"丰产果"，多发生在收成好的年份。该病只发生于水稻穗部，为害部分谷粒，属真菌性病害，在我国各大稻区均有发生。此病造成的产量损失是次要的，严重的是病原菌有毒，孢子污染稻谷，降低稻米品质。

1. 发病症状

水稻主要在抽穗扬花期感病，病菌危害穗上部分谷粒，少则每穗 1、2 粒病粒，多则可有十多粒甚至几十粒。受害谷粒内形成菌丝块，逐渐膨大，先从内外颖裂开，露出淡黄色块状物，即孢子座，后包于内外颖两侧，呈黑绿色。初外包一层薄膜，后破裂，散生墨绿色粉末，即病菌的厚垣孢子，有的两侧生黑色扁平菌核。

2. 传播途径

病菌以菌核落入土内或以厚垣孢子附在种子上越冬，翌年 7、8 月菌核开始抽生子座，上生子囊壳，其中产生大量的子囊孢子和分生孢子，并随气流传播散落，在水稻破口期侵害花器和幼器，造成谷粒发病。

3. 发病条件

水稻破口、始穗、扬花期如多雨寡照，相对湿度过高，则极有利于稻曲病的侵染发病。病菌在气温 24～32℃时发育良好，最适发育温度为 28℃，低于 12℃ 或高于 36℃ 不能生长。不同品种对稻曲病的抗性有差异，一般大穗型、密重穗型和晚熟品种发病重；不同生育期发病轻重不同，抽穗后至成熟期均能发病，孕穗期最易感病；偏施氮肥、穗肥施用过晚造成贪青晚熟的发病重；淹水、串灌、漫灌容易导致稻曲病发生；水稻孕穗至抽穗期长期低温、寡照、多雨可减弱植株的抗病性。

4. 防治方法

1）品种选择

选用抗病品种，一般散穗型品种、早熟品种发病较轻。

2）农业防治

早期发现病粒及时摘除，重病地块收获后进行深翻，使菌核和稻曲球在土中腐烂；播种前清理田间杂物，减少菌源；采用配方施肥，防止过多或迟施氮肥，慎用穗肥。

3）种子处理

每亩用 12%松脂酸铜乳油水稻专用型 70mL，兑水 50L 浸种 24h 后，清水浸泡、催芽；或用 15%三唑酮可湿性粉剂 300～400g 拌种 100kg；或用 50%多菌灵可湿性粉剂 500 倍液浸种 48h 后催芽。

4）大田防治

宜在孕穗后期、破口期前 5～7d 施药预防。感病品种、往年发病重或施氮过多的田块以及气候适宜发病时需预防。

（1）在水稻孕穗后期(始穗前 5～7d)和破口期，每亩用 5%井冈霉素水剂 250～300mL 兑水 50～60L 各喷雾 1 次，间隔期为 7～10d。

（2）在破口期前 5～7d 用 5%井冈霉素水剂 450mL 兑水 75L 喷雾，其防效好于常规用药两次，并可兼治后期纹枯病。井冈霉素施药后应保持稻田水深 3～6cm，安全间隔期为 14d。

（3）每亩用 25%三唑酮可湿性粉剂 75g 兑水 50L，在水稻孕穗后期和破口期喷雾。

（4）在破口期前 10～12d，每亩用 20%三苯醋锡可湿性粉剂 200g 兑水 50L 喷雾，同时采取水稻生育中期控氮等措施。

（5）每亩用 12%松脂酸铜乳油水稻专用型乳油 70mL 兑水 50L，在水稻孕穗期和齐穗期喷雾。

（6）每亩用 30%苯甲•丙环唑乳油 20mL 兑水 30kg，在水稻破口期前 7～10d 和齐穗期用药两次，同时可兼治纹枯病和稻粒黑粉病等水稻后期病害。

（7）每亩用腈菌唑（8.5%腈菌•井可湿性粉剂）80～110g 兑水 60～75kg，在水稻破口期至齐穗前喷雾。

（8）在水稻生长中后期、病害初发期，每亩用 12%井•烯唑可湿性粉剂 45～75g，或 18%井•烯唑可湿性粉剂 30～50g，兑水 60～75kg 喷雾。

稻曲病防治应坚持以预防为主，气温高时、向阳地块可减少防治次数，湿度大时、阴雨天气要加强防治。由于该病是水稻生长后期病害，要注意使用药剂的安全间隔期。

1.9.7　如何识别和防治水稻坐蔸

部分稻田，在水稻开始分蘖至分蘖盛期常出现稻株簇立、矮小，叶片僵缩，叶色暗绿或发白、变黄，生长停滞，分蘖很少发生。拔起病株时，可见根部老化，整个根系呈黄褐色至暗褐色，新根和须根没有或很少，有的稻株根部发黑甚至腐烂，发出硫化氢臭味等。这些现象称为"坐蔸"，又称"赤枯病"，如不及时防治，对产量的影响很大，一般可减产 10%～20%，严重的减产 50%以上。

1. 坐蔸类型

（1）冷害型。多发生在烂泥田、冷浸田，因土温低或早栽遇寒潮侵袭所致。表现为栽后迟迟不返青，不走新根，根褐色、软绵，根少而细，叶片直立，近尖端有不规则的褐斑，并沿边缘逐渐向基部扩散，脚叶变黄，株型挺瘦。

（2）缺素型。死黄泥田、白鳝泥田缺钾。硝田、冷浸田缺磷。碳酸盐紫色土、大肥田及长期大量施用磷肥的田缺锌。由于缺素，导致秧苗生理代谢受阻。缺磷的田块，秧苗新根少，根系细弱，根呈褐黑色，秧窝呈簇状，叶片呈暗褐色。缺钾的田块，根系生长很弱，叶短、呈暗绿色，老叶上面有赤褐色斑点，叶片易折断，主叶脉发黄。缺锌的田块，秧苗心叶卷曲，不易抽出，苗期叶面出现失绿条纹，根短而少，叶片发红。

（3）毒害型。多发生在长期淹水的深脚田、土壤通透性差的冲槽田。这类田含有大量未腐熟的有机肥，因有机质分解或稻田地势低、渍水，导致土壤中产生大量有毒物质，阻碍稻秧根系呼吸和吸收养分。主要表现为秧苗发黄不返青，根呈褐色逐渐变黑，软绵萎缩，老叶发黄，叶上有红褐色斑点，严重时全株下部叶片变红，成片或成团发生，禾蔸不发而簇立。

（4）瘦瘠型。发生于冲刷严重的粗沙田、熟化程度低的新改田。由于土壤氮素严重缺乏，其他营养元素也不多，导致秧苗栽后返青慢。表现为叶片发黄，根系发育差，僵苗不发蔸。

(5)中毒型。由于稻田除草剂使用不当，使秧苗生长受到严重抑制。主要表现为秧苗停待不长，不走根、不分蘖，严重时老叶发黄。

(6)泡土型。在泥脚深的烂糊田，栽秧后因泥土下沉将秧苗也带下陷，出现返青慢，分蘖迟，严重时叶片发黄，禾蔸直立，地下节间伸长，发黑发烂。

2. 防治方法

由于坐蔸的原因很多，常常一块田多种原因并发。因此应因田制宜，综合防治。首先是对"坐蔸"田块进行田间调查诊断，找出发病的主要原因，再针对性地制订栽培防治措施，并切实执行。注重提前预防，培育壮秧，增强秧苗抵抗能力。适时移栽，并实行浅插。深脚田、烂泥田，要注意待土壤沉实后再栽秧。不施未腐熟的有机肥，提早翻耕绿肥，注意肥料配合，增施磷、钾肥和灰肥，补充微肥，重点是锌肥。返青后及时中耕排水露田，或实行间歇灌溉，以提高土温，促进根系发育。严格按说明使用除草剂，减少毒害。常年发病田应实行水旱轮作。

1.9.8　如何识别和防治稻田福寿螺

福寿螺，又称大瓶螺、苹果螺，外观与田螺极其相似，个体大，每只可生长到 100～150g，最大的可达 250g 以上，有巨型田螺之称。其食性广、食量大、适应性强、生长繁殖快、产量高。原产于南美洲亚马孙河流域，是世界 100 种恶性外来入侵物种之一。

1. 形态特征

(1)卵。福寿螺卵呈圆球形，直径 1.5～3.0mm，初产时深红色，且柔软有弹性，由母螺分泌的透明胶质黏液紧密地黏附在一起，形成有多层垒叠的椭圆形、梭形或长条形卵块，一般 100～400 粒，最多可达 1000 粒。1～2d 后透明胶质黏液干燥固化成为白色蜡质物，卵壳变得硬而脆。当螺卵转变成暗红色继而变成灰白色时，表明螺卵即将孵化。

(2)成螺。福寿螺由头部、足部、内脏囊、外套膜和贝壳 5 个部分构成，贝壳外观与田螺相似，但螺旋部较短，体螺层较大，一般有 4、5 个螺层。雌雄异体，多呈黄褐色或深褐色。雌螺壳口单薄，外唇直或略弯，厣周缘平展；雄螺增厚，外唇向外反翘，厣外缘的中部略隆起，上下缘向软体部凹。

2. 危害特点

福寿螺孵化后稍长即开始啮食水稻等水生植物，尤喜幼嫩部分。水稻插秧后至搁田前是主要受害期。福寿螺咬剪水稻的主蘖及有效分蘖，致有效穗减少而造成减产。据调查，一般危害田块，有效穗减少 11.5%，减产 8.4%，严重田块减产 50%以上。同时，福寿螺是广州管圆线虫的宿主，在没有充分煮熟的情况下，人食用后其线虫可钻入人脑部，损坏大脑神经，从而导致脑膜炎和脑炎、脊髓膜炎和脊髓炎等疾病，严重者会造成死亡。

3. 防治方法

(1)农业防治。机耕化作业可大幅降低福寿螺的基数；合理灌溉晒田，在螺卵盛孵期，注意排水并进行适当露晒田可降低福寿螺的存活率；采用水旱轮作可有效控制福寿螺的发生；福寿螺主要集中在溪河渠道中和水沟低洼积水处越冬，整治沟渠道、铲除畦边杂草等方法可减少冬后的残螺量。

(2)人工防治。组织人力摘卵、拾螺，集中销毁，可在灌溉水口设置金属丝网或毛竹编织的拦集网，避免不同田块之间的水因串灌而将福寿螺带进新田块。

(3)生物防治。深水稻田放养青鱼、鲤鱼可防控福寿螺；在有福寿螺发生的沟渠、田块周围放养鸭子，也可以大大减少幼螺的数量；也有报道，鳖对幼螺和中螺有较强的捕食能力。

(4)化学防治。五氯酚钠、硫酸铜等药剂由于毒性大、产生药害，近几年已被国家禁止使用。稻田有螺 2～3 头/m^2 时，插秧、抛秧 1d 后，可施用 5%的梅塔小颗粒剂或 6%密达颗粒剂，均匀撒施于稻田中，保持 2～5cm 水层 3～7d，建议亩用量梅塔为 250g，或密达 500g，不宜与化肥农药混合使用。

第2章　小麦生产常见技术问题

2.1　小麦资源品种

2.1.1　冬性小麦与春性小麦有何区别

冬性小麦种植于温带地区,在秋天播种,而春性小麦则生长在有长冬的地区,在无霜的春天播种,它们都可长出软质麦和硬质麦(取决于谷的质地)。

2.1.2　什么叫硬质麦和软质麦

小麦蛋白质的含量由谷的硬度决定。质硬的小麦蛋白质含量高,主要用于制作面包等;质软的小麦蛋白质含量稍低,主要用于制作蛋糕和糕饼。

2.1.3　小麦一般是怎样分类的

(1)硬红冬麦:含高蛋白质及筋度,适合制作发酵面包及硬面包。

(2)硬红麦:含极高蛋白质及筋度,适合制作发酵面包及硬面包卷。

(3)软红麦:含低蛋白质及筋度,适合制作蛋糕及饼干。

(4)硬白麦:适合制作面包及面条。

(5)软白麦:含低蛋白质及筋度,适合制作蛋糕、饼干及面条。

(6)硬粒小麦:适合制作通心粉及意大利面条。

2.1.4　如何正确选择适宜小麦品种

(1)根据市场需要选用良种:选择高产、优质、抗性强的品种,以便实现优质优价,发挥良种的增产增收效应。

(2)根据生产水平选用良种:针对本地的栽培条件、肥力水平与生产水平,在肥水条件高的地区,应选用耐肥、抗倒、增产潜力大的高产品种。在旱薄地区,应选用耐旱、耐瘠薄能力强、稳产性好的品种。

(3)根据气象预报选用良种:一般在丰水年份,旱地可选用适宜扩浇地种植的较高产品种;而在偏旱年份,不保浇的地块可选用抗旱性好的品种。

(4)根据不同耕作制度选用良种:早熟品种有利于间套复种,可以充分利用自然条件,还能避免或减轻后期不良气候条件和病虫的危害。

（5）根据本地自然灾害特点选用良种：选用适合本地条件的稳产、高产、抗逆性强的小麦品种。如成都平原两熟制区域应选择抗蚜虫、霉病、锈病与白粉病的品种。

2.1.5　小麦适宜的播种期如何确定

（1）根据品种特性：相同生产条件下，春性品种应适当晚播，冬性品种应适当早播。

（2）根据地理位置和地势：海拔每增高 100m 左右，播期约提早 4d，同一海拔高度不同纬度，大体上纬度递减 1°，播期约推迟 4d。

（3）冬前积温：春性品种要求冬前积温 625℃，弱冬性品种要求冬前积温 700℃，冬前品种要求冬前积温 775℃。

2.1.6　普通小麦是几倍体

普通小麦是 6 倍体，其体细胞中含有 6 个染色体组，42 条染色体。

2.1.7　科学家用花药离体培育出的小麦幼苗是几倍体

用花药离体培育出的小麦幼苗是单倍体，有 21 条染色体，3 个染色体组。

2.1.8　适合做面包的小麦是几倍体生物

适合做面包的小麦，通常是由山羊草属、广义的冰草属与小麦属 3 个属的小麦种类杂交形成的，染色体组为 AABBDD，是 $2n=42$ 的异源 6 倍体植物。

2.1.9　小麦面粉如何分类

小麦面粉主要按下列方式分类。

（1）等级粉。按加工精度不同小麦面粉可分为特制粉、标准粉、普通粉三类。

（2）专用粉。专用粉是利用特殊品种小麦磨制而成的面粉；或根据使用目的，在等级粉的基础上加入食用增白剂、食用膨松剂、食用香精及其他成分，混合均匀而制成的面粉。专用粉的种类多样，配方精确，质量稳定，为提高劳动效率、制作质量较好的面制品提供了良好的原料。

2.1.10　糖尿病患者能吃小麦面吗

小麦面粉内含有较多的淀粉，糖尿病患者可以吃，但要计算热量，不可贪吃。每天的食物种类可以多一点，但是每一种只能吃一点，高糖、高脂的尽量不要吃。通过饮食不能控制血糖的糖尿病患者一定要规律服用降糖药物。

2.1.11 如何储存小麦粮种

小麦粮种的储存对湿度有严格要求，如果湿度大，极易造成发芽和霉变现象。所以在储存时要防止存放种子的仓库漏雨、受潮和结露，同时使用仓库除湿机也是非常必要的，否则种子易发芽，影响储藏的稳定性和品质。

小麦的吸湿能力及吸湿速度较强，在储存期，极易受外界湿度的影响，使含水量增加，其中白皮小麦吸湿性大于红皮小麦，软质小麦大于硬质小麦，吸湿严重的可引起发热霉变和生芽。含水量在12%以下的麦种，应及时入仓，采取密闭贮藏法减少种子吸湿，可较长期地保持种子的生活力。水分在13%～14%时，必须控制种温在25℃以下。水分在14%～14.5%时，温度必须控制在20℃以下，才可防止吸湿，确保种子质量。

2.1.12 国家对小麦种子的质量有哪些标准

小麦原种纯度不低于99.9%、良种纯度不低于99%、净度不低于98%、发芽率不低于85%、水分不高于13%。

2.1.13 国家的小麦良种补贴政策是怎么规定的

2003年设立小麦粮种补贴。补贴标准为10元/亩，补贴品种主要为优质强筋和弱筋小麦品种，兼顾优质高筋和中筋小麦品种。2003～2004年，每年安排1亿元，补贴面积1000万亩，补贴区域为河北、河南、山东、江苏、安徽5省。2005～2007年，补贴规模增加到每年10亿元，补贴面积1亿亩，补贴区域扩大到河北、山西、江苏、安徽、山东、河南、湖北、四川、陕西、甘肃、新疆11个省区。2008年，国务院决定将补贴规模增加到20亿元，补贴面积2亿亩，占全国小麦播种面积(3.44亿亩)的58%，补贴区域增加内蒙古、宁夏2省区，扩大到13个省区。

2.2 小麦栽培技术

2.2.1 怎样选择小麦栽培用地

选择地势平坦、耕性良好、排灌配套、土层深厚、土壤肥沃的壤土田或黄壤地块，地下水位50cm以下的种植小麦为宜。

2.2.2　如何选择高产小麦粮种

选用丰产性、品质优、抗逆性好的优良小麦品种，高肥水地块宜选用中迟熟品种，如川育、蜀麦 559、川麦 107、烟农 24 等品种；中低肥水地块宜选用早熟品种，如蓉麦 1 号、鲁麦 21 等品种。

2.2.3　如何确定小麦最佳播种期及设计小麦高产用肥量

由于近几年冬前(9～11 月)气温有提高趋势，播种时间可根据当地气象预报确定。适期播种是培育壮苗的关键，冬小麦自播种到越冬前有 50～60d 的生长时间大于零度积温在 500～600℃；当地平均气温降至 15～17℃，易形成壮苗，有利于安全越冬，小麦生长适中，易获得高产。一般适宜播期为 10 月 5～10 日。

按照测土配方结果，科学设计用肥量，以降低成本、提高肥料利用率。一般底肥每亩施优质有机肥 1000～2000kg、尿素 10kg、三料磷肥 20～30kg 或磷酸二铵 15～20kg、钾肥 5～10kg，翻地前均匀撒于地面，结合翻地施入。

2.2.4　我国种植小麦的区域有哪些

我国的小麦种植区主要有以下 9 个。

(1)黄淮冬麦区：包括山东全省、河南(除信阳地区以外)、河北中南部、江苏和安徽两省的淮河以北地区、陕西关中平原、山西西南以及甘肃天水地区。小麦种植面积及总产分别占全国的 45%及 51%以上，5 月中旬至 6 月下旬成熟。

(2)长江中下游冬麦区：北至淮河，西至鄂西、湘西丘陵地区，东至滨海，南至南岭，包括上海、浙江、江西 3 省市全部，江苏、安徽、湖北、湖南 4 省部分，以及河南省信阳地区。麦田面积占全国的 12%，成熟期在 5 月下旬。

(3)西南冬小麦区：包括贵州全省，四川、云南大部，陕西南部，甘肃东南部以及湖北、湖南两省西部。麦田面积和总产均为全国的 12%左右，成熟期在 5 月上中旬。

(4)华南冬小麦区：包括福建、广东、广西、海南和台湾 5 省(区)及云南南部。麦田面积只占全国的 1.6%。

(5)东北春麦区：包括黑龙江、吉林两省全部，辽宁除南部沿海地区以外的大部分地区及内蒙古东北部。全区麦田面积占全国的 8%，种植制度为一年一熟，小麦 4 月中旬播种，7 月 20 日前后成熟。

(6)北部春小麦区：全区地处大兴安岭以西，长城以北，西至内蒙古伊盟及巴盟，北临蒙古人民共和国。并包括河北、陕西两省长城以北地区及山西北部。小麦种植面积占全国的 2.7%，7 月上旬成熟，最晚可至 8 月底。

(7)北部冬麦区：包括河北长城以南的平原地区，山西中部及东南部，陕西北部，辽宁及宁夏南部，甘肃陇东和京、津两市，麦田面积占全国的 8%，成熟期通常为 6 月中下旬。

(8)西北春麦区：全区以甘肃及宁夏为主，并包括内蒙古西部及青海东部。麦田面积占全国的4.1%。8月上旬左右成熟。

(9)新疆冬小麦区：小麦种植面积为全国的4.5%。冬麦品种为强冬性，8月中旬播种，次年8月初成熟。

(10)青藏春冬麦区：包括西藏和青海大部、甘肃西南部、四川西部及云南西北部。小麦种植面积占全国的0.5%。8月下旬至9月中旬成熟。

2.2.5　小麦播种方式有哪些

小麦播种方式主要有条播、撒播和穴播三种方式。

(1)分厢撒播：播种均匀，易操作。

(2)等行距窄幅条播：行距一般有16cm、20cm、23cm等，机播。这种方式的优点是单株营养面积均匀，能充分利用地力和光照，植株生长健壮整齐，对亩产350kg以下的产量水平较为适宜。

(3)宽幅条播：行距和播幅都较宽，如宽幅播幅7cm，行距20～23cm。优点是：减少断垄，播幅加宽，种子分布均匀，改善了单株营养条件，有利于通风透光，适用于亩产350kg以上产量水平的麦田。

(4)宽窄行条播：各地采用的配置方式有窄行20cm、宽行30cm，窄行17cm、宽行30cm，窄行17cm、宽行33cm等，高产田采用这种方式一般较等行距增产5%～10%。其原因，一是株间光照和通风条件得到了改善；二是群体状态比较合理；三是叶面积变幅相对稳定。

(5)小窝密植：西南地区麦田土质比较黏重，兼以秋雨较多，整地播种比较困难，宜采用小窝密植方式。每亩45万窝左右，行距20～22cm，窝距10～12cm，开窝深度为3～5cm，氮、钾化肥一般在人畜粪水中充分搅匀后集中施于窝内；过磷酸钙、油饼等混在整细的堆厩肥中盖种，盖种厚度以2cm左右为宜。采用小铲橇窝、小锄挖窝点播，近年来研制的简易点播机，也可开沟、点播一次完成。

2.2.6　如何进行冬小麦播前准备

(1)整地。前茬作物收获后，及早深耕20cm，以充分接纳降水。并剔除田间植株杂草残体，秋季耙糖合墒，使土壤上虚下实无坷垃，秋播前平整疏松，墒情良好，以利出苗。

(2)施足底肥。一般亩施优质农家肥1500～2000kg、纯氮8.0kg、五氧化二磷(P_2O_5)6～10kg，有条件的农户，可增施羊粪等热性有机肥，以利培育壮苗。

(3)选好良种并做好种子处理。选用耐旱、耐瘠、高产、丰产、优质品种。播前做好种子处理，清除秕粒及杂草种子，进行晒种，提高种子的活力和发芽势。药剂拌种可用75%甲拌灵乳液0.5kg，加水15～20L，拌麦种250kg。拌后堆闷12～24h，待种子吸收药剂后播种，防治地下害虫效果良好。或用种衣剂，40%拌种双可湿性粉按种子量的0.2%进行拌种，可以防治根腐病、虫害、黑穗病，促进小麦健壮生长。或用种子量0.2%～0.3%

的 50%多菌灵可湿性粉剂拌种，效果也较好。

2.2.7　如何实施秸秆全量还田小麦全苗壮苗技术

秸秆还田是培肥土壤，改善土壤理化性状，提高耕地可持续生产能力的有效途径，但同时会给麦田整地、播种、出苗和苗期生长带来一系列不利影响。该技术主要通过秸秆切碎、深翻或旋耕埋草、适墒播种、播后镇压、合理增施基肥等措施实现全苗壮苗。

(1)秸秆切碎，深翻或旋耕埋草。通过机械切碎秸秆，适度耕翻或旋耕埋草，将秸秆翻入土表下 15～20cm，提高整地质量和秸秆还田均匀度，满足播种要求。有条件的地方，每亩可增施有机肥 2000kg 左右，以加速秸秆腐熟。

(2)适期早播，适当增加播种量。适期早播并适当增加播种量，以确保基本苗充足，播种深度以 3～5cm 为宜。

(3)适墒播种，播后镇压。遇到干旱造墒播种；墒情不足时可适当推迟播种，播后及时镇压，以提高出苗率，促进全苗、齐苗和保墒防冻，确保安全越冬。

(4)提早增氮，合理运筹肥水。适当增加基肥中氮肥用量，满足秸秆腐解和麦苗生长的氮素需求，促进小麦苗期叶片与分蘖同伸，实现壮苗越冬。秸秆还田麦田后期的供肥能力增强，可适当减少拔节孕穗肥用量。

(5)配套沟系，加强病虫草害防治。配套田间沟系，确保能灌能排，防止渍害。重点抓好秋季和春季化除及中后期纹枯病、白粉病和赤霉病等病虫害防治。

2.2.8　小麦播前晒种有哪些优点

小麦播前晒种能防霉、防虫，促进后熟，提高发芽势和发芽率，有利于壮苗增产。据试验，晒过的麦种比不晒的发芽率高 14.6%～17%，平均亩增产 14.5%。

(1)能提高种子的发芽率，增强种子的发芽势。小麦受潮后，种皮附近的胚乳被水解为糊状物质，种皮上的气孔被堵塞，这样既不利吸收水分，也不利通气。种子发芽需要一定水分和空气，吸气、吸水受阻，必然会影响种子发芽。晒种后，种子失水收缩，种皮通透性增强，播种后有利于种子吸收水分和空气，提高发芽率和发芽势。

(2)促进种子后熟。在高温、干燥条件下，晒种有利于同化物质的形成，完成种子的生理成熟，促使种子通过后熟阶段。

(3)能杀死病菌和害虫。通过晒种，阳光中的紫外线可以杀死附着在种子表面的病菌，减轻小麦病害。如腥黑穗病、白粉病及锈病等。晒种还能避免受潮的种子继续霉变，也可以及时发现一些霉变严重的种子，以便及早调换种子，不误农时。

小麦晒种的方法：选择晴好天气，将麦种均匀地摊在席子上(注意不能直接摊放在柏油路面或水泥晒场上，防止温度过高烫伤种子)，厚度以 10～15cm 为宜，白天经常翻动，夜间堆起盖好，一般连续晒 2～3d 即可。

2.2.9　高产小麦对土壤的基本要求有哪些

偏酸和微碱性土壤中的小麦都能较好地生长，最适宜高产小麦生长的土壤酸碱度为pH6.5～7.5。高产麦田要求土壤有机质含量在1.2%以上、含氮量不低于0.10%、缓效钾不低于0.02%、有效磷20～30mg/kg。有机质含量高，土壤结构和理化性状好，能增强土壤保水保肥性能，较好地协调土壤中肥、水、气、热的关系。高产麦田耕地深度应确保20cm以上，能达到25～30cm更好。加深耕作层，能改善土壤理化性能，增加土壤水分涵养，扩大根系营养吸收范围，从而提高产量。但超过40cm，就打乱了土层，不但当年不会增产，而且还有可能减产。高产麦田的土壤容重为1.14～1.26g/cm³、空隙率为50%～55%。这样的土壤，上层疏松多孔，水、肥、气、热协调，养分转化快；下层紧实，有利于保肥保水，最适宜高产小麦生长。

2.2.10　怎样施小麦底肥更科学

应根据小麦"需肥规律"进行科学施肥。小麦需肥规律：小麦每生产500kg干物质，需要吸收10.5g纯锌、9g纯硼、13g纯锰、0.44g纯钼和4g纯铜，微量元素需要量虽小，但缺少了某一种，产量会大打折扣。而小麦每生产500kg籽粒，需13～15kg纯氮、5～8kg纯磷、7.5～11.5kg纯钾。考虑到秸秆还田、肥料利用率、不同地块肥力差异等因素，专家建议，小麦播前每亩需底施纯氮7.5～11.5kg(另追施纯氮9～11kg)、纯磷6.5～10.5kg、纯钾7.5～10kg。

小麦营养吸收规律：返青期前需要吸收养分量占总施肥量约1/6的氮、1/8的磷和1/10的钾。起身抽穗前约需65%的氮、45%的磷和85%的钾(起身期到拔节期约需25%，拔节到抽期约需60%)；抽穗后需20%左右的氮和40%左右的磷。磷元素的移动性小、后效大，磷肥施入耕作层全层比集中施用的利用率高340%，磷肥做底肥一次性施入为好。钾素在起身到抽穗前约需85%，钾肥可做一次性全部底施，或者1/3底施，2/3在起身拔节期结合追氮肥而追施。由于钾素在土壤中的移动性也较小，且追施增加人工成本，建议在小麦播前一次性底施。氮肥最好底施1/3左右，起身拔节期追施2/3左右为宜。玉米秸秆还田地块每亩还需增施4～8kg纯氮分解秸秆。

建议小麦底肥施用比例，亩施用尿素15kg(也可用50kg含氮17%的NH₄HCO₃替代)，(NH₄)₂HPO₄15kg、KCl 15kg，亩投入约110元。亩施入氮磷钾总养分为25.5kg。在此基础上，注意生长期及时追施尿素和叶面肥。种植户若有微灌设备，也可将底肥中的钾肥少用1/2～2/3，春季结合追施氮肥施入。

2.2.11　小麦施肥应注意哪两个关键时期

作物施肥时，一定要抓住两个关键时期——营养临界期和营养最大效率期。

(1)营养临界期是指小麦对肥料养分要求在绝对数量上并不多，但需要程度却很迫切的时期。此时如果缺乏这种养分，作物生长发育就会受到明显影响，而且由此所造成的损失即使在以后补施这种养分也很难恢复或弥补。磷的营养临界期在小麦幼苗期,由于根系还很弱小,吸收能力差,所以苗期需磷十分迫切。氮的营养临界期是在营养生长转向生殖生长的时候,冬小麦是在分蘖和幼穗分化两个时期。生长后期补施氮肥,只能增加茎叶中的氮素含量,对增加穗粒数或提高产量已不可能有明显作用。

(2)营养最大效率期是指小麦吸收养分绝对数量最多、吸收速度最快、施肥增产效率最高的时期。冬小麦的营养最大效率期在拔节到抽穗期,此时冬小麦生长旺盛,吸收养分能力强,需要适时追肥,以满足小麦对营养元素的最大需要,获得最佳的施肥效果。

2.2.12　如何从播种抓起保障小麦高产稳产

(1)选择适合当地播种的高产稳产优质小麦品种。根据近年来抗御干旱、冻害、干热风等灾害的经验,选用优种是实现小麦高产的关键,应大力推广高产、节水、优质小麦品种。

(2)造墒整地,前作玉米、水稻收获后立即进行秸秆还田,可以减少秸秆内的糖分损失。还要提高粉碎质量,争取秸秆残体短、碎、散布均匀。

(3)少量施用尿素,以加速秸秆的腐熟和防止秸秆在腐熟时与作物争夺养分,造成作物缺肥。

(4)增加土壤湿度,加速秸秆粉碎后的腐熟。

(5)选择小麦最佳播期,小麦播种过早,容易造成冬前冻害,不利于优质高产。播种过晚,不利于产量的提高。适期播种是培育壮苗的关键,冬小麦自播种到越冬前有50~60d 的生长时间大于零度积温在 500~600℃。当地平均气温降至 15~17℃,易形成壮苗,有利于安全越冬,小麦生长适中,易获得高产。在适宜播种范围内,掌握亩基本苗 20 万~25 万苗。

(6)抓好播种质量。采用 15cm 等行距条播,要求做到播行端直、下籽均匀、深浅一致(4~5cm)、覆土良好、镇压确实。同时带肥下种,种肥以每亩 5kg 左右的氮磷复合肥为宜。亩播种量 10~15kg,早播易少,晚播可以适当增加播量。每推迟一天,增加 0.25kg 播量,确保全苗齐苗。

2.2.13　使用小麦播种机应注意哪些问题

为了顺利、及时完成播种,在保养和使用小麦播种机时应注意以下几方面。

(1)机器对接准确:播种机与拖拉机挂接后,不得倾斜。

(2)试用播种器:正式播种前,先在地块上试播 10~20m,观察播种机的工作情况,达到农艺要求后再正式播种。

(3)首先横播:以免将地块轧硬,造成播深太浅。

(4)经常观察:注意播种时排种器、开沟器、笼罩器以及传动机构的工作情况,如产生堵塞、黏土、缠草、种子笼罩不严,应及时消除。

(5)机械运行方式:播种机工作时,严禁倒退或急转弯,播种机的晋升或降落应缓慢进行,以免损坏机件。

(6) 播种箱内种子最小容量：作业时种子箱内的种子不得少于种子箱容积的 1/5；运输或转移地块时，种子箱内不得装有种子，更不能压装其他重物。

(7) 多项农艺技术协调：调剂、修理、润滑、清算缠草等工作，必须在停车之后进行。

2.2.14　小麦撒播简化技术及技术要点有哪些

小麦采用撒播栽培技术能使整地、施肥、播种等环节一次完成，省力、高效、争取季节。一般情况下是将有机肥、底化肥(氮素总量的 50%，全部磷肥和钾肥等)均匀撒施在地表，再均匀撒播种子。撒播种子时可分两次进行，第一次撒播 2/3～3/4 的种子，第二次将剩余种子撒完，然后立即旋耕。为踏实土壤，旋耕后再耙 1、2 遍。其播种过程简化、机械化程度高，比常规条播栽培省 1～2 个工/hm²，节省机条播费 70～100 元/hm²，小麦播种可提前 2～3d 完成，有效地争取了季节。撒播栽培不仅具有省工、省力、适宜机械化作业等优势，而且增产增效，同等条件下的对比试验结果表明，撒播比条播增产 10% 以上，增产小麦 800～1000kg/hm²，加之减少条播机播费 70～100 元/hm²，显示出撒播栽培具有明显的节本增效优势。该技术主要适于麦田复播的秋作物收获较晚、小麦播种较晚、冬前有效积温不足的中熟麦区，宜在中肥水地、扩浇地推广。主要配套技术有选用优质优良品种、配方施肥、化学除草、病虫害综合防治。

(1) 该技术适用于高产、抗逆性强的中早熟品种，在品种类型选择上以主茎优势型和冬前一次分蘖高峰型为主，不易造成春季群体过大，容易形成高质量的群体，当播种期相对晚时，选用普通分蘖型也能获得高产。

(2) 必须有浇水条件，当小麦播种期干旱时，撒播后必须浇蒙头水才能全苗。撒播栽培种子用量大，一般需要种子 300kg/hm² 以上，比条播用种量多一倍，其播期没有严格的要求。

(3) 撒播必须与旋耕机械相结合，才能将种子均匀埋入耕层，达到省工、省力、节约投资的目的。

(4) 撒播麦田不能中耕除草时，必须配套化学除草。在除草时，应与病虫害防治相结合。

2.2.15　山地小麦增产有哪些有效技术措施

小麦产量的高低，受品种、环境条件和栽培技术的影响。良种是重要的农业生产资料，是实现增产的内在因素。选用推广良种，是一项成本低、见效快、收益大的增产措施。国内外一般认为，在单产的提高中，良种的作用占 20%～30%。在选择优质专用小麦良种的前提下，还必须因地制宜落实好各项增产措施，使优良品种在适宜的栽培技术条件下，让其抗病、丰产、优质专用的特性和特质，最充分地表现出来，实现增产增收。由于山地麦所处的生态条件和环境是海拔高、气候寒冷、多霜冻、土壤瘠薄、大多无灌溉条件，加之耕作管理比较粗放，因而每亩基本苗和有效穗大多偏少，产量不高不稳。但只要落实好以下关键技术，也可获得较高的产量和不错的收益。

(1) 及早翻犁磨耙，增施农家肥。玉米、马铃薯、烤烟等大春作物收获后，要及时翻犁整地。近年来不少旱地由于玉米迟熟，为抓节令，地麦只好采取"免耕"种板茬麦，不利于地麦生长。一定要抓住有利时机，争取旱地普遍翻犁耕耙 2、3 次。同时还可采取传统的磨耙抗旱措施，以增强土壤蓄积水分和保墒的能力。为使地麦增产，每亩应施用 2000kg 左右的农家肥，或 1000kg 以上的绿肥，以增加土壤肥力，促进麦苗健壮生长。

(2) 抓住节令抢墒播种，深耕浅种确保一次全苗。根据各地气候特点及目前所用地麦品种的实际情况，地麦播种时期一般以秋分中尾至寒露为宜。但必须以土壤水分能确保一次全苗为前提，务必做到抢墒播种。如果是水浇地，则可在最佳节令，用清粪水冲塘条播。地麦播种不宜太深，以在土表下 1.7～3.3cm 为宜。

(3) 大力提倡开厢条播，适当增加播种量。开厢条播是地麦由粗放耕作，向精耕细作迈进的重要标志之一。开厢由于沟多，可保证不因积水而导致烂种或使麦苗黄瘦，条播则有利于薅锄和施肥。地麦每亩播种量以 12～15kg 为宜，播种前要抢晴天晒种，去掉虫粒、瘪粒，做好发芽试验。

(4) 一定要施用种肥，配合施用磷肥。播种时每亩用尿素或硝铵 10～12kg 作种肥，并配合施用普钙 20～30kg，可促使幼苗健壮生长，分蘖早生快发，是地麦增产的关键性措施。

(5) 有散黑穗病的地区，要调换种子或抓好药剂拌种处理。

(6) 苗期抓好薅锄镇压及化除防病虫。特别要抓好野燕麦的防除，在分蘖拔节期，用"巨星加骠马"可有效杀灭野油菜和野燕麦。苗瘦弱的还可在分蘖期，趁雨天或雪后追施一次氮化肥。中后期要抓好条锈病及蚜虫的防治工作。孕穗及灌浆期可用"铁打加粉绣宁"防治 1、2 次。

2.2.16　晚播小麦有哪些应变栽培技术

与正常播种的小麦相比，晚播小麦具有几个显著的生育特点。第一冬前苗小、苗弱，易出现单株苗等现象；第二春季生育进程快，分化时间短，穗粒数减少；第三春季分蘖成穗率高，穗较小；第四后期易受不利天气特别是干热风危害，千粒重降低。生产上应根据晚播小麦的生育特点采取应变栽培技术。

(1) 选用良种。一是根据本地气候条件选种。二是因地选种。旱薄地选用抗旱耐瘠型品种，土层厚、肥力高的田块选用抗旱耐肥型品种，肥水条件好的高产田选用丰产、耐肥、抗倒型品种。三是根据耕作制度选种。麦棉套种田应选用植株矮、株型紧凑、边行优势强的小麦品种。四是因灾选种。一般宜选用抗早衰、抗青枯的小麦品种，多雨年份及涝害严重的地区宜选用抗耐赤霉病和抗穗发芽的小麦品种。五是因质选种。根据小麦优势区域规划布局和市场需求，选用强筋、中筋、弱筋不同品质类型的小麦品种。

(2) 加大播量。晚播小麦冬前积温不足，难以分蘖，春生分蘖成穗率虽高，但单株分蘖显著减少，采用常规播种量必然造成穗数不足，影响产量。加大播种量，依靠主茎成穗是晚播小麦增产的关键。

(3) 精细播种。一是足墒情播种。在播种晚、温度低的条件下小麦种子出苗慢、出苗率低，如有缺苗断垄补种困难，只有足墒情播种才能苗全穗足，获得稳产、高产。为了抢时间早播，可在播后立即淹水，速灌速排(又称跑马水)，不能大水漫灌。二是适当浅播。

在足墒情的前提下适当浅播能充分利用前期积温、减少种子养分消耗,达到早出苗、多发根、早生长、早分蘖的目的,播种深度以 3～4cm 为宜。一般小麦分蘖节只有在离地面 1cm 处才能分蘖,超过这一深度需要拉长茎秆才能将分蘖节送到这一位置。播种过深,分蘖节离地面过远,小麦不能正常分蘖。特别是近年各地推广旋耕播种,容易造成小麦播种过深,有的播种深度达到 10cm,虽然小麦也能出苗,但出苗细弱,分蘖推迟或不能分蘖,易造成单根独苗。播种过浅,土壤相对干燥,次生根无法形成,影响分蘖,幼苗瘦弱,抗冻能力差。三是浸种催芽。为使晚茬小麦早出苗和保证出苗有足够的水分,播种前用 20～30℃ 温水浸种 5～6h,捞出晾干播种,这样可以提早 2～3d 出苗;或者在播种前用 20～25℃ 温水浸种一昼夜,等种子吸足水分后捞出,堆成 30cm 厚的种子堆,每天翻动几次,在种子露白时摊开晾干播种,这样可比播干种提早 5～7d 出苗。

(4)增施肥料,以肥补晚。对晚播小麦应加大施肥量,促进小麦多分蘖成穗,成大穗。坚持以有机肥为主、化肥为辅的施肥原则。一般亩产 300～400kg 的晚播小麦田,每亩基施有机肥 3000kg、尿素 15～20kg、Ca(H$_2$PO$_4$)$_2$ 50kg;亩产 400～500kg 的晚播小麦田,每亩基施有机肥 3500～4000kg、尿素 20～25kg、Ca(H$_2$PO$_4$)$_2$ 40～50kg。

2.2.17　小麦秋播有哪些常见失误及应对对策

(1)品种选择不当。中、早茬地块播种春性及弱冬性小麦品种,会导致麦苗冬前旺长,不利于安全越冬。对策:在及早划锄、镇压的基础上,冬前壅土围根,或施用蒙头粪,保护麦苗安全越冬。

(2)播种过早。小麦播种过早,幼苗出土后叶片狭长、垂披,分蘖不足,主茎和一部分大分蘖冬前幼穗分化即进入二棱期;冬季在遇到-10℃、持续 5h 左右的低温时,就会发生冻害。对策:适时镇压,抑制主茎和大分蘖生长;压后及时划锄,并结合浇水,亩施碳铵 15kg,必要时,用 0.2%～0.3%矮壮素溶液叶面喷施,以控制徒长,抗御冻害。

(3)播种过晚。由于冬前生长期短,积温不足,导致麦苗生长瘦弱,分蘖少。对策:以划锄和补肥补水为主,三叶期亩施 NH$_4$HCO$_3$ 10～15kg;土壤墒情差、渗水快的麦田,三叶期后及时浇分蘖水(墒情适宜或土壤黏重、渗水性差的地块,冬前不宜浇水);封冻前最后一次划锄,要注意壅土围根,以护苗安全越冬。

(4)播种过浅。小麦播种深度以 3～5cm 为宜,播种过浅(不足 3cm),麦苗匍匐生长,分蘖节裸露,分蘖多而小,不宜耐旱,易受冻和早衰。对策:出苗前及时镇压几遍,出苗后结合划锄壅土围根,必要时在越冬期间采用客土覆盖或施用蒙头粪,防止越冬受冻。

(5)播种过深。小麦播种过深(超过 5cm),出苗缓慢,叶片细长,分蘖少而小,次生根少而弱,麦苗黄瘦。对策:及时进行扒土清理。方法是用竹耙或铁耙从畦面中央开始,顺着垄面横搂,当清理到最后一行时,把余土全部拖到畦背上即可;对于适期播种的小麦,冬前清棵一般从二叶期开始,到小雪时结束。

(6)播量过大。表现为麦苗生长拥挤,植株黄瘦、细弱,个体发育差,分蘖很少。对策:先及时疏苗,特别是地头、地边以及田内的疙瘩苗,要早疏、狠疏,以建立适宜的群体结构,促进个体发育;然后结合浇水,追施少量氮、磷速效肥,以弥补土壤养分的过度消耗。

(7) 底肥过量。麦苗出土后长势过旺，分蘖多，叶片宽大，田间郁蔽严重。对策：当麦苗主茎长出 5 片叶时，在小麦行间深锄 5～7cm，切断部分次生根，控制养分吸收，减少分蘖，培育壮苗。

(8) 播后墒情不足。表现为麦苗出土困难，或出苗后分蘖出生慢，叶色灰绿，心叶短小，生长缓慢或停滞，基部叶片逐渐变黄干枯，根少而细。对策：小麦播种后，应及时检查土壤墒情，对墒情不足或落干影响出苗的地块，有水浇条件的进行小水灌溉，无水浇条件的及时镇压 1、2 次。

(9) 播后土壤过湿。麦苗出土后叶色淡黄，分蘖出生慢，严重时叶尖变白干枯。对策：及时深中耕散墒情通气，并追施少量速效肥，促苗早发。

(10) 播后出苗不全。小麦播种后，应及时检查出苗情况，一旦发现缺苗，抓紧进行补全。其方法一是补种。选择与缺苗地片相同的品种，先在适宜的温度条件下浸种、催芽，或用 2.5 万倍萘乙酸 (NAA) 或 500 倍 KH_2PO_4 溶液浸种 12h，然后播种，以利出苗和生长。二是移栽。对于来不及补种和补种后仍有缺苗的地片，可在小麦分蘖期就地移苗补栽。移栽的麦苗要选择具有 1～3 个分蘖的壮苗，移栽的深度以上不埋心、下不露白为宜，移栽的时间最迟不能晚于小雪，以利缓苗和越冬。

2.2.18　造成小麦异常苗的原因及防治方法有哪些

(1) 深播苗。因前茬秸秆较多，旋耕机在翻耕时切草不均匀，播后遇上大雨，在秸草较少或无秸草地段极易造成埋种过深，表土板结，出苗迟缓，甚至麦苗不能正常出苗，或出苗后茎细、叶小、尖黄、株少、蘖少。发生这种情况，应在墒情适宜时立即用齿耙对麦地进行松土、清棵，改善土壤的通透性，促进及时出苗和分蘖。

(2) 疙瘩苗。在播种量过大、播种技术不精时，往往会出现播种后的麦苗成疙瘩苗。耕地技术不好，土块不碎，大坷垃多；或播种行走时步子不均匀，在行走慢的地方也常有疙瘩苗出现。解决方法，一是掌握科学合理的播量，播前做好种子发芽率测定。二是播前精细整地，力争土粒细碎。对于播种过密形成的疙瘩苗，应用中耕技术及早把多余的苗除掉。

(3) 立针苗。播种质量差、播种量过大、播种过深或播前整地不精细、播后镇压时严重压苗等都易形成立针苗。有时为防麦苗受冻，施用土杂肥盖麦苗，盖得厚，到春季起身时，也容易形成立针苗。立针苗叶片呈针形、分蘖少、叶片少，麦苗长得细、长相差，形不成足够的分蘖。为防止出现立针苗，在提高整地质量和掌握适宜播量的同时，还应注意把握合理的播种深度，一般以 3～5cm 为宜，防止过深或过浅。不论哪种原因形成的立针苗，都要扒土、中耕去掉多余的麦苗，并及时施肥浇水，尽快让立针苗健壮生长。施肥宜浇 2%～5% 的尿素或 $(NH_4)_2HPO_4$ 溶液。

(4) 露籽苗。盖土不匀或者稻田套播小麦，或因机械故障等原因，容易出现露籽苗。露籽苗容易发生冻害，易倒伏，后期易青枯，使用除草剂时也易产生药害。防治的方法是及早盖土。对套播麦可在旋耕机中间安装大规格犁刀，反旋开墒沟，用开沟形成的细土盖种。

(5) 缺苗断垄。主要是由地力墒情不好，或地面不平，浇水不匀；小麦发芽率不高，掺拌不匀；坷垃大及地下害虫的危害造成的。一般麦垄 15cm 以下无苗是缺苗；麦垄 15cm 以上无苗是断垄。预防措施：一是精细整地，地要平整。二是足墒播种，如果播种时土地欠墒，要提前 1 周浇水，待水分适宜时再播种。三是做好麦种发芽试验，发芽率低于 95% 的不要用做麦种，播前拌种要匀。四是适时防治地下害虫。

(6)旺长苗。在温度偏高和播种过早、肥水过猛时，往往形成冬前麦苗旺长。出现这种情况，会降低麦苗的抗冻能力和分蘖成穗率，后期容易出现早衰、倒伏，因此不利于高产。凡有旺长趋势的麦田，冬前要及时实行镇压，深耕断根，并适量喷施多效唑，控上促下，防止冬前拔节，尽量少施或不施苗肥，少施腊肥，适当推迟施用拔节孕穗肥。

2.2.19　小麦返青肥是雨前施还是雨后施好

冬小麦返青后，立即进入以根、叶、蘖生长为中心的时期，在氮营养吸收规律上，虽然数量要求不是太多，但是当年冬小麦的产量水平对此时期氮营养供应丰富或缺乏的反应非常敏感，为氮营养临界期，氮营养不足，出现根少、苗小尤其分蘖少，群体不够，难获高产；此时期如追施氮肥过多，会造成叶大、蘖多，群体过大，消耗过多，将来必定穗粒小、粒重轻，还贪青晚熟难获高产。

因此，在正常苗情的情况下，追施氮肥的总量应控制在纯氮 6～8kg/亩为宜。至于何时追肥，追一次还是追两次，这既要看当时苗情，又要瞻前顾后。苗情的主要指标是看群体状态，要按群体状态确定追施氮肥的次数和数量。

所谓"瞻前顾后"是指先要考虑年前的基肥追用和苗情长势，如果基肥中氮肥过多，造成冬前麦苗过旺，春季就少追、晚追氮肥；如果旺苗消耗养分过多，要及早施肥，否则小麦后期的穗粒或成熟期都会出现问题。反之，晚播小麦，弱苗状态要早追肥，促进分蘖，正常苗情下起身期追一次肥，如尿素的使用量以 15～20kg/亩为宜，而对于强筋小麦，则要在扬花期加一次追肥，施尿素 4～5kg/亩增加小麦中的蛋白质含量。

2.2.20　小麦如何追施拔节肥

(1)施肥时间。正常生长的小麦一般在 2 月下旬至 3 月上旬，即第一节间已停止生长，第二节间开始起身，手摸有明显的节，此时追肥不会造成植株茎部节间过分伸长而倒伏。但小麦拔节时，如果发现叶色发黄、植株瘦弱、分蘖稀少的麦田应提前 5～7d 追肥；如果麦苗叶色浓绿、长势旺盛，则可适当推迟几天追肥。

(2)施肥数量。8 叶 1 心左右的正常麦苗，每亩追施尿素或 KCl 5～7.5kg，6～8 叶的瘦弱苗或晚播苗每亩追施尿素 7.5～10kg 或 NH_4HCO_3 15～20kg；10 叶以上的旺长苗，每亩施钾肥或磷肥 5～7.5kg，不施或少施氮肥。对于迟发苗、脱肥苗等应以碳铵为主，但在追施碳铵时应注意两个问题：一是施肥时应拌土；二是雨天或露水未干时不要施肥。

(3)施肥方法。天晴地燥时，要开沟条施或打洞穴施，施后立即盖土，防止肥分挥发流失。连绵阴雨时，应将尿素或钾肥撒施后再盖浅土，如果追施人畜粪尿时，应兑水淋施。

2.2.21　如何减轻倒春寒对小麦的危害

倒春寒指春季末期来临的较严重的寒潮。春季到来后，一般气温缓慢上升，小麦开始返青和拔节，但有的年份往往早春气温偏高，小麦生长发育提前，此时如果突然出现大幅降温，甚至出现霜冻，正在发育的小麦会因温度剧降而遭受冷害。其危害轻者造成小麦上层叶片渐渐枯黄，重者影响到小花的发育，造成结实率降低，穗粒数减少，甚至植株不能正常抽穗，苗期干枯死亡。

为减轻倒春寒的危害，可采取以下措施：一是选择抗寒性较好的品种。一般春季生长势壮、发育稳健的品种抗倒春寒的能力较强。二是适当晚播。晚播的小麦可适当推迟小麦的春季发育，增强抗倒春寒的能力。三是及时浇好返青水或起身水。生产实践表明，对于浇水后的麦田，倒春寒的危害程度要远远低于未浇水麦田。

2.2.22　如何采用化学调控措施预防小麦倒伏

通过施用植物生长调节剂，致使小麦内源赤霉素的生物合成受阻，控制细胞伸长，但不抑制细胞分裂，控制营养生长，促进生殖分蘖，从而使小麦根系发达，节密叶厚，叶色深绿，抗倒伏能力增强。在喷施化学调节剂时，最好选择晴天午后进行，严格按照药量施用，做到不重喷、不漏喷。具体措施如下。

(1)对于长势较旺的麦苗，可在小麦拔节至孕穗期喷施助壮素或缩节胺，每亩用助壮素 10～20mL 或缩节胺 2.5～5g，兑水 25～30kg 喷施。

(2)在小麦拔节前 10d 左右喷施多效唑粉剂，一般每亩施用 30～40g，长势过旺的每亩施用 50g，兑水 30～40kg 喷施。

(3)在小麦拔节初期，喷施 0.15%～0.3%的矮壮素溶液，每亩 50～70kg，同时，可配施 2,4-D 丁酯除草剂，能起到兼治麦田阔叶杂草的作用。

(4)在小麦穗分化初期，每亩用北农化控 2 号 15g，兑水 30kg 喷施。

(5)一旦发现施药浓度过大对小麦产生抑制作用的，可喷施 500～800 倍的惠满丰溶液，或 50mg/L 的赤霉素解除药害。

2.2.23　小麦后期倒伏如何补救

(1)扶麦苗。麦苗若倒伏后一般可在雨过天晴后扶麦，扶麦苗时用木棍或竹竿轻轻抖落茎叶上的水珠，减轻压力助其抬头，扶麦时要一层一层地轻轻扶起，以使小麦直立起来为原则，切忌挑起而打乱倒向，或用手扶麦，捆把。

(2)叶面喷肥。扶麦后，可进行叶面喷肥，每亩用磷酸二氢钾 0.1～0.15kg 兑水 50kg(即 2‰～3‰)叶面喷肥，每隔 7～10d 喷一次，连喷 2、3 次，以促进生长和灌浆。

(3)防治病虫害。一般轻度倒伏对产量影响不大，重度倒伏穗、茎、叶密集在一起，小麦由于温度高、湿度大，通风透光不良，易导致病害发生，应加强病虫害防治，减轻小麦产量损失。及时防治倒伏后带来的各种病虫害，是减轻倒伏损失的一项关键性措施。

2.2.24　怎样进行小麦杂草冬前化除

近年来，麦田使用除草剂除草的面积不断扩大，但因使用时间不当，直接影响防治效果，有的还产生药害。多数群众习惯在春季使用化学除草剂除草，其实冬前比冬后进行化学除草的效果更好。原因在于：首先，麦田杂草有两个出草高峰，冬前杂草出土量占杂草总量的90%以上，来年出土量不足10%；其次，冬前麦苗未封垄，田间郁闭度小，杂草裸露，落药面积大，冬前杂草的组织幼嫩，蜡质层薄，抗药性较差，此时进行麦田化除，喷洒的药液与杂草接触面大，利于除草剂渗透和吸收，杂草触药易死亡；最后，冬前使用药液分解时间长，对小麦及后茬作物安全性高。改变传统春季用药除草习惯，进行冬前化学除草，是有效控制麦田杂草危害的最佳做法。

麦田冬前化学除草的最佳时期为麦苗二叶期开始至出现一个大分蘖后。施药时的温度也是影响麦田化学除草效果的重要因素。施药时平均气温应在 8℃ 以上，才能取得较好的防治效果。因此，所有的除草剂都应在晴天气温较高时施药，且以上午 10 点至下午 3 点为宜。使用麦田化学除草剂，要严格按药品说明掌握用药量，不能随意减少或加大用量，以免造成防治效果不好或产生药害。施用除草剂一定要均匀一致，应尽量使药液湿润杂草茎叶，但药液不能下流，并做到不重喷、不漏喷，亩用水量不低于 25kg。

2.2.25　小麦地里的野麦对小麦有什么影响及其控制与防除方法有哪些

野麦子属于禾本科杂草，繁殖和蔓延速度快，与小麦争夺水肥、光照，严重的还可以引起小麦倒伏，导致小麦减产甚至绝收。

防除雀麦、节节麦等，用 3%世玛油悬剂 30mL/亩，兑水 20～25kg，一般情况下，冬前用一壶半水(22.5kg)即可，冬后应多用半壶水。在喷雾器中，先加入 1/3 水量，再加入世玛药剂，混匀后加足水量，最后加入助剂，搅拌均匀后全田喷雾。注意不能重喷和漏喷。

最佳用药时期是禾本科杂草 2～6 叶期。根据冬小麦田禾本科杂草的发生规律，在冬前杂草已基本出齐，且草龄小，对药剂敏感，此时喷药可获得理想效果，对小麦更安全。所以，最佳用药时期为冬前使用。

2.2.26　麦田喷施除草剂应注意什么

1. 麦田喷施除草剂的注意事项

(1)大多数麦田除草剂需直接喷到草上才有效。
(2)如果温度低，草活力差，药吸收慢，除草效果差，一般日平均温度到 10℃ 左右喷施。
(3)麦田除草剂最佳施用时期为小麦起身期。

　　2. 使用化学除草剂应注意避免药害

　　(1)当明确除草剂的喷施剂量过大时，应及时用清水喷淋，清除叶面残留，降低作物体内的除草剂浓度，减轻药害，同时加强肥水管理。

　　(2)对于触杀性除草剂产生的药害，可喷施叶面肥促进作物迅速恢复生长，从而相对减轻药害。

　　(3)对于克无踪对小麦产生的药害，可立即喷洒硫酸亚铁溶液进行救治。

2.2.27　小麦施用化肥有哪些注意事项

　　(1)注意增施最缺乏的营养元素。小麦施肥前首先要弄清土壤中限制产量提高的最主要营养元素是什么，只有补充这种元素，其他元素才能发挥应有的作用。

　　(2)注意有机肥与化肥的合理配合。有机肥指含有机质较多的农家肥，而化肥具有养分含量高、肥效快等优点。

　　(3)注意底肥与追肥的合理配合。小麦从出苗到返青对氮的吸收量占总量的1/3以上，从出苗到拔节对磷、钾的吸收量占总量的1/3。

　　(4)注意土壤质地、茬口和光温条件。粗质沙性土壤保肥能力差，养分亏缺的可能性大，应增加施肥量，分次施肥，避免因一次集中施肥而使养分流失。

2.2.28　如何控制小麦旺苗

　　控制小麦旺苗的主要措施：一是打好播种基础。要重施有机肥，大力推广秸秆还田，有效提高土壤有机质含量，改善土壤团粒结构。实行氮磷钾配方施肥，要深耕细耙，达到"深、净、细、实、平"的标准。二是严格适期播种。播种过早或过晚，都会造成小麦生长发育不良。三是精量匀播。根据不同地力水平、不同时期、不同品种做到合理密植，彻底改变盲目大播量的习惯。四是适当推迟播期。如遇暖冬天气，根据天气预报，可适当晚播3～5d。

2.2.29　麦苗叶片发黄有哪些补救措施

　　(1)虫害发黄。麦蚜和麦蜘蛛吸取叶片汁液而造成的叶片发黄，主要发生在越冬期前后。每亩可用40%氧化乐果乳油65～75mL兑水50kg进行喷雾防治。

　　(2)病害发黄。小麦纹枯病为害根系和茎秆，阻碍养分和水分的运输而造成小麦叶片发黄。每亩可用12.5%禾果利20g或20%井冈霉素50g兑水50kg进行茎基喷雾防治。

　　(3)肥力不足发黄。主要发生在土壤肥力差、底肥严重不足的地块，表现为色黄、分蘖力差、幼苗弱。此类麦田除要施足有机肥外，还要增施适量化肥。每亩施尿素7.5～10kg、磷肥30kg，开沟深施；每亩用尿素1kg加叶面宝5mL兑水50kg进行叶面喷雾，可促使叶色迅速转绿。

(4)密度过大发黄。播种不均匀或播量过多，使麦田群体密度太大也会导致小麦发黄。其补救措施是迅速间苗并及时追肥。若已进入拔节期，可采取压苗方法补救。

(5)僵苗发黄。主要发生在土质黏重、地势低洼的田块。补救措施是及时清理水沟，排除渍水，降低地下水位和田间湿度，及时中耕松土，并追施速效氮肥。

2.2.30　小麦冬季死苗怎么办

(1)生理死亡。在正常情况下，小麦越冬期间，可承受-15℃的低温，而不受冻害。但是生长过旺或过弱的麦苗，因为分蘖节处含糖量很低，抵抗力较弱，即使温度不到-15℃也常常发生死苗现象，尤其遇上温度变化剧烈的天气，冻害死苗现象更为严重。此外，早春表土融化，下层仍结冰，叶片开始蒸腾，而根系吸不上养分和水分，产生干枯或饥饿，严重的也会使植株死亡。

(2)窒息死亡。一般浇冬水过晚或浇返青水过早，并且量大，水渗不下时，地面结成冰壳，麦苗由于缺乏氧气，便会因窒息而死亡。

(3)干旱死亡。大多由于整地粗放，播种太浅，墒情太差，根系较弱，使麦苗生长不壮，分蘖节处于干土中，在土壤冻结的情况下，根部不易吸水，地上部仍有蒸腾现象，使麦苗难以维持体内水分平衡，造成死苗。

(4)凌抬、凌截。苗弱，土壤水分多，下层结冰，体积膨大，结冰土层把土壤和根一起抬起，根被拉断而死亡。部分没有死亡的，分蘖节露出地面，不能发生次生根，植株晃晃荡荡，如不及时培土，也会在春季死亡。

(5)防治措施。秋种精细整地，增施肥料，选抗害品种，足墒情播种，培育壮苗，适时适量冬灌。根据墒情、苗情，采用锄划、镇压、覆盖土杂肥等措施，增强麦苗的抗灾害能力。

2.2.31　如何控制小麦旺长

(1)深中耕。深中耕控旺不仅有效，而且控制效果时间长。深中耕可在冬前用耘锄或耧深耪7～10cm，切断小麦部分根系，减少植株对水分、养分的吸收，以抑制地上部生长，减少无效分蘖，促进根系下扎，控旺转壮。但对地力不肥，只因播量过大，基本苗过多而造成的群体大、苗子挤、窜高徒长的假旺苗田块，因根系发育不良，不宜采用深中耕断根的方法控旺。

(2)镇压。可用石磙或铁制镇压器或油桶装适量水碾压、人工踩踏等方法进行，通过镇压损伤地上部叶蘖，抑制主茎和大分蘖生长，缩小分蘖差距和过多分蘖发生，促使根系下扎，达到控制旺长的目的。镇压视苗情长势，冬前可进行多次。镇压要掌握"地湿不压、阴天不压、早晨不压"的原则。

(3)化控。一般亩用20%壮丰安乳油30～40mL，或15%多效唑可湿性粉剂30～40g，兑水30kg，于12月上中旬叶面喷雾进行化学控旺。

2.2.32　小麦不出穗有何原因及解决办法

小麦不出穗的主要原因如下。

(1)品种特性。晚熟品种要比早熟品种出穗晚一些。

(2)氮素营养较高、春天追肥偏晚或追施的氮素肥料过多,造成营养生长即茎叶生长偏旺也会推迟抽穗。

(3)春季喷施除草剂过晚或选药不当对麦穗的分化和形成影响较大,也会导致抽穗不正常。

(4)倒春寒对正在孕穗的小麦影响较大,适应能力差的小麦品种受影响更大,导致抽穗延迟甚至抽不出穗。

对于抽穗不正常的麦田,建议喷施 1、2 次优质 KH_2PO_4 或腐殖酸叶面肥。

2.2.33　每生产 50kg 小麦需要多少纯氮、纯磷、纯钾

生产 50kg 小麦,需从土壤中吸收氮素 3~4kg、P_2O_5 1~1.5kg、氧化钾(K_2O)3~4kg。氮、磷、钾的比例为 1:0.3:1。小麦不同生育期对氮、磷、钾养分的吸收率不同。氮的吸收有两个高峰,一个是从分蘖到越冬,这一时期的吸氮量占总吸氮量的 13.5%,是群体发展较快的时期;另一个是从拔节到孕穗,这一时期吸氮量占总吸氮量的 37.3%,是吸氮量最多的时期。对磷、钾的吸收,一般随小麦生长的推移而逐渐增多,拔节后吸收率急剧增长,40%以上的磷、钾养分是在孕穗以后吸收的。

2.2.34　小麦自留种要注意哪些问题

(1)保证小麦纯度。在小麦收获前应进行去杂工作。小麦收获时做到单收、单晒、单独贮存。晾晒时要单场单晒,不要与其他品种同时晒,以防混杂。贮存时应标上品种名称,防止与其他品种混淆,更不能与普通小麦同存一处。

(2)科学晾晒。贮藏前要反复晾晒,使麦种含水量达到安全贮藏水分,小麦安全贮藏水分为 13%以下。但贮存的麦种不宜曝晒过度。切忌在水泥地面上晒种,因水泥地面温度太高,易将种子烧坏。

(3)适宜的贮藏容器和环境。最好选用水泥缸、瓷缸贮藏麦种,不能用塑料袋贮藏,塑料袋不透气,妨碍种子呼吸,会降低发芽率,同时多余的水分散发不出去,容易引起种子霉变。麦种应存放在干燥通风处,盛麦种的容器底部要用木板、石块等防潮物铺垫。在贮存过程中应经常晾晒,适时通风换气。不能存放在厨房里,以免烟火熏烤后,导致种子泛色,水分减少,甚至发热,影响种子发芽率;不要与碳铵、尿素等氨态氮肥混存一室,由于贮存期间温度高、湿度大,氨态氮肥的挥发性极强,挥发的氨气会腐蚀种子细胞和种胚,严重影响发芽率和种子活力。

(4)注意防虫防鼠。麦种晾晒后趁热贮藏,可减少虫害。选用水泥缸、瓷缸贮藏,可

起到防鼠防虫的作用。同时可用药剂防虫防鼠，其特效药是民用磷化铝，可防治玉米象、锯谷盗等粮食害虫，每 200kg 麦种用药一片，用布包好放入种堆约 33cm 深处，密封 7d 即可杀死害虫。

2.2.35 小麦精播高产栽培技术要点有哪些

(1)培肥地力。要求耕作层自上而下 0～20cm 土壤养分含量有机质大于 1%、全氮大于 0.07%、水解氮大于 60mg/kg、速效磷大于 15mg/kg、速效钾大于 80mg/kg。

(2)选用良种。选用高产优质、抗病性强的良种。

(3)施足底肥。底肥以农家肥为主、化肥为辅，氮、磷、钾配合。

(4)深耕整地。深耕耙地，提高土层质量。

(5)足墒播种。播种期保持一定的墒情，有利于小麦早出齐苗，早分蘖。

(6)适期播种。确定当地最佳播种期。

(7)适宜播量。精播每亩 8 万～12 万基本苗，半精播每亩 13 万～18 万基本苗。

(8)肥水运筹。以底肥为主，酌情追肥；一般不追冬肥，浇好冬水，以保证麦苗安全越冬。

2.2.36 小麦测土配方施肥技术要点有哪些

据调查结果与当地农业部门的测土结果进行施肥。我国西北麦区麦田严重缺磷，普遍缺氮，钾相对充足；黄淮海麦区高产田缺钾，部分麦田缺磷。各地农业技术部门可根据小麦的需肥量和吸肥特性、土壤养分的供给水平、实现目标产量的需肥量、肥料的有效含量及肥料利用率，结合土壤养分测定结果，确定氮、磷、钾肥的施用量，或制作成专用肥，指导农民使用。

2.2.37 免耕机条播技术要点有哪些

(1)确定合理基本苗。适期播种，每亩以 16 万～18 万基本苗为宜。

(2)肥料运筹。前茬水稻要深耕足肥。亩施纯氮 12～14kg，底追肥比 5：5，磷、钾肥 70%或全部作基肥。早施壮蘖肥，适当补施接力肥。

(3)秸秆还田覆盖。以水稻秸秆为主，每亩 150kg 以上。

(4)做好沟系配套。排灌系统畅通，确保及时灌排水。

2.2.38 稻田套播小麦种植技术要点有哪些

(1)品种选用。选用越冬期抗寒抗冻能力强，前期受抑影响小，中后期生长活力旺盛，补偿生长力强，熟相好的矮秆、半矮秆紧凑型小麦品种。

(2)确定合理共生期。共生期一般掌握在 8～10d 内，不宜超过 15d，且越短越好。

(3)精确套播。正确确定套作时间与密度。

(4)合理开厢。开好三沟，边沟、中沟与厢沟。

(5)肥料运筹。播后趁土壤湿润时，施种肥尿素 5kg/亩或氮、磷、钾复合肥(8:8:8)15kg/亩；在苗期开沟前重施分蘖肥，用氮、磷、钾复合肥(8:8:8)30kg/亩，加尿素 15kg/亩，再撒上优质灰杂肥 1500~2000kg/亩，而后开沟，挖沟土均匀盖在肥料上，提高肥效。

2.2.39   怎样进行南方旱茬麦高产栽培

(1)适期播种。选择当地最佳播种期安排播种，一般以小麦冬前形成壮苗而越冬期不拔节为原则。

(2)精细耕整地。提高整地质量，做到田平、土细、四周无杂草。

(3)肥料运筹。每亩施纯氮 12~14kg、P_2O_5 6kg、K_2O 5~7.5kg。

(4)开好三沟。挖好厢沟、中沟与田围沟，方便灌排水。

(5)及时精细播种。做到分厢定量、均匀播种。

2.2.40   怎样进行小麦防冻高产栽培

(1)根据当地气候生态条件，选用冬春性适宜的小麦品种，不可越区选用品种。

(2)播期与品种相适应，在一个地区播种应先种冬性品种，后种半冬性品种。黄淮南部麦区半冬性偏春性品种，要严格按照农技部门指导的时间播种，不可偏早种植。

(3)适量播种，播量过大麦苗密集，蹿高生长，易遭受冻害，应适当提高播种量，采用半精量播种技术，每亩基本苗 15 万左右，培育壮苗，提高抗寒力。

2.2.41   小麦受冻害后如何补救

(1)冬季冻害。一是及时追施氮肥，促进小麦分蘖迅速生长。二是加强中后期肥水管理，防止早衰。

(2)早春冻害(倒春寒)。一是对生长过旺麦田适度抑制生长，主要措施是早春镇压、起身期喷施壮丰安。二是灌水防早春冻害。三是早春冻害后补肥与浇水。

(3)低温冷害。小麦生长进入孕穗阶段，因遭受零摄氏度以上低温发生的危害称为低温冷害。主要预防补救措施是在低温来临之前采取灌水、烟熏等办法可预防和减轻低温冷害的发生，并及时追肥浇水，保证小麦正常灌浆，提高粒重。

2.2.42   晚播小麦如何高产

(1)精选良种。选择适宜晚播的种，以种补晚，一般选用冬性和半冬性偏春性品种。

(2)精耕细耘，提高整地播种质量，以利早出苗、出匀苗。

(3)适当增加播量，提高播种密度，扩大基本苗数量，以密补晚。

(4) 增施肥料，促进根系发达，增加分蘖成穗，以肥补晚。晚播小麦应适当增加施肥量，氮、磷、钾平衡施肥，注重施用磷肥，可以促根、促分蘖，提高分蘖成穗率。

(5) 加强肥水管理，确保促壮苗，多成穗，成大穗。

2.2.43 小麦施肥原则有哪些

1. 在有机肥为基础的条件下，有机肥与无机肥相结合

有机肥具有肥源广、成本低、养分全、肥效长、含有机质多、能改良土壤等优点，它不仅能促进当年增产，而且能保证连年增产，不断提高土壤肥力，增强农业生产后劲。但有机肥由于养分含量低、用量大、肥效慢，当小麦急需某种养分时，还必须以化学肥料来补充，互相取长补短，才能真正达到提高土壤肥力和持续增产的目的。

2. 施足基肥，合理施用底肥和追肥

一般基肥的用量占总施肥量的 60%～80%；施足基肥对促进幼苗早发、冬前培育壮苗、增加有效分蘖率与壮秆、促穗均具有重要作用。基肥一般以有机肥为主，并配施氮、磷化肥，有机肥肥效时间长，施足基肥不仅可以在小麦整个生育期间源源不断地供给养分，对控制植株长秆和防止后期早衰有良好的作用；还能够改良土壤，促进土壤微生物的繁殖与活动，从而不断提高土壤肥力。

在施足基肥的基础上，合理追肥，是充分利用肥源来提高产量的主要措施。所谓合理追肥就是根据小麦生长的需肥规律，有目的地及时满足其对肥料的需求。小麦越冬前吸收氮肥最多，磷、钾次之，为了满足小麦出苗后能及时吸收到氮肥，在生产上一般都施用硫酸铵 3～5kg/亩或尿素 1.5～2.5kg/亩作种肥，这对增加小麦冬前分蘖和促进次生生长有良好作用；在越冬到返青期仍以氮肥吸收为主，磷、钾吸收开始显著增加，所以越冬期施少量肥能供应冬季小麦缓慢生长需要的养分，促使小麦多扎根，早返青，巩固冬前分蘖，提高冬前分蘖成穗率；返青期到拔节期吸收钾最多，吸收磷肥急剧增加，施用的底肥基本能满足小麦生长需求，故此期间可以不施肥，以防徒长；拔节期抽穗期小麦对氮、磷、钾的吸收达到最高峰，这一时期施肥是提高穗粒数的关键时期，此期要供足水肥；抽穗期至成熟期小麦对氮、磷、钾的吸收普遍下降，可适量进行根外追肥，这是小麦增产的一项有力措施。

3. 基肥分层施，化肥要深施

基肥分层施是指分两层施用肥料，第一次撒施有机肥后深耕翻埋，第二次有机肥与速效肥配合施用；要求撒施均匀使小麦在苗期得到一定的速效养分，翻埋到土壤中层和下层的肥料则能保证小麦生长后期的需要。

化肥作追肥时，均以 5～10cm 深施为好，防止养分挥发和流失，提高化肥利用率，肥效稳定有利于根系充分吸收；一般深施比地面撒施可提高肥效 10%～30%。

化肥深施的方法如下。

(1)基肥深施。NH_4HCO_3 或氨水($NH_3·H_2O$)都可作基肥深施,结合犁地,边施边耕,然后细整平。

(2)种肥底施。在确保墒情的情况下,开沟施入或用简易的农具集中条施在种子的下面或种子旁下侧,氮肥也可和腐熟的有机肥及磷肥同时作种肥开沟条施,但种肥不要离种子太近,以免烧种,硫酸铵〔$(NH_4)_2SO_4$〕、硝酸铵(NH_4NO_3)都可以作种肥底施。

(3)追肥沟施或穴施。NH_4HCO_3、$NH_3·H_2O$ 和尿素应采取沟施或穴施覆土,氮肥均匀施入 5～10cm 以下的土层中,据各地试验沟施或穴施覆土比表面撒施可提高肥效 30%左右。

2.2.44　怎样确定小麦高产的用肥指标

小麦是一种需肥较多的作物,据分析在一般栽培条件下,每生产 100kg 小麦需从土壤中吸收氮素 3kg 左右、P_2O_5 1～1.5kg、K_2O 3～9kg,氮、磷、钾的比例约为 3∶1∶3。通常低产小麦每亩需用纯氮 10～12 kg、P_2O_5 7～12 kg、K_2O 3～9 kg;中产小麦每亩需用纯氮 12～14kg、P_2O_5 7～12kg、K_2O 3～9 kg;高产小麦每亩需用纯氮 12～13kg、P_2O_5 3～9kg、K_2O 7～10kg;超高产小麦每亩需用纯氮 14～17kg、P_2O_5 7～12kg、K_2O 3～9kg。磷肥、钾肥施用还要根据田间土壤有效养分含量因地制宜增减。一般亩施有机肥 1500kg 以上,针对当地情况,若缺锌、缺硼的地区可每亩底施硫酸锌($ZnSO_4$)1kg、硼砂 0.5kg。

2.2.45　如何进行小麦施肥

通常小麦施肥采用底肥+追肥法:有机肥、磷肥、钾肥、锌肥、硼肥都可以在播种前整地时作基肥一次施入,氮肥部分作底肥、部分作追肥。一般中产田用氮肥总量的 50%作底肥,50%作追肥;高产田 40%作底肥,60%作追肥;低产田 60%作底肥,40%作追肥;对于没有水浇条件、干旱、瘠薄的土壤用氮肥总量的 70%～100%作底肥。

2.3　小麦田间管理

2.3.1　小麦田如何进行冬前管理

(1)查苗补种,移密补稀。小麦出苗后,要及时检查出苗情况,对缺苗断垄的地块,及时做好查苗补种工作。补种时间越早越好。为促进小麦早出苗,应先将种子催芽后再补种,要注意补原品种种子,以防品种混杂。补苗地块可于小麦三叶期后疏密补缺,进行移栽,栽植深度以"上不埋心,下不露节"为宜,栽后浇水,以利成活。

(2)因地制宜,分类管理。对于墒情较好的晚播弱苗,冬前一般不要追肥浇水,以免降低地温,影响发苗,可浅锄 2、3 次,以松土、增温、保墒。对于部分前期降水较少的地区,若播种前没造墒,且目前墒情较差的麦田,应抓紧浇好分蘖水,以培育冬前壮苗,浇水后要注意及时划锄,以增温保墒。对于整地质量差、地表坷垃多、秸秆还田量较大的麦田，可在冬前及越冬期镇压 1、2 次，压后浅锄，以压碎坷垃、弥实裂缝、踏实土壤，使麦根和土壤紧实结合、提墒保墒，促进根系发育。对于播种偏深的地块，要及时退土清棵，减薄覆土层，使分蘖节保持在地面以下 1～1.5cm，促使早分蘖，冬前形成壮苗。对于旺长麦田，要控制地上部旺长，培育冬前壮苗，防止越冬期低温冻害和后期倒伏，主要采取化控和镇压等措施。

(3) 浇好冬水，酌情追肥。越冬水可以防止小麦冬季冻害死苗，并为翌年返青保蓄水分，做到冬水春用、春旱早防，是保证小麦安全越冬的一项重要措施。一般麦田，尤其是悬根苗，以及耕种粗放、坷垃较多及秸秆还田的地块，都要浇好越冬水。但墒情较好的旺长麦田，可不浇越冬水，以控制春季旺长。浇越冬水的时间要因地制宜。对于地力差、施肥不足、群体偏小、长势较差的弱苗麦田，越冬水可于 11 月下旬早浇，并结合浇水追肥，促进生长；对于一般壮苗麦田，当日平均气温下降到 5℃左右、夜冻昼消时浇越冬水为最好。早浇气温偏高会促进生长，过晚会使地面结冰冻伤麦苗。要在麦田上大冻之前浇完越冬水。浇越冬水要在晴天上午进行，浇水量不宜过大，但要浇透，以浇水后当天全部渗入土中为宜，切忌大水漫灌。浇水后要注意及时划锄，破除土壤板结。

(4) 防治病虫，化学除草。近几年，地下害虫对小麦苗期的危害呈加重趋势，应注意适时防治。要密切关注红蜘蛛、地老虎、麦蚜、灰飞虱，纹枯病、全蚀病等小麦主要病虫害的发生情况，及时做好预测预报和综合防治工作。同时，要注重化学除草工作。化学除草具有省工、省时、省力、效果好等优点。小麦 3 叶后出土的大部分杂草抗药性差，是化学除草的有利时机，一次防治基本能控制麦田草害，具有事半功倍的效果。

2.3.2 怎样根据小麦叶龄进行肥水管理

小麦春生叶的大小与肥水管理有密切关系。根据叶龄指标(即叶片生长数)对小麦进行合理的肥水管理，是可靠的增产措施。

从春一叶到春二叶露尖是小麦的返青期，这时追肥浇水可促进中部 3、4 叶的生长，提高分蘖成穗率，增加穗数。凡是冬前施肥不足、地力差、墒情不好、总茎数不足的麦田，适合在此时进行肥水管理，每亩可施$(NH_4)_2SO_4$ 15～20kg，或尿素 8～10kg，切记不能搞"一炮轰"，不可追肥太多浇水过大，以防后期倒伏或贪青晚熟。这类麦田到 5～6 叶露尖时，即拔节期还必须浇第二次肥水，每亩追施尿素不少于 10kg。

对于地力较好，或冬前底肥足、苗子壮且又适时浇水，返青后每亩总茎数在 80 万～90 万以上的麦田，在春 4 叶露尖之前，一般不必追肥浇水，需要松土保墒，进行蹲苗控制，以促进地下根系的生长，到春 4 叶露尖至春 6 叶露尖之间再重施拔节肥水，既能保穗增粒，又能防止中部叶片过大及后期贪青倒伏等弊病，达到提高粒重、正常落黄、成熟、高产稳产的目标。这一次的追肥量可亩施尿素 10～15kg。为了保证小麦的丰产，必须浇好灌浆水，防治好病、虫、草害。

2.3.3 怎样进行春季小麦肥水管理

(1)浇好起身拔节肥水。在小麦起身拔节期追施氮肥,既能显著增加小麦的蛋白质含量,又能提高小麦产量。因此,应因地制宜地浇好起身拔节肥水。小麦籽粒产量和蛋白质含量在很大程度上取决于小麦发育时期的供肥水平,在每亩小麦施用纯氮 16kg 范围内,随氮肥增加籽粒蛋白质含量提高。在施肥上采取"前促、中控、后改"的施肥方法,即基肥 50%,拔节孕穗肥 50%,攻粒肥重防早衰。在土壤墒情适宜情况下,对地力一般和苗情适宜地块,春季第一次浇水宜推迟至拔节初期,以控制春季无效分蘖过多滋生和茎基部一二节间的伸长,并结合浇水每亩追施标准氮肥 30kg 左右;对地力较高、苗情偏旺地块,此次浇水可适当延迟到拔节末期进行;对地力较差、苗情偏弱地块,此次浇水可提前至起身期进行。

(2)补施好中后期肥水。在小麦孕穗期以后补施少量肥料,既对减少花期退化、增加穗粒数有一定的作用,又可使籽粒蛋白质含量增加,并可提高面筋数量和质量。在小麦生育中后期,应在挑旗孕穗期至抽穗扬花期结合浇水每亩补施尿素 5~7kg,也可在开花期叶面喷施 2%~3%的尿素溶液加上 0.3%~0.5% KH_2PO_4 溶液,每亩喷 50~60kg。但此期肥水不可过晚,土壤施肥不晚于扬花期,叶面喷施一般不晚于灌浆期。

(3)后期合理控制浇水。小麦乳熟至收割阶段,适当控制浇水,可提高籽粒的光泽度和角质率,明显减少"黑胚"现象,提高籽粒蛋白质含量,延长面团稳定时间,所以从产量、品质同步优化考虑,在小麦生育后期应适当控制浇水次数。

2.3.4 小麦抽穗扬花期的管理措施有哪些

(1)及时防治病虫害。严格把握防治指标,当田间百株蚜量达 300~500 头时,自然天敌单位与麦蚜比超过 1:150 时(指麦蚜超过 150 头),选用啶虫脒、吡虫啉、吡蚜酮、抗蚜威等药剂喷雾防治。一般用吡虫啉系列产品 1500~2000 倍液,10%的蚜虱净 60~70g;20%的吡虫啉 2500 倍液;25%的抗蚜威 3000 倍液喷雾防治。对小麦穗期病虫害混合发生田块,结合"一喷三防",同时兼治病害。吡虫啉和啶虫脒不宜单一使用,要与低毒有机磷、菊酯类、抗蚜威等农药合理混配喷施。同时结合防治小麦白粉病、赤霉病,用 12.5%烯唑醇喷雾防治白粉病,用多菌灵防治赤霉病。

(2)抓好根外喷肥,养根护叶。在小麦籽粒形成和灌浆期间,采取根外喷肥的措施,对加强小麦养根护叶,促进小麦灌浆,延缓衰老,提高粒重十分重要。可在扬花后 5~10d 每亩用 200g KH_2PO_4+500g 尿素,加水 50kg 进行叶面喷洒,可使小麦抵抗干热风危害的能力增强,防止早衰,提高粒重。

(3)在灌浆后期适当控制浇水。在小麦开花 15d 以后,应适当控制浇水,一是避免小麦头沉遇风倒伏;二是防止氮素的淋溶,影响籽粒光泽度、角质率和加工品质;三是浇麦黄水,会引起小麦根系窒息,加速衰老死亡,造成粒重降低。

2.3.5　小麦抽穗期干旱时如何进行灌溉

小麦抽穗期正处于需水敏感期，干旱严重影响小麦正常结实。灌溉不要在中午进行，应采用湿润灌溉技术，少量多次，不要大水漫灌；对受害较轻的麦田，用秸秆、稻草、树叶等覆盖小麦行间土壤，尽量减少土壤水分的蒸发损失。

2.3.6　如何实施叶面施肥挽救迟发小麦

冬小麦在春季如遇持续低温天气，加上阴雨光照不足，对于返青后麦苗的正常生长很不利，生育期会推迟几天，例如，早衰可能导致小麦灌浆期缩短，千粒重降低。为了减轻灾害天气的影响，在施肥方面，针对小麦后期根系吸肥吸水能力下降的特点和矛盾，抓住扬花至灌浆期这段小麦产量形成的关键时期，推行"一喷三防"技术措施，即在叶面喷施磷酸二氢钾和尿素，通过在小麦叶面供应养分以弥补根系在后期吸收力下降造成的损失，达到延缓小麦植株衰老、减少干热风危害，增加小麦灌浆强度，增加粒重，而保持产量的技术。

(1)在双高小麦生产体系中，扬花至灌浆期的后期生育对于保产量至关重要。后期水肥管理不可放松。尤其是对于现代高产品种，后期水肥管理是创高产的关键，正如农谚所述："麦收三不少，穗多穗大籽粒饱"，说明后期水肥管理对产量很关键。无论是出现过旺贪青还是早衰都会导致减产。这时水肥管理的目标是保持根系活力，延长叶片功能期，促进光合产物向籽粒转运，争取粒重。由于后期根系活力下降是规律性所趋，所以，开启根外补充途径是加强后期营养调控的正确选择，后期叶面积大，通过叶面施肥直接供应养分快，避免养分在土壤中的固定与退化，所以养分利用效率要高于土壤施肥。

(2)在气候反常，环境恶化的条件下，要争创小麦双高，除了采用根部施肥以外，还要充分利用叶面施肥技术，尤其是逢高温旱季表土层干旱又无灌溉条件时，根际土壤的有效养分运输不畅；或在涝洼积水地块，作物根系缺氧，导致作物不能正常吸收养分的特殊情况下，要采用叶面施肥。

(3)冬小麦后期叶面施肥作为双高生产体系的常规措施，一般对于群体较大、苗情正常的麦田，为了防止后期干热风可能造成的倒伏，在开花后至灌浆期叶面喷施2、3次，内含1%~2%黄腐酸、0.5%~1%尿素和0.2%~0.3% KH_2PO_4 的肥料。在有需求、有条件的地区，后期小麦叶面施肥的成分还可增加硼肥、硅肥。

总之，合理使用叶肥有利于保小麦千粒重，并且通过调节蒸腾作用，增强植株抗干热风的能力，减少收获前干热风所引起的倒伏，有利于稳产。

2.3.7　小麦苗期如何进行技术管理

(1)促苗早发。对墒情较差的未出苗麦田要早浇水，浇水后及时划锄，破除土壤板结，确保出苗率和出苗质量；对已出现旱情的出苗麦田，不能等雨，要及时浇水，浇后搂、划以弥合土壤裂缝，避免突然降温对小麦根部造成冻害。

(2) 查苗补种。对已出苗麦田，要及时检查，对有疙瘩苗的地块，三叶期要及时剔除疙瘩苗；播量偏大或补种的麦田，要及时进行间苗、疏苗，确保苗全、苗匀、苗壮。对缺苗断垄麦田要尽早补种，选择与该地块相同品种的种子，进行种子包衣或药剂拌种后，开沟均匀撒种，墒情差的要结合浇水补种。

(3) 化学除草。冬前是防治麦田杂草的有利时期，即幼苗期(一般 11 月中下旬)是最佳时期。要正确选用除草剂，猪殃殃、泽漆等混生杂草的麦田可以巨星与快灭灵混用防治；播娘蒿、麦加公、荠菜等阔叶杂草的麦田可使用巨星除草剂防治；野燕麦与其他杂草混生的麦田可使用膘马与巨星混用防治。禁止使用氯磺隆、甲磺隆及其复配除草剂。注意尽量选择天气晴朗、气温在 10℃ 以上时喷施。药液量要充足，一次喷匀，不重喷、不漏喷。

2.3.8　小麦分蘖期的管理技术有哪些

(1) 查苗补缺。麦苗出土后应立即查苗，发现有缺苗断垄要立即补种。分蘖开始时仍有缺苗可移稠补稀。尤其是小麦多为撒播，土壤黏性大、坷垃多出苗常常受限制，再加上地下害虫为害，查苗补缺就更为重要。通过查苗补缺达到苗全、苗匀，确保足够数量的基本苗。

(2) 肥水管理。三叶期小麦开始分蘖，春性品种开始分化幼穗，这时如果土壤养分缺乏，那么麦苗分蘖就会迟缓。因此应早施速效肥，以促进分蘖早生快长，增加有效分蘖形成足够的壮蘖，使群体大小适宜。同时增加小穗分化数目为高产打好基础，苗肥应在三叶期前重施。对基肥不足的田块要重施腊肥，腊肥应以有机肥为主，冬施春用；重施腊肥对防冻和促进小麦多扎根、早返青，巩固冬前分蘖提高分蘖成穗率有重要作用。小麦冬前分蘖多数已成为有效分蘖。冬前施肥可以满足小麦生长需要，巩固冬前分蘖，促进年后分蘖，增加单位面积穗数。

(3) 适时冬浇。对小麦适时进行冬浇可以使土壤沉实、地温平稳，能保苗安全越冬，也为麦苗返青创造良好的条件，特别是在冬季干旱的情况下效果更好。不过浇水要适时，过早会使小麦生长过旺，过迟浇后结冰会冻伤麦苗。要在平均气温 7~8℃时浇水，气温在 4~5℃时土壤夜冻日消已不宜浇水。

(4) 酌情镇压。通过镇压使小麦地上和地下部协调生长。凡是经过镇压的麦田，麦苗生长整齐、粗壮，不易倒伏。同时镇压使土壤坚实，不易透风跑墒，有利于提高土温。冬前镇压可提高植株的抗寒力减轻冻害死苗。此外，镇压还可以壮蘖、增穗、大穗、齐穗与多粒。镇压的次数和强度视苗情而定。旺苗要重压，弱苗要轻压。同时镇压要注意土壤条件，土壤过湿不压，有露水、冰冻时不压，盐碱土不宜重压。

(5) 中耕除草。中耕可以消灭杂草、疏松土壤、减少水分蒸发、增加土壤通气性、促进土壤养分释放、提高地温，有利根系和分蘖生长。一般第 1 次中耕在开始分蘖时进行。此时苗小、根浅，宜浅锄。第 2 次中耕在分蘖盛期进行，这时苗大、苗壮可适时浅锄。开春后松地应浅锄，避免伤根。另外也可在麦苗生长的不同时期分别选用适当的除草剂进行化学除草。

(6)清沟培土。在稻麦轮作和低洼地区，应在冬前对排水沟渠进行整修，确保排水畅通。畦沟清理出的土可敲碎培壅麦根，保护麦苗安全越冬。沿淮、沿河地势低洼处及沿江圩区特别要做好开沟、防渍、防涝工作，做到沟能相通、雨停田干、沟不积水，降低潜层水以利壮根防腐，促进小麦生长。

(7)防病治虫。开春后气温升高有利于各种病虫害的发生，因此要加强病虫预测预报。一旦发现病虫害，立即防治，尽量减少损失。

2.3.9　小麦拔节期的主要管理技术有哪些

拔节期是小麦一生中生长最旺盛的时期，也是产量形成的关键时期，此期若肥水供应不足，将严重影响小麦产量。

(1)肥水统筹。返青起身期没有追肥浇水的二类苗(50 万～70 万/亩)、三类苗(50 万/亩以下)，应立即结合浇水进行施肥，每亩追施尿素 15kg。一类苗(80 万～100 万/亩)为避免后期出现倒伏，应采取氮肥后移措施，在拔节中后期亩追施尿素 12～15kg。旺苗(100 万/亩以上)有脱肥现象或冬季遭受冻害的，立即结合浇水每亩追施尿素 10～15kg；没有脱肥现象的，在拔节后期每亩追施尿素 10～15kg，以控制徒长，防止倒伏。

(2)预防"倒春寒"。关注天气预报，遇到降温天气，提前灌水预防冻害。如果小麦遭受春季寒害，要立即浇水并补施速效氮肥，一般每亩追施尿素 10kg 左右或喷施叶面肥，促进受冻麦苗尽快恢复生长，减轻寒害损失。

(3)综合防治病虫害。根据当地气候因素以及病虫害发生规律提前做好病虫害防治工作。一般每亩用 15g 高氯或 40g 吡虫啉混合 20%粉锈宁 70～100mL 兑水 50kg 喷雾，一次用药兼治蚜虫、红蜘蛛及纹枯病、白粉病、锈病等多种病虫害。

2.3.10　小麦孕穗期怎样进行技术管理

(1)做好病虫害防治。在拔节孕穗期小麦最容易受蚜虫为害，也容易出现小麦锈病、白粉病。可以选用粉锈宁、三唑酮、粉诺欣或氟硅唑任一种药剂防治小麦白粉病、锈病，同时加入锐劲特、敌百虫或阿维啶虫脒防治小麦皮蓟马。通常情况下小麦蚜虫的防治每亩用 50%抗蚜威可湿性粉剂 5000 倍液进行喷雾防治。

(2)根据苗情、土壤墒情及时灌水。要灌足孕穗水，因孕穗期是小麦需水"临界期"，缺水可造成穗粒数减少，产量大幅下降。此期灌水量要大，要灌匀、灌透、灌好，确保孕穗期不缺水。

(3)补施孕穗肥，孕穗肥应根据苗情和土壤情况灵活掌握，若田间麦苗发黄，有脱肥现象，应补施氮肥，结合灌水，每亩施尿素 10～15kg，施肥时对叶色发黄、弱苗田块重施，注意平衡施肥，使麦苗生长均匀一致。

2.3.11　小麦灌浆期有哪些管理技术

小麦灌浆期主要是保根、护叶、延长叶片功能、防止早衰、提高粒重，并是预防旱、涝、风、病、虫、倒伏等灾害的关键时期。为了使小麦籽粒饱满、增加粒重，达到高产优质，因此此期要切实加强田间管理，防病治虫。

1. 合理补施肥料，防止早衰

灌浆中期(5 月中旬)叶面施肥可促进受冻害小麦恢复生长，并能延长叶片功能期、提高光合效率、防病抗倒、减轻干热风危害。亩用 0.3% KH_2PO_4 加 1%～2%尿素混合液，或用天丰生素等进行叶面喷施，7d 喷一次。对缺氮严重的地块要及时补施氮肥。追施速效氮肥，对于增加穗粒数、提高千粒重效果明显。方法是结合浇水每亩追施尿素 3～5kg。

2. 适时浇好灌浆水

根据土壤墒情适时浇好灌浆水，浇水时间掌握在小麦开花后 15d 内结束。强筋小麦严禁浇麦黄水和灌浆水；要密切注意天气预报，风雨来临前严禁浇水，以免发生倒伏。

3. 综合防治病虫害

(1)锈病、白粉病防治。一般亩用 20%三唑酮乳油 50～60mL 兑水 40kg 均匀喷雾。

(2)赤霉病防治。应以预防为主，如果小麦扬花期没有施用杀菌剂，灌浆期可亩用 50%多菌灵可湿性粉剂 80g 兑水 40kg 均匀喷雾。

(3)小麦穗蚜。当百株有蚜 500 头时，亩用 4.5%高效氯氰菊酯或 2.5%氟氯氰菊酯 50～60mL 加 10%吡虫啉 10～15g 兑水 40kg 均匀喷雾。

4. 适时收获

蜡熟中后期及时收获，强筋小麦分品种单收、单打、单贮，防止机械混杂，降低小麦品质。

2.3.12　小麦蜡熟期的特征是什么

小麦蜡熟初期叶片黄而未干，籽粒呈浅黄色，腹沟色褪绿，籽粒无浆。小麦蜡熟中期下部叶片干黄，茎秆有弹性，籽粒转黄色，种子含水量 25%～30%。小麦蜡熟末期全株变黄，茎秆仍有弹性，籽粒黄色稍硬，种子含水量 20%～25%。小麦完熟期叶片枯黄，籽粒变硬，呈品种本色，种子含水量在 20%以下。具体情况如下。

(1)籽粒。籽粒一般呈深浅不同的橘黄色，用小刀切后见横切面呈蜡质状，稍硬，仅腹沟处稍软，腹沟附近空腹已消失，挤压籽粒背部仍能显出轻微指甲印。

(2)麦株叶尖、叶片、叶鞘。麦株叶尖、叶片、叶鞘顺序变黄，茎秆从下向上变黄，只有上部一叶及其附近仍呈绿色，穗下茎变黄，旗叶鞘及倒数第二节转黄不干枯，全株呈黄、绿、黄三段。

(3)麦田。远距离观察麦田,若麦株上下皆黄,中间是一条绿带,就可以断定这块麦田已进入蜡熟期,这时收割最适宜。

2.3.13　小麦什么时期收获好呢

小麦蜡熟前期籽粒开始变硬,由乳状开始慢慢硬化,若取出麦粒用手指一划,就会呈现出蜡状。待到小麦蜡熟中期,小麦全株转枯黄色,但小麦的茎秆还有弹性,这时是进行人工收割的最好时机。在小麦蜡熟末期,小麦茎秆全部干枯,籽粒体积缩小,含水量降低,呈干硬状,用指甲挤压不易破碎,此时用机械收割易脱粒且不易破碎,这个时期小麦籽粒中干物质积累达到高峰,品质好,产量最高,生理也完全成熟;但是完熟期的小麦茎、秆、叶以及根基等已不能再制造和积累养分,但仍然需要消耗养分进行呼吸,麦粒养分会倒流入秸秆,造成粒重下降,每亩产量减产将达 30～50kg。一般完熟期(麦粒完全变硬)前2～3d 是机器收割的最佳时期。

如果完熟期遇上阴雨连绵天气,小麦容易生芽发霉,品质变差,损失更大。因此,掌握收获时机,适时抢收非常关键,千万不要等到小麦成熟到掉麦粒再收割。一天中小麦收割的最佳时期为 9～11 时和 16～18 时。

2.3.14　小麦储藏特性有哪些

(1)吸湿性强。小麦种子称为颖果,稃壳在脱粒时分离脱落,果实外部没有保护物。果种皮较薄,组织疏松,通透性好,在干燥条件下容易释放水分;在空气湿度较大时也容易吸收水分。麦种吸湿的速度,因品种而不同。在相同条件下,红皮麦粒的吸湿速度比白皮麦粒的慢;硬质小麦的吸湿能力比软质小麦弱;大粒小麦的吸湿能力比小粒、虫蚀粒弱。但是,从总体上讲,小麦种子具有较强的吸湿能力,在相同条件下,小麦种子的平衡水分较其他谷类高,吸湿性较稻谷强。因此,麦粒在曝晒时降水快,干燥效果好;反之,在相对湿度较高的条件下,容易吸湿提高水分。麦种在吸湿过程中还会产生吸胀热,产生吸胀热的临界水分为 22%,水分为 12%～22%的小麦,水分越低,产生的热量越多。所以,干燥的麦种一旦吸湿不仅会增加水分,还会提高种温。

(2)后熟期长。小麦种子有较长的后熟期,有的需要 1～3 个月。后熟期的长短因品种不同,通常是红皮小麦比白皮小麦长。一般春性小麦的后熟期为 30～40d,半冬性小麦为60～70d,冬性和强冬性小麦在 80d 以上。此外,小麦的后熟期还与成熟度有关,充分成熟后收获的小麦后熟期短一些;提早收获的小麦则长一些。通过后熟作用的小麦种子可以改善麦粉品质。但是麦种在后熟过程中,由于物质的合成作用不断释放水分,这些水分聚集在种子表面上会引起小麦"出汗",严重时甚至发生结顶现象。有时种子的后熟作用可引起种温波动即"乱温"现象。

(3)较耐高温。小麦种子具有较强的耐热性,特别是未通过休眠的种子,耐热性更强。据试验,水分 17%以下的麦种,种温在较长的时间内不超过 54℃;水分 17%以上的麦种,在种温不超过 46℃的条件下进行干燥和热进仓,不会降低发芽率。根据小麦种子这一特性,实践中常采用高温密闭杀虫法防治害虫。但是,小麦陈旧种子以及通过后熟的种子耐高温能力下降,不宜采用高温处理,否则会影响发芽率。

(4)易受虫害。由于麦种很容易回潮并保持较高的水分,为仓虫、微生物的繁衍提供了良好的条件。为害小麦种子的主要害虫有玉米象、米象、谷蠹、印度谷螟和麦蛾等,其中以玉米象和麦蛾为害最多。被害的麦粒往往形成空洞或蛀蚀一空,完全失去使用价值。因此,麦种的贮藏应特别注意防回潮、防治害虫和防治病菌等。.

(5)耐储性好。麦种的孔隙度一般为 35%～45%,通气性较稻谷差,适宜干燥密闭贮藏,保温性也较好,不易受外温的影响。但是当种子堆内部发生吸湿回潮和发热时,则不易排除。

2.3.15　怎样储藏小麦

1. 趁热装包,高温密闭

利用小麦的耐热性,在高温的晴天晾晒、贮藏,可起到干燥、促进后熟、杀虫抑菌的作用。具体做法如下。

(1)选高温晴朗的天气晒麦粒。先晒地坝,后摊晒小麦。要求摊薄、摊匀。

(2)勤翻动。将麦温晒到 50℃持续 2h,使小麦含水量小于 12.5%。

(3)闷堆杀虫。将摊晒的小麦堆成 2500kg 的小堆,热闷 0.5h,使麦温保持在 46℃以上。

(4)清洗、消毒、预热。在入库前,应对仓库、工具、器材等进行清洗、消毒、预热。

(5)趁热入仓库,及时覆盖密闭,防吸湿散热、害虫复苏为害等。维持 42℃的温度 10d,可杀死害虫的幼、成虫及其蛹、卵。

2. 控制水分,维持低温低氧

为了长期贮藏小麦,提高贮粮的稳定性,必须控制小麦的含水量,维持低温低氧状态。对于含水量低于 12.5%的小麦进行散堆密封防潮,可安全贮藏;含水量为 14%～15%的小麦,温度上升至 22℃时,若管理不善,则易腐败。而对已贮藏 1～2 年的小麦,采用热密闭和趁冬季低温翻仓去杂。摊薄降温后趁冷装仓,进行"冷密闭"贮藏,可防小麦变质、生虫、发霉等,达到安全贮藏的目的。

2.4　病虫草害防治

2.4.1　小麦病害主要有哪些

小麦病害主要有:锈病、白粉病、纹枯病、全蚀病、根腐病、赤霉病、叶枯病和病毒病。

2.4.2 小麦虫害主要有哪些

(1)地下的有：蝼蛄、蛴螬、金针虫。采用土壤处理或拌种药剂，如甲拌磷、甲基异柳磷、辛硫磷、毒死蜱等可预防。

(2)地上的有：蚜虫、麦红蜘蛛、麦叶蜂和黏虫。采用药剂如氧乐果、氰戊·乐果、阿维·高氯等可预防。

2.4.3 小麦锈病有什么症状及发生规律

小麦锈病又称黄疸病，主要有条锈病、叶锈病、秆锈病三种。四川省小麦种植区叶锈病为常发病害，条锈病间歇流行，秆锈病已很少发生。

1. 症状识别

(1)条锈病主要为害小麦叶片，也可为害叶鞘、茎秆、穗部。夏孢子堆在叶片上排列呈虚线状，鲜黄色，孢子堆小，长椭圆形，孢子堆破裂后散出粉状孢子。

(2)叶锈病主要为害叶片，叶鞘和茎秆上少见。夏孢子堆在叶片上散生，橘红色，孢子堆中等大小，圆形至长椭圆形。夏孢子一般不穿透叶片，偶尔穿透叶片，背面的夏孢子堆也较正面的小。

(3)秆锈病主要为害茎秆和叶鞘，也可为害穗部。夏孢子堆排列散乱无规则，深褐色，孢子堆大，长椭圆形。夏孢子穿透叶片的能力较强，叶片正反面都可出现孢子堆，叶背面的较大。

三种锈病后期均生成黑色冬孢子堆。若把条锈菌和叶锈菌夏孢子放在玻片上滴一滴浓盐酸检测，条锈菌夏孢子的原生质收缩成数个小团，而叶锈菌夏孢子的原生质在孢子中央收缩成一个大团。

2. 发生规律

三种锈病均属于气流传播病害。夏孢子可随气流在高空做远距离的广泛传播，在几百公里以外的地方进行再侵染。条锈病菌可以借助气流在高海拔冷凉地区的春麦上越夏，在低海拔温暖地区的冬麦上越冬，构成周年循环。条锈病菌喜凉怕热，在山东很难越夏，叶锈病菌在山东可在自生麦苗上越夏，两种锈病菌均以菌丝潜伏在小麦叶组织内越冬，为翌年的侵染病源之一。叶锈病以当地菌源为主。条锈病菌来源有当地菌源，但主要是外地菌源。春季是病害流行的重要时期。当地菌源发病，病叶由下部叶片发病向上部蔓延，逐渐形成发病中心，而后波及全田；外来菌源发病，田间叶片发病均匀，上部叶片先发病，重复侵染造成流行。秆锈病同叶锈病基本一样，但越冬要求温度比叶锈病高，一般在最冷月日均温在10℃左右的闽、粤东南沿海地区和云南南部地区越冬。

小麦锈病发病的轻重主要与降水条件、越夏越冬菌源量和感病品种面积大小的关系密切。一般秋冬、春季雨水多，感病品种面积大，菌源量大，锈病发生重。

2.4.4 小麦白粉病有何症状与发生规律

(1)症状识别。白粉病主要为害叶片,严重时可在叶鞘、茎秆和穗颈上发生。 一般叶正面的病斑比反面多,下部叶片较上部叶片重。病斑最初为圆形或椭圆形,白色绒絮状(病菌的菌丝和产生的分生孢子),之后病斑变为灰色,最后变为浅褐色,上面生出小点(子囊壳)。菌丝脱落后,叶片上表现为黄褐色斑点。病叶早期黄化、卷曲并枯死。茎和叶鞘受害后,植株易倒伏。重病株通常矮缩不抽穗。

(2)发生规律。小麦白粉病是一种由气流传播的病害,病菌孢子落到小麦植株上,条件适宜时引起发病。产生的分生孢子随气流等传播,引起再侵染。白粉病在一年内经过越夏、秋苗侵染、越冬和春季发病四个阶段。病菌以分生孢子在自生麦苗上或以闭囊壳在病残体上越夏。在夏季最热一旬平均气温 24℃以下的地区白粉病可以顺利越夏,并侵染为害秋苗。一般以菌丝体在麦苗上或以分生孢子越冬,春天再产生分生孢子扩大蔓延。春季白粉病从小麦的下部叶片开始发病,病情加重而上移。

白粉病对温湿度的适应能力很强,气温在 0～25℃时均能活动,最适宜的温度为15～20℃,适宜的相对湿度为 100%。早春气温高,越冬菌源多,使发病期提前,为再侵染提供了更多菌源。3～5 月份雨水多,分布均匀,有利于其发病。低温(以 20℃左右最适)、高湿、通风不良、光照不足有利于病菌侵染。干旱年份,植株生长不良,抗病力减弱时,发病较重。施氮肥过多,播种过早,小麦抗病力减弱时,发病也较重。

2.4.5 小麦纹枯病有何症状及发生规律

(1)症状识别。小麦苗期感病后,病部初呈暗绿色小斑,后渐扩大呈云纹状大斑。潮湿条件下,病部出现白色菌丝体,有时出现白色粉状物(担子和担孢子)。小麦拔节后病斑主要发生在基部叶鞘上,严重时也侵茎。后期病部表面产生褐色菌核,成熟后易剥落。侵茎后易出现"白穗",极易倒伏。

(2)发生规律。纹枯病主要以菌核在土壤中或以菌丝体在土壤中的病残体内越夏、越冬。秋播后小麦三叶期开始侵染发病并扩展,气温下降后病情逐渐停止发展。翌年春季小麦返青后,越冬病菌不断侵染麦株,并在株间水平扩展,使病株率不断上升。小麦拔节后侵染速度加快,由叶鞘向茎秆发展,病斑随小麦拔节向上扩展,是垂直扩展期,严重度增加,形成春季发病高峰期。后期停止发展,并形成菌核落入土壤中越夏越冬。

早春气温偏高,中期气温正常,后期气温偏低,再加上雨水偏多,可造成纹枯病严重为害。近年来秸秆还田高留茬,也为病菌的逐年积累提供了有利条件。

2.4.6 小麦全蚀病有何症状及发生规律

(1)症状识别。小麦全蚀病是一种根腐和茎腐性病害,小麦整个生育期均可感染。幼苗受侵,轻的症状不明显,重的显著矮化,叶色变浅,底部叶片发黄,分蘖减少,类似干旱缺肥状，拔出可见种子根和地下茎呈灰黑色。严重时，次生根变为黑色，植株枯死。灌浆到成熟期这种症状尤为明显，在潮湿情况下，根茎变色部分形成基腐性的"黑脚"症状。最后造成植株枯死，形成"白穗"。剥开染病部位基部叶鞘，可以看到全蚀病特有的"黑膏药"状物。近收获时，在潮湿条件下，根茎处可看到黑色点状突起的子囊壳。

(2)发生规律。小麦全蚀病主要以带菌根茬的土壤、混有病残体的粪肥和种子三条途径传播。病菌在病残体或夏季寄主作物上越夏。以菌丝体从秋苗初生根、胚芽鞘或根茎节侵入根组织内，并以菌丝体在病根中越冬。小麦返青后，根部菌丝体向分蘖节、茎基部叶鞘蔓延，最后侵入茎基部 1～2 节。侵染部位仅限于小麦根部和茎基部 15cm 以下。从幼苗到抽穗期都可侵染，以幼苗期为主，冬前分蘖期和返青拔节期是侵染盛期。侵染适温 16℃左右，发育适温 20～25℃。通气好的土壤有利于发病。土壤肥力不足发病重，使用铵态氮，增施磷肥能减轻病害。土壤湿度大有利于病害发展，晚秋或春季雨多年份发病重。小麦全蚀病还有自然衰退现象，如果在同一块地连作种植感病作物 3～5 年，病害就会在数量上和严重度上达到顶峰，之后病害便逐年自然下降。

2.4.7　小麦根腐病有何症状及发生规律

(1)症状识别。该病症状因气候条件而不同，在干旱半干旱地区，多引起茎基腐、根腐；多湿地区除以上症状外，还引起叶斑、茎枯、穗颈枯。幼苗受侵，芽鞘和根部变褐，甚至腐烂，严重时幼芽不能出土而枯死。在分蘖期，根茎部产生褐斑，叶鞘发生褐色腐烂，严重时也可引起幼苗死亡。成株期在叶片或叶鞘上，最初产生黑褐色梭形病斑，以后扩大为椭圆形或不规则形褐斑，中央灰白色至淡褐色，边缘不明显。在空气湿润和多雨期间，病斑上产生黑色霉状物，用手容易抹掉。叶鞘上的病斑还可引起茎节发病。穗部发病，一般是个别小穗发病，小穗梗和颖片变为褐色。在湿度较大时，病斑表面也产生黑色霉状物，有时会发生穗枯或掉穗。种子受害时，病粒胚尖呈黑色，重者全胚呈黑色。根腐病除发生在胚部以外，也可发生在胚乳的腹背或腹沟等部位。病斑呈梭形，边缘褐色，中央白色，形成"花斑粒"。

(2)发生规律。小麦根腐病菌以分生孢子附在种子表面或以菌丝体潜在种子内部越夏、越冬；分生孢子和菌丝体也能在田间病残体上越夏或越冬。土壤带菌和种子带菌是苗期发病的初侵染源。当种子萌发后，病菌先侵染芽鞘，后蔓延至幼苗，病部长出的分生孢子，可经风雨传播，进行再侵染，使病情加重。不耐寒或返青后遭受冻害的麦株容易发生根腐病，高温多湿有利于地上部分发病，24～28℃时，叶斑的发生和坏死率迅速上升，在 25～30℃时，有利于发生穗枯。重茬地块发病逐年加重。小麦品种间抗病性有一定差异。

2.4.8　小麦赤霉病有何症状及发生规律

1. 症状识别

赤霉病自小麦幼苗至抽穗期均可发生，引起苗腐、茎基腐和穗腐等，其中以穗腐发生最为严重、普遍。

(1)穗腐：于小麦扬花后出现。最初在小穗颖片上呈现边缘不清的水渍状淡褐色病斑，逐渐扩大至整个小穗或整个麦穗，严重时被侵害小穗或整个麦穗后期全部枯死，呈灰褐色。田间潮湿时，病部产生粉红色胶质霉层，即病菌的分生孢子座和分生孢子。在多雨季节，后期病穗上产生黑色小颗粒，即病菌的子囊壳。病种子变瘪，具粉红色霉层。

(2)苗枯：由种子带菌或土壤中病残体带菌引起。幼苗染病后，芽鞘和根鞘上呈黄褐色水渍状腐烂，严重时全苗枯死，病苗残粒上可见粉红色霉层。

(3)茎腐：又称脚腐。自幼苗出土至成熟均可发生。发病初期茎基部呈褐色，后变软腐烂，植株枯萎，在病部产生粉红色霉层。

　2. 发生规律

稻桩上的子囊壳、带病的玉米根茬、麦秆、麦穗、棉秆、棉铃壳、杂草以及未腐熟厩肥中的玉米秆等残体为主要初侵染源。种子内部潜伏的菌丝体主要引起苗枯和茎腐。病残体上产生的子囊壳中的子囊孢子在穗上侵染引起穗腐。在春季气温升高，雨水多时，病菌大量繁殖，并由雨水飞溅或风吹传播到麦穗上。在高温高湿条件下，很快在麦穗上产生霉层，霉层上的病菌通过风雨进行再侵染。一般年份的赤霉病为害，以扬花期病菌一次侵染为主，在多雨年份会有再侵染。气温 15℃，相对湿度 80%以上，穗部开始发病，田间湿度大、密度过高发病重。小麦抽穗扬花期出现连续阴雨天气容易引起大流行。小麦品种间的感病程度有差异，一般大穗、晚熟品种的发病相对较重。

2.4.9　小麦叶枯病有何症状及发生规律

(1)症状识别。叶枯病主要为害叶片和叶鞘，有时也为害穗部和茎秆。在叶片上最初出现卵圆形浅绿色病斑，以后逐渐扩展连结成不规则形的大块黄褐色病斑。病斑上散生黑色小粒，即病菌的分生孢子器。一般先由下部叶片发病，逐渐向上发展。在晚秋及早春，病菌侵入寄主根冠，导致下部叶片枯死，植株衰弱，甚至死亡。茎秆和穗部的病斑不太明显，比叶部病斑小得多，分生孢子器也稀少。

(2)发生规律。病菌在小麦残体或种子上越夏，秋季开始侵入幼苗，以菌丝体在病株上越冬。来年春季，病菌产生分生孢子，传播为害。分生孢子器中的分生孢子和组织中的菌丝体，在不利的环境条件下能存活相当长时间。分生孢子借风、雨传播，引起再侵染。低温、多湿的环境条件有利于该病发生。不同品种间的抗病性差异较大。

2.4.10　小麦病毒病有何症状及发生规律

　1. 为害症状

(1)小麦丛矮病。发病植株分蘖增多，叶片细小，心叶嫩绿，从叶茎开始出现白色细条纹，后发展成不均匀的黄绿相间的条纹，条纹不受叶脉限制。冬前在温度过低的年份，显病的植株大部分不能越冬而死亡。轻病株在返青后分蘗继续增多，生长细弱，常有3、4次分蘗出现，植株显著矮化，叶片上有明显黄绿相间的条纹。麦穗一般能抽出叶鞘，但多数小穗与花器不能正常发育，严重的不能拔节抽穗而提早枯死。发病植株根系发育不良，易拔起。返青拔节后发病的病株，上部叶片可见黄绿色条纹，下部叶片浓绿，植株较粗矮，不能抽穗或虽抽穗但结实率低，籽粒不饱满。

（2）小麦黄矮病。典型症状是叶片鲜黄，叶脉仍为绿色，呈现黄绿相间的条纹，植株矮化。苗期感病生长缓慢，分蘗少，扎根浅。病叶从叶尖开始变黄，逐渐向下发展，叶片厚而脆。病苗不能越冬，即使能越冬，返青拔节后新叶继续发病，植株严重矮化不能抽穗，甚至枯死。拔节至孕穗期感病，植株矮化程度轻，病叶从叶尖开始变黄，逐渐向下延伸，黄化部分占全叶长的1/3～2/3，后期逐渐枯死，病叶半部仍为绿色。穗期感病一般只有旗叶变黄，植株不矮化，能抽穗。

（3）小麦土传花叶病。小麦感病后秋苗期一般生长正常，返青后才开始显症，病苗发黄，叶尖变紫，拔节期为显症高峰，新叶出现花叶症状，抽穗后病株恢复生长，贪青晚熟。

2. 发生规律

（1）小麦丛矮病由灰飞虱传毒，小麦出苗后，带毒灰飞虱由杂草或禾本科作物田迁入麦田，为害小麦并传播病毒。秋季早播小麦感病后，10月中旬形成秋苗发病高峰。发病的主要时期是秋季。一般在有毒源存在的情况下，冬小麦播种越早，侵染越早，发病越严重。随植株生理年龄的增大，抗性增强，春季返青后受侵植株发病较轻。防治的关键是控制秋苗的早期侵染。另外，玉米套种小麦或棉花套种冬小麦的地块较直播田的发病重，靠沟边地头杂草近的发病重。

（2）小麦黄矮病由麦二叉蚜为主的多种蚜虫传毒，带毒蚜虫秋季在小麦出苗后迁入麦田繁殖为害，传播病毒，使秋苗发病，形成来年春季的毒源中心。来年春季继续传毒危害。田间有两次发病高峰，一是小麦拔节期，二是抽穗期。影响黄矮病流行的主要因素，一是麦蚜数量大，特别是麦二叉蚜数量大，发病重；二是秋冬及早春气温偏高，湿度小，有利于麦二叉蚜的发生与传毒，黄矮病发生重；三是秋播过早，地力瘠薄，种植密度过小，不冬灌的麦田发病重。

（3）小麦土传花叶病是由禾谷多黏菌和拟多黏菌传毒引起的。秋播小麦出苗后，土壤中多黏菌的休眠孢子变为游动孢子，带毒的游动孢子侵染小麦表皮，将病毒传到小麦根部。小麦成熟前，游动孢子形成结合子，在根表皮内发育成形体，形体再形成休眠孢子堆，内装休眠孢子。土传花叶病的发生与小麦品种、土质、地力和气候条件关系密切。土质疏松、透气良好、保肥力差的沙土发病重；基肥不足、苗情差的地块发病重；早播发病重；地下水位高和近水沟的阴涝地发病重。

2.4.11　小麦地下害虫如何预防

主要的地下害虫种类有金针虫、蛴螬、蝼蛄等。具体防治方法如下。

（1）撒毒土。每亩用5%毒死蜱颗粒剂2kg，拌细土30～40kg，拌匀后撒施，施药后立即浇水，可以有效防治金针虫，兼治蛴螬、蝼蛄等地下害虫。每亩用 5%辛硫磷颗粒剂 2～3kg 或 5%毒死蜱颗粒剂 1kg，拌细土 30～40kg，拌匀后撒施，施药后立即浇水，可以有效防治蛴螬、蝼蛄。

(2)药剂灌根。亩用 48%的毒死蜱乳油 1000 倍液或 50%辛硫磷乳油 1000 倍液，将喷雾器喷头取掉，对准麦株茎基部喷灌，可有效防治蛴螬和金针虫等地下害虫。

2.4.12　麦蜘蛛怎样防治

小麦产区常见的麦蜘蛛主要有两种：麦长腿蜘蛛和麦圆蜘蛛。偶发成灾，往往措手不及。主要防治方法如下。

(1)农业防治。麦收后深耕灭茬，可大量消灭麦蜘蛛的越夏卵，压低秋苗的虫口密度；适时灌溉，同时振动麦株，可有效减少麦蜘蛛的种群数量。

(2)药剂防治。在点片发生期，选用 15%哒螨酮或 50%毒死蜱乳油 1000 倍液，或 73%克螨特(炔螨特)乳油 1500 倍液，或 1.8%阿维菌素 3000 倍液，或 40%乐果乳剂 1000 倍液，以阿维菌素与其他药剂半量混配喷施效果好。起身拔节期于中午前后在麦蜘蛛为害最盛时喷施。后期高温天气情况下于 10 时前和 16 时后喷药。

2.4.13　小麦麦蚜如何防治

麦蚜是常发虫害，一年发生 10 余代，温度在 15～25℃、相对湿度达到 75%以下时最宜发生，这也是中温低湿麦蚜猖獗的主要原因。主要防治方法有生物防治和化学防治。

(1)生物防治。选用对天敌具有保护作用的药剂，如 0.2%苦参碱(克蚜素)水剂 400 倍液、杀蚜霉素(孢子含量 200 万个/mL)250 倍液、50%辟蚜雾(抗蚜威)1500 倍液喷雾防治。同时，应充分利用瓢虫、食蚜蝇、草蛉、蚜茧蜂、蜘蛛等天敌的自然控害作用。

(2)化学防治。用 10%吡虫啉可湿性粉剂，或 50%毒死蜱乳油，或 3%啶虫脒 1000 倍液，或 50%抗蚜威可湿性粉剂 3000 倍液，或 50%马拉硫磷乳油 1000 倍液喷施。其中吡虫啉和啶虫脒最好与低毒有机磷药剂合理半量复配喷施，可保持 10d 的药效。以上药剂相互复配或与敌敌畏复配使用更好。

2.4.14　小麦锈病如何防治

小麦锈病的防治方法如下。

(1)选用抗病品种。选用鲁麦 21、烟农 19、烟农 23 等抗锈病丰产良种。

(2)药剂防治。亩用 65%代森锌可湿性粉剂 0.5kg 加水 250～300kg，进行喷雾；或亩用 15%三唑酮可湿性粉剂 60～80g 兑水喷雾；也可用 25%多菌灵可湿性粉剂 500 倍液、50%甲基托布津可湿性粉剂 800 倍液、25%粉锈宁可湿性粉剂 1500～2000 倍液喷雾。

(3)加强田间管理，适时播种。在秋苗容易发生条锈病、叶锈病的地块避免过早播种，对减轻秋苗发病有显著作用。合理施肥，避免氮肥过多，特别避免过晚施用，以防止贪青晚熟。重锈病，增施磷、钾肥促进小麦植株生长健壮，抗病高产。

(4)消灭自生麦苗。小麦自生苗是小麦锈病的主要越夏寄主。结合田间管理铲除自生麦苗，可以减少大量越夏菌源，压低秋苗发病率，可减轻锈病为害。

2.4.15　小麦白粉病怎样防治

(1)选用抗耐病品种，可以墨麦系列为主，如 s001、s39、s181 等。

(2)农业防治。合理施肥、合理密植，适当增施有机肥和磷钾肥，可减轻发病。

(3)药剂防治。一般于孕穗期至抽穗期病株率达 20%时开始施药；若早春病株率达 5%时，也应开始防治。发病初期每亩使用 15%三唑酮可湿性粉剂 60～70g 或 20%三唑酮乳油 50～60mL，兑水 30～45kg 均匀喷雾。

2.4.16　小麦纹枯病如何防治

采取农业措施与化防相结合的综防措施，能有效控制小麦纹枯病为害。

(1)品种选用。选择高抗纹枯病的品种。

(2)施肥。施用酵素菌沤制的堆肥或增施有机肥，采用配方施肥技术配合施用氮、磷、钾肥，不可偏施。施氮肥，可改善土壤理化性状和小麦根际微生物生态环境，促进根系发育，增强抗病力。

(3)适期播种。避免早播，适当降低播种量。及时清除田间杂草。雨后及时排水。

(4)药剂防治。①播种前药剂拌种。用种子重量 0.2%的 33%纹霉净(三唑酮加多菌灵)可湿性粉剂，或种子重量 0.03%～0.04%的 15%三唑醇(羟锈宁)粉剂，或种子重量 0.03%的 15%三唑酮(粉锈宁)可湿性粉剂，或种子重量 0.0125%的 12.5%烯唑醇(速保利)可湿性粉剂拌种。播种时土壤相对含水量较低则易发生药害，如每公斤种子加 1.5mg 赤霉素，就可克服上述杀菌剂的药害。②翌年春季冬、春小麦拔节期，亩用 5%井冈霉素水剂 7.5g 兑水 100kg，或 15%三唑醇粉剂 8g 兑水 60kg，或 20%三唑酮乳油 8～10g 兑水 60kg，或 12.5%烯唑醇可湿性粉剂 12.5g 兑水 100kg，或 50%利克菌 200g 兑水 100kg 喷雾，防效比单独拌种的高 10%～30%，增产 2%～10%。此外，还可选用 33%纹霉净可湿性粉剂或 50%甲基立枯灵(利克菌)可湿粉剂 400 倍液喷雾防治。

(5)生物防治。可施用 B#力粉拌种，防效可达 60%以上，有利于小麦种子发芽，可增产 13.7%。

(6)其他防治方法。于小麦拔节孕穗期每亩用力克麦得 15mL，兑水 15～25kg 叶面喷洒，可防治纹枯病，兼防小麦白粉病和锈病。

2.4.17　小麦全蚀病如何防治

1. 农业防治措施

(1)深耕深翻。小麦全蚀病的寄居菌以菌丝遗留在土壤表层，深翻土层，把细菌深埋地下，会有效杀死细菌。

(2)减少菌源。对于零星发病区，坚持就地封锁，就地消灭。发病田要单收单打，所收小麦严禁留种，且麦秆、麦糠不能直接还田，最好高茬收割，然后把病茬连根拔掉焚烧，不能沤肥用，以尽量减少菌源。

(3)合理轮作。对于小麦全蚀病严重发生的地块，可实行轮作换茬，推行麦菜、麦棉等轮作，以切断全蚀病菌源积累，控制病情发展。

(4)合理施肥。底肥增施有机肥、生物肥，提高土壤有机质含量。化肥施用应注意氮、磷、钾的配比。

2. 药剂防治措施

(1)土壤处理。播种前可亩用 70%甲基托布津可湿性粉剂 200～250g 进行 2、3 次全田处理，每公斤拌细土 20～30kg，耕地时均匀撒施。如防治地下害虫，可与杀虫剂混用，要求随撒随耕。

(2)浸拌种。可用 12.5%全蚀净，亩用量 20g，拌 8～10kg 种子，闷种 6～12h，晾干后播种。

(3)在小麦拔节期间，每亩用 15%粉锈宁可湿性粉剂 150～200g，或 20%三唑酮乳油 100～150mL，兑水 50～60kg 喷浇麦田，防效可达 60%左右，加入 600～800 倍粮食专用型"天达 2116"可明显提高防治效果。

(4)药剂灌根。小麦返青期，每亩用蚀敌或消蚀灵 100～150mL，兑水 150kg 灌根。
连续使用以上预防方法 2～3 年可基本消除小麦全蚀病。

2.4.18　小麦根腐病有什么防治措施

一般在小麦生育期后期高温多雨后，小麦根腐病症便可发生流行。防治方法：一般连作的麦田，根腐病的发病率比较高，幼苗出土慢，发病比较重，土温 20℃以上时发病率比较高。所以小麦最好不要连作，水旱轮作为宜。

小麦根腐病常用药物防治措施如下。

(1)小麦种子应选择抗病毒品种，播种前可以用药剂进行拌种，可以选用 12.5%烯唑醇乳油，或 50%代森锰锌可湿性粉剂，或 50%多菌灵可湿性粉剂，或 50%福美双可湿性粉剂，或 15%三唑酮可湿性粉剂，或 22%萎锈灵可湿性粉剂，或 50%退菌特可湿性粉剂，用量为种子重量的 0.2%～0.3%。

(2)小麦根腐病发病初期可以喷施 20%三唑酮乳油 2000 倍液，或 25%敌力脱乳油 1500

倍液防治。7～10d 后再喷 1 次。

(3)田间一旦发现烂苗，要及时清除，尤其是秸秆还田后要翻耕，埋入地下。

2.4.19　小麦赤霉病如何防治

小麦赤霉病别名麦穗枯、烂麦头、红麦头，是小麦的主要病害之一。小麦赤霉病在全世界普遍发生，主要分布于潮湿和半潮湿区域，尤其气候湿润多雨的温带地区受害严重。小麦从幼苗到抽穗都可受害，主要引起苗枯、茎基腐、秆腐和穗腐，其中为害最严重的是穗腐。防治方法如下。

1. 种植管理

(1)选用抗(耐)病品种。目前虽未研制出免疫品种，但有一些农艺性状良好的耐病品种。

(2)农业防治。合理排灌，湿地要开沟排水。收获后要深耕灭茬，减少菌源。适时播种，避免扬花期遇雨。采用配方施肥技术，合理施肥，忌偏施氮肥，提高植株抗病力。

2. 药物防治

(1)用增产菌拌种：每亩用固体菌剂 100～150g 或液体菌剂 50mL 兑水喷洒种子。拌匀，晾干后播种。

(2)防治重点是在小麦扬花期预防穗腐发生：在始花期喷洒 50%多菌灵可湿性粉剂 800 倍液，或 60%多菌灵盐酸盐(防霉宝)可湿性粉剂 1000 倍液，或 50%甲基硫菌灵可湿性粉剂 1000 倍液，或 50%多·霉威可湿性粉剂 800～1000 倍液，或 60%甲霉灵可湿性粉剂 1000 倍液，隔 5～7d 防治一次即可。也可用机动弥雾机喷药。此外小麦生长的中后期赤霉病、麦蚜、黏虫混发区，亩用 40%毒死蜱 30mL，或 10%抗蚜威 10g 加 40%禾枯灵 100g，或 60%防霉宝 70g 加 KH_2PO_4 150g 或尿素、丰产素等，防效优异。

2.4.20　小麦叶枯病怎样防治

(1)选用抗病品种和无病种子。由无病种子田留种。

(2)适时播种，合理密植。对于分蘖性强的矮秆品种尤其要注意控制播种量。施用酵素菌沤制的堆肥或充分腐熟的有机肥，避免偏施、过施氮肥，适当控制追肥。冬季灌饱，春季尽量不灌或少灌。早春耙糖保墒，严禁连续灌水和大水漫灌。

(3)对低湿、高肥、密植有可能发病的田块或历年秋苗发病重的地区或田块，于越冬前和返青后喷洒 80%多菌灵超微粉剂 1000 倍液，每亩用量 50g 超低量或常量喷雾。也可选用 36%甲基硫菌灵悬浮剂 500 倍液、50%苯菌灵可湿性粉剂 1500 倍液、25% 三唑酮乳油 2000 倍液。

2.4.21　小麦病毒病如何防治

小麦病毒病是指由病毒引起的一类小麦病害，其中为害比较大的是：小麦黄矮病、小麦丛矮病、土传小麦花叶病、小麦黄花叶病、小麦梭条斑花叶病、小麦红矮病、小麦线条花叶病。

1. 症状特征及传播途径

(1)小(大)麦黄矮病。症状特征：自叶端向叶基逐渐黄化，不达叶鞘，拔节后叶褪绿，叶尖出现鲜黄色，植株稍矮。传播途径：麦蚜。

(2)小麦丛矮病。症状特征：病株严重矮缩，分蘖丛生，心叶有黄白色长短不一的断续细线条，以后呈黄绿相间的条纹，多数不能抽穗。传播途径：灰飞虱。

(3)小麦红矮病。症状特征：自叶尖、叶缘向叶基甚至叶鞘变为紫色，全株叶片自下而上变红。侵染越早，病株越矮，抽穗结实越差。传播途径：条沙叶蝉。

(4)小麦线条花叶病。症状特征：叶片变窄，色变淡，上有与叶脉平行的褪绿小点及长短线条，后扩大愈合成条状花斑，植株矮化，高低不齐，茎、叶、穗等扭曲散乱。传播途径：麦曲叶蝉。

(5)土传小麦花叶病。症状特征：产生相互平行的短线状斑驳花叶，叶鞘也可出现斑驳，症状多在早春和下部叶片上出现。传播途径：汁液摩擦，土壤中的多黏菌。

(6)小麦黄花叶病。症状特征：新叶初期发生褪绿条纹，后多数叶片变黄，植株稍矮。传播途径：汁液摩擦，土壤中的多黏菌。

(7)小麦梭条斑花叶病。症状特征：病株自叶尖或中部开始褪绿，以后形成黄绿相间的斑驳或不规则条纹，叶和穗有扭曲。传播途径：汁液摩擦，土壤中的多黏菌。

2. 防治依据及方法

(1)小麦品种间对病毒的抗性存在差异，不同程度耐受病毒的品种也较多。此外，病毒不易检测，虫传范围又广，采取相应的应急防治措施比较困难。因此在综合防治中，选用抗耐病品种是一项基本措施。

(2)对黄矮病、丛矮病、红矮病、线条花叶病等虫传病毒病，只要控制其传播途径，就能有效地防治病害。所以，施药治虫是必需的辅助措施。由于苗期和秋季侵染所造成的损失远大于春季侵染，应注意拌种措施和秋季打药。

(3)防治传毒昆虫，可选择"天达裕丰 18"50mL 加"2.0%天达阿维菌素"15mL 加"40%天达毒死蜱"100mL 拌种 100kg 的用量拌种，这样配合使用，既能防治各种害虫，又能兼治纹枯病、赤霉病、病毒病等各种病害。

(4)小麦返青期，可用天达"2116(粮食专用)"加"天达裕丰 18"加"3%天达啶虫脒"混合喷雾，既杀虫又治病害。

(5)农业防治措施，如改良轮作制度、作物合理布局、调节播种期和其他栽培管理措施等都是重要的防治手段。小麦黄矮病发生区要减少糜子种植面积或集中种植,注意治蚜。

因为糜子是麦蚜与小麦黄矮病毒越夏的重要寄主。适当推迟播种期均能减少上述几种病毒病的发病率。许多杂草是飞虱、叶蝉、蚜虫的宿主，也是小麦病毒病的毒源，清除田边、渠旁杂草也有防病效果。

2.4.22　小麦地下害虫有哪些？防治方法有哪些

小麦地下害虫是指为害小麦地下和近地面部分的害虫，包括蛴螬、金针虫、蝼蛄三种。主要咬食种子、幼苗根部，近地面的茎部，秋季为害造成小麦缺苗、断垄，春季为害导致枯心苗，使植株提前枯死。

1. 种类与危害

(1)蝼蛄。蝼蛄危害小麦的时间是从播种开始直到第二年小麦乳熟期，它在秋季为害小麦幼苗，以成虫或若虫咬食发芽种子和咬断幼根嫩茎，或咬成乱麻状使苗枯死，并在土表穿行活动成隧道，使根土分离而缺苗断垄。危害重者造成毁种重播。

(2)蛴螬。幼虫危害麦苗地下分蘖节处，咬断根茎使苗枯死，危害时期有 9、10 月和 4、5 月两个高峰期。蛴螬冬季在较深土壤中过冬，第二年春季气温回升，幼虫开始向地表活动，到 13～18℃时，即为活动盛期，这时主要危害返青小麦和春播作物。老熟幼虫在土中化蛹。成虫白天潜伏于土壤中，傍晚飞出活动，取食树木及农作物的叶片。雌虫把卵产在 10cm 左右深的土中，孵化后幼虫危害作物的根部。一年发生一代。以成虫或幼虫越冬。如越冬幼虫多，第二年为害就重。

(3)金针虫。以幼虫咬食发芽种子和根茎，可钻入种子或根茎相交处，被害处不整齐呈乱麻状，形成枯心苗以致全株枯死。幼虫在 9 月下旬至 10 月上旬开始危害秋播小麦，10 月下旬越冬。第二年的 4 月中旬为害最重。

2. 防治措施

1)农业防治

地下害虫一生都生活在土壤里，尤以杂草丛生、耕作粗放的地区发生重而多。因此应采用一系列农业技术措施，如精耕细作、轮作倒茬、深耕深翻土地、适时中耕除草、合理灌水以及将各种有机肥充分腐熟发酵等，可压低虫口密度，减轻为害。

2)药剂防治

(1)土壤处理。在多种地下害虫混合发生区或单独严重发生区要采用土壤处理进行防治。为减少土壤污染和避免杀伤天敌，应提倡局部施药和施用颗粒剂。每亩用 5%甲基异柳磷颗粒剂 1.5～2kg，或 3%辛硫磷颗粒剂 2～2.5kg 于耕地前均匀撒施于地面，随耕翻入土中。也可用 40%甲基异柳磷乳油或 50%辛硫磷乳油，每亩用量 250mL，加水 1～2kg，拌细土 20～25kg 配成毒土施用。

(2)药剂拌种。对地下害虫一般发生区，可采用药剂拌种的方法进行防治。药剂拌种防治地下害虫常用农药与水、麦种拌种，其比例如 40%甲基异柳磷乳油、水、种为 1∶100∶1000（农药∶水∶种子），50%辛硫磷乳油拌种时先将农药按要求比例加水稀释成药液，再与种子混合拌匀，堆闷 5～6h(内吸性药剂要堆闷 12h 以上)，摊晾后即可播种。

麦出苗后，选择有代表性的地片调查，当死苗率达到 3%时，立即施药防治。撒毒土：每亩用 5%辛硫磷颗粒剂 2kg，或 3%辛硫磷颗粒剂 3～4kg，或 2%甲基异柳磷粉剂 2kg，拌细土 30～40kg，拌匀后开沟施用，或顺垄撒施后划锄覆土，可以有效防治蛴螬和金针虫。撒毒饵：用麦麸或饼粉 5kg，炒香后加入适量水和 40%甲基异柳磷拌匀后于傍晚撒在田间，每亩 2～3kg，对蝼蛄的防治效果可达 90%以上。

2.4.23 如何防治吸浆虫避免小麦空壳

吸浆虫一年发生一代，以老熟幼虫入土至地表下 2～20cm 处结茧越冬，翌年 3 月上中旬小麦拔节时开始破茧上升，4 月上旬小麦孕穗时，上升到土壤表层的幼虫开始化蛹，4 月中旬小麦开始抽穗时出土羽化为成虫，并在麦穗上产卵，5 月上旬小麦灌浆时卵孵化为幼虫，幼虫在小麦颖壳内生活 15～20d 老熟，并在籽粒内完成 3 个龄期的发育，小麦成熟时，老熟幼虫入土，完成一个世代。对小麦吸浆虫的防治，要在麦播期土壤处理的基础上，于小麦拔节期至孕穗期重点施药，成虫盛发期即小麦抽穗 70%左右时，喷药补治。

蛹期防治。根据对小麦吸浆虫发育进度的调查，重点抓好蛹期防治。蛹期防治的有利时期是有虫 2 头/m² 以上的地块，可每亩用 3%辛硫磷颗粒剂 2.5～3kg，或 50%辛硫磷乳油，与细干土 30kg 掺匀，于 4 月中旬顺麦垄撒施，杀死上升至地表的幼虫。撒施药土后浇水或中耕，以控制虫蛹出土羽化，可同时兼治麦蚜、麦蜘蛛等多种害虫。

成虫期防治。如果错过蛹期防治的有利时机，可在成虫期补治，施药期为 4 月 20～25 日。每亩用 4.5%氯氰菊酯乳油 40mL，加水 40kg 进行喷施，可兼治麦蚜、黏虫和麦叶蜂。也可结合防病喷药防治吸浆虫，每亩所喷药液中加入禾果利 30g 或 20%三唑酮乳油 75～100mL，兼治锈病、白粉病、叶枯病等。

2.4.24 引起小麦叶片发黄的因素有哪些

(1)渍害黄苗。地势低洼、排水不良、地下水位过高等的麦田，因长期渍水，土壤中有机质分解缓慢，养分不能及时被麦苗吸收。同时，根系受到渍害，发育差，扎根浅，吸收能力差，因而引起麦苗发黄，甚至出现烂根死苗现象。应及时浅沟排除渍害，降低地下水位，并补施适量复合肥促进麦苗恢复生长。

(2)虫害黄苗。麦蚜为害后，轻则心叶萎缩，停滞生长；重则叶片发黄，失水枯萎。应及时选用敌敌畏、敌百虫、乐果等药剂加 1000 倍的食用醋混合喷杀，在喷药时加 2%的尿素，可促进麦苗转化。

(3)病害黄苗。麦苗感染锈病引起发黄，初期呈点片分布，应及时使用药剂控制，防止扩散蔓延，可用 15%粉锈宁可湿性粉剂 1000 倍液，连喷 2、3 次。

(4)缺氮黄苗。表现为麦苗均匀地褪绿变黄，叶尖干枯，下部老叶发黄并枯死，植株矮小，叶片弱，分蘖少。这种黄苗多出现在土壤贫瘠、底肥不足或追肥不及时的地块。对因缺氮引起的黄苗，要及时追施碳铵、尿素、人粪尿等速效氮肥，补气促长。

(5)缺锰黄苗。小麦缺锰时新叶叶脉间呈条状褪绿,变为黄绿色到黄色。有时叶片呈浅绿色,黄色条纹扩大成为褐色斑点,叶尖焦枯。对此,应及时喷施 0.1%～0.3%的硫酸锰(MnSO$_4$)溶液 2、3 次。

(6)缺钾黄苗。小麦缺钾首先从老叶叶尖开始发黄,然后沿叶脉伸展,变黄部分与健部界线分明,呈镶嵌形,叶片黄化发软,后期常贴于地面。这类黄苗多发生在沙质地,一般畦边重于畦中。对缺钾黄苗,每亩可用草木灰 100kg 撒施于叶面,或追化学钾肥 10kg。也可叶面喷施 1% KCl 溶液,或 2%～3%的硝酸钾(KNO$_3$)溶液,或 5%的草木灰浸出液,或 0.3% KH$_2$PO$_4$ 溶液,一般连喷 2、3 次。

2.4.25 如何防治小麦根部病害

(1)选用抗耐病品种。目前生产上还没有发现抗根病品种,但品种间抗性存在差异。因此,生产上因地制宜地选抗耐病品种,对防病可起到良好的作用。

(2)轮作倒茬。根病是土传病害,由于长期施行小麦-水稻一年两作制,导致病菌在土壤中大量积累,实行轮作倒茬能有效减轻病害的发生。轮作方式应坚持 1～2 年换种一次非寄主作物。棉麦两熟轮作,小麦、玉米、花生两年三作制,小麦与蔬菜、绿肥等作物轮作均有良好的控制病害效果。

(3)增施有机肥。化肥的长期过量施用,导致土壤板结、透气性差。增施有机肥,可为小麦提供较全面的营养,发挥小麦植株的抗病性,改善土壤的理化特性,促进土壤微生物活动,增强微生物间的竞争性,可有效降低发病率。可亩用 4500kg 以上充分腐熟的有机肥。

(4)适期晚播。播种期的早晚显著影响根病的发生程度。据调查,播种越早,发病越重。播种越早,冬前有效积温越高,植株群体加大,田间环境条件有利于病菌的生长和侵染,病菌侵染早,侵染期长,导致病情基数高。适期晚播,能减轻病害的发生。

(5)精量播种。播种量对根病发生有明显影响。播种量大,小麦群体密度高,通风透光条件差,有利于病菌的繁殖生长,合理控制播种量,建立合理群体,壮个体,改善田间生态环境,能控制病害发生。提倡精量播种。

(6)合理施肥。保持氮、磷、钾的适宜比例,对控制病害的发生尤为重要。氮、磷、钾肥比例失调的田块,特别是施氮过量和晚施氮田块,麦株旺长,组织柔嫩,降低了植株的抗病性。土壤中施磷甚至过量施磷能促进根系发育,适量施氮有利于发挥磷的作用。增施钾肥不仅有增强抗病性,减轻病害发生的作用,而且土壤中缺钾时,增施钾肥还有提高氮肥利用率的作用,明显促进作物生长和增产。增施锌肥,能够调节土壤 pH,抑制病菌繁殖。

(7)田间杂草。田间杂草危害严重的地块,不仅田间通风透光差,湿度大,有利于病菌滋生与繁殖以及病害的发生与蔓延,而且杂草与作物争肥争空间,田间郁蔽,造成植株长势差,抗逆性降低。据调查在相同栽培条件下,杂草密度为 2.7 株/m^2 的田块,纹枯病的病情指数 9.92,病茎率为 3.51%;而杂草密度为 26.4 株/m^2 的田块,病情指数 29.22,病茎率高达 50.63%。不论用人工或化学除草,都可以明显减轻根病的发生程度,而且冬前除草效果显著好于春季除草。

(8) 田间排水。麦田排水的好坏，可直接影响根病发病的轻重。排水不良、地势低洼的麦田，土壤湿度大，病菌生长量大，小麦长势差，抗病力弱，发病严重；田间湿度低，不利于病菌的生长繁殖，小麦发育正常，发病轻。

(9) 化学防治。三唑类内吸杀菌剂拌种能有效控制冬前病害的为害，延缓并降低拔节期的发病高峰，药剂有效期一般可达 4 月上旬。三唑类杀菌剂有生长调节作用，拌种麦苗生长健壮，成穗数和千粒重显著增加，增产幅度可达 10%～20%。三唑酮、三唑醇以种子重量 0.03%的药量(有效成分)、烯唑醇以种子重量 0.01%的药量(有效成分)、利克菌以种子重量 0.1%的药量拌种都可有效控制病害。

2.4.26　小麦有哪些常见病害

(1) 锈病：当田间出现中心病株或病团时，立即施药防治。选用 15%粉锈宁可湿性粉剂，亩用 80g 兑水 50kg 喷雾，即可取得良好的防治效果。

(2) 纹枯病：当田间病株率达 10%以上时，立即施药防治。亩用 20%井冈霉素可湿性粉剂 25g，兑水 50kg 喷雾，可达到较好的防治效果。

(3) 白粉病：孕穗期至抽穗期病株率达 20%时施药防治。选用 15%粉锈宁可湿性粉剂，亩用 80g 兑水 30～40kg 喷雾，即可取得良好的防治效果。

(4) 赤霉病：小麦初花期抢晴用药。亩用 50%多菌灵可湿性粉剂 100g，或 70%甲基托布津 50g，兑水 50kg 喷雾。

2.4.27　怎样防控小麦锈病

小麦锈病又叫黄疸，包括条锈病、叶锈病和秆锈病 3 种，是发生广、为害大的一类病害。其中以条锈病发生为主，危害最重。为了控制其危害蔓延，要采取"预防为主、综合防治"的措施。

1. 防控策略及技术路线

采取生物控害，生物防治与化学防治有机结合；以种植高产抗病品种和保健栽培为基础，科学合理选择药剂，防控抓关键环节、关键技术。防控关键技术："抓前期、控中期、保后期"。即播种前抓种子处理；分蘖期抓人为药害(除草剂)、肥害；返青期抓锈病、白粉病；抽穗扬花严防死守"蚜虫不能上麦穗，锈病、白粉病基本不发生"。

2. 防控时间

春季是防治小麦病虫害的关键时期。春季小麦发生的主要病害有锈病、白粉病。小麦返青后，是锈病防治的关键时期。对小麦条锈病，要积极推行"准确预测预报，及时侦察，发现一点，控制一片"。对早期出现的发病中心要集中进行围歼防治，切实控制其蔓延。大田内病叶率达 0.5%～1%时进行普治。

3. 防治方法

(1)选用抗病品种。因地制宜种植抗锈病品种是防治锈病的基本措施。这是一项最经济有效的措施,也是治本的重要方法。可选用云麦系列、楚麦系列等抗锈丰产良种,并合理布局,切断菌源传播途径。

(2)小麦收获后及时翻耕灭茬,消灭自生麦苗,减少越夏菌源。

(3)药剂防治。小麦条锈病的防治,应在做好田间病情监测的基础上,重点抓好冬季点片发生期(查出田间中心病株或中心病团)、拔节期及孕穗抽穗期这三个关键时期的防治。在这三个关键时期要喷药 3、4 次,以封锁病团(发病中心),防止病害蔓延。可亩用 65%代森锌可湿性粉剂 0.5kg 加水 250～300kg,进行喷雾;或 25%三唑酮 30g 兑水 45kg 喷雾,或 45%硫黄三唑酮 1000～1500 倍液喷雾;也可用 25%(燕化)多菌灵可湿性粉剂 500 倍液、50%甲基托布津可湿性粉剂 800 倍液、25%粉锈宁可湿性粉剂 1500～2000 倍液喷雾。

2.4.28 如何防治小麦白粉病

小麦白粉病主要为害叶片,病情严重时也可为害叶鞘、茎秆和穗部。从幼苗至成株期皆可发生。病斑部位初期长出丝状白色霉点,以后表面覆盖的霉层逐渐加厚,似绒毛状,颜色由白色逐渐变为灰色,为病菌分生孢子梗和分生孢子。后期散生黑色小点,即病菌的有性进代,闭囊壳。

防治方法:每亩用 25%粉锈宁可湿性粉剂 50g 加水 100kg,在早春喷洒一次即可基本控制危害,并可兼治锈病。在秋苗发病较多的地区,可以用种子重量 0.12%的 25%粉锈宁可湿性粉剂拌种,控制秋苗病情,减少越冬菌量,减轻发病,并能兼治散黑穗病。

2.4.29 如何防治小麦赤霉病

小麦赤霉病是一种真菌病害,主要发生在麦穗上,造成整穗或部分小穗腐烂。多雨和潮湿天气下,病穗会产生粉红色霉状物,也正因这一特征才得名赤霉病。

建议选择渗透性、耐雨水冲刷性和持效性较好的农药,可亩用 40%多菌灵悬浮剂 150g,或 80%多菌灵可湿粉剂 80g,或 36%多菌灵·三唑酮悬浮剂 150g,或 42%咪鲜·甲硫灵可湿粉剂 80g,机动喷雾器每亩兑水 15kg、手动喷雾器每亩兑水 30～40kg 足量喷雾防治。

2.4.30 如何防治小麦纹枯病

小麦纹枯病是一种以土壤传播为主的真菌病害。随着产量水平的提高,高产品种的推广和大水、大肥的麦田管理,其危害日趋严重。小麦纹枯病菌的寄主范围广,除侵染小麦以外,还可侵染玉米、水稻、谷子、高粱等多种作物和狗尾草、蟋蟀草、马唐、稗草等禾本科杂草。其主要以菌核或菌丝在土壤内、病残体中越冬、越夏,是主要的侵染来源。小麦播种以后,发芽时若受到病菌侵染,芽鞘变褐,重则腐烂枯死;起身拔节后病株率明显上升，小麦孕穗抽穗期病情迅速发展，扬花灌浆期病株率达到高峰，病斑扩大，相互连成典型的云纹状花斑，后期侵入茎秆造成烂茎，甚至形成枯白穗，结实少，籽粒秕瘦。主要防治技术如下。

1. 农业防治

及时防除杂草，可降低田间湿度，改善田间通风透光条件；实行配方施肥，拔节期追肥，实行氮、钾肥配合追施，可有效提高植株的抗病性，切忌偏施氮肥，以免引起麦苗贪青晚熟，诱发病害加重危害。

2. 药剂防治

小麦纹枯病的药剂防治应以种子处理为重点，重病田要辅以早春田间接力喷药，有效控制其为害。

(1) 春季防治。根据麦田实际病情，及早喷药预防，在小麦起身期，若田间病株率为 15%～20% 时，每亩用 12.5% 禾果利可湿性粉剂 20～30g，或 15% 三唑酮可湿性粉剂 50～100g，或 5% 井冈霉素水剂 150～200mL，加水 50～75kg 对小麦植株中下部喷洒，隔 7～10d 再喷洒一次，连喷 2、3 次。孕穗期每亩用 15% 三唑酮可湿性粉剂 50～100g 兑水 60kg 喷雾。如果病虫害同时发生可与防治麦蚜、麦蜘蛛等的农药混用，便可达到兼治的目的。

(2) 秋季防治。如果纹枯病在秋苗期发生早且重，春季雨水偏多，病害有可能大面积发生时，防治指标应从严掌握，防治时间应适当提前。

2.4.31　雨水较多的季节，小麦如何进行病虫害防治

(1) 开沟排水，减少病原。

(2) 选用内吸性农药。如胜喃丹、杀虫双、杀虫脒、磷胺、乐果、托布津、克瘟散、多菌灵、叶枯净等杀虫剂。这类农药施用 4～5h 后，便有 80% 以上的有效成分被作物吸收到组织内部，即使下雨仍可把害虫、病菌杀死。

(3) 选用速效性农药。使用这种农药能很快把害虫杀死，如杀螟松(速灭虫)、磷胺、1605 乳剂等。

(4) 在农药中加入少许黏着剂或辅助剂。如洗衣粉、木薯粉浆水、茶麸水等。由于具有黏着作用，施药后即使遇上中小雨，也不易把药冲刷掉。

(5) 改进施药方法。如一些田中采用浅水施药，使药剂能很快渗入禾株组织内。对一些夜出的害虫，如稻纵卷叶螟、黏虫、叶夜蛾等，选在傍晚或下午施药。

2.4.32　如何防治小麦蚜虫

小麦蚜虫又名腻虫，是小麦生产中的主要害虫，以成虫、若虫吸取小麦汁液为害小麦，再加上蚜虫排出的蜜露，落在麦叶片上，严重影响叶片的光合作用，造成小麦减产。前期危害可造成麦苗发黄，影响生长；后期危害造成被害部分出现黄色小斑点，麦叶逐渐发黄，

麦粒不饱满，严重时麦穗枯白，不能结实，甚至整株枯死，严重影响产量。

防治方法：根据蚜虫的危害特点，进行田间检查。蚜虫刚发生时多在小麦底部叶片上，所以不易被发现，当发现上部叶片被危害时，就已对小麦产量造成了影响，所以应注意观察，早发现、早防治。苗期只要有蚜虫 30～60 头/m² 就要进行防治，孕穗期当有蚜株率达 15%或平均每株有蚜虫 10 头左右就要进行防治。可每亩用 20%菊马乳油 80mL，或 20%百蚜净 60mL，或 40%保得丰 80mL，或 2%蚜必杀 80mL，或 3%劈蚜 60mL，或 50%抗蚜威可湿性粉剂 10～15g，或 10%吡虫啉可湿性粉剂 20g，兑水 35～50kg(2～3 桶水)，于上午露水干后或 16 时以后均匀喷雾。如发生较严重。每桶水再加 1 包 10%的吡虫啉混合喷施。

2.4.33　造成小麦白穗的原因及防治措施有哪些

造成小麦白穗的主要病害有小麦全蚀病、小麦根腐病、小麦纹枯病、小麦赤霉病等，前三种病害在小麦播种前采取一些栽培和药物处理措施能起到较好的防治效果，小麦赤霉病需要选用抗病品种或在小麦抽穗时进行药物防治。现介绍病害症状及相应的防治措施。

1. 病害主要症状

(1)小麦全蚀病：是一种典型的基部病害，白穗是由于根及茎基部受病菌为害引起。小麦整个生育期均可感病，幼苗期感病，根茎变为黑褐色，重者整个根系变黑枯死；轻者表现为地上部叶色变黄，植株矮小，生长不良，类似干旱缺肥状。分蘖期地上部分无明显症状，仅重病植株表现稍矮，基部黄叶多。拔节期病株黄叶多，拔节后期重病植株矮化、稀疏，叶片自下而上变黄，似干旱缺肥状。抽穗灌浆期病株成簇状或点片出现早枯白穗，并且在茎基部叶鞘内侧形成"膏药"状的黑色菌丝层。该病有自动消亡的趋势，即病害几年之后会自动减轻。

(2)小麦根腐病：也称斑点病、黑点病等。染病小麦主要表现为苗期芽鞘和根变褐腐烂，严重时不能出土。病苗矮小丛生，植株逐渐萎黄，不能抽穗即枯死，或部分抽穗结实不良，成为白穗。

(3)小麦纹枯病：从苗期至抽穗期均可发生，典型症状在茎基部 1～3 节的叶梢上形成椭圆形纹状褐色病斑。抽穗期症状最明显，主要特征是在叶梢上形成大量萝卜籽状的菌核。菌核表面粗糙，成熟后容易剥落，重病株主茎枯死，产生"白穗"，易倒伏，减产严重。

(4)小麦赤霉病：一般来说，小麦抽穗后的温度条件都是满足赤霉病病原菌发育生长的，流行的关键是阴雨天气。另外与品种的特性也有关系：①植株高矮。矮秆品种接受土表弹射到穗层的子囊孢子比适当株高的品种要多得多。②抽穗整齐与否，齐穗时间长短。如果抽穗整齐，齐穗时间短，遇到降雨的机会就少，可以减轻病害流行。③花药残存时间长短。花药对病原菌的入侵有协助作用，可能残存的花药能给病原菌提供像培养基那样的营养，从而帮助病菌侵入。④灌浆速度快慢。灌浆速度快，降低病菌的扩展范围。此外，小麦赤霉病流行与栽培管理和种植方式也有密切关系。地势低洼，土质黏重，排水不良，造成麦田湿度高，降低小麦根系呼吸和抗病能力。玉米小麦轮作地，翻耕不深，玉米秆还田量大和带菌残渣为小麦生长后期赤霉病的流行提供了大量菌源。

2. 防治措施

1) 农业措施

(1) 轮作倒茬, 小麦全蚀病、小麦根腐病、小麦纹枯病均由病菌引起, 轮作倒茬可减少菌量, 降低发病程度。可与甘薯、棉花、绿肥、大蒜、油菜等非禾本科作物轮作, 有条件的地方可实行水旱轮作, 效果更佳。

(2) 深翻土地, 减少土表层菌源量。

(3) 对于小麦全蚀病可采取增施磷肥和适当晚播措施。增施磷肥有利于鞭毛杆菌的繁殖, 鞭毛杆菌对小麦全蚀病菌有拮抗作用, 从而减轻病害发生。小麦早播全蚀病重, 晚播病轻。小麦全蚀病侵染小麦的适宜土温为 12~20℃, 播种期推迟, 土壤温度下降, 缩短了病菌侵染期, 从而减轻了病害。

2) 药剂防治

可用于防治小麦全蚀病、小麦根腐病、小麦纹枯病的化学药剂有多种, 一般用于防治真菌病害的农药多数有效。常用的农药及用量: 25%羟锈宁粉剂、15%粉锈宁、2%立克莠、50%扑海因、50%福美双和 50%退菌特可湿性粉剂等, 用药量为种子重量的 0.2%左右, 先用适量水稀释再均匀喷在种子上, 晾干后播种。注意用粉锈宁拌种对种子出苗有一定影响, 一定要掌握好用药量, 同时加大 10%左右的播种量。

小麦赤霉病的防治主要采取以下措施。

(1) 深耕灭茬。深耕灭茬是减少菌源的重要途径。

(2) 追肥不能过晚。追肥晚容易造成小麦贪青晚熟, 延长病菌侵染的时间和增加侵染机会, 另外造成无效分蘖多, 加重病害流行。

(3) 选择抗耐避病品种。尽管没有抗病品种, 但品种间还是存在很大差异, 特别要选择抗扩展的品种。除了抗性外, 选择品种还要考虑如下原则: 适当株高、抽穗一致、穗层整齐、花药残留时间短和灌浆速度快。

(4) 药剂防治。由于气候条件不同, 麦株的抽穗扬花时期和快慢也有不同, 故施药日期、次数要根据当地气候变化和小麦生育期变化灵活掌握。施药的时间原则: 抽穗期天晴、温度高, 麦子边抽穗边扬花, 在始花期 (扬花 10%~20%) 施药最好; 抽穗期低温、日照少, 麦子先抽穗后扬花, 在始花期 (扬花 10%) 用药; 抽穗期遇到连阴雨, 应在齐穗期用药。要抓住下雨间隙及时用药。每亩用 40%多菌灵胶悬剂 120g、80%的可湿粉剂 100g、70%甲基硫菌灵可湿粉剂 70g (有效成分) 都可防治赤霉病。

2.5 小麦配套技术

2.5.1 什么是小麦地套种大球盖菇技术

小麦地套种大球盖菇技术是利用小麦生长的自然环境及生长特点, 在小麦地里套种大球盖菇, 实现小麦与食用菌的共生生长, 优势互补, 实现小麦稳产、增产, 大球盖菇高产的一项集成技术。

2.5.2 小麦地套种大球盖菇技术有何特点

小麦地套种大球盖菇技术是一项高效集成技术，具有诸多特点：一是能充分利用富裕秸秆与木材下脚料资源，实现资源的综合利用，解决农民秸秆或木材下脚料处理难的问题，抑制田间焚烧秸秆，减少环境污染；二是能提升土壤质量，培肥地力，修复土壤，改良土壤结构，减少水土流失；三是能有效利用耕地资源，提高复种指数，增强耕地的再生能力；四是能减少农药、化肥用量，提高产品质量，确保产品安全，保护生态环境；五是能降低投入与产出比，稳定粮食单产，增加产值，实现农业可持续循环发展，综合效益巨大。

第3章 玉米高产高效栽培技术

3.1 玉米基础知识

3.1.1 如何划分玉米的类型

玉米是禾本科玉蜀黍族玉蜀黍属，异花授粉作物。玉米的分类方法如下。

1. 按籽粒性状分类

根据籽粒形态、胚乳结构等可将玉米分为以下 9 种类型。

(1)硬粒型，也称燧石型。籽粒多为方圆形，顶部及四周胚乳都是角质，仅中心近胚部分为粉质，故外表半透明有光泽、坚硬饱满。粒色多为黄色，间有白、红、紫等色。籽粒品质好，是我国长期以来栽培较多的类型，主要作食粮用。

(2)马齿型，又叫马牙型。籽粒扁平呈长方形，由于粉质的顶部比两侧角质干燥得快，所以顶部的中间下凹，形似马齿，故名。籽粒表皮皱纹粗糙不透明，多为黄、白色，少数呈紫色或红色，食用品质较差。它是世界上栽培最多的一种类型，适宜制作淀粉和酒精或作饲料。

(3)半马齿型，也叫中间型。它是由硬粒型和马齿型玉米杂交而来。籽粒顶端凹陷较马齿型浅，有的不凹陷仅呈白色斑点状。顶部的粉质胚乳较马齿型少但比硬粒型多，品质较马齿型好，在我国栽培较多。

(4)粉质型，又名软质型。胚乳全部为粉质，籽粒乳白色，无光泽。只能作为制取淀粉的原料，在我国很少栽培。

(5)甜质型，也称甜玉米。胚乳多为角质，含糖分多，含淀粉较低，因成熟时水分蒸发使籽粒表面皱缩，呈半透明状。多做蔬菜用，我国种植不多。

(6)甜粉型。籽粒上半部为角质胚乳，下半部为粉质胚乳。我国很少栽培。

(7)蜡质型，又名糯质型。籽粒胚乳全部为角质但不透明且呈蜡状，胚乳几乎全部由支链淀粉所组成。食性似糯米，黏柔适口。我国只有零星栽培。

(8)爆裂型。籽粒较小，呈米粒形或珍珠形，胚乳几乎全部是角质，质地坚硬透明，种皮多为白色或红色。尤其适宜加工爆米花等膨化食品。我国有零星栽培。

(9)有稃型。籽粒被较长的稃壳包裹，籽粒坚硬，难脱粒，是一种原始类型，无栽培价值。

2. 按籽粒颜色分类

根据玉米籽粒的颜色可以分为黄玉米、白玉米、黑玉米、杂色玉米。

(1)黄玉米。种皮为黄色,包括略带红色的黄玉米。美国标准中规定黄玉米中其他颜色玉米含量不得超过 5.0%。

(2)白玉米。种皮为白色,包括略带淡黄色或粉红色的玉米。美国标准中将淡黄色表述为浅稻草色,并规定白玉米中其他颜色玉米含量不得超过 2.0%。

(3)黑玉米。黑玉米是玉米的一种特殊类型,其籽粒角质层不同程度地沉淀黑色素,外观乌黑发亮。

(4)杂色玉米。以上三类玉米中混有本类以外玉米超过 5.0% 的玉米。我国国家标准中定义为混入本类以外玉米超过 5.0% 的玉米。美国标准中表述为颜色既不能满足黄玉米的颜色要求,也不符合白玉米的颜色要求,并含有白顶黄玉米。

3.按玉米品质分类

根据玉米的品质可以分为普通玉米和特用玉米。普通玉米就是通常种植的主要用做饲料的玉米。特用玉米又可以分为:甜玉米、糯玉米、爆裂玉米、高油玉米、高淀粉玉米、青饲玉米、高赖氨酸玉米、笋玉米。

4. 按玉米株型分类

根据玉米的株型可分为紧凑型玉米和平展型玉米。玉米的株型结构是根据叶片的开张角度来区分的。一般紧凑型玉米的叶片开张角度小于 45°,而平展型玉米的叶片开张角度大于 45°。紧凑型玉米适合于密植,平展型玉米则相反。

3.1.2　什么是甜玉米,有哪些类型

甜玉米(sweet corn)是玉米的一个种,又称蔬菜玉米,禾本科,玉米属。甜玉米是菜用玉米的一个类型,是欧美、韩国和日本等发达国家和地区的主要蔬菜之一。因其具有丰富的营养,甜、鲜、脆、嫩的特色而深受各阶层消费者青睐。超甜玉米由于含糖量高、适宜采收期长而得到广泛种植。

甜玉米是由于一个或几个基因的存在而不同于其他玉米的一种类型,是玉米的一种胚乳变异类型。 甜玉米被消费的植株部分是未成熟的籽粒,主要由胚乳和子房壁(未成熟的颖果皮)组成。其食用品质由胚乳的味道、结构以及果皮的柔软度等所决定,都受基因的影响。根据遗传差异和胚乳性质,甜玉米可分为普通甜玉米、超甜玉米、加强甜玉米。

(1)普通甜玉米(sugar),又称为标准甜玉米。其甜质基因为 *su1*(sugary endosperm)。是由 *Su1* 基因发生隐性突变为 *su1* 的胚乳突变型,具有 *su1* 纯合体的基因型在乳熟期胚乳中含有 10%～15% 的糖分,相当于普通玉米的 2～3 倍,并积累了大量的水溶性多糖,约占胚乳的 24%,淀粉只占 35% 左右,因此具有一定的甜味和独特的糯性。鲜嫩果穗可直接煮食和加工成各类罐头食品、速冻食品。普通甜玉米籽粒成熟脱水后,皱缩干瘪呈半透明

状，皮薄易碎，种子发芽率在 80%左右。缺点是含糖量偏低，且采收期很短，不耐贮存，通常采摘后 24～48h 果皮变厚，甜度迅速下降，失去良好的品质和商品性。

(2)超甜玉米(extra sweet)型是由 *Sh* 基因发生隐性突变为 *sh* 的胚乳突变型，乳熟期的 *sh2* 纯合体胚乳中糖分含量可达 18%～20%，是普通甜玉米的 3～4 倍。水溶性多糖含量很少，仅占 5%，大部分是蔗糖。淀粉含量为 18%～20%，因此，超甜玉米吃起来具有甜、脆、香的特点，但由于水溶性多糖含量太少，因此不具有普通甜玉米的黏性、韧性。成熟的超甜玉米籽粒脱水后，果皮皱缩凹陷、干瘪，呈不透明状态，粒重只有普通玉米的 1/3，种子发芽率为 60%～70%，种子繁殖较为困难。超甜玉米显著的优点是甜度高、口感鲜脆，采收期可延长 7～10d，所以作为轻食用和速冻食品较好，不宜制作粒状和糊状罐头。

(3)加强甜玉米又称强化甜玉米，带有增甜基因 *se*(sugary extender)，当 *se* 基因纯合时含糖量相当于 *sh2* 的水平。加强甜玉米是更为完美的甜玉米类型，其含糖量与超甜玉米相当，为 20%左右，又兼有普通甜玉米的糯性、风味，既可加工成各类甜玉米罐头，又可作青嫩玉米食用或速冻加工利用。加强甜玉米具有广阔的发展前景。其种子发芽率为 80%～90%，种子繁殖容易。

3.1.3　什么是糯玉米，有何特征

糯玉米(waxy corn)，也称蜡质玉米。糯玉米起源于中国。玉米被引入中国后，在西南地区种植的硬质玉米发生突变，经人工选择而逐渐出现了糯质类型。糯玉米籽粒中有较粗的蜡质状胚乳，较像硬质玉米和马齿型玉米有光泽的玻璃质(透明)籽粒。其化学性状和物理性状受单个隐性基因(*wx*)控制，这个基因位于第 9 染色体上。糯玉米成熟籽粒脱水后胚乳呈角质不透明、无光泽的蜡质状。糯玉米的胚乳淀粉完全由支链淀粉构成，遇碘呈紫色反应。目前有纯黄色、纯白色、黄白色、纯紫色、黄白紫相间的彩色糯玉米。此类玉米除作为菜用玉米被人类鲜食外，也可用作牲畜饲料提高饲喂效率，在食用品质和工业生产中具有特殊的用途。

糯玉米有以下五个特征。

(1)适合作鲜食玉米。糯玉米籽粒的含糖量一般为 7%～9%，干物质含量达 33%～38%，赖氨酸含量比普通玉米高 16%～74%，因而比甜玉米含有更丰富的营养物质和更好的适口性，且籽粒黏软清香，皮薄无渣，内容物多，易于消化吸收。作为鲜食玉米，开发前景是非常乐观的。

(2)适合加工特色食品。将糯玉米籽粒煮成粥，粒如珍珠，黏软稠糊，营养丰富，配以红小豆、桂圆等，可制成珍珠百宝粥，激发食欲，易于消化，调节人们的食物结构。还可将糯玉米加工成粉，用作主食可以改善时下主食品种单一化的局面。

(3)是现代工业的重要原料。糯玉米是制酒业的重要原料，可酿制成风味独特的优质黄酒；还可加工生产 95%～100%的纯天然支链淀粉，且工艺简便，它可省去普通玉米加工支链淀粉的分离或变性加工工艺。支链淀粉广泛应用于食品、纺织、造纸、黏合剂、铸造、建筑和石油钻井、制药业等工业部门。

(4)为优质高价饲料。如用糯玉米喂猪，其日增重显著增加；饲养奶牛，其产奶量显

著增加；另外，糯玉米的茎叶也是上好的青饲料。种植鲜食糯玉米时相应地发展养殖业，可使糯玉米的茎叶得到综合利用。糯玉米与普通玉米相比，千粒重较低，因而幼苗较弱。其出叶速度、穗分化的叶龄进程与普通玉米相同。

（5）食用方法。随着技术的进步，糯玉米已经摆脱了过去水煮、清蒸等简单的食用方法。真空包装，可以轻易锁住玉米本身的香甜味。配合先进的工艺，可以四季常青，真正达到色香味的完美结合，并真正满足了人们随时食用不需加热的商旅需求。

3.1.4　什么是黑玉米，有何特征

黑玉米是籽粒颜色为乌黑、紫黑、蓝黑和黑色的玉米的总称。其籽粒角质层不同程度地沉淀黑色素，外观乌黑发亮。

黑色玉米的主要特征是营养价值高。经测定，其蛋白质含量比普通玉米高 1.2 倍，脂肪含量高 1.3 倍，硒含量高 8~8.5 倍，含有 17 种氨基酸，其中有 13 种的含量高于普通玉米。此外，黑玉米还含有丰富的铁、锰、铜、锌等矿物质元素。

黑玉米的应用方式较多，粮、菜、果、保健、饲皆宜。鲜穗经过蒸、煮、烤等加工后可直接食用或销售，叶可加工成速冻黑玉米穗和真空黑玉米穗，不分季节销售。黑玉米中提取的黑色食用色素，是制作高品质黑色食品的原料。

3.1.5　什么是玉米笋，有何特征

玉米的幼穗形似竹笋，称为玉米笋，又叫笋玉米、娃娃玉米、珍珠笋。玉米笋外形美观，食之脆嫩，味道鲜美。玉米笋的植物学特征与普通玉米没有本质区别，只是植株稍矮小、分蘖力强、叶片较多、果穗较小、苞叶较长。

玉米笋的食用部位为籽粒尚未隆起的幼雌穗的穗柄、穗轴和生长锥，口感清甜，味道鲜美。适于腌制泡菜或鲜笋爆炒以及制成罐头为主的鲜美食品。玉米笋营养丰富，每公斤鲜玉米笋中含蛋白质 29.9g、糖 19.1g、脂肪 1.5g、维生素 B 10.5mg、维生素 B_2 0.8mg、维生素 C 110mg、铁 6.2mg、磷 500mg 及钙 374mg，还含有多种人体必需的氨基酸。随着人们生活水平的提高和对食品多样化的需求，发展玉米笋这种特色农业，前景较好。

目前生产上推广的诸多甜玉米品种，很多具有多穗特性。由于营养分配具有顶端优势，第二、第三穗仅能抽出花丝，很难成穗，正可用来采收玉米笋。即第一个果穗用来采收鲜嫩玉米供加工或投放青穗市场，第二个或第三个果穗则采收玉米笋，一株多用，提高经济效益。根据品尝鉴定和营养分析，虽然普通玉米也可以加工成玉米笋罐头，但以甜玉米为笋中上品，并且质量稳定。

3.1.6　什么是爆裂玉米，有何特征

爆裂玉米，又称麦玉米、毛子玉米、洋苞米、狗牙爆和爆花玉米等，是玉米种中的一个亚种。其主要特点是籽粒细小而坚硬，胚乳全部为角质，表皮光亮，呈半透明状，角质

胚乳越多,爆裂能力越强。在常压下遇到高温,粉质淀粉中的气体膨胀,又受外部角质淀粉的阻碍,达到一定压力后即可发生爆裂,产生玉米花。爆裂玉米无须特殊设备,加热后便可爆裂成玉米花,一般爆裂后的体积比原来增加 20~30 倍,品种之间有差异。主要有以下特点。

(1)有专用品种。现在生产上利用的爆裂玉米品种,是经过育种专家选育而成的,已不再是农家品种。爆裂玉米品种,要求产量高、百粒重适中、膨爆性好,还要有较好的适口性和较高的营养价值。市场上出售的爆裂玉米是食用原料,不能作为种子用。

(2)种植抗性好。爆裂玉米与普通玉米相比,植株矮小,叶片少而窄,果穗较细,籽粒体积小,千粒重低,较早熟,抗旱性和抗寒性强,耐瘠薄。一般品种的生育期为 100~120d。果穗较长的可达 20cm,短的仅 3~5cm;果穗粗者 4~5cm,细的 1.52cm。千粒重低的几十克,高的上百克。产量因品种不同而异,低者亩产 100kg 左右,高的可达 400kg。

(3)爆花性能强。爆裂玉米的胚乳全部为角质,透明状,占整个籽粒的比例较小。爆裂玉米的胚乳由直径为 7~18μm 的排列紧密的多边形淀粉粒组成,淀粉粒之间无空隙,受热后在籽粒内部产生强大的蒸气压,当压力超过种皮承受力时,瞬间发生的爆炸将淀粉粒膨化成薄片,整个玉米粒炸成美丽的玉米花。而汉通玉米则不同,胚乳大部分为较疏松的不透明的非角质,淀粉粒之间较大的空隙为蒸气提供了场所,故膨胀性差,不能产生像爆裂玉米一样的玉米花。

(4)营养价值高。据研究,爆裂玉米可提供等量牛肉所含蛋白质的 67%、铁的 110% 和等量的钙,50g 爆裂玉米花可以提供相当于两个鸡蛋的能量。爆裂玉米的蛋白质、氨基酸、磷、铁、钙及维生素的含量都相当丰富。爆裂玉米除了为人体提供较高的能量之外,同时作为粗粮食品,其营养功能可与麸皮或全麦面包相媲美。由于爆裂玉米含有大量的营养纤维,有助于消化和防止肠道疾病。爆裂玉米花与传统玉米花相比,卫生、安全、无毒、无污染。爆裂玉米作为一种新型的健康营养食品,因其风味独特、营养丰富、安全卫生、方便快捷、源于自然,在世界发达国家和地区早已成为一种大众化的营养零食。

(5)加工方法多。爆裂玉米花在我国是一种传统食品,近年来发明了一种特质纸袋,将爆裂玉米封入这种特制的纸袋,食用时将纸袋放在微波炉中加工,即可爆出一整袋玉米花,食用既方便又卫生。爆玉米花也可在炒菜锅中进行,先在锅中放少许食用油,再放入适量爆裂玉米加热,并不断翻动使其受热均匀,待开始爆花后,将火力减小,加上盖子,很快就会加工好一锅玉米花。玉米花的形状因品种而异,一般为蘑菇状和蝴蝶状。如喜食不同风味,加工中可添加糖、奶油、巧克力粉等。

(6)经济效益佳。种植爆裂玉米与普通玉米相比,无须增加额外的投入就可获得较高的收益。爆裂玉米虽然在精选时较普通玉米麻烦,但脱粒、运输等比普通玉米的成本低。爆裂玉米加工可分为原料产品加工和终端成品加工。收获后的玉米经过加工后形成工厂所需食品原料。终端产品包括微波玉米、玉米花和半成品型爆花玉米三类。

(7)发展前景好。爆裂玉米是欧美市场十分畅销的商品。在美国,爆玉米花被列为多营养食品,市场巨大。美国也是世界上最主要的爆裂玉米生产国,年种植面积在 10 万 hm^2 以上。

3.1.7　什么是青贮玉米，有何特征

青贮玉米，又称青饲料玉米，是指在玉米乳熟期至蜡熟期时收获的玉米植株。其经切碎、密封发酵，贮藏于青贮窖中，然后调制成饲料，喂养牛羊等家畜。

与普通玉米相比，青贮玉米具有生产容易、来源丰富、植株高大、茎叶繁茂、营养成分含量高等特点。

(1) 收获时期。青贮玉米的最适收割期为玉米籽实的乳熟末期至蜡熟前期，此时收获可获得产量和营养价值的最佳值。在黑龙江省的第一、第二积温带可在 8 月中旬收获，而在第三、第四积温带则在 8 月下旬至 9 月上旬收获。收获时应选择晴好天气，避开雨季收获，以免因雨水过多而影响青贮饲料品质。青贮玉米一旦收割，应在尽量短的时间内青贮完成，不可拖延过长，避免因降雨或本身发酵而造成损失。

(2) 收获方法。大面积青贮玉米地都采用机械收获。有单垄收割机械，也有同时收割 6 条垄的机械。随收割随切短随装入拖车中，拖车装满后运回青贮窖装填入窖。小面积青贮饲料地可用人工收割，把整棵玉米秸秆运回青贮窖附近后，切短装填入窖。在收获时一定要保持青贮玉米秸秆有一定的含水量，正常情况下要求青贮玉米秸秆的含水量为 65%～75%，如果青贮玉米秸秆在收获时含水量过高，应晾晒 1～2d 后再切短，装填入窖。水分过低不利于把青贮料在窖内压紧压实，容易造成青贮料霉变，因此选择适宜的收割时期非常重要。

(3) 装填、镇压、封闭。切短的青贮饲料在青贮窖内要逐层装填，随装填随镇压紧实，直到装满窖为止。装满后要用塑料膜密封，密封后再盖 30cm 厚的细土。为了防冻，还可在土上盖上一层干玉米秸秆、稻秸或麦秸，防止结冻，对冬季取料有利。如此制作完成的青贮玉米料经过 20d 左右发酵即可完成，再经过 20d 的熟化过程即可开窖饲喂。此时的青贮料气味芳香、适口性好、消化率高，是牛、羊、鹿等的极好饲料。青贮过程一旦完成，只要能保证封闭条件不被破坏即可长期保存，最长有保存 50 年的记录。

3.1.8　什么是优质蛋白玉米，有何特征

优质蛋白玉米，也称高赖氨酸玉米，即玉米籽粒中赖氨酸含量在 0.4%以上。通过遗传育种途径改进了玉米的蛋白品质，使其赖氨酸含量比普通玉米高出 1 倍，从而大大提高了玉米蛋白质的营养价值。一般在相同的情况下，优质蛋白玉米的组分含量与普通玉米的差别不大。优质蛋白玉米的氨基酸组成在胚部分与普通玉米没有显著差别，胚乳部分则与普通玉米显著不同。优质蛋白玉米与普通玉米最本质的区别是胚乳中各种蛋白质组成及蛋白质氨基酸组成的差异。优质蛋白玉米营养价值高的原因是其醇溶蛋白含量由普通玉米的 55.1%下降到 22.9%；而谷蛋白、白蛋白、球蛋白含量提高，其中谷蛋白由普通玉米的 31.8%上升到 50.1%，并且优质蛋白玉米的胚所占的比例通常要比普通玉米的大。有关研究表明玉米胚的大小同赖氨酸的含量呈正相关关系。因此，优质蛋白玉米中赖氨酸、色氨酸含量高，且蛋白质品质较好。

赖氨酸是人体和单胃动物不能合成而又必需的一种氨基酸，而普通玉米籽粒中缺少这种氨基酸。优质蛋白玉米中的蛋白质与脱脂奶相当，口感好，具有较高的营养价值。

3.1.9　什么是高油玉米，有何特征

高油玉米是一种高附加值玉米类型，其突出特点是籽粒含油量高。普通玉米含油量为4%～5%，而籽粒含油量比普通玉米高 50%以上的粒用玉米称为高油玉米。我国正推广的高油玉米含油量为 7%～9%，而且 10%以上含油量的杂交种也已进入示范阶段。高油玉米比普通玉米籽粒平均含油量高 5%以上，约 85%的油分集中在种胚部分，因而高油玉米的胚较大。高油玉米用于饲料与普通玉米相比有许多优越性，主要体现在以下方面。

(1)胚芽大，含油量高，故有效能值高；消化率和动物进食量高。

(2)蛋白质、赖氨酸和维生素 A 含量高。高油玉米除蛋白质、赖氨酸和色氨酸含量高于普通玉米外，维生素 A 和维生素 E 的含量也高于普通玉米。这些能量和各种营养成分，对人类和家禽具有重要价值。

(3)活秆成熟，即籽粒成熟后，秸秆仍然鲜绿，是理想的青贮饲料原料。高油玉米不但籽粒含油量高、品质好，而且其秸秆的品质也很好。生产中推广的高油玉米品种大多都有绿叶成熟的特性，且高油玉米秸秆的品质较普通玉米有较大改善。如高油 115 号，其秸秆粗蛋白含量达 8.5%，比普通玉米秸秆的粗蛋白含量(6.6%)高 28.79%，甚至超过美国带穗青饲玉米的粗蛋白含量(8.1%)，是一种难得的优质青饲料。

(4)用高油玉米籽粒饲喂猪、鸡和用籽粒与秸秆饲喂奶牛、肉牛，不仅生产性能提高，而且畜产品品质得到改善。玉米籽粒在配合饲料中作为一种能量饲料原料，因其含油量高，所以能改善加工配合饲料的品质，降低成本。尤其是高油玉米含亚油酸高达 4%以上，是所有谷实饲料中含量最高的一种。亚油酸在动物体内不能合成，只能从饲料中获得，是必需脂肪酸。动物如缺乏它，生长将受阻，产生皮肤病变，繁殖机能受到破坏。玉米在猪鸡日粮中的配比高达 50%以上，仅玉米就可满足动物对亚油酸的需要量。另外高油玉米籽粒中的赖氨酸含量也比普通玉米高 50%，用高油玉米做饲料原料，比普通玉米品质好，可节约成本。

3.1.10　购买玉米种子时应注意哪些问题

(1)要选用经过审定或认定的品种。一般这类品种有品种审定编号，如成单 30，审定号为：川审玉 2004002。

(2)根据种植制度和种植目的选用适应当地自然条件和生产水平的优良杂交种。品种的生育期过短，影响产量提高，生育期过长，本地生育时期不够，达不到正常成熟，不能充分发挥品种的增产潜力。因此，应选用与本地熟期相符的品种。病害是玉米生产中的重要灾害，选择抗病品种时一定要优先选择对大、小斑病，丝黑穗和茎腐病有抗性的品种。

(3)从具有资质的种子经营公司购买，选用的种子应达净、饱、壮、健、干五指标：净度不低于99%、籽粒饱满、发芽率不低于85%、病虫感染率低、水分不超过13%。

3.1.11 为何玉米杂交种不能种第二代

目前生产上使用的杂交种主要是单交种,所谓的单交种是由 2 个玉米自交系组配而成,只有在 2 个具有杂种优势的自交系组配的杂种一代(单交种)才能表现出强大的杂种优势。就玉米来说,杂种第一代(F1)无论株高、茎叶、根系、雄穗、雌穗和籽粒,以及抗旱耐涝、抗病虫害和抗倒伏能力、光合作用强度等方面,都比亲本优越得多,因而产量也就相应提高。这些优越性的表现,便是杂种优势。这也是利用杂种优势的理论依据。

但玉米的杂种优势以第一代最强。生产上如果将杂交种第一代种植收获后留种,下年继续种植,已是杂种第二代。杂交种第二代的植株高矮不齐,果穗大小不一致,成熟期也不一致,杂种优势显著减弱,产量也大大降低。因为杂种第二代是由杂种第一代自由授粉得到的,在其群体株与株之间的遗传基础,已经不是最好的搭配,而是好坏兼有,甚至接近原来父、母本自交系的遗传基础,分离出一些产量低的个体,使产量随之显著下降。单交种第二代产量下降最多,其他类型的杂交种第二代也均表现出不同程度的减产。所以玉米杂交种不能留种,要年年配种,年年利用第一代,才能起到增产的作用。

3.1.12 玉米种子种衣剂的类型有哪些?目的何在

目前生产上的种衣剂主要有以下两种类型。

(1)农药型种衣剂,主要防止苗期地下害虫、苗期病害等,提高保苗率和降低发病率。

(2)微肥型种衣剂或拌种剂,主要为种子提供营养成分,提高种子发芽势,育出壮苗。

总之,使用种衣剂的目的是保证苗齐、苗壮。但种衣剂一般有毒,注意避免小孩和家禽接触。选用种衣剂时,要"三看",一看农药有没有"三证",即农药登记证、农药生产许可证或农药生产批准文件、农药执行的质量标准,有此三证的产品才属合法产品;二看生产厂家的名称、地址、联系电话是否清楚,使用过程中发现问题可及时与厂商联系;三看国家的抽检报告,在农业农村部委托下,法定质量监督检验机构每年都对任意一种种衣剂进行市场抽检,无论合格与否都出具最终检验报告,而只有抽检合格的产品才能投入使用。

3.2 玉米田间管理技术

3.2.1 如何确定适宜的播种期和适宜的播种量

1. 播种期的确定

适宜的播种期主要取决于当地的气候条件和品种特性。

(1)温度。5～10cm 耕层温度稳定在 7～10℃。

(2) 水分。土壤湿度为田间持水量的 65%～70%，简单地说就是土壤捏成团、散成沙，才能满足种子发芽时对水分的要求。

(3) 地势土质。壤土、沙壤土、向阳坡地以及岗地、岗平地，春季地温回升快，都可适时早播；而水分充足的洼地、二洼地以及土质黏重的地块，都不宜早播。

(4) 品种特性。生育期长、种苗耐低温、早发性好、拱土能力强的品种，可以适当早播。为保全苗，播种前一定要测定种子的发芽率。种子在储藏过程中受到温度、湿度，甚至是化肥、农药等化学物质的污染及影响，其生命力会不同程度地降低，会使种子全部或部分失去发芽能力。如果不经检查就盲目播种，会造成由于发芽率低或发芽势弱而出苗率低或不整齐，秧苗数量不足，给生产造成损失。因此，在播种前一定要对种子进行发芽率检测，以便掌握种子质量。干旱区域进行催芽。坐水种的催芽后播种不宜过早，要做到适时播种。要选择刚拧嘴露白的种子，除去发芽过长、色黄和两头挣的种子，确保壮芽下种，以利全苗。坐水种时，一定要先刨坑浇水，待水渗下后再投种，然后及时覆土，并用脚轻踩一下，防止透风漏气，影响出苗。播种时不可刨坑过深，也不可覆土过厚，一般以覆土 4～5cm 厚为宜。

2. 播种量的确定

播种量主要取决于种植密度和种粒的大小。

(1) 传统穴播、条播播种的种粒数通常是计划株数的 3～4 倍。

(2) 精量、半精量播种的种粒数为计划株数的 1.5～2.0 倍。

一般播种密度为 2800～3200 株/亩时，种子中等大小，每亩需要种子 1.5～2kg。

3.2.2　如何做好玉米育苗移栽

玉米育苗移栽对于缓解大小春矛盾、抗旱早播、争取节令有重要作用。但有的农户由于没有掌握好育苗移栽技术，不仅没有增产，有的还减产。要做好玉米育苗移栽，必须抓好以下几项关键技术。

(1) 确定播期。育苗播种的时间，要与大田移栽的时间紧密衔接。育苗过早苗龄大，移栽后生长不好，影响产量；育苗过迟，又达不到提早节令的目的。因此，适期播种，应根据移栽时间，确定育苗播种的时间，一般比直播栽培的玉米提前 15～25d。

(2) 增大苗量。为了匀苗、壮苗、不栽瘦弱苗，确保移栽后苗棵均匀一致，育苗时要适当增大育苗数量，一般比实际需苗量增大 10%左右。

(3) 起苗分级。在移栽前一天下午，要浇透苗床水。起苗时按苗大小强弱分级，分地块或分片移栽，以利管理。撒播育苗，起苗时要尽量多带土，少伤根。特别要注意，不要抖落根部残籽，否则会降低幼苗的成活率。运苗时，幼苗摆放不宜过挤，尽量减小振动，防止散土落籽伤根。

(4) 抢时移栽。抢阴天或雨天移栽最好。晴天移栽，最好在傍晚进行，有利成活。移栽时要取深沟浅栽，有利成活和浇水追肥。浇活棵水后要用细干土覆盖，防止水分蒸发，有利成活。一般育苗 25～30d 移栽。移栽过早，增产潜力小；移栽过晚，形成小老苗，造成空秆，产量锐减。控制好移栽苗龄，是玉米育苗移栽成败的关键。如果育苗移栽的面积大，可采用生育期不同的品种，或分期育苗的方法，错开移栽时间，避免造成小老苗。最佳移栽苗龄为二叶一心，温室育苗一般为 7～10d。早熟品种的苗龄要短一些，苗龄大，移栽后容易形成早花"小老苗"，降低产量。中、晚熟品种的苗龄可稍长一些。

（5）移栽技术。移栽分为定向和不定向条栽。移栽深度，以平齐营养钵高度或不露白茎为宜。移栽时必须浇透定根水。移栽后要注意浇水保苗，确保成活。

（6）栽后管理。天旱时要注意及时浇水，可在水里加少许充分腐熟的人畜粪尿，促进早生快发。移苗后缓苗期为 6～7d。成活后要及时追肥，用稀薄腐熟的人畜粪尿，或氮素化肥。这是玉米育苗移栽壮苗夺高产的关键技术措施，必须抓好，避免错过良机。

育苗移栽的主要优点有：培育壮苗、提早播种、节约用种、增加密度、调节茬口、缓苗快、高产增收。育苗移栽技术利于苗期集中管理，可以避开早春干旱和低温，降低株高和穗位高，缓解玉米与其他作物共生的矛盾，目前已逐步形成大棚育苗、肥球育苗、方格育苗、穗轴育苗、软盘育苗及营养杯育苗等多种技术。

3.2.3　怎样进行玉米的肥团育苗

（1）选择育苗地，做好苗床。应选择地势平坦、背风向阳、搬运方便的地块做苗床。苗床宽度视薄膜规格而定，2m 宽的膜可做 1.5m 宽的床。早春温度低，为防止寒潮侵害，应建立上高下低、床面向阳、四周开沟的斜式苗床，每亩大田按 3500 株计算，苗床面积亩需备足 8～10m^2。

（2）精细配制营养土，适期捏团。营养土一般按两份肥土、一份农家肥配制。每亩用猪脚泥、菜园土、山坡表皮肥土等 500kg，细碎腐熟优质农家肥 250kg，Ca(H$_2$PO$_4$)$_2$ 20kg。混合后加清粪水调制成手捏成团、落地散开的营养土，然后用手捏成鹅蛋大小均匀一致的肥团，在肥团上用小木棍或小指头插一个 1～2cm 深的小孔。将肥团整齐排放在苗床内，等待播种。

3.2.4　玉米各生育期的需肥料规律是什么

玉米生长需要从土壤中吸收多种矿物质营养元素，其中以氮素最多，钾次之，磷居第三。一般每生产 100kg 玉米籽粒需要从土壤中吸收纯氮 2.5kg、P$_2$O$_5$ 1.2kg、K$_2$O 2.0kg，氮、磷、钾的比例为 1：0.48：0.8。

玉米各生育期的需肥规律一般是幼苗期生长慢、植株小、吸收养分少；拔节期至开花期生长快，吸收养分数量多、速度快，是玉米需要养分的关键时期；生育后期，吸收速度逐渐减慢，吸收数量变少。玉米从出苗到拔节，吸收氮 2.5%、有效磷 1.12%、有效钾 3%；拔节到开花，吸收氮 51.15%、有效磷 63.81%、有效钾 97%；从开花到成熟，吸收氮 46.35%、有效磷 35.07%。

玉米磷肥营养临界期在 3 叶期，玉米氮素营养临界期则比磷稍后。临界期玉米对养分需求量不大，但养分要全面，比例要适宜。

玉米营养最大效率期在大喇叭口期，这是玉米养分吸收最快最多的时期，肥料的作用最大。

3.2.5　怎样施好玉米基肥

播种前结合整地施入的肥料叫基肥，也叫底肥。基肥是供给玉米全生育期养分的长效肥料，对玉米的高产稳产有十分重要的作用。基肥的施用方法有撒施、条施和穴施。一般条施、穴施效果较好。基肥主要以农家肥和化肥为主。

(1)撒施。在基肥数量较多、深耕的情况下，将基肥撒施在土壤表层，然后结合深翻将基肥埋入耕层中。施肥深度应根据土壤、肥料、气候和农业技术等因素而定。如有条件采用全层施肥或分层施肥，则能更好地适应不同时期根系的吸收，使基肥的增产效果更为明显。

(2)条施或穴施。在基肥数量较少的情况下，特别是配合使用化肥作基肥的，应采用集中条施或穴施，把粪肥施在垄沟内。这种施肥方法能使肥料靠近玉米根系，利于玉米根系吸收，故农谚有"施肥一大片，不如一条线"的说法。

一般情况下，2000～3000kg 有机肥、全部磷肥、1/3 氮肥、全部钾肥作基肥或种肥，可结合犁地起垄一次施入播种沟内，使肥料施到 10～15cm 深的耕层中。所有化肥都可作基肥。碱性和石灰性土壤容易缺锌，长期施磷肥的地块也易诱发缺锌，应给予补充。常用锌肥有硫酸锌和氯化锌，基施每亩用量为 0.5～2.5kg，拌种 4～5g/kg，浸种浓度 0.02%～0.05%。如果复混肥中含有一定量的锌，就不必单施锌肥。

3.2.6　怎样施好玉米种肥

在播种时施在种子附近或随种子同时施下去的肥料叫种肥。施用玉米种肥主要是满足玉米生长初期对养分的需要，主要用在基肥用量不足的地块。种肥以速效氮磷肥为主。高寒地区春玉米由于春季地温低、有效磷释放慢而少，易出现缺磷现象，若用优质腐熟的有机肥和磷肥混合作种肥，效果更佳。基肥中没有施锌肥的田块，可用锌肥拌种，每公斤种子拌 6～8g $ZnSO_4$。化肥作种肥时，用量不宜过大，以免影响种子发芽。肥料要施在距种子 4～5cm 的地方，穴施或条施均可。

(1)选好施肥品种。氮、磷、钾复合肥或 $(NH_4)_2HPO_4$ 作种肥最好。KCl、氯化铵 (NH_4Cl) 等化肥含有氯离子，施入土壤后会产生水溶性氯化物，对种子发芽和幼苗生长不利，甚至烧种烧苗；NH_4NO_3、KNO_3 等肥料含有硝酸根离子，对种子发芽有毒害作用；NH_4HCO_3 有挥发性和腐蚀性，易熏伤种子和幼苗；尿素生成少量的缩二脲，含量若超过 2%就会对种子和幼苗产生毒害。这些都不适宜做种肥，否则容易烧芽、烧苗。

(2)控制施肥量。玉米苗期需肥量较少，为减少浪费，种肥施用量不宜过大，一般每亩用量 10kg 左右，特别是趁墒播种时，更要严格控制种肥施用量。

(3)搞好种肥隔离。施用种肥时，为避免种子和肥料直接接触导致烧芽、烧苗，机械播种时要将种子与肥料隔开 7～10cm；人工播种时，要变种下施肥为侧深施或种间穴深施。

3.2.7 怎样施好玉米追肥

玉米出苗以后施用的肥料叫追肥。玉米追肥主要以速效氮为主，常用硝酸铵、尿素作追肥。追肥分为苗肥、秆肥、穗肥和粒肥四种。

(1) 苗肥，一般在幼苗 4～5 叶期施入，可结合间苗、定苗和中耕除草进行。苗肥占总追肥量的 10%。

(2) 秆肥，又称拔节肥，一般在拔节后 10d 内追施，有促进茎生长和幼穗分化的作用，以此达到茎秆粗壮的目的。拔节肥的施肥量一般占追肥量的 20%～30%，施肥过多易造成营养生长过旺而倒伏。

(3) 穗肥，又称攻穗。剩下的氮肥在玉米抽雄前 10～15d 大喇叭口期施入，能促进穗大粒多，对后期籽粒灌浆也有良好效果。穗肥一般应重施，施肥量占总追肥量的 60% 左右。

(4) 粒肥。粒肥的作用是养根保叶，防止后期脱肥早衰。粒肥一般在吐丝初期追施，施用量最多占总追肥量的 10%。

3.2.8 怎样对玉米进行根外追肥

玉米根外追肥是将矿物质养分喷洒在玉米叶片上，经过气孔和角质层进入叶片内部，以供玉米吸收利用。在玉米生长后期，根部养分吸收能力变弱，如果有脱肥现象，可采用根外追肥。根外追肥的特点是用肥量少、见效快。此外，铁、锌、锰等化学元素，很难被玉米根部吸收，通过根外吸收，可以补充上述元素。

据试验，在玉米扬花至灌浆期叶面喷施 0.2%～0.3% 的 KH_2PO_4 溶液 1～3 次，千粒重增加 2～12g，每亩增产 3.5～50kg；对表现缺氮的玉米喷 2%～4% 的尿素 2、3 次，千粒重增加 2～40g，每亩增产 6.5～75kg；在玉米抽穗期喷 0.01% 的钼酸铵（$(NH_4)_2MoO_4$）溶液，玉米后期叶片不早衰，籽粒饱满，千粒重增加 10～20g。

为了确保玉米叶面喷肥的效果，可在肥料溶液中加少量洗衣粉等，使肥料溶液能更好地黏附在叶面上。根外喷肥的时间最好是在 10 时前和 16 时后，以避开中午的炎热时段，使叶面保持较长时间的湿润状态，增加养分的吸收量。同时，根外喷肥时加 10% 的草木灰水、10% 的鸡粪液、10%～20% 的兔粪液或腐熟人尿液等，都有较明显的增产效果。

3.2.9 如何应用玉米专用缓释复混肥

玉米专用缓释复混肥是按照玉米生长期中对氮、磷、钾及微量元素的需要，运用平衡施肥原理配制的一种多元素复混肥。它具有养分含量高、配比合理、肥效长、使用方便、增产效果明显等优点。因复混肥分解慢，玉米不同时期对专用肥中营养比例和数量的需求也不一样，要注意与单质化肥配合施用；专用肥浓度高，应避免与种苗直接接触；专用肥肥效长，应作基肥；还要注意根据土壤肥力施用专用肥。

玉米缓释专用肥施用于覆膜玉米，能减少因追肥对地膜造成的破坏和节省劳力，提高肥料利用率，降低成本，经济效益显著。

3.2.10　玉米如何进行一次性施肥

玉米一次性施肥种植就是通常说的玉米简化施肥技术，是指根据土壤肥力指标和玉米需肥特性来确定最佳施肥量的定量化施肥技术，也就是结合秋季或春季打垄时施基肥，将玉米全部生育期所需的氮、磷、钾肥一起做底肥，一次施入，在播种时和整个生育期不再施肥的方法。具有肥料利用率高、省工省力、操作简单易行等优点。

玉米一次性施肥的具体做法如下。

(1)整地。最好于头年秋季进行土壤旋耕，深度要达到 16cm 以上，为来年春季适时播种和深施肥奠定基础。

(2)施肥。春季打垄时一次性深施肥料，以满足玉米整个生育期的需肥要求。主要是农家肥(5000kg/亩)与氮、磷、钾肥(长效氢铵 50kg，二铵 15kg 左右)配合施用，要结合测土配方确定用肥量。也可选用一次性长效肥配合优质口肥进行侧深施，如每亩施五洲丰牌一次性肥料 40kg，另加 10kg 三元素复合肥做口肥，既可满足苗期对养分的需求，又可做到不烧苗，还能确保玉米生长后期不脱肥。

(3)播种。保证化肥在种子下 6cm，如深度不够，易造成烧种，播种后，要适度镇压。

玉米一次性施肥的优点：①节约化肥，减少投入。生产实践证明，当化肥被水解时，能够被土壤胶体吸附，增加肥效。②节省人工，便于管理。一次性施肥免除了繁重的人工追肥，同时避免了看天等雨现象。③提高产量，增加收入。一次性施肥技术有明显的增产增收效果，能促进玉米籽粒饱满、增强抗倒伏能力和避免中期脱肥等。

3.2.11　如何用玉米秸秆堆制生物有机肥

(1)堆制方法。先将玉米秸秆湿透，吃足水，秸秆和水的比例一般为 1∶1.7。然后将湿透的玉米秸秆一层层地铺开，铺 1 层喷 1 遍菌剂，直到全部玉米秸堆完；用药量为每 250kg 玉米秸秆用 L-KS 菌剂 300mL，先把菌剂加水溶解，每公斤菌剂兑水 50kg，一般要求堆高 1.5m 以上，堆宽不小于 2m，长度不限。堆完后，表面用泥密封，高温季节经 10d 腐烂发酵即可制成优质堆肥。秋、冬季节发酵时间稍长，一般为 15~20d。

(2)施用方法。用玉米秸秆制成的生物堆肥，可做有机肥施用，大田作物每亩用量为 230kg，耕地前撒施，通过深耕翻入地下做基肥，适合于各种大田作物、果树、蔬菜等施用。

(3)注意事项。用 L-KS 菌剂堆腐玉米秸秆，一定要做到水足、药匀、封严，这是成功的关键。水足，即玉米秸秆要吃足水。药匀，即喷药要均匀，喷遍、喷全。封严，即表面用泥封好，不透气、不失水。

(4)使用效果。使用 L-KS 菌剂堆腐玉米秸秆，改善了微生物活动环境，促进了微生物迅速繁殖，堆内温度上升快，可加速秸秆腐烂，1~2d 内堆温即可上升到 55℃以上，短时间最高温度达 70℃。10d 即可彻底腐烂，可使堆肥内有益微生物的数量和养分含量明显提高，光合细菌、钾细菌、磷细菌、放线菌分别比碳酸氢铵堆肥增加 265 倍、2131 倍、

11.3%和 5.25 倍；有机质，速效氮、磷、钾分别提高 90%、60.5%、80.2%、70.6%。另外，堆腐玉米秸秆的高温可杀死玉米秸秆中的大部分病菌和越冬害虫，减轻病原基数，降低虫口密度，从而减轻作物病虫害的发生。

3.2.12　什么是玉米的需水规律、需水量

玉米全生育期所消耗的水分随气候、土壤、播期、品种及生育期等有很大的差异。各地生产实践证明，春玉米生育期长、耗水量多。其中晚熟品种比早熟品种的生育期更长，耗水量更多。

1. 玉米各生育期的需水规律

(1)播种至出苗消耗的水分少，但需有适当水分才利于出苗，土壤田间持水量应保持在 60%～70%。

(2)苗期需水量少，耐旱性强，土壤田间持水量应保持在 60%。

(3)拔节后需水量增多，土壤田间持水量应保持在 70%～80%。

(4)抽穗开花期间需水量最多，在抽穗前 10d 至抽穗后 20d，是玉米需水的"临界期"，土壤田间持水量应达到 80%。

(5)乳熟后需水量逐渐减少，土壤田间持水量应保持在 60%以下，以利于籽粒脱水和加速成熟。

2. 玉米各生育期的需水量

(1)播种到出苗期需水量占全生育期总量的 2%～3%。

(2)出苗期到拔节期需水量占全生育期需水量的 18%。

(3)拔节期到抽雄期需水量占全生育期需水量的 30%。

(4)抽雄期到吐丝期需水量占全生育期需水量的 10%。

(5)灌浆期需水量占全生育期需水量的 34%。

(6)蜡熟期到收获期需水量占全生育期需水量的 5%。

3.2.13　什么是玉米的水分关键时期

玉米在其生长发育的不同时期，对水分的敏感程度不同，对水分最敏感的时期称为水分关键期，此时水分过多或过少都会直接影响玉米的产量。

玉米的水分关键期是孕穗到抽穗开花这段时间。因为这段时间植物的生长发育最为旺盛，需水量也最大，加上生殖器官处于幼嫩阶段，对外界不良环境条件的抵抗力很差，如遇干旱，必然造成减产。需水关键期越长，遇到不良气候的可能越大，越需要采取防御措施。

3.2.14   如何实现玉米节水栽培

同一品种，生长环境相同，不同的栽培措施，玉米的需水量和水分利用率不同。

(1)增施肥料。在相同条件下，增施肥料能够增进植株根、茎、叶的生长，从而使耗水量增长。但耗水量的增长却小于产量的增长，因此提高了水分利用率。据研究，玉米施氮肥比不施氮肥均匀需水量增长了 32.5mm，产量增长 60%，水分利用率提高 44%。

(2)改良灌溉方法。灌水方法不当，不仅浪费水，还会增加玉米的需水量，降低水分利用率。大畦漫灌不易节制浇水量，流量大，容易发生径流；沟灌靠水分迟缓浸润，减少泥土板结，避免水分向深层浸透。据对大畦漫灌、小畦灌溉和沟灌的实验，小畦灌溉比大畦漫灌每亩节水 61.4m³，节俭 19.4%；沟灌比小畦灌溉每亩节水 16m³，节俭 6.3%，比大畦漫灌每亩节水 77.4m³，节俭 24.4%，增产 18%。

(3)合理密植。同一品种，在一定的密度范围内玉米的需水量随密度的增加而提高，同时产量也随之提高，水分利用率也相应提高。但当密度过大时，叶面积增加，互相堆叠，集体内环境恶化，导致减产和水分利用率下降。

(4)中耕松土。中耕有切断泥土毛细管和除去杂草的作用，因此中耕减少了空间蒸发和水分的无效耗费，降低了玉米需水量。尤其是玉米苗期，田间覆盖少，中耕抑制泥土水分蒸发的效果更好。

(5)运用地面覆盖物。给地面加覆盖物，如地膜、秸秆等可减少水分蒸发，降低玉米田的耗水量。据实验，玉米盖膜后每亩耗水量为 220.78～233m³，露地玉米每亩耗水量为 255.78～306.93m³，盖膜比露地的耗水量降低了 13.68%～24.09%。玉米田内进行秸秆覆盖，不仅能培肥地力，而且能降低耗水量，提高水分利用率。据王绍仁等的研究，三年均用秸秆覆盖的玉米田比不覆盖的每亩耗水量减少 27.7mm，增产 10.3%，水分利用率提高了 11.5%。

因此，在实际生产中采取"深耕深翻，适当深播，选用抗旱品种，采用小畦灌溉和垄作沟灌的种植方式，合理密植，早间苗定苗，中耕保墒，合理施肥，以肥调水，促控结合，有限灌溉"等方式可以实现玉米的节水栽培。

3.2.15   玉米种植时怎样施用抗旱保水剂

抗旱保水剂是一种三维网状结构的有机高分子聚合物，能够反复吸水，吸水倍率高达 20～300 倍。在土壤中能将雨水或浇灌水迅速吸收储存，进而减少水分流失。天旱时再缓慢释放供植物利用。它特有的吸水、贮水、放水性能，在改善生态环境、防风固沙工程中起到了决定性作用。

玉米生长各阶段抗旱保水剂的施用原则：施在种植沟穴中根系分布的土壤层中，必须让部分根系接触到抗旱保水剂(可撒施在种植沟穴内与根土拌匀)。施入的抗旱保水剂须覆土掩盖，避免日晒。根据缺水情况应采用湿施法：将抗旱保水剂吸水成凝胶后施用。以下所称的凝胶剂，除注明吸水倍数者外，均以预先吸水 200 倍为例。

(1)播种时基施。按常规作好土畦。每亩用凝胶剂 300～600kg,均匀施入种植沟中 10～25cm 的范围内,与沟土翻混均匀即可播种,然后覆土掩盖抗旱保水剂。如在雨季或潮湿的地块施用,可直接施干品抗旱保水剂,用量为 1.5～3kg/亩。

(2)已种玉米追施。根据玉米植株的大小,在行距主茎一侧的 10～30cm 处,挖一条一锄宽的平行沟,沟深应露出大部分根须,按亩施 300～600kg 凝胶剂的量,将凝胶剂均匀撒入沟内与根土翻混均匀,最后覆盖原土。

(3)拌种直播。对人工挖沟穴的地:如在苗期缺水、生长期不缺水的地域,按抗旱保水剂干品 1kg 拌玉米种 2～3kg 的量,先将抗旱保水剂投入 50～300 倍水中,吸成凝胶后倒入种子拌匀(可再加入总重 1～5 倍的细土充分拌匀),即可手工播入沟穴中并覆土掩盖;如在整个生长期都缺水的地域,应按抗旱保水剂干品 1.5～2kg 拌玉米种 2～3kg。对不挖沟穴必须机播的地:在前述的抗旱保水剂拌种及加土的比例上,可再加大几倍的细土,将凝胶和种子拌成易分散的湿润混合物后,对播种机口作适当改动,即可机械播种。

(4)包衣拌种。用吸水 300 倍的凝胶剂 1kg(仅提高发芽率),加入 1～5kg 需浸种的玉米种子中拌匀,视需要堆闷若干小时后即可播种。为解决全程生长用水,必须同时在土畦中每亩沟施抗旱保水剂干品 1.5～2kg。

3.2.16 玉米合理密植的要点有哪些

合理密植就是要因地制宜地增加每亩种植株数,扩大绿色叶面积和根系的吸收面,有效利用光、热、水、气、肥等要素,生产出更多的干物质。生产中是根据土、肥、水条件及品种、种植方式、田间管理水平来确定每亩种植的株数。这样既保能证个体的正常发育,又能促进群体的充分发展,从而妥善解决穗多、穗大、穗重的矛盾,在单位面积上获得较高的产量。

合理密植是增产的关键技术措施之一,其原则主要有以下几个方面。

(1)紧凑型品种宜密,平展型品种宜稀。紧凑型玉米茎叶夹角小,上部叶片趋于直立,透光性好,适宜密植。茎叶夹角越小,株型越紧凑,适宜密植的程度越高。穗位以上茎叶夹角小于 20°的品种,适宜密度为每亩 5500～6000 株;品种茎叶夹角为 25°的品种,适宜密度为每亩 5000～5500 株。而平展型品种穗位以上茎叶夹角大于 40°的品种,适宜密度为每亩 4000 株。紧凑型品种比平展型品种每亩多种 1000～1500 株。由于品种间的生育期不同,叶面积和株形相差较大,种植密度也不一样。晚熟品种植株高大,生育期长,种植密度要比中熟品种和早熟品种稀一些。

(2)肥地宜密,瘦地宜稀。同是一个品种在不同的肥力条件下,适宜密度也不尽相同。一般情况是瘦地宜稀,采用适宜密度的下限;肥地宜密,采用适宜密度的上限。如掖单13 号在瘦地上每亩适宜密度为 5000 株,肥地上每亩适宜密度为 5500 株。土壤肥沃、施肥量高的土地,每亩可增加 500 株。如掖单 13 号在亩产吨粮的攻关地上,每亩密度可达6000 株。

(3)砂土宜密,黏土宜稀。土壤通透性对玉米根系生长影响较大。据有关研究结果,沙壤土的通透性好于黏土,表现在沙壤土中的玉米根系干重比黏土中的明显重。因此同一品种在沙壤土上的种植密度比在黏土上的种植密度要大一些。

(4)早播宜密，迟播宜稀。适时早播的玉米，幼苗生长阶段处于较干旱的气候条件下，水肥供应受到一定抑制，有利于"蹲苗"，一般不会徒长，生长较稳健，植株节间相对较短，到中后期表现出植株不高、秆粗、滑秆少的优势，宜适当密植。而迟播的玉米，苗期高温多湿，茎叶生长较快，没有"蹲苗"时间，若种植密度过大，植株就会增高，节间相对加长，滑秆增多，还易倒伏，应适当降低种植密度。

3.2.17 怎样对玉米进行去雄增产

1. 玉米去雄的关键技术

(1)去雄时期。当玉米雄穗刚露头尚未开花散粉时去雄最合适，其效果也最佳。因为此时植株尚矮，雄穗脆嫩，极易拔出。若去雄过晚，容易拔掉叶片和折断茎秆。去雄选择晴天为宜，一般以 9～16 时较好。因为这段时间温度较高，伤口易愈合。

(2)去雄方法。麦套夏玉米可采取隔行或隔株去雄，夏直播玉米可隔 1 行去 1 行，也可隔 1 行去 2 行，要在 1～2d 内把露出的雄穗全部拔掉。另外，去雄时要注意拔除劣株、弱株和虫株上的雄穗，以集中养分供给雌穗，减少空秆，提高粒重。

(3)去雄数量。对植株生育良好、田间整齐度高、虫害较少的麦套夏玉米，去雄数量可占全田的 35%～40%；而夏直播玉米，去雄数量占全田的 45%～50%较为适宜。

(4)去雄时千万不要把最上部的叶片去掉，因为玉米植株顶部叶片对籽粒灌浆和经济产量的形成作用很大。试验表明，去雄一般可使玉米增产 6.83%～10.35%，而去雄带去 1 片叶则会减产 2.37%～2.79%，带去 2 片叶减产 4.49%～6.14%，带去 3 片叶减产 10.28%～12.45%。因此，去雄时一定要掌握好不带掉顶部叶片，保证达到增产的目的。

2. 玉米生长后期去雄的好处

(1)玉米去雄能减少养分消耗，使养分集中向果穗运输，提高玉米千粒重，增加产量。
(2)改善田间通风透光条件，玉米的光合效率提高，促进了有机物质的积累。
(3)减轻病虫危害。
(4)降低玉米株高，增强玉米抗倒伏能力。

3.2.18 如何对玉米进行人工授粉

人工辅助授粉是人工采集花粉给未授粉的花丝授粉，是增加穗粒数的增产措施，在群体内弱小植株多，或种植密度过大，或散粉期间天气不好时，人工辅助授粉更为重要。玉米有以下几方面表现时应进行人工授粉。

(1)弱小植株的雌穗和正常雌穗顶部的花丝抽出时，多数雄穗已散完粉，靠自然授粉很困难。
(2)密度过大时叶片密集，妨碍授粉。

(3)散粉期间无风或连续阴雨,不利于传粉和授粉,这时进行人工辅助授粉的增产效果特别显著。

人工授粉可以弥补自然授粉的不足,减少秃尖程度。人工授粉的方法:正常情况下,于散粉后期 10～12 时采集花粉,装入竹筒内,对准授粉不好的雌穗,轻轻将花粉撒在雌穗的花丝上。阴雨天时,拔下刚开始散粉的雄穗,捆成小把,下端插入水中, 2～3d 后,趁天晴收集花粉授给雌穗。无风天气,于上午开花最多时,摇动植株或拉绳帮助传粉。

采集花粉要注意的事项:采集花粉要在露水干后进行,不要与水接触;采集的花粉不能直接暴露在阳光下,不能久放,要随采随授。

3.2.19　植物生长调节剂在玉米生产上的应用有哪些

1. 防止玉米倒伏的生长调节剂

(1)乙烯利。据试验报道,玉米施用乙烯利能促进根系发育,起到矮秆壮秆、增强田间通风透光,促早熟,每亩可提高产量 220kg。在 1%玉米抽出天花时,每亩叶面喷施 40%乙烯利水剂 500 倍液 25～30kg。使用时须注意,严格掌握使用浓度,药剂使用浓度过高,会抑制茎秆生长而影响产量;掌握好使用时期,防止偏早或偏迟施药;喷雾要均匀,防止施药不匀引起生长不争气。

(2)玉米健壮素。应用玉米健壮素能够抑制茎秆节间伸长,促使茎秆粗壮,根系发达,降低穗位,增强抗倒伏能力,缩短生育期,提高百粒重。使用时须注意:适用于玉米株高超过 2m 的品种;只需喷 1 次药,喷雾要均匀,生长势弱、株型矮的品种不宜使用;不能与其他农药、化肥混用。

(3)化控 2 号。应用化控 2 号能使玉米茎秆坚韧,根系发达,抗倒能力增强,同时降低株高和穗位高 10～12cm,并使叶片上冲,增加种植密度,增产幅度为 15%～30%。在孕穗前,亩用 25～30mL 化控 2 号兑水 30～40kg,均匀喷洒在植株顶端。

(4)多效唑。用 200mg/L 多效唑药液浸种 12h,1kg 药液浸种 0.8～1kg 玉米种子,或每亩用 150mg/L 多效唑药液 50kg,在玉米 5～6 片叶时喷洒叶面,可防治玉米苗弱倒伏。

2. 促进玉米早熟增产的生长调节剂

(1)丰产素。在玉米抽雄花时施用丰产素,可增加玉米籽粒饱满度,提高粒重,不仅可增加产量,还可促早熟。在玉米抽天花时,每亩叶面喷施丰产素稀释液 50kg。

(2)喷施宝。在玉米苗期和玉米 20%抽雄期,灌浆期每亩喷施喷施宝 12000 倍稀释液 60kg 各 1 次,能够促进茎秆粗壮,提高抗倒伏能力,并可增强光合作用,使籽粒饱满,达到高产,一般每亩可增产 10%左右。

其他的生长调节剂还有矮壮素、烯效唑、吲哚乙酸、生根粉、增产灵、催熟剂等。

3.2.20　玉米收获前为什么不能削叶、打顶

目前，个别地区的农民有在玉米生长后期削叶打顶的习惯，片面地认为玉米果穗已经长成，削去果穗顶部叶片或者打去老叶，不但不影响果穗大小，而且还可以促进玉米早熟，减少养分竞争。尽管生长后期玉米果穗已经形成，但是籽粒仍在灌浆，籽粒的大小、轻重还未确定，削叶打顶减少了叶面积，易引起玉米大幅减产。

据研究，乳熟期去掉雌穗以上 5、6 片叶片，减产幅度可达 30%～35%，蜡熟期打顶也会减产 15% 以上。因为叶片是玉米进行光合作用的主要器官，玉米生长后期根系老化，上部叶片生活力旺盛，灌浆过程主要依靠茎叶制造和输送养分，去掉上部叶片，会严重影响千粒重和产量。

3.2.21　玉米适期收获的标准是什么

正确掌握玉米的收获期，是确保玉米优质高产的一项重要措施。玉米是否进入完熟期，可从外观特征上观察：植株的中下部叶片变黄，基部叶片干枯，果穗苞叶呈黄白色且松散，籽粒变硬，并呈现出本品种固有的色泽。玉米苞叶发黄大多在授粉后 40d 左右，根据对玉米籽粒灌浆速度的测定，此时仍处于玉米直线灌浆期，这时的粒重仅是最终粒重的 90%，在苞叶发黄时收获势必降低玉米产量。苞叶发黄是一个量变过程，不能作为玉米成熟的定量标准。

玉米的收获适期以完熟初期到完熟中期为宜，这时果穗苞叶松散，籽粒内含物已经完全硬化，指甲不易掐破。籽粒表面具有鲜明的光泽，靠近胚的基部出现黑色层。籽粒上部淀粉充实部分呈固体状，与下部未充实的乳状间有一条明显的线，从胚的背面看非常明显，称为乳线。随着灌浆的进行，乳线逐渐下移，在授粉 48d 后乳线基本消失，达到成熟。

3.3　玉米抗灾技术

3.3.1　玉米春旱的危害有哪些？如何预防

1. 春旱的危害

春旱是指出现在 3～5 月的干旱，主要影响我国各地春播玉米播种、出苗与苗期生长。其危害主要有以下几点。

(1) 推迟播种期。春旱时无水源条件的，只能等雨播种，易错过最佳播期。错过播期会进一步加剧因光热不足对产量的制约。

(2) 植物生长弱。出苗后遭受春旱的玉米，植株小、根系弱、叶片面积小、生物产量大幅减少，最终影响产量。

(3)整齐度差。干旱影响播种质量，导致同地块个体间产生较大差异，群体整齐度降低，生长中后期大苗欺小苗，空株和小穗株增加。

(4)生长发育缓慢。在营养生长期，无论何时干旱，均可延缓玉米生长发育进程，导致生育期滞后。

2. 预防玉米春旱的措施

(1)因地制宜地采取蓄水保墒耕作技术，以土蓄水是解决旱地玉米需水的常用方法之一。建立以深松翻为主体，松耙、压相结合的土壤耕作制度，改善土壤结构，增强蓄水能力。

(2)选择耐旱品种。选择耐旱和丰产性好的品种是提高旱地玉米产量的有效措施。

(3)地膜覆盖与秸秆覆盖。覆膜栽培可防止水分蒸发，增加地温，提高光能和水肥利用率。

(4)合理密植与施肥。为了保证合理的种植密度，在播种时应预留足够的预备苗，增施有机肥不仅养分全、肥效长，而且可改善土壤结构，起到以肥调水的作用。

3.3.2 玉米伏旱的危害有哪些？如何防止玉米伏旱

伏旱，顾名思义，就是伏天发生的干旱。从入伏到出伏，相当于7月中旬到8月下旬，出现较长时间的晴热少雨天气，这对夏季农作物生长很不利，比春旱更严重。

伏旱发生时期，正是玉米由营养生长向生殖生长过渡并结束过渡的时期，叶面积指数和叶面蒸腾均达到其一生中的最高值，生殖生长和体内新陈代谢旺盛，同时进入开花、授粉阶段，为玉米需水的临界期和产量形成的关键需水期，对产量影响极大。玉米遭受伏旱灾害后植株矮化，叶片由下而上干枯。伏旱一般在高岗地、坡地、沙地发生重，低洼地发生轻。深松、秸秆覆盖的保护性地块，保水性好，伏旱发生轻。干旱对玉米产量性状的影响与受旱时期有关：抽雄吐丝期高温干旱影响授粉，秃尖较长，严重时出现空秆；籽粒形成期与灌浆初期受旱一部分籽粒败育，能进一步发育的籽粒表现出体积小、库容小、瘪粒；灌浆期受旱果穗上部瘪粒严重。

防止玉米伏旱的措施主要有以下几点。

(1)增施有机肥、深松改土、培肥地力，提高土壤缓冲能力和抗旱能力。

(2)实施有效灌溉。有灌溉条件的田块，采取一切措施，集中有限水源，浇水保苗，推广喷灌、滴灌、垄灌、隔垄交替灌等节水灌溉技术。水源不足的地方采取输水管或水袋灌溉，扩大浇灌面积，减轻干旱损失。

(3)加强田间管理。有灌溉条件的田块，在灌溉后采取浅中耕，切断土壤表层毛细管，减少蒸发；无灌溉条件的等雨蓄水，可以采取中耕锄、高培土的措施，减少土壤水分蒸发，增加土壤蓄水量，起到保墒作用。

(4)根外喷肥。叶面喷施"旱地龙""喷施宝"等抗旱剂，可增加植物的抗旱性；也可用尿素、磷酸二氢钾水溶液及过磷酸钙、草木灰过滤浸出液连续进行多次喷雾，增加植株穗部水分，降温增湿，为叶片提供必需的水分及养分，提高籽粒饱满度。

（5）辅助授粉。在高温干旱期间，作物自然散粉、传粉的能力下降，尤其是异花授粉的玉米。可采用竹竿赶粉或采粉涂抹等人工辅助授粉法，增加落在柱头上的花粉量和选择授粉受精的机会，减少高温对结实率的影响。

（6）注意防治病虫害。尤其是做好虫害的监测，及时发布预警信息，提供防治对策。如统一调配杀螨类农药、集中连片化学防治玉米红蜘蛛。

3.3.3　玉米秋旱的危害有哪些？如何预防玉米秋旱

秋旱又称"秋吊"，是指在大田作物籽粒灌浆阶段发生的干旱。于 8 月中旬至 9 月上旬，降雨量小于 60mm 或其中连续两旬降雨量小于 20mm 可作为秋旱的指标。这个时期供水不足，影响灌浆，降低千粒重，直接影响农作物的产量和质量。

玉米灌浆期至成熟期，植株已形成，茎叶累积的养分向穗部器官转移。叶片由下向上变黄，此期保证适当的水分供应，防治植株早衰，有利于光合产物的合成及向籽粒转运，可使灌浆得以顺利进行。这一阶段水分胁迫主要是造成群体叶面积指数下降、植株黄叶数增加、穗粒数和穗粒重减少。其中，穗粒重下降是造成减产的主要原因。

预防玉米秋旱的措施主要有以下几点。

（1）灌好抽雄灌浆水。抽雄后是决定玉米粒数多少、粒重高低的关键时期，保证充足的水分，对促进籽粒形成、提高绿叶的光合能力以及增生支持根防玉米倒伏都具有明显的作用。饱灌抽雄灌浆水，以满足花粒期玉米对水分的需求，提高结实率，促进养分运转，使穗大、粒饱、产量高。

（2）根外追肥。叶面喷施含有腐殖酸类的抗旱剂，或者用磷酸二氢钾水溶液进行叶面施肥，给叶片提供必需的水分及养分，提高籽粒饱满度。

（3）防治虫害，注意防治红蜘蛛、蚜虫等干旱条件下易发生的虫害。

3.3.4　涝灾对玉米的危害有哪些？如何预防涝灾

玉米是需水量大但又不耐涝的作物。当土壤湿度超过最大持水量 80% 以上时，玉米就会发育不良，在玉米苗期表现更为明显。

1. 涝灾对玉米的危害

（1）抑制根系发育。受淹后玉米根系生长迟缓，根变粗、变短、几乎不生根毛，吸收能力下降。

（2）降低叶片光合作用，同化产物向根系的分配比例减少。受涝玉米叶色褪绿，光合能力降低，植株软弱，基部呈紫红色并出现枯黄叶，造成生长缓慢或停滞。

（3）降低土壤有效养分含量，土壤好气性微生物活动受抑制，分解有机质而释放出养分的过程受到影响。

（4）引起根系中毒，影响穗的分化和发育，加剧各种病害的发生。

2. 预防玉米涝灾的措施

(1) 选用耐涝、抗涝品种。不同品种的耐涝性显著不同，耐涝性强的品种，根系一般具有比较发达的组织气腔。

(2) 调整播期，适期播种。玉米苗期最怕涝，拔节后抗涝能力逐步增强，因此可调整播期，使玉米苗期错开多雨季节。

(3) 浸种处理。在播种前将种子拌于 1500 倍神农素螯合肥、5000 倍芸薹素内脂混合液中泡 5～6h，沥干水分，再用 1000 倍高锰酸钾溶液清洗种子。

(4) 排水降渍，垄作栽培。低洼易涝地及内涝田应疏通田头沟、围沟和腰沟，一旦发现田间积水，应及时排除，降低土壤湿度。

(5) 中耕除草。及时中耕除草，或起垄散墒，破除土壤板结。

(6) 及时培扶植株。灾后造成倒伏的，如果涝害发生较早，植株可自行恢复。在大喇叭口期后发生倒伏的，应当人工扶起并培土固牢。

(7) 及时追肥。在玉米吐丝期，每亩用 NH_4NO_3 10kg 开沟追施，或者用 0.2%～0.3% KH_2PO_4 溶液叶面喷施。

(8) 人工授粉。对处于抽雄授粉阶段的玉米，遇长期阴雨天气，应采取人工授粉方法促进玉米授粉。

(9) 化学调控。有针对性地喷施玉米健壮素、玉黄金、金得乐等玉米化学调控剂。

3.3.5　冷害对玉米的危害有哪些？如何预防冷害

冷害是指在作物生长季节 0℃以上低温对作物的损害，又称低温冷害。冷害使作物生理活动受到阻碍，严重时某些组织遭到破坏，但由于冷害是在 0℃以上，有时甚至是在接近 20℃的条件下发生的，因此作物受害后外观无明显变化。

1. 冷害对玉米的危害

(1) 春季低温，主要通过延迟出苗的方式作用于玉米，可导致大田的出苗率明显降低。

(2) 夏季低温，持续时间较长，使抽穗期推迟，早霜到来时籽粒不能正常成熟，造成减产。如早霜提前到来，则减产更为严重。

(3) 秋季降温早，籽粒灌浆期缩短。有时玉米生育前期温度不低，但秋季降温强度大、速度快、初霜到来早，使灌浆突然终止，籽粒不能正常成熟而减产。

2. 预防玉米冷害的措施

(1) 选用早熟品种。一般原则是品种生育期长度不应超过当地多年平均无霜期的天数，使各品种所需的积温与气候相协调。

(2) 选用耐寒品种。玉米品种间的耐低温性差异很大，因地制宜选用耐低温品种，利于减灾增产。

(3) 种子处理。用浓度为 0.02%～0.05% 的 $CuSO_4$、氯化锌（$ZnCl_2$）、$(NH_4)_2MoO_4$ 等溶

液浸种，可提高玉米种子在低温下的发芽率，并使玉米提前 7d 成熟，减轻成熟期冷害。

（4）适时早播。按照当地气候特点科学地确定播种期，适当早播。

（5）苗期施磷肥，对于缓解玉米低温冷害有一定的效果。因为苗期施磷肥不仅可以保证玉米苗期对磷肥的需要，而且可以提高玉米根系的活性，是玉米抗低温的最有效措施。

（6）催芽坐水。催芽坐水种可提早出苗 6d，早成熟 5d，增产 10%。具体做法是将合格的种子在 45℃的温水中浸泡 6~12h，然后捞出放在 25~30℃条件下催芽。

（7）地膜覆盖。地膜覆盖在玉米上的应用，可以有效增加地温，提早成熟 7~15d，生育期延长 10~15d，可以抗旱、保墒、保苗，提高土壤含水量 3.6%~9.4%，还可促进微生物活动。

（8）育苗移栽。育苗移栽一般可增加积温 250~300℃，比直播增产 20%~30%。

3.3.6　高温对玉米有哪些危害？如何预防高温对玉米的危害

玉米在系统进化中形成了喜温特性，但异常高温形成的热胁迫也会造成其生长发育不良、减产和品质降低。玉米热害指标：苗期 36℃、生殖期 32℃、成熟期 28℃。

1. 高温对玉米的危害

（1）对光合作用的影响。高温使玉米的光合作用减弱，干物质积累下降。

（2）缩短生育期。高温迫使玉米生育进程中各种生理生化反应加速，各生育阶段缩短，干物质积累量减少，千粒重、容重、产量和品质降低。

（3）对雄穗和雌穗的伤害。在孕穗和散粉过程中，高温对雌穗和雄穗都可能产生伤害。雄花分枝变少，花粉活力降低或不散粉。

（4）高温易引发病害。在玉米各生育阶段，高温使植株抗病力降低，易受病菌浸染，发生纹枯病、青枯病。

（5）高温影响产量和品质。高温导致产量降低，品质下降。

2. 预防高温危害的措施

（1）选用耐热品种。不同玉米品种的耐热性存在显著差异，应选用耐热耐旱的杂交种。

（2）调节播期。使不耐高温的玉米品种在开花授粉期避开高温天气，从而避免受害或减轻受害程度。

（3）人工辅助授粉，提高结实率。在玉米高温干旱期间，玉米的自然散粉、授粉和授精结实能力均有所下降，建议采用人工辅助授粉，提高结实率。

（4）采用宽窄行种植。在高密度条件下，采用宽窄行种植有利于改善田间通风透光条件、培育健壮植株，增加对高温危害的抵御能力。

（5）科学施肥。在肥料的施用上，增加有机肥使用量是重要措施。高温时期可采用叶面喷肥，既有利于降温增湿，又能补充玉米生长发育所需的水分及营养。

（6）适期喷灌水。高温常伴随着干旱发生，高温期间提前喷灌水，可直接降温。

3.3.7　寡照对玉米的危害有哪些？减轻玉米寡照危害的措施有哪些

寡照危害是指连阴日数多，光照不足对作物的危害。光是光合作用的条件之一，直接影响农作物的光合作用效率，主要通过光照强度、光质和光照时间影响植物。自然条件下，达到一定的光强，植物才能进行正常的光合作用产生养分。因此，日照时数可以影响局部气候和植物生长环境及产量。一般太阳辐射量能决定一个地区的生产潜力和产量高低，日照时数多的地区作物产量较高。玉米是喜光作物，光饱和点高，全生育期都需要充足的光照。但玉米在生长发育过程中长期遭遇连续阴雨低温或伏天高温、光照不足的天气，将限制其光合生产能力，造成营养生长不良，授粉受阻，灌浆缓慢。不同时期遮光试验表明，以抽雄到吐丝期，遮光减产最为严重，看上去玉米青枝绿叶，但产量却很低。

1. 寡照对玉米的危害

(1)影响玉米生长发育及形态建成。

(2)影响玉米的光合作用。

(3)影响玉米的产量。

(4)影响玉米的品质。

(5)光胁迫加重病虫害的发生。阴雨寡照使得田间温度低、湿度大，玉米生长弱，抗逆性降低，适宜多种病害发生和蔓延，如玉米丝黑穗病、大斑病、小斑病、茎腐病等。

2. 减轻寡照危害的措施

(1)选用良种，合理密植。玉米高产必须增源扩库，即应适当提高叶面积指数，增加种植密度，扩大群体库容，但寡照地区光照强度不足，群体过大造成郁闭反而影响产量。实行东西行向种植，能改善作物受光条件，可以减轻行间植株互相遮阴。根据当地情况选择抗病性强、适应性广、稳产高产的优良品种，确定适宜的种植密度。一般矮秆、叶片上冲、雄穗较小、叶片功能期长的品种具有较好的耐阴性。

(2)科学管理，构建高产群体。根据当地气候特点安排玉米播期，使关键生育期避开阴雨天气。可使用宽窄行种植，改善群体内部光照条件，合理施肥；还可采取玉米与矮秆作物间套作的种植方式。

(3)及时中耕、施肥。寡照常伴随低温或阴雨，易造成土壤板结，养分流失，及时中耕及施肥，可改善土壤条件，加快作物生长发育。

(4)喷施玉米生长调节剂。寡照玉米茎秆脆弱，易发生倒伏，在玉米 6～12 叶期间喷施抗倒、防衰的生长调节剂，可起到促秆、状根、抗倒的作用。

(5)人工辅助授粉。及时进行人工辅助授粉，可有效减少秃尖和缺粒。

(6)综合防治病害。寡照天气玉米大斑病、小斑病、锈病、穗腐病危害较重，应及时防治。

3.3.8　如何防止玉米倒伏

玉米倒伏是指玉米茎秆节间折断或倾斜。轻度倒伏可造成玉米减产 5%~10%，重度倒伏可造成玉米减产 30%~50%，倒伏严重的近乎绝产。玉米倒伏分为茎倒、根倒、茎折几种方式。倒伏会打乱叶的分布，部分或相当多的叶片因被压迫被盖，得不到足够的光照，影响产量。发生根倒伏时，部分根被拉断，影响更大。在生育后期湿度大的情况下，被压在下面的果穗会出现穗发芽现象，同时果穗发生霉烂造成减产。

预防倒伏的措施包括：选用茎秆强壮的耐水肥、节间较短的矮秆品种，确定适当的种植密度，实行科学的肥、水管理，培育壮苗和及时防治病虫害等。必要时，可使用植物生长调节剂，以调控节间长度与株高、株型等。

倒伏发生以后，土壤湿度大时应注意排水。如倒伏发生较早，对高秆作物应尽快将其扶起，加强管理；对密植作物则主要靠茎节生长素的作用，促使倒伏的茎秆在一定节位行背地性生长，以恢复直立状态。对生育后期的倒伏，因减产较轻，田间作业又易伤折植株，一般不再采取管理措施。

3.3.9　玉米穗萌是什么原因引起的，怎样防止

玉米穗萌是指玉米在成熟后遇阴雨天气或在潮湿条件下，种子在果穗上就发芽的现象。

(1)发生原因。休眠期短的玉米品种，水分渗入苞叶，持续时间较长，易出现穗萌。收获后阴雨天气不能及时晾晒，没有及时翻动，也容易发生穗萌。有研究表明，种子中的赤霉酸/脱落酸比率变化是造成穗萌的重要原因。

(2)防止措施。选用休眠期长和生育期适宜的品种。建造合理的群体、控制氮肥施用量、进行科学灌水、防止倒伏、降低穗部水分。对休眠期短的品种及时收获、及时晾晒，降低温度，减轻危害，也可进行人工干燥种子。采用药剂防治，多效唑具有延缓生长的作用，适当施用可预防穗萌。采取晚收、站杆扒皮等降低收获期玉米籽粒水分的措施。

3.3.10　玉米缺粒的原因及防治措施有哪些

玉米缺粒表现为多种形式，一是果穗一侧自基部到顶部整行没有籽粒，穗形多向缺粒一侧弯曲；二是整个果穗结很少籽粒，在果穗上呈散乱分布；三是果穗顶部籽粒细小，呈白色或黄白色，称为秃尖，严重的秃尖可占整个果穗的一半以上。秃尖是玉米缺粒的主要形式，其发生的原因主要与品种、土壤、营养与肥水、气候、栽培管理、病虫害发生的严重程度密切相关。

1. 玉米秃尖缺粒的原因

(1)品种。由于不同品种对外界环境的适应能力及对不良环境的抵抗能力不同，当不良的外界环境条件超过了品种的适应范围，就易发生秃尖缺粒。

(2)土壤。沙性土壤盐分较高、低洼易涝、耕作层过浅、蓄水保肥能力差、瘠薄的土壤，秃尖缺粒发生较重。

(3)营养与肥水。施肥时，氮磷钾配合不当，不施或少施有机肥和微肥，尤其是土壤中磷肥、硼肥不足；或玉米生育中后期，水分供应不足，尤其是玉米开花灌浆期缺水脱肥，影响有机质的制造与运转，使玉米吐丝较晚，田间花粉减少，花粉、花丝寿命缩短，致使玉米秃尖缺粒。

(4)气候。玉米生育中期连续干旱，造成多次卷叶，或开花时遇高温干燥天气，土壤水分供应不足，影响了玉米雌雄穗的发育；或玉米散粉时阴雨连绵，影响了正常的开花授粉；或授粉时天气无风授粉不良，都可造成秃尖缺粒。

(5)栽培管理。管理粗放，或种植密度过大，致使田间通风透光不良，光照不足，植株光合作用减弱，有机质合成减少，影响了玉米雌雄穗的发育，造成秃尖缺粒。

(6)病虫害的发生程度。玉米各种叶斑病和玉米苗枯病、纹枯病、茎基腐病的发生，都可影响玉米正常的生长发育，致使玉米生长不良，尤其是玉米蚜虫在玉米抽雄时开始大量发生，致使玉米不能正常开花授粉，造成秃尖缺粒。

2. 预防秃尖缺粒的主要对策

(1)选用优良品种。根据当地的气候特点及栽培条件，选择和种植抗病、抗虫性强、耐旱、耐涝、耐高温的稳产型品种(如郑单958等)。

(2)改良土壤，增强土壤保水保肥能力。提倡使用酵素菌沤制的堆肥和深耕、中耕技术，以改善土壤结构状况，促进玉米生长发育，增强其对外界不良环境的抵抗能力。

(3)合理施肥用水。要增施有机肥，合理配合施用氮、磷、钾，尤其是防止田间缺少磷肥与硼肥；在水分供应上，要防止旱害和涝害，玉米拔节后生殖器官发育旺盛，水分供应要适时、适量，以促进雌雄穗的发育。

(4)加强栽培管理。一是要合理密植。根据品种、地力和栽培方式，因地制宜地确定密度，以创造良好的通风透光条件，满足中上部叶片对光的要求，促进雌雄穗的发育。二是要加强中耕除草、培土技术，尤其是拔节后培土，可增强土壤的透气性，促进玉米根系发育。三是采用大小垄种植技术，以改善田间的通风透光条件。四是当遇到不良的气候条件，而影响正常授粉时，要采用人工辅助授粉技术。

(5)加强病虫害防治力度。

3.3.11　玉米花期不遇的原因及措施

玉米同株异花，植株顶端的雄穗抽出后2～5d开始由上向下逐步开花散粉，散粉历时3～4d，晴天一般在7～11时散粉，其中9～10时开花散粉最多。正常情况下，雄花散粉的同时，雌穗吐丝，花粉由风传播落到雌穗花丝(柱头)上，完成授粉受精过程。

玉米单株雌穗抽丝期与同株雄穗散粉期不一致，或者制种田的两个亲本雌雄花期不相遇，称为玉米花期不协调或玉米花期不遇，会影响授粉和结实。出现玉米单株雌雄穗花期不遇现象，有的是由品种固有特性决定的，即使在正常条件下玉米单株也表现花期不遇，大面积生产上一般没有这种品种；有的是一些品种(包括玉米自交系和大面积生产上广泛应用的杂交种)对干旱等不良环境条件反应敏感，在环境条件适宜时雌雄花期相遇，受精结实正常；遇严重干旱或出现连续高温天气时，雄穗提早抽出，雄花提早散粉，或者雌穗花丝抽出时间延迟，造成供粉失时，授粉不良或局部授粉，出现空穗或部分结实现象，结实率大幅下降，产量减少。

大田生产防止玉米雌雄花期不遇的措施如下。

(1)选用雌雄穗发育协调好，对环境反应不敏感的玉米品种。

(2)按照品种特性进行栽培管理，防止干旱、涝淹及脱肥，确保生长正常，雌雄穗发育协调。

(3)去雄、减苞叶或减花丝。如果雄穗早出，要将果穗苞叶减掉1cm左右，以促进雌雄穗发育，提前吐丝，使花期相遇。如吐丝偏早，雄穗还未散粉，可减短果穗花丝，增加结实率。

(4)人工辅助授粉，提高结实率。

3.3.12 如何防治玉米贪青晚熟

在玉米生产中，如果选择晚熟的品种，遇到低温年份，春季出苗过晚，或者在生长发育过程中受到冰雹、干旱和病虫害的危害都会造成玉米贪青晚熟。一旦出现贪青晚熟会使玉米百粒重下降，严重影响玉米产量和品质。在生产中一旦发生这种现象，应及早采取措施，提早预防。

(1)喷施植物生长调节剂。在玉米营养生长期，可以选择一些促早熟的调节剂，叶面喷施2、3次。

(2)去小穗。玉米雌穗有几个，但一般只有一个能成穗。把最早吐丝授粉的留下，其余的去掉。注意不能损伤叶鞘和叶片。

(3)及时防治病虫害。玉米螟、玉米蚜虫、各种斑病都会影响玉米的生长发育与成熟，必须及时防治。

(4)打底叶。在玉米生长后期将下部叶片去掉，增加通风能力，有利于成熟。

(5)站秆扒叶晾晒。在玉米的蜡熟期，将玉米的包叶扒开有利于降低水分，改善玉米的色泽和品质。

3.3.13 玉米死苗、弱苗和断垄的原因有哪些?

玉米正常幼苗的构造要有完整的根系、中胚轴、芽鞘、初生叶。只有这四个部分构造没有任何缺陷才算正常幼苗。造成玉米缺苗断垄的原因如下。

(1)整地质量差。有的地方不进行秋深耕，翌年春耕又偏晚，土壤熟化时间短，而且春季气温回升快，风多风大跑墒严重，影响播种出苗。若是旱地种植，不进行耙耱，土壤坷垃多、坷垃大，地面高低不平，增加了透风跑墒程度，影响出苗。

(2)播种偏早。提倡适当早播，是为了一早赶三前：就是通过适时抢墒播种早，赶在春旱之前(充分利用返浆水);追肥早在伏旱之前(使玉米需肥水高效期与七、八月雨热期同期高峰相吻合);玉米成熟在霜冻之前(充分利用有效积温,促进玉米早熟增产)。但现在有些地方播种太早,后受地温、气温、土壤含水量等因素的影响,出现粉籽烂种现象或种子发芽慢,出弱苗,且幼苗染病率增加,常造成缺苗断垄。

(3)播种量小。随着单粒播种的推广,亩用种量相对减少,但干旱、机械下种孔堵塞、地温低、整地质量差等原因,都会影响出苗情况,这样除去没出苗的、烂掉的、弱苗病苗,常出现缺苗断垄。

(4)种子质量差。随着机械化作业程度的不断提高,精量播种的面积越来越大,这就要求种子质量特别是种子发芽率必须很高。在播种前没有精选种子,净度不高,没有剔除秕粒、病虫粒。另外,没有按种子大小分级,而按种子级数播种,也会出现缺苗断垄现象。

(5)墒不足不匀。土壤墒情不足或不匀,是造成缺苗断垄或出苗早晚不一的重要原因之一。一般耕层土壤湿度达到田间持水量的60%~70%时是适宜的播种墒情。

(6)不当的播种方法。不当的播种方法能使土壤水分散失,播种太深、覆土太厚或太浅、播种深浅不一等都会造成缺苗断垄,更有漏播现象。

(7)播种深度不适。只有播种深度适宜、深浅一致,才能保证苗齐、苗全、苗匀。播种过深,出苗时间长,消耗养分多,出苗后瘦弱,尤其是芽鞘短品种,幼苗不能出土,常圈在地表之下。播种过浅,容易吹干表土,不能出全苗。适宜的播种深度,应根据土质、墒情和籽粒大小而定,一般以5~6cm为宜。如果土质黏重,墒情较好,可适当浅些;若土壤质地疏松,易干燥的砂土地,可适当深些,但一般不超过10cm。

(8)播后不镇压。由于整地质量差或硬茬播种,常出现覆土厚度不均匀、不一致,播后不进行镇压,使种子与土壤接触不良,影响种子吸收水分从而导致缺苗断垄。

(9)施肥不当。底肥施用量过大,或化肥距离种子太近,出现化肥烧籽或烧苗,造成缺苗断垄。

(10)施用除草剂不当。① 不依说明施用,或浓度太高,用量过大,产生药害;或喷施时间不对;或前茬施用对玉米有害的除草剂造成残留影响;或制种田旁边喷施对玉米有害的除草剂形成雾滴飘移影响。② 雨前施药,大雨将药液冲刷,造成地势高的地方流失,地势低的地方聚集,产生药害。③ 施药间隔期短,同一块制种田使用两种药剂时,间隔时间短也会产生药害。④ 喷施过别的作物除草剂后没有及时清洗药械,发生药剂连锁反应影响出苗。⑤ 废旧的除草剂瓶、袋没有妥善销毁,随手扔于水沟、池塘内,导致使用塘水后造成药害。

(11)土壤板结。盐碱地雨后或灌溉后常出现板结,若不能即时去除板结常会影响出苗。

3.3.14 玉米多穗现象的形成及原因? 玉米多穗的防治措施

玉米多穗有手指穗、单杆多穗、多杆多穗几种形态。手指穗是在玉米植株中部的同一茎节(叶)处同时长出多个小穗,形似手指状,基本不结籽,人们常常称之为"手指穗",也有人称之为"香蕉穗"。单杆多穗是在玉米植株中部的3个以上不同茎节(叶)处分别长出1、2个小穗,致使玉米单株上结有多个无效果穗。多杆多穗是在同一玉米植株茎节上分蘖出另外的植株，这些分蘖植株的茎节(叶)处分别长出多个无效果穗。

1. 玉米多穗的形成原因

(1)大肥、大水。玉米从出苗一直到雌穗分化，雨量分布均匀，加上底肥又非常充足，过多的营养物质诱使玉米茎节上的多个腋芽萌动发育，形成多穗。但是玉米的叶片有限，光合作用不可能供几个穗生长，最后一般只能形成一个大穗，个别会再形成一个小穗。玉米出现多穗会消耗大量的养分，造成后期脱肥。

(2)遗传特性。一些品种容易受外界环境条件的影响，产生多穗。根据有关报道，杂交种玉米比常规玉米更易产生多穗。

(3)恶劣气候。容易导致多穗的恶劣气候主要是严重干旱和低温寡照。玉米原产热带，属短光照作物，如果在雌雄穗分化阶段严重干旱，会造成果穗主轴停止发育，从而使果穗柄(短缩的茎秆)上的潜伏芽萌动发育形成 "手指穗"。当"手指穗"抽丝时，雄穗则到了散粉末期，此时基本无花粉供应从而结实很差。气温过低，阴雨连绵，光照不足，会导致玉米植株有机营养不足，雌穗花丝吐丝不畅或雄穗不能正常开花散粉，影响授粉、受精，导致第一果穗不能正常成穗，因此，多余营养供给下一个果穗发育，若第二个果穗仍然不能正常授粉，营养又供给再下一个果穗发育，即使后期果穗正常发育，田间已无花粉可授。因此，都不能结实而形成多穗现象。

(4)病虫危害。玉米如果受到粗缩病危害，病毒产生的激动素会打破植株体内的激素平衡，导致第一雌穗的穗位优势丧失，促进其他腋芽萌发，形成很多小穗。发病越早的植株，多穗现象越明显。另外，玉米螟、蚜虫及玉米叶斑病等危害，也会影响玉米果穗的正常形成，造成多穗现象。

(5)栽培管理不当。玉米雌穗发育阶段肥水供给太足，促使多个雌穗花序发育形成多穗。种植密度过大，造成田间郁闭，授粉不良，果穗不能正常发育，促使其他腋芽发育成熟，形成多穗。玉米多穗的防治措施：因地制宜，选用不易发生多穗的玉米良种。不同地区，不同地块，不同种植季节，光照、温度、水肥条件不同，品种不同，适宜种植区域也不同。

2. 玉米多穗的防治措施

(1)适时播种，科学栽培。根据玉米品种的特征特性、当地气候、种植季节、地块等确定合理的播种期(避开干旱、低温寡照等不利天气)、播种量(合理密植，保持植株间通风透光，提高光能利用率)以及是否盖膜等，使玉米各生育阶段所需的光照、温度、水肥指标得到满足。

(2)注重肥水管理。根据玉米的生长发育规律，掌握好施肥时间和施肥量，施足基肥，轻施苗肥，适施拔节肥，其中以复合肥做基肥，磷钾肥早施，氮肥分别在苗期、拔节期、攻穗期适当施用。抽雄开花期供应充足水分，防止干旱。及时中耕除草，保持土壤疏松。

(3)加强病虫害防治。及时防治玉米螟、蚜虫及玉米叶斑病、玉米粗缩病等病虫害，防止因病虫为害出现玉米多穗。

(4)及时去除无效穗。在吐丝期，发现多穗植株，应把多余的果穗及早掰掉，每株玉米只保留 1~2 个果穗，避免消耗养分，促进果穗正常生长，减少损失。

3.3.15 玉米果穗秃尖的原因

玉米果穗的顶部不结实称为秃尖或秃顶，可致玉米穗粒数减少，造成减产。玉米雌小花分化、吐丝及籽粒形成始于雌穗的中下部，以后则由此处向上或向下同时进行，最后在顶部结束。若有环境条件不适，顶部的小花或受精胚常因养分供应不足而发生败育。

秃尖发生原因通常有三种：一是顶部小花在分化过程中因干旱或肥料不足等退化为不育花。二是抽雄前遇到高温干旱天气，抽穗散粉提前或顶部花丝抽出过晚，失去受精时机，造成秃尖。三是栽植过密，肥料供不应求，或干旱，或遭受雹灾，或遇到连续阴雨天气，叶片光合作用减弱，致果穗顶部的受精胚得不到足够的养料，不能发育成籽粒。

防止玉米秃尖的措施如下。

(1)根据地块实情，选用适宜的品种。硬粒型品种秃尖发生轻，而马齿型则较重。

(2)提倡施用酵素菌沤制的堆肥，如活性有机粪肥，每亩施 250kg，沟施后盖土。采用配方施肥技术，加强开花前后的田间管理，提供充足的肥水条件，保证雌花分化时养分的供应。必要时喷洒惠满丰活性液肥或促丰宝、喷施宝、农一清液肥、川丰牌高效氨基酸液肥等。

(3)对抽丝偏晚的品种或植株采用人工辅助授粉。

(4)喷洒玉米壮丰灵，在高肥密植中晚熟高产玉米的雌穗小花分化期，即玉米抽雄穗之前 3~5d 或已有千分之几的雄穗刚要露出且尚未露出时，亩用玉米壮丰灵 27mL，兑清水 20kg 喷 1 次，可使株高、棒位降低，节间缩短，同时改善通风透光条件，防止倒伏，促进雌花发育，提高双棒率，避免秃尖现象。

(5)喷洒万家宝 500~600 倍液。

3.3.16 玉米的早衰现象及发生的原因？玉米早衰防治措施

玉米早衰指玉米在灌浆乳熟阶段，植株叶片枯萎黄化、果穗苞叶松散下垂、茎秆基部变软易折、百粒重降低造成的减产现象。农民称之为"返秆"，一般多发生在壤土、沙壤土和种植密度较大的田块。玉米发生早衰后，果穗下部叶片先由叶尖、叶缘开始黄化，逐渐向叶脉扩展。果穗下部叶片枯萎，上部叶片呈黄绿色，有时呈水渍状，全株叶片自下而上逐渐枯死。茎秆变软易折，根系枯萎，根毛量少。

1. 玉米早衰的原因

玉米早衰现象的产生主要是生理原因，由内因和外因两部分组成。所谓内因主要是作物体内养分失调、转移、病害等，外因主要是土壤、气候、虫害等。

(1)农田养分失调。合理的养分比例是玉米正常生长的主要因素之一，农田养分失调是导致玉米早衰的重要原因。可将其归纳为有机肥和无机肥施用比例的失调、养分中的碳氮比失调以及氮磷钾比例失调。

(2)耕作因素。不适当的早播、后期脱肥以及密度过大等都会对玉米群体内植株叶片的衰老产生影响，主要是对中下部叶片的衰老影响大。田间亏水条件下会产生脱叶，氮素供应不足时叶片寿命缩短。缺水和缺氮交互作用更会影响叶片的衰老。

(3)气候因素。遇有特殊气候时，会导致玉米不能正常生长，如遇高温，玉米会出现徒长，同时由于呼吸消耗量大于光合物质积累量，体内营养出现逆差，这是导致早衰的重要原因；反之遇低温、寡照光合作用率低，干物质形成减少，出现早衰，又因作物的生理本能，为保存自己的生命力，繁衍后代，将体内养分迅速向上转移，加速籽粒形成，由于养分迅速向上转移，下部维持正常生长的养分缺乏，导致根部迅速死亡，失去生理功能，这是导致早衰的又一重要原因。

(4)土壤因素。合理的土壤结构是玉米正常生长的基础条件之一，土壤物理性状好，有利于玉米生长，反之土壤板结，通透性不好，玉米就不能正常生长。现在的农田土壤，由于多年来翻耕次数减少或不翻，加之大量施用化学肥料，造成土壤极度板结，土壤养分在田间运行受阻，玉米不能很好吸收土壤养分，养分利用率低，出现投入产出比下降现象。又由于土壤板结，玉米根系呼吸受阻，特别是降雨渗透慢，造成土壤通透性不良，迫使玉米根系进行无氧呼吸，当土壤含水量过大、持续时间太长，造成玉米丧失无氧呼吸能力，出现根部早衰死亡，导致整个植株早衰。

(5)病虫害因素。病虫害是影响作物生长的直接因素，对玉米早衰也有一定的促进作用。玉米发生病害，如养分量减少，就会导致早衰；若玉米发生虫害，会破坏作物局部输导组织，叶片及茎秆局部正常生长受阻，细胞坏死。特别是茎腐病严重地影响作物对养分的吸收，不能进行光合作用，减少作物体内养分合成，由于输导受阻，造成局部营养缺乏，导致早衰。

2. 防治玉米早衰的技术措施

(1)使用抗早衰品种，合理密植。由于遗传因素的影响，不同品种间叶片的数量以及抗性有一定差异。选用综合抗性好的品种可减少早衰的发生。确定适宜密度，改善光照条件、改善水分及营养，有利于减轻早衰危害。

(2)科学合理施肥。通过培肥地力和科学合理施肥，尤其是保证生育后期用肥，保证植株有充足的营养，促使植株生长发育健壮，可以防止叶片早衰，增强光合作用。

(3)适时灌溉及时排涝。及时灌溉及排水，使根系处于良好生长环境，有利于植株茎叶生长发育和保证旺盛的光合作用，有利于防止早衰。

(4)隔行去雄，去掉空秆株。去雄可以减少雄穗对养分的消耗，满足植株生长发育对养分的需求，还可以改善生育后期田间通风透光条件，有利于籽粒的形成。为防止不必要的养分消耗，使主穗正常生长发育，应人工及时侧向掰除无效穗。

(5)及时防治病虫害。

3.3.17　玉米发生药害后的补救措施有哪些

(1)防止发生残留药害的最有效方法就是不在前茬使用过咪唑乙烟酸、氯磺隆、甲磺隆和过量使用氟磺胺草醚、异恶草松的地块种植玉米。

(2)防止当年使用除草剂药害主要应谨慎选择、正确使用嗪草酮、2,4-D 丁酯、烟嘧磺隆等除草剂。①嗪草酮类、2,4-D 类在有机质含量低于 29%的砂质土壤和春季低温、多雨年份不要用于玉米播后苗前土壤处理。②2,4-D 丁酯尽量不要在玉米苗后使用,特别是玉米自交系、单交玉米品种、甜玉米、爆裂玉米和普通杂交玉米品种苗后 5 叶期以后应禁止使用 2,4-D 丁酯。③烟嘧磺隆不能用于对烟嘧磺隆敏感的品种,多数黏玉米、甜玉米、爆裂玉米对烟嘧磺隆敏感,少数玉米杂交种也比较敏感,不同玉米品种对烟嘧磺隆的安全性顺序为马齿型玉米>硬粒型玉米>爆裂玉米>甜玉米。应特别注意烟嘧磺隆在以下情况容易出现药害:在玉米 5 叶期以后施药,有可能出现药害;用药量过大或重复施药易造成药害;使用过有机磷(敌敌畏、氧乐果、辛硫磷等)杀虫剂的玉米对烟嘧磺隆敏感,两类药剂使用要间隔 7d 以上,以避免产生药害。

田间施药一周内要加强田间检查,一旦发现药害,应根据不同药物采取不同措施。一要及时浇水、喷淋,并适当追施速效性肥料,也可叶面喷施 0.2% KH_2PO_4 或其他植物生长促进剂,增加植株抗性,缓解药害;二要加强中耕,增强土壤的通透性,促进根系的活动及对水肥的吸收能力,加快植株恢复生长。

3.4 玉米病害防治措施

3.4.1 玉米缺氮症状及防治措施

玉米缺氮时,幼苗瘦弱,叶片呈黄绿色,植株矮小。氮是可移动元素,所以叶片发黄是从植株下部的老叶片开始,首先叶尖发黄,逐渐沿中脉扩展呈楔形,叶片中部较边缘部分先褪绿变黄,叶脉略带红色。当整个叶片都褪绿变黄后,叶鞘将变成红色,不久整个叶片变成黄褐色而枯死。中度缺氮情况下,植株中部叶片呈淡绿色,上部细嫩叶片仍呈绿色。如果玉米生长后期仍不能吸收到足够的氮,其抽穗期将延迟,雌穗不能正常发育,导致严重减产。

玉米缺氮的原因主要有:①土壤肥力降低,土壤自身供给作物氮素的能力下降。②土壤保肥能力降低,施入的氮素容易流失。玉米喜欢吸收硝态氮,氨可被土壤胶体吸附,但硝酸不能被吸附,而溶于土壤溶液中。因此,硝态氮肥易随雨水、灌溉水流失。③施肥管理不科学。氮肥的施用量少、肥料品种选用不合理、肥料品质差、施肥时期及施肥方式不合理等都会引起玉米缺氮。④田间管理不科学。种植密度过大杂草、病虫害等因素严重影响玉米生长发育,从而间接影响其对氮素的吸收利用。⑤微生物争夺土壤中的氮素。近年来随着施肥量的增多,缺氮现象已经减少。然而,联合收割机和省力栽培方式的采用,导致生秸秆、未熟树皮堆肥以及锯屑、牛粪等大量投入农田。将未熟有机物施于土壤中,会给土壤微生物提供丰富的碳源,促使微生物繁殖旺盛,从而夺走土壤中的无机态氮。

玉米缺氮的防治措施如下。

(1)培肥地力,提高土壤供氮能力。对于新开垦的、熟化程度低的、有机质贫乏的土壤及质地较轻的土壤,要增加有机肥料的投入,培肥地力,以提高土壤的保氮和供氮能力,防止缺氮症的发生。

(2)在大量施用碳氮比高的有机肥料(如秸秆)时,应注意配施速效氮肥。

(3)在翻耕整地时,配施一定量的速效氮肥作基肥。

(4)对地力不均引起的缺氮症,要及时追施速效氮肥。

(5)必要时喷施叶面肥(0.2%尿素)。

3.4.2 玉米缺磷症状及防治措施

磷对作物的细胞分裂和开花结实有重要作用,能提高作物的抗逆性(抗病、抗寒、抗旱),促进根系发育,特别是促进侧根和细根的生长;加速花芽分化,对提早开花和成熟有重要作用。磷还参与作物的能量转化、光合作用、糖分和淀粉的分解、养分转运及性状遗传等重要生理活动。

玉米嫩株对缺磷敏感,表现为植株矮化,叶尖、叶缘失绿呈紫红色,后叶端枯死或变成暗紫褐色。呈紫色是因玉米植株体内糖代谢受阻,叶中积累糖分较多,促进花色素苷的形成,使植株带紫色。苗期缺磷,茎和叶片呈暗绿带紫红色,从下部叶片开始,先是叶尖干枯,沿叶缘向基部蔓延,进而呈暗褐色,以后逐渐向幼嫩叶片发展。根系发育不良,茎部衰弱,细长。孕穗至开花期缺磷,糖代谢与蛋白质合成受阻,雌穗减少,分化发育不良,花丝延迟抽出,授粉受阻,使受精不良,籽粒不充实,甚至空穗。果穗卷曲,穗顶缢缩,会出现秃尖、缺粒与粒行不整齐现象。

玉米叶片含磷量低于 0.2%为缺乏,低于 0.15%为严重缺乏。7 叶期地上部磷含量 100~120μg/g 为供应正常,60~100μg/g 为极缺。东北春玉米播种过早,若遇低温、土壤湿度小易诱发缺磷,形成大量花色素,使植株带紫色。酸性和石灰性土壤的磷易被固定,影响玉米对磷的吸收。红壤、黄壤易缺有效磷。当土壤中的磷满足不了玉米的生长需要时,根系生长发育受阻,叶片由暗绿逐渐变红或紫色。田间积水使土壤湿度大,影响了根系的呼吸,根系的生长也会受阻,导致植株营养不良而发红、发紫。

玉米缺磷的防治方法如下。

(1)应根据植株分析和土壤化验结果及缺素症表现进行正确诊断。

(2)提倡基施腐熟有机肥和磷肥,采用配方施肥技术,对玉米按量补施所缺肥素。

(3)发现缺磷,早期可以开沟追施$(NH_4)_2HPO_4$ 20kg/亩,后期叶面喷施 0.2%~0.5%的 KH_2PO_4 溶液,或喷施 1%的 $Ca(H_2PO_4)_2$ 溶液。

3.4.3 玉米缺钾症状及防治措施

钾元素是植物生长所需的三大大量元素之一。玉米缺钾时,初期表现为玉米植株下部叶片边缘开始变褐色,逐渐向叶子中脉移动,然后向植株上部发展。玉米缺钾时,根系发育不良,植株生长缓慢。缺钾的植株,下部老叶叶尖黄化,叶缘似火烧焦枯,并逐渐向整个叶片的脉间区扩展,沿叶脉产生棕色条纹,并逐渐干枯呈灼烧状坏死,单上部叶片仍保持绿色，严重时黄化现象可从下部老叶逐渐向上发展。缺钾玉米植株瘦弱，易感病、易倒伏，产量降低。

造成玉米缺钾的原因很多，首先是土壤可吸收利用的有效钾匮乏。其次，土壤长期积水，土壤含水量高，有效钾含量低；施用有机肥少，秸秆不还田等，水渍、过湿诱发缺钾。再次，元素之间的拮抗作用。大量偏施氮肥或土壤中钙和镁含量超标等会影响玉米对钾的吸收利用。

因植物茎秆和农家肥中含钾量均较高，可以实行秸秆还田或大量施入农家肥，否则就应增施钾肥。发现玉米出现缺钾症状时，可每亩追施 KCl 或硫酸钾(K_2SO_4)8～10kg，生长后期可用 KH_2PO_4 或 K_2SO_4 溶液进行叶面喷施。

3.4.4　玉米缺钙症状及防治措施

钙以果胶钙的形式参与细胞壁的组成。缺钙，细胞壁不能形成，影响细胞分裂，妨碍新细胞形成，影响根尖、茎尖分生组织的成长，种子萌发及种子和根系的发育，导致吸收力降低。钙可同植物细胞中的有机酸结合形成难溶性的钙盐，如草酸钙、柠檬酸钙等，而沉淀下来，是不能再利用的元素。因此，缺钙症状常表现在新生组织上。

玉米缺钙初期，植株呈轻微黄绿色，生长矮小，幼苗叶片不能抽出或不展开，玉米的生长点和幼根即停止生长，玉米新叶叶缘出现白色斑纹和锯齿状不规则横向开裂。新叶分泌透明胶质，相邻幼叶的叶尖相互粘连在一起，使得新叶抽出困难，不能正常伸展。卷筒状下弯呈"牛尾状"，严重时老叶尖端也出现棕色焦枯。发病植株的根系幼根畸形，根尖坏死，和正常植物的根系相比根系量小，新根极少，老根发褐，整个根系明显变小。缺钙能引起植物细胞黏质化。首先是根尖和根毛细胞黏质化，致使细胞分裂能力减弱和细胞伸长生长变慢，生长点呈黑胶黏状。叶尖产生胶质，致使叶片扭曲黏在一起，而后茎基部膨大并有产生侧枝的趋势。

植物含钙量为 0.2%～1%，石灰性土壤一般不会缺钙，缺钙是因为土壤酸度过低或矿质土壤，pH5.5 以下，土壤有机质在 48mg/kg 以下或钾、镁含量过高易发生缺钙。中国华南地区红壤和砖红壤都明显缺钙，一般含钙量仅 0.02%。缺钙土壤施用石灰，除可使植物和土壤获得钙的补充外，还可降低土壤 pH，从而减轻或消除酸性土壤中大量铁离子、铝离子、锰离子等对土壤性质和植物生理的危害。石灰还能促进有机质的分解。

玉米缺钙的防治方法如下。

(1)应根据植株分析和土壤化验结果及缺素症表现进行正确诊断。

(2)施用腐熟有机肥。采用配方施肥技术，对玉米按量补施所缺肥素。

(3)在缺素症发生初期，在叶面上对症喷施叶肥。用惠满丰多元素复合有机活性液肥 210～240mL，兑水稀释 300～400 倍，或促丰宝活性液肥 E 型 600～800 倍液、多功能高效液肥万家宝 500～600 倍液。

(4)玉米发生生理性缺钙症状可喷施 0.5% 氯化钙($CaCl_2$)水溶液。强酸性低盐土壤，可每亩施石灰(草木灰)50～70kg，用作基肥，可与绿肥作物同时翻耕入土，忌与铵态氮肥或腐熟的有机肥混合施入。

3.4.5　玉米缺镁症状及防治措施

玉米缺镁表现为下位叶(老叶)先是叶尖前端脉间失绿,并逐渐向叶基部扩展,叶脉仍绿,呈现黄绿相间的条纹,有时局部也会出现念珠状绿斑,叶尖及其前端叶缘呈现紫红色,严重时叶尖干枯,脉间失绿部分出现褐色斑点或条斑。

玉米缺镁生长后期不同层次的叶片呈不同的叶色,上层叶片绿中带黄,中层叶片黄绿相间条纹明显,下层老叶叶脉间残绿前端两边缘紫红。容易与缺铁初期误诊,它们的最大区别在于出现症状叶的部位,缺铁初期症状发生于上部新叶,而缺镁主要发生于老叶,穗位附近叶相对比其他叶位症状严重。

玉米缺镁防治措施如下。

(1)改善土壤环境,增施有机肥,对酸性较大的土壤,增施含镁石灰,如施用白云粉提高土壤供镁能力。

(2)采用土壤诊断施肥技术,平衡施肥。

(3)选择适当的镁肥种类,酸性土壤宜选用碳酸镁或氧化镁,中性与碱性的土壤宜选用硫酸镁。

(4)确认玉米缺镁后,用 $1\%\sim2\%$ 的硫酸镁($MgSO_4$)溶液叶面喷施 2、3 次,每次相隔 $7\sim10d$,可以较好地矫正镁营养。

3.4.6　玉米缺硫症状及防治措施

玉米缺硫时,植株矮小瘦弱,茎细而僵直,幼叶失绿发黄。苗期缺硫时,新叶先黄化,随后下部叶片和茎秆常带红色。玉米缺硫的症状与缺氮相似,但缺硫首先是嫩叶上表现症状,新叶呈淡绿色或黄绿色,新叶失绿重于老叶,叶质变薄。缺硫玉米籽粒成熟延迟。玉米缺硫与缺氮有相似的症状,即叶片发黄、矮小、瘦弱、穗小,顶部籽粒不充实,蛋白质含量低;但先发生于新叶的为缺硫,先发生于老叶的为缺氮。玉米缺硫与缺铁也比较容易混淆,缺铁新叶出现黄白化或黄绿相间的条纹,缺硫时新叶出现均一的黄化,叶尖特别是叶基部有时保持浅绿,老叶基部发红。

缺硫症多发生在有机质少、质地轻、交换量低的砂质土壤;温暖多雨、风化程度高、淋溶作用强、含硫量低的土壤;南方丘陵山区、半山区的冷浸田,长期不施有机肥和含硫化肥的土壤以及远离城镇和工矿区降水中含硫少的偏远地区;施肥单一,如长期不施或少施含硫肥料、有机肥料,如 $Ca(H_2PO_4)_2$、$(NH_4)_2SO_4$、K_2SO_4、石膏等。种植敏感作物,如十字花科、豆科作物及烟草、棉花等容易或较易发生缺硫,禾本科作物一般不敏感,但水稻也能发生。

玉米缺硫防治措施如下。

(1)施用氮磷钾化肥时,有选择地施用 $(NH_4)_2SO_4$、K_2SO_4 等含硫化肥,可以有效预防玉米出现缺硫症状。

(2)遇到缺硫、缺氮不易确诊时,则可直接施用硫酸铵。

(3)若是有机质少、质地轻、交换量低的沙质土壤可以增施有机肥，提高土壤供硫能力。

(4)玉米生长期出现缺硫症状，可叶面喷施0.5%的硫酸盐水溶液。

3.4.7　玉米缺铁症状及防治措施

玉米对铁的需求量很少，一般不会出现缺铁现象。玉米缺铁时，上部嫩叶失绿、黄化呈条纹状，接着向中、下部发展，叶片呈现黄绿相间条纹，严重时叶脉黄化，全叶变白。

当土壤有效铁含量低或土壤pH较高，呈弱碱性到碱性时，易发生缺铁症状。酸性土壤使用过量石灰，或锰的供给过多，也能引起缺铁失绿症。土壤有效磷含量较高或施用磷肥过多的土壤，由于拮抗作用使铁失去生理活性时易发生缺铁症。此外，长期不施有机肥料的土壤、有效铁供给减少、作物根系受损、土壤通气不良等均能诱发缺铁。

玉米缺铁防治措施如下。

(1)改良土壤。在碱性土壤上使用硫黄粉或稀硫酸等降低土壤pH，增加土壤中铁的有效性。石灰性或次生石灰性土壤上增施适量有机肥料对防治缺铁症也有一定效果。

(2)合理施肥。控制磷肥、锌肥、铜肥、锰肥及石灰质肥料的用量，以避免这些营养元素过量对铁吸收的拮抗作用。增施一些酸性或生理酸性肥料。对于因营养不足而引起的缺铁症，可通过增施钾肥来缓解乃至完全消除缺铁症。

(3)选用耐性品种。选用耐缺铁的品种资源，可预防缺铁症的发生。

(4)施用铁肥。目前施用的铁肥可分为无机铁肥和整合铁肥两类。辽宁省农业科学院认为，将硫酸亚铁与马粪以1∶10的比例混合堆腐后施用对防止亚铁被土壤固定有显著作用。叶面喷施：喷施浓度为0.2%～0.5%的硫酸亚铁($FeSO_4$)溶液或0.1%～0.2%的螯合铁溶液。如用0.04%～0.1%有机态的黄腐酸铁和尿素铁叶面喷施效果更佳。

3.4.8　玉米缺锰症状及防治措施

玉米缺锰症状首先在新叶上出现。从叶尖到基部沿叶脉间出现与叶脉平行的黄绿相间条纹，幼叶变黄，叶片柔软弯曲下披。基部叶片上出现灰绿色斑点或条纹。茎细弱，籽粒不饱满、排列不齐，根细而长。缺锰常与缺铁、缺镁等症状相混淆。作物缺铁时失绿组织多不坏死，而缺锰失绿部位常伴有褐色或棕褐色坏死斑；作物缺镁症状发生在中下部老叶上，而缺锰症状发生在新生叶上。另外，由于发生缺锰和缺铁的土壤pH条件几乎无差异，有时可能同时出现缺锰和缺铁症状，这一点在缺素症状的矫治过程中要予以注意。此外，在新叶出现失绿症状的初期，叶面喷施0.2% $MnSO_4$溶液，隔3～7d后观察，如出现复绿现象，即可确诊为缺锰。

玉米缺锰防治措施如下。

(1)增施有机肥料。经常施用酸性或生理酸性肥料，防止土壤过度干燥；或施用易分解的有机肥料等都可以提高土壤锰的供给，减轻或消除轻度缺锰。

(2)拌种。播种前用4～8g硫酸锰拌种，拌种前用少量水溶解，然后均匀喷洒在种子上，边喷边翻动种子，拌匀阴干后播种。

(3)叶片喷施。发生缺锰症状时，可叶面喷施锰肥，如硝酸锰[Mn(NO$_3$)$_2$]、硫酸锰(MnSO$_4$)、氧化锰(MnO)和碳酸锰(MnCO$_3$)等。喷施浓度一般为 0.2%～0.5%，间隔 10d 左右，连喷 2、3 次。叶面喷施时可配合光合营养膜肥一起使用，可促进植物吸收大量光肥、光能、光照，兼容常规肥料、养料供给植物生长发育至极限。

3.4.9　玉米缺铜症状及防治措施

玉米缺铜不太常见，但在有机质含量过高或碱性较强的土壤中，有时也会发生。玉米缺铜时，叶片刚伸出，顶部心叶变黄，生长受阻，植株矮小丛生，叶脉间失绿一直发展到基部，叶尖严重失绿或坏死，果穗小。

1. 玉米缺铜的原因

(1)土壤原因。作物铜营养缺乏症最容易发生在有机质含量特别高的泥炭土及高 pH 的土壤上。砂土、碱土、有机质含量高的土壤，以及干旱缺水条件下，都容易缺铜。土壤 pH 高，铜的有效性降低。

(2)施肥不当。施用氮肥过多，常导致生育后期植株叶片浓绿，群体过于繁茂而有倒伏倾向，易发生缺铜。

(3)品种差异。不同品种对铜营养缺乏的敏感程度有较大差异。

2. 玉米缺铜的防治措施

(1)增施有机肥料。对于贫瘠的酸性土壤上发生的铜营养缺乏症，应增施有机肥料，提高土壤的供铜能力。

(2)控制氮肥用量。在供铜能力比较弱的土壤上，要严格控制氮肥用量，防止因氮肥过量而促发或加重缺铜症状。

(3)施用铜肥。CuSO$_4$ 做基肥时，每亩用量一般为 0.4kg，不宜超过 3.0kg，采用撒施或条施。也可将 CuSO$_4$ 配制成 0.02%～2%溶液，均匀喷洒于叶片表面。可以每公斤种子用 CuSO$_4$ 1～2g，将肥料用少量水溶解后均匀喷洒在种子上，阴干后播种；也可以用 0.01%～0.05% CuSO$_4$ 溶液浸种一定时间后捞出，晾干播种。

3.4.10　玉米缺锌症状及防治措施

缺锌是玉米栽培上常见的生理性病害之一。其主要症状是：出苗后 1～2 周就有叶片失绿现象，即白芽病。3～6 片叶时更为明显，新生幼叶脉间失绿，呈淡黄色或黄白色，叶片基部发白，俗称白苗病。之后表现为植株矮小，节间变短，结实少，秃尖缺粒，严重减产。严重者，叶肉坏死，变成半透明薄膜状，植株死亡绝收。

1. 玉米缺锌的原因

(1)土壤有效锌含量低是主要原因。石灰性土壤、盐碱土壤和风沙土壤为严重缺锌土壤类型。这类土壤的有机质含量低，大多在 1%左右，保水保肥能力较差，大多有效锌含量不足 1～1.5mg/kg。

(2)盲目大量施用磷肥也是诱发玉米缺锌的原因之一。磷和锌二者会起拮抗作用，植株 P/Zn≥400 时，植物极易出现缺锌症状，原因是锌和磷酸根混合易形成磷酸锌沉淀，从而降低了锌肥的有效性。实验证明，不施磷肥的植株样本，锌的浓度随供锌水平的提高而增加，而施用大量磷肥的，锌的浓度相应降低。这说明磷肥在某种程度上限制了玉米对锌的利用，引发玉米缺锌。

2. 玉米缺锌的防治措施

(1)土壤补充锌肥。常用的锌肥有 $ZnSO_4$、氧化锌(ZnO)等，可作基肥或追肥。$ZnSO_4$ 的建议亩用量为 1～1.5kg，可与酸性氮肥、有机肥、复合肥等混合施用。如果用来浸种，$ZnSO_4$ 浓度为 0.1%～0.2%；如果根外喷施，幼苗期 $ZnSO_4$ 浓度为 0.01%～0.05%，后期叶面喷施浓度为 0.1%～0.2%；拌种用量为 500g 种子兑 1～3g $ZnSO_4$。注意：锌肥最好不要和磷肥[$Ca(H_2PO_4)_2$、磷酸一铵($NH_4H_2PO_4$)、$(NH_4)_2HPO_4$、KH_2PO_4 等]混合使用。

(2)科学施用磷肥，避免拮抗。因磷肥的移动性差，建议磷肥穴施、条施，即集中施用，可减少与土壤的接触面积，既能提高磷肥利用率，还能有效降低磷与锌发生化学作用的概率，有利于发挥锌肥及土壤中锌的作用。另外，含磷肥料与农家肥混合施用效果更佳。磷肥诱发玉米缺锌的诊断指标，一般认为玉米体内的 P/Zn >400 时，会发生缺锌症状。

(3)多用腐熟的农家肥，有效补锌。腐熟的农家肥含有大量的有机态锌，而且有效性好，肥效期长。增施农家肥，能够满足玉米生长对锌的需要，同时，也能改善土壤理化性质，促使土壤中的锌能有效释放。

(4)玉米出现缺锌症状时，可用 0.2%左右的 $ZnSO_4$ 溶液，在苗期、拔节期和抽穗期前 3 个生育时期喷施，每次亩用 $ZnSO_4$50～75g。

3.4.11 玉米缺硼症状及防治措施

硼是玉米生长过程中不可缺少的一种元素。一般碱性土壤或施用石灰过多的酸性土壤，易出现缺硼症状。玉米缺硼时，植株的新叶狭长，幼叶展开困难，且叶片簇生。上部叶片叶脉间出现坏死斑点，呈白色半透明的条纹状，很易破裂。雄穗不易抽出，雄花不能形成或变小。果穗短小畸形，籽粒稀少且分布不规则，空瘪部分可达整个果穗长度的 1/3。严重时幼叶很难展开，节间伸长受抑或不能抽雄及吐丝，果穗退化畸形，顶端籽粒空瘪。

玉米缺硼防治方法：施用硼肥，春玉米基施硼砂 0.5kg/亩，与有机肥混施效果更好。夏玉米前期缺硼，可开沟追施或叶面喷施 0.1%～0.2%的硼砂溶液，间隔 10d 左右，连喷 2、3 次。

3.4.12 如何防治玉米大斑病

玉米大斑病又称条斑病、煤纹病、枯叶病、叶斑病等，是玉米生长期的主要病害之一。

玉米整个生长期都可以感染大斑病，但苗期很少发病。在玉米生长中后期，特别是抽穗以后，病情逐渐加重，此病主要危害叶片，也能危害叶鞘和苞叶。发病初期，叶片上出现水浸状青灰色斑点，然后沿叶脉向两端扩展，病斑呈长梭形，一般长 5～10cm，宽 1～2cm。后期病斑常纵裂，严重时病斑融合，叶片变黄枯死。玉米大斑病多发生在温度较低、气候冷凉、湿度较大的地区。该病的主要防治措施如下。

(1) 选择优质、高产、抗病品种。

(2) 适期播种，合理轮作、间作。

(3) 加强田间管理。合理密植，加强肥水管理，施足基肥，增施磷钾肥，适时追肥。做好中耕除草培土，及时摘除底部 2～3 片叶，降低田间相对湿度，使植株健壮，增强植株抗病力。病害发生初期，底部 4 个叶片发病前，及时去除发病叶片，可减轻发病程度。玉米收获后，及时清洁田园病残体，集中处理秸秆。

(4) 药剂防治。可在玉米心叶末期至抽雄期或发病初期喷施 50%多菌灵可湿性粉剂 500 倍液、75%百菌清可湿性粉剂 700 倍液、75%甲基硫菌灵可湿性粉剂 500 倍液、40%克瘟散乳油 800～1000 倍液、农抗 120 水剂 200 倍液，每隔 7～10d 喷一次，连喷 2、3 次。

3.4.13　如何防治玉米小斑病

玉米小斑病，又称玉米斑点病、玉米南方叶枯病，主要发生在气候温暖潮湿的夏玉米产区。玉米小斑病主要发生在叶片上，但也侵染叶鞘、苞叶、果穗。叶片上小斑病的病斑比大斑病的小得多，但病斑数量多。发病初期，在叶片上出现半透明水渍状褐色小斑点，斑点为椭圆形，较小，最长 2cm。后逐渐扩大形成不同形状的黄褐色病斑。小斑病常和大斑病同时出现或混合侵染，此病除危害叶片、苞叶和叶鞘外，对雌穗和茎秆的致病力比大斑病强，可造成果穗腐烂和茎秆断折，发病时间比大斑病稍早。防治措施如下。

(1) 选用抗病良种，施足底肥，适时进行锄草、间苗、培土、施肥等中耕管理。

(2) 合理密植，合理灌水。

(3) 清洁田园。玉米收获后及时清除带病秸秆，集中烧毁，中后期摘除带病脚叶。

(4) 药剂防治。发病初期，喷洒 75%百菌清可湿性粉剂 800 倍液，或 70%甲基硫菌灵可湿性粉剂 600 倍液，或 25%苯菌灵乳油 800 倍液，或 50%多菌灵可湿性粉剂 600 倍液，间隔 7～10d 喷一次，连续防治 2、3 次。

3.4.14　如何防治玉米丝黑穗病

玉米丝黑穗病是一种苗期侵入的系统侵染性病害，一般到穗期才出现典型症状，病果穗一般较短小，基部大而顶端小，不吐花丝。除苞叶外，整个果穗变成一个大的黑粉包。苞叶一般不易破裂，黑粉并不外露，后期有些苞叶破裂，散出黑粉。里面仅有少量黑粉，没有明显的黑丝。雄穗受害变成一个大黑包的较少，整穗受害的以主梗为基础膨大成黑粉包，外面包被白膜，以后破裂，露出黑粉。花口变形，不能形成雄蕊，颖片长大增多，呈多叶状。雄花基部膨大，内有黑粉。病株大多矮化，有的株高只有健株的 1/3～2/5。防治措施如下。

(1)抗病品种。选育抗病的自交系，配制抗病的杂交种。

(2)轮作。病重地块播种高抗品种或 3 年轮作，中等病情的地块停种玉米 1 年，然后种中抗品种。

(3)提高播种质量。做好选种和晒种，保证种子发芽势强。做好整地保墒，覆土深浅适宜，促使种子发芽出土快，幼苗发育好，能减少发病。

(4)育苗移栽。选不带菌的土地育苗或经消毒后育苗，6～7 叶后定植大田，可大大减少发病。

(5)拔除病株。在零星发病地区，结合田间管理，及时拔除症状明显的幼苗和穗期病株，病株可用于高温堆肥或青贮饲料，不可任意弃置或扔入肥坑中。

(6)药剂防治。①药粉拌种：用 15%粉锈宁可湿性粉剂 500g，拌种 100kg，用米汤、面汤等有黏糊作用的溶液拌湿，再洒上药粉混匀，稍干即播，当天拌当天用。②药液闷种：用 20%的萎锈灵乳剂 500g，加水 2.5kg，拌种 25kg，拌匀后闷种 4d，晒干后播种。③药液浸种：用 50%矮壮素水剂 500g，加水 100kg，浸种 100kg，浸种 10d。④药土盖种：用 50%多菌灵 500g 掺细土 500kg，于播种后用药土覆盖种子。

3.4.15 如何防治玉米瘤黑粉病

玉米瘤黑粉病广泛分布在我国各玉米栽培区，常危害玉米叶、秆、雄穗和果穗等部位的幼嫩组织，产生大小不等的病瘤。

植株地上幼嫩组织和器官均可发病，病部的典型特征是产生肿瘤。病瘤初呈银白色，有光泽，内部白色，肉质多汁，并迅速膨大，常能冲破苞叶而外漏，表面变暗，略带淡紫红色，内部则变灰至黑色，失水后当外膜破裂时，散出大量黑粉，即病菌的冬孢子。果穗发病可部分或全部变成较大肿瘤，叶上发病则形成密集成串的小瘤。

病菌以冬孢子在土壤中及病残体上越冬。成为第二年的初侵染源，混有病残体的堆肥也是初侵染源之一。玉米抽雄前后如遇干旱，又没能及时灌溉，常造成玉米生理干旱，膨压降低，抗病力变弱，利于病菌的侵染和发病。田间高温多湿易于结露，以及暴风雨过后，造成大量损伤，都会造成严重发病。连作田、高肥密植田往往发病较重。该病的防治措施如下。

(1)种植抗病品种 。

(2)与非禾谷类作物轮作 2～3 年。

(3)以预防为主。减少病源，彻底清除田间病株残体，带出田外深埋；进行秋季深翻整地，把地面上的菌源深埋地下，减少初侵染源，避免用病株沤肥，粪肥要充分腐熟。可使用种子包衣，在玉米出苗前地表喷施杀菌剂，或在玉米抽雄前喷 50%的多菌灵，可有效减轻病害。

3.4.16 如何防治玉米褐斑病

玉米褐斑病,由玉米节壶菌引起。病斑圆形组织常呈粉红色。发病后期,病斑表皮破裂,散出褐色粉末,叶脉和维管束残存如丝状。病菌以休眠孢子囊在土壤或病残体中越冬,第 2 年病菌靠气流传播到玉米植株上,遇适宜的环境条件萌发,产生游动孢子。游动孢子必须在叶面或叶鞘有水的情况下才能游动,当气温适宜时,即可侵入玉米组织表皮。7、8 月份温度高、湿度大时利于发病。种植密度过大,田间郁蔽,发病重。

该病主要发生在玉米叶片、叶鞘及茎秆部位,先在顶部叶片的尖端发生,以叶和叶鞘交接处病斑最多,常密集成行,最初为黄褐色或红褐色小斑点,病斑为圆形或椭圆形到线形,隆起附近的叶组织常呈红色,小病斑常汇集在一起,严重时叶片上出现几段甚至全部布满病斑,在叶鞘和叶脉上出现较大的褐色斑点。发病后期,病斑表皮破裂,叶细胞坏死,散处褐色粉末,病叶局部散裂,叶脉和维管束残存如丝状。

农业措施:施足底肥,适时追肥,及时中耕除草,促使植株健康生长,以提高抗病力。注意排除田间积水,降低湿度。收获后彻底清除病残组织,并深翻土壤。重病田实行 3 年以上轮作。

药剂防治:提早预防,在玉米 4～5 叶时,每亩用 25%的粉锈宁 1000 倍溶液叶面喷雾可预防。玉米发病初期,可用 25%粉锈宁、50%多菌灵、70%甲基硫菌灵配制的溶液喷洒茎叶,隔 7～10d 再喷一次,可缓解症状。

3.4.17 如何防治玉米弯孢菌叶斑病

玉米弯孢菌叶斑病又称黄斑病、黄叶病。该病主要危害玉米叶片,也可危害叶鞘和苞叶。病斑初为水浸状或淡黄色半透明小点,之后扩大为圆形、椭圆形、梭形或长条形。病斑因品种抗性不同而表现不一样,一般长 1～5mm、宽 1～2mm,大小不等;病斑中央苍白色,呈半透明状,周围有褐色环带,外围有明显的黄色晕圈;多个病斑相连形成大斑,叶片的前半部或叶缘坏死;病斑在叶片上呈不明显的分节状发生。潮湿的情况下可产生黑色霉状物,即病原菌的分生孢子梗和分生孢子。

病原为新月弯孢菌和不等弯孢霉,属半知菌亚门弯孢霉属。病菌生长的最适温度为 28～32℃,分生孢子的最适萌发温度为 30～32℃,最适湿度为饱和湿度,相对湿度低于 90%很少萌发。病菌以菌丝体潜伏于病残体组织中越冬,也能以分生孢子越冬。带菌的玉米秸秆和杂草是病害发生的初侵染源;菌丝体产生分生孢子,借气流和雨水传播到玉米叶片上,进行再侵染。玉米弯孢菌叶斑病属于典型的成株期病害,玉米苗期抗病性较强,随着植株生长抗性减弱。如遇高温、高湿,病害可在短时期内大面积发生,低洼积水田和连作田发病较重。

玉米弯孢菌叶斑病的防治策略是以种植抗病品种为主、药剂防治为辅。

(1)种植抗病品种。

(2)加强栽培管理,减少越冬菌源。合理轮作,合理密植,加强管理,提高植株抗病能力；玉米收获后及时清理病残体，集中处理，减少初侵染源。

（3）药剂防治：首选药剂是退菌特、代森锰锌、百菌清，可作为保护剂于发病初期使用，多硫合剂、甲基托布津、多菌灵可作为治疗剂使用。保护剂和治疗剂交替或复配后使用，不但可以提高防治效果，而且可以防止病菌对单菌产生抗药性。

3.4.18　如何防治玉米锈病

玉米锈病主要侵害叶片，严重时果穗苞叶和雄花上也可发生。植株中上部叶片发病重，最初在叶片上正面散生或聚生不明显的淡黄色小点，以后突起，病斑扩展为圆形至长圆形，黄褐色或褐色，周围表皮翻起，散出铁锈色粉末。后期病斑上生长圆形黑色突起，破裂后露出黑褐色粉末。

病原以冬孢子在病株上越冬，冬季温暖地区夏孢子也可越冬。田间病害传播靠夏孢子一代代重复侵染，从春玉米传到夏玉米，再传到秋玉米。多堆柄锈菌未发现性孢子和锈孢子阶段，以冬孢子、夏孢子和菌丝体在玉米植株上越冬，夏孢子重复侵染为害。

不同玉米品种对锈病的抗性有明显差异，通常早熟品种易发病，马齿型品种较抗病。温度和湿度条件是影响发病最重要的气候因素，玉米普通锈病在温暖高湿天气易于发病，在气温 16～23℃，相对湿度 100%时发病重，夏孢子在 13～16℃时萌发最好。空气湿度对发病影响也很大，多雾天气发病重。南方地区玉米锈病在高温高湿的环境加重发病，以 27℃最适发病，夏孢子以 24～28℃萌发最好，从孢子发芽侵入到产生新的夏孢子需 7～10d。在全年大多数时间有菌源存在的台湾，春玉米发病与发病前 7d 的气温关系最密切，秋玉米发病与发病前 8～14d 的气温密切相关。

（1）农业防治。选用抗病品种，增施磷钾肥，避免偏施、过施氮肥，提高寄主抗病力。加强田间管理，清除杂草和病残体，集中深埋或烧毁。

（2）药剂防治。发病初期喷药防治，可选用的药剂有：25%三唑酮可湿性粉剂 1500～2000 倍溶液、50%硫黄悬浮剂 300 倍液、30%固体石硫合剂 150 倍液、25%敌力脱乳油 3000 倍液，每隔 10d 喷一次，连续防治 2、3 次。

3.4.19　如何防治玉米纹枯病

玉米纹枯病菌为多核的立枯丝核菌，具 3 个或 3 个以上的细胞核，菌丝直径 6～10μm。菌核由单一菌丝尖端的分枝密集而成或由尖端菌丝密集而成。该菌在土壤中形成薄层蜡状或白粉色网状至网膜状子实层。病菌以菌丝和菌核在病残体或在土壤中越冬。翌春条件适宜，菌核萌发产生菌丝侵入寄主，后病部产生气生菌丝，在病组织附近不断扩展。

主要发病期在玉米性器官形成至灌浆充实期。苗期和生长后期发病较轻。主要危害叶鞘，也可危害茎秆，严重时引起果穗受害。发病初期多在基部 1～2 茎节叶鞘上产生暗绿色水渍状病斑，后扩展合成不规则或云纹状大病斑。病斑中部呈灰褐色，边缘呈深褐色，由下往上扩展。穗苞叶发病也产生同样的云纹病斑，果穗发病后秃尖，籽粒细扁或变褐腐烂。以下为主要的防治方法。

(1)清除病原。及时深翻消除病残体及菌核,发病初期摘除病叶,并用药剂涂抹叶鞘等发病部位。

(2)选用抗(耐)病品种或杂交种,实行轮作,合理密植,注意开沟排水,降低田间湿度,结合中耕消灭田间杂草。

(3)药剂防治:用浸种灵按种子重量的 0.02%拌种后堆闷 24～48h。发病初期用 1%井冈霉素 0.5kg 兑水 20g 喷洒,或 50%甲基硫菌灵可湿性粉剂 500 倍液、50%多菌灵可湿性粉剂 600 倍液、50%苯菌灵可湿性粉剂 1500 倍液、50%退菌特可湿性粉剂 800～1000倍液;也可用 40%菌核净可湿性粉剂 1000 倍液,或 50%农利灵或 50%速克灵可湿性粉剂 1000～2000 倍液。喷药重点为玉米基部,保护叶鞘。

(4)在发病初期可以在摘除病叶的同时,用药剂涂抹叶鞘等发病部位。

3.4.20　如何防治玉米粗缩病

玉米粗缩病是由玉米粗缩病毒(MRDV)引起的一种玉米病毒病。MRDV 属于植物呼肠弧病毒组,是一种具双层衣壳的双链 RNA 球形病毒,由灰飞虱以持久性方式传播。玉米粗缩病又称玉米矮缩病,俗称"万年青玉米""生姜玉米"。玉米出苗后即可感病,6～7 片叶时才出现症状。感染 MRDV 的玉米植株叶片宽短僵直,病株矮化,节间缩短,叶色浓绿,整株或顶部簇生状如君子兰,叶背、叶鞘及苞叶的叶脉上具有粗细不一的蜡白色条状突起,雄穗退化,雌穗畸形,有明显的粗糙感,多数不能抽穗结实,发病晚的植株虽可抽穗结实,但果穗少、畸形,严重时不能结实。

该病毒由灰飞虱传播。蚜虫、叶蝉、蓟马、土壤、种子和摩擦都不传毒。该病发生与灰飞虱若虫的发生有直接关系。3～4 龄若虫在田埂的杂草和土块下越冬。翌年春转入麦田。羽化后成虫有一部分迁飞到刚出苗的玉米田为害。7、8 月虫口最大,为害也重。玉米收割后又转移至田埂杂草上,潜入根际或土块下越冬。带毒若虫是翌年的主要初侵染源。灌溉次数多或多雨、地边杂草繁茂有利于灰飞虱繁殖。

1. 玉米粗缩病的农业防治措施

(1)改善玉米生长环境(清除杂草)。路边、田间杂草不仅是来年农田杂草的种源基地,而且是玉米粗缩病传毒介体灰飞虱的越冬越夏寄主。对麦田残存的杂草,可先人工锄草后再喷药,除草效果可达 95%左右。选择土壤处理的优点是苗期玉米不与杂草共生,降低灰飞虱的活动空间,不利于灰飞虱的传毒。

(2)加强田间管理。结合定苗,拔除田间病株,集中深埋或烧毁,减少粗缩病侵染源。合理施肥、浇水,加强田间管理,促进玉米生长,缩短感病期,减少传毒机会,并增强玉米抗(耐)病能力。

2. 玉米粗缩病的化学防治措施

(1)药剂拌种。用内吸杀虫剂对玉米种子进行包衣和拌种,播前每亩用吡虫啉有效量0.5g,拌 3.5～4.0kg 玉米种子;或用 50%辛硫磷乳油 100mL 加水 2.5kg,拌玉米种子 50kg,

堆闷 4～6h，晾干后播种，可以有效防治苗期灰飞虱，减轻粗缩病的传播。播种时，采用种子重量 2%的种衣剂拌种，可有效防止灰飞虱的危害，同时有利于培养壮苗，提高玉米抗病力。

(2)喷药杀虫。玉米苗期出现粗缩病的地块，要及时拔除病株，并根据灰飞虱虫情预测情况及时用 25%扑虱灵 50g/亩，选用 10%吡虫啉可湿性粉剂或 3%啶虫脒乳油 1000 倍液喷雾防治。在玉米 5 叶期左右，每隔 5d 喷一次，连喷 2、3 次，同时用 40%病毒 A500 倍液或 5.5%植病灵 800 倍液喷洒防治病毒病。对于个别苗前应用土壤处理除草剂效果差的地块，可在玉米行间定行喷灭生性除草剂 20%百草枯，每亩 550mL，兑水 30kg，要注意不要喷到玉米植株上，百草枯对杂草具有速杀性，喷药后 52h 杂草会全部枯死，可减少灰飞虱的活动空间，田边地头可喷 45%农达水剂，但在玉米行间尽量不用，以免对玉米造成药害。发病田喷药防治：在玉米粗缩病发病初期，及时喷洒 20%病毒 A 500 倍液或 1.5%植病灵乳剂 1000 倍液，隔 7d 喷 1 次，连喷 2 次；在喷药的同时可加适量 0.3%的 KH_2PO_4。

3.4.21 如何防治玉米顶腐病

玉米顶腐病主要由土壤中的串球珠镰刀菌引发，在我国顶腐病的发生呈上升趋势，危害损失重，潜在危险性较高。

玉米从苗期到成株期都可发生顶腐病，症状复杂多样。典型症状：苗期病株生长缓慢，茎基部变灰、变褐、变黑，叶片边缘失绿，出现黄色条斑，叶片皱缩、扭曲，重病苗枯萎死亡。植株生长中后期叶茎部腐烂后仅存主脉，上部完整但多畸形，呈蒲扇状。以后生出的新叶顶端腐烂，叶片短小，叶尖枯死或残缺不全，叶片边缘常出现刀削状缺刻和黄色条纹。成株期病株多矮小，顶部叶片短小，残缺不全，褶皱扭曲，有时上部叶片不展开，卷曲成牛尾状，雌穗小，多不结实，茎基部节间短，茎秆上有病烂斑块，腐烂部分有害虫蛀道状裂口，纵切面可见内部黑褐色腐烂。高湿时，病部出现粉白色霉状物。发病轻的苗心叶有黄色，茎基内部变褐、变黑，生长缓慢。

病源菌在土壤、病残体和带菌种子中越冬，成为下一季玉米发病的初侵染菌源。种子带菌还可以远距离转播，使发病区域不断扩大。顶腐病具有某些系统侵染的特征，病株产生的病原菌分生孢子还可以随风雨传播，进行再侵染。

玉米顶腐病的防治措施如下。

(1)及时中耕，排湿提温，消灭杂草，防止田间积水，增强抗病能力。

(2)及时追肥。如果玉米生育长势弱，要及时对玉米追施氮肥，尤其对发病较重的地块更要做好及早追肥工作。同时，要做好叶面喷施锌肥和生长调节剂。促苗早发，补充养分，提高抗逆能力。

(3)科学合理使用药剂。对发病地块可用光谱杀菌剂进行防治，如 50%多菌灵可湿性粉剂 500 倍液加 $ZnSO_4$ 肥，或 70%甲基托布津加 $ZnSO_4$ 肥 500 倍液喷施，锌肥用量应根据不同商品含量按说明用量的 3/4，用背负式喷雾器将喷头拧下，沿茎灌入，每病株灌施 50～100mL 药液。

(4)对严重发病难以挽救的地块，要及时做好毁种。

3.4.22 如何防治玉米疯顶病

玉米疯顶病又称丛顶病，病原为大孢指疫霉。该病多发生在温带和暖温带地区，是影响玉米生产的潜在危险性病害。感病后 95%以上的病株不结实，可基本造成绝收，对玉米生产影响很大。

1. 玉米疯顶病的症状

(1)苗期的病株叶色浅，心叶黄化扭曲，皱缩、卷缩成"筒状"，分蘖增加，一般 3～5 个，多者达 10 个以上(叶色浅、有分蘖是其典型症状)。

(2)成株期发病，表现为植株矮化，节间短。

(3)雄穗被侵染的，正常的花序全部或部分成为变态的小叶，形成一簇小叶似"扫帚状"，有的心叶卷缩呈"牛尾巴状"，或者心叶扭曲呈"卷团状"，叶片皱缩不平。小穗丛生成"疯顶状"(上部叶片变形多、扭曲严重是其典型症状)。

(4)大多数雄穗不能抽出，也有在茎节上丛生多个分枝；或者雄穗上部正常，下部大量增生呈"绣球团状"，不能产生正常雄花。轻病株雄穗虽可抽出，但部分雄穗变态 (雄穗畸形、变态是识别该病的重点之一)。

(5)雌穗受侵染后形似正常，但果穗粗长，苞叶皱缩增厚，顶端出现变态小叶，无花丝；重病株不能抽穗，或虽可抽穗但不能结实。

2. 玉米疯顶病的防治方法及补救措施

(1)病田及时排水，在玉米苗期不可积水。

(2)种植抗病品种。

(3)加强检疫，不从疫区调种。

(4)及时清除病株，带出田间集中销毁。

(5)重病田轮作倒茬。

(6)药剂防治方法。①药剂拌种：播种前用 58%甲霜灵•锰锌可湿性粉剂，或 64%恶霜•锰锌可湿性粉剂(杀毒矾)以种子重量的 0.4%拌种；或用 35%甲霜灵可湿性粉剂 200～300g 拌 100kg 玉米种。②喷叶防治：在田间于发病初期，可用 1∶1∶150 的波尔多液喷雾，每隔 7～14d 喷 1 次，连续 2、3 次。

3.5 玉米虫鼠害防治措施

3.5.1 如何防治玉米螟？

玉米螟是玉米的主要虫害，属于鳞翅目、螟蛾科动物，可为害玉米植株地上的各个部位，使受害部分丧失功能，降低籽粒产量。玉米螟适合在高温、高湿条件下发育，冬季气温较高，天敌寄生量少，有利于玉米螟的繁殖，危害较重。玉米螟的危害主要是因为叶片被幼虫咬食后，会降低其光合效率；雄穗被蛀，常易折断，影响授粉等。

(1) 农业防治：①于越冬幼虫羽化以前，处理玉米、高粱、棉花等越冬寄主的茎秆，消灭越冬虫源；②种植诱杀田；③选育抗虫品种。

(2) 生物防治：①于玉米螟蛾产卵盛期释放赤眼蜂杀卵；②于玉米心叶中期用白僵菌颗粒剂施入心叶喇叭口中杀幼虫。

(3) 成虫发生期利用黑光灯或性诱剂诱杀。

(4) 药剂防治。①玉米心叶末期(喇叭口期)颗粒剂防治：50%辛硫磷 EC 按 1∶55 配成毒煤渣，每株 2g 撒入心叶。②玉米穗期药剂保护：药液灌注雄穗，常用药剂有 50%敌敌畏乳油 800 倍液、90%敌百虫晶体或 50%辛硫磷乳油 800～1000 倍液等。这些药液均按每株 10mL 的用量灌注露雄期的玉米雄穗。③药液点花丝：将 50%敌敌畏乳剂 800 倍液，装入带细塑料管的瓶中，在玉米授粉结束而幼虫尚未集中花丝为害时，将药液滴几滴在雌穗顶端的花丝基部，熏杀幼虫。

3.5.2　如何防治玉米二点委夜蛾

二点委夜蛾，是我国夏玉米区新发生的害虫，各地往往误认为是地老虎为害。在玉米幼苗 3～5 叶期的地块，幼虫主要咬食玉米茎基部，形成直径为 3～4mm 的圆形或椭圆形孔洞，切断营养输送，造成地上部玉米心叶萎蔫枯死。在玉米苗较大(8～10 叶期)的地块幼虫主要咬断玉米根部，包括气生根和主根，造成玉米倒伏，严重者枯死。为害株率一般在 1%～5%，严重地块达 15%～20%。主要的防治方法如下。

(1) 撒毒饵。亩用克螟丹 150g 加水 1kg 拌麦麸 4～5kg，顺玉米垄撒施；或亩用 4～5kg 炒香的麦麸或粉碎后炒香的棉籽饼，与兑少量水的 90%晶体敌百虫，或 48%毒死蜱乳油 500g 拌成毒饵，于傍晚顺垄撒在玉米苗边。

(2) 撒毒土。亩用 80%敌敌畏乳油 300～500mL 拌 25kg 细土，于早晨顺垄撒在玉米苗边，防效较好。

(3) 随水灌药。亩用 50%辛硫磷乳油、48%毒死蜱乳油 1kg，在浇地时灌入田中。

(4) 喷雾。使用 4%高氯甲维盐稀释 1000～1500 倍喷雾，或 10～20mL/15kg 水进行喷雾，施药需水量充足。一般每亩用水量为 30kg，全田喷施，对玉米幼苗、田块表面进行全田喷施，着重喷施。喷施农药时，要对准玉米的茎基部及周围着重喷施。

3.5.3　如何防治玉米黏虫

黏虫是玉米作物虫害中常见的主要害虫之一。属鳞翅目，夜蛾科，又名行军虫，体长 17～20mm，淡灰褐色或黄褐色，雄蛾色较深。以幼虫暴食玉米叶片，严重发生时，短期内吃光叶片，造成减产甚至绝收。一年可发生三代，主要以第二代为害夏玉米。天敌主要有步行甲、蛙类、鸟类、寄生蜂、寄生蝇等。

(1) 叶面喷雾。亩用 2.5%敌杀死、2.5%功夫乳油、4.5%高效氯氰菊酯 20～30mL 兑水

30kg 均匀喷雾；或用灭幼脲 3 号 1500 倍液进行叶面喷雾。

（2）毒饵诱杀。亩用 90% 敌百虫 100g，兑适量水拌在 1.5kg 炒香的麸皮上制成毒饵，于傍晚时分顺着玉米撒施，进行诱杀。

（3）撒施毒土。亩用 40% 辛硫磷乳油 75～100g，适量加水，拌沙土 40～50kg 扬撒于玉米心叶内，既可保护天敌，又可兼防玉米螟。在玉米黏虫的防治过程中，要及时掌握当地植保部门发布的虫情监测预警信息。做到早发现、早防治，尽量将玉米黏虫防治在三龄以前。防治时间一般选择早晚幼虫取食的高发时间，喷药部位尽量选在玉米心。

3.5.4　如何防治玉米蚜虫

蚜虫又称蜜虫、腻虫等，多属于同翅目蚜科，为刺吸式口器的害虫，常群集于叶片、嫩茎、花蕾、顶芽等部位，刺吸汁液，使叶片皱缩、卷曲、畸形，严重时引起枝叶枯萎甚至整株死亡。蚜虫分泌的蜜露还会诱发煤污病、病毒病并招来蚂蚁危害等。

玉米蚜虫在玉米苗期至成熟期均可发生，多群集在心叶里繁殖危害，抽雄后扩散至雄穗、雌穗上繁殖危害，扬花期是玉米蚜虫繁殖危害的最有利时期，条件适宜危害可持续到 9 月中下旬（玉米成熟前）。蚜虫边吸取玉米汁液，边排泄大量蜜露，产生黑色霉状物，影响光合作用和授粉，降低粒重，并传播病毒病造成减产。同时蚜虫大量吸取汁液，使玉米植株水分、养分供应失调，影响正常灌浆，导致秕粒增多，粒重下降，甚至造成无棒"空株"，对玉米产量影响很大。

（1）及时清除田间地头杂草，消灭玉米蚜虫的滋生基地。

（2）苗期和抽雄初期是防治玉米蚜虫的关键时期，当田间百株蚜量达 500 头、益害比大于 1∶500 时，每亩用 25% 蚜螨清乳油 50mL，或吡虫啉系列产品 1500～2000 倍液，或 10% 的蚜虱净 60～70g；或 20% 的吡虫啉 2500 倍液；或 25% 的抗蚜威 3000 倍液喷雾防治。为害严重时，可间隔 7～10d 再喷 1 次。

3.5.5　如何防治玉米叶螨

玉米叶螨俗称红蜘蛛，可为害多种作物，以成螨和若螨刺吸寄主叶背组织汁液，被害处呈失绿斑点，严重时叶片完全变白干枯，籽粒秕瘦，减产严重。成螨体形椭圆，体色红色或锈红色。卵呈圆球形，表面光滑，初产下的卵无色透明，以后逐渐变为橙红色，孵化前出现红色眼点。初孵幼虫圆形，体色透明或淡黄，取食后体色变淡绿。幼虫蜕皮后变为若虫，体形椭圆，体色由橙红变红，背面两侧斑点明显。全年发生 10 多代，世代交替，由于虫体微小，又多在叶背取食，田间不易被发现。被害叶片由黄变白而枯死，影响玉米灌浆进程，致使千粒重下降，造成减产。

（1）农业防治。及时清理田间地头杂草，降低虫源基数。高温干旱时，要及时浇水，控制虫情发展。

（2）化学防治。用含内吸性杀虫剂成分的种衣剂包衣，可以减轻苗期危害。田间点片发生时，用 20% 哒螨灵可湿性粉剂 2000 倍液、41% 柴油·哒螨灵 3000～4000 倍液、5% 噻螨酮 2000 倍液、10%吡虫啉可湿性粉剂 1000～1500 倍液、1.8%阿维菌素 4000 倍液、20%扫螨净 2000 倍液、41%金霸螨 3000～4000 倍液、5%尼索朗 2000 倍液喷雾，重点防治玉米中下部叶片的背面。

3.5.6　如何防治玉米蓟马

玉米蓟马以成虫、若虫锉吸玉米幼嫩部位汁液，对玉米造成严重危害，受害株一般表现为叶片扭曲成"马鞭状"，生长停滞，严重时腋芽萌发，甚至毁种。黄呆蓟马主要以成虫对玉米造成严重危害，被害叶背出现断续的银白色条斑，伴随小污点（即虫粪），叶正面与银白色斑相对的部位呈黄色，受害严重的叶背如涂了一层银粉，端半部变黄枯干。禾蓟马以成、若虫在玉米心叶内活动危害，多发生在大喇叭期前后，也可在伸展的叶片正面危害，导致叶片出现成片的银灰色斑。

（1）农业防治。结合小麦中耕除草，冬春尽量清除田间地边杂草，减少越冬虫口基数。加强田间管理，促进植株本身生长势，改善田间生态条件，减轻危害，对卷成"牛尾巴"状的畸形苗，拧断其顶端，可促进心叶抽出，要适时灌水施肥，加强管理，促进玉米苗早发快长，度过苗期，减轻危害，同时也可改变玉米地小气候，增加湿度，不利于蓟马的发生。蓟马发生时及时清除并销毁被害玉米的残株，可减轻蓟马危害蔓延。轮作可以减少玉米蓟马的危害。适时栽培，避开高峰期，选用抗耐虫品种，马齿型品种要比硬粒型品种耐虫抗害。因玉米受蓟马危害后苗弱，防治时可加入喷施宝、磷酸二氢钾叶面肥混合使用，以促进玉米生长。

（2）化学防治。化学药剂防治是控制玉米蓟马的有效措施，玉米蓟马虫株率 40%～80%，百株虫量达 300～800 头时，应及时进行药剂除治。田间试验表明有机磷和氨基甲酸酯类对蓟马有较好的防效。用 40%氧化乐果乳油 1000 倍液、40%毒死蜱乳油 1000 倍液、10 %吡虫啉可湿性粉剂 2000 倍液喷施，防效均在 85%以上。60%吡虫啉悬浮种衣剂拌种，防效可达 90%以上，出苗率提高 7%左右。结合防治灰飞虱，选用烯啶虫胺、啶虫脒、吡蚜酮等药，对蓟马也有较好的防效。因蓟马主要集中在玉米心叶内危害，所以用药时要注意药剂应喷进玉米心叶内。经田间和室内药效试验证明，菊酯类药剂对蓟马无效，甚至有时可能对蓟马有引诱作用，因此，应避免应用菊酯类农药。

3.5.7　如何防治玉米棉铃虫

棉铃虫，鳞翅目，夜蛾科，别名玉米穗虫、棉条虫、钻心虫、青虫、棉铃实夜蛾等。幼虫孵化后先食卵壳，以后取食幼嫩的花丝或雄穗，也取食叶片。幼虫 3 龄前多在外面活动危害，这是施药的有利时机。3 龄以后多钻蛀到苞叶内危害玉米穗，取食量和对玉米穗的危害明显比玉米螟大，也不易防治。

（1）玉米收获后，及时深翻耙地，坚持实行冬灌，可大量消灭越冬蛹。

（2）合理布局。在棉田地边种少量春玉米或高粱，既可诱集较多的棉铃虫来产卵，又能诱集大量天敌存活繁殖，对棉铃虫有明显的控制作用。在玉米地边种植诱集作物如洋葱、胡萝卜等，于盛花期可诱集到大量棉铃虫成虫，及时喷药，聚而歼之。于各代棉铃虫成虫发生期，在田间设置黑光灯、性诱剂或杨树枝把，可大量诱杀成虫。

（3）在棉铃虫卵盛期，释放人工饲养的赤眼蜂或草蛉，发挥天敌的自然控制作用。也可在卵盛期喷施每毫升含 100 亿个以上孢子的 Bt 乳剂 100 倍液，或喷施棉铃虫核多角体病毒（NPV）1000 倍液。

（4）化学防治。在幼虫 3 龄前，用 75%拉维因 3000 倍液，或用 50%甲胺磷 1000 倍液，或 50%辛硫磷 1000 倍液，均匀喷雾。

3.5.8　如何防治玉米蝗虫

蝗虫俗称"蚂蚱"，具咀嚼式口器，为植食性昆虫。该虫具有杂食性、暴食性、突发性、迁飞性的特点。该虫口器坚硬，以若虫、成虫咬食植物的叶和茎，发生轻时咬食嫩枝、嫩叶，发生重时将叶片或茎秆吃光，造成严重减产。

（1）及时清除田间地头杂草，并进行深翻晒地，消除蝗虫产卵场所。

（2）人工捕捉蝗虫。

（3）生物防治。使用杀蝗绿僵菌防治时，可进行飞机超低容量喷雾或大型植保器械喷雾。使用蝗虫微孢子虫防治时，可单独使用或与昆虫蜕皮抑制剂混合进行防治。

（4）化学防治。主要在高密度发生区采取化学防治措施。对蝗虫发生数量多的田块，药剂防治 2、3 次。为保证药剂防治效果、避免施药人员中毒，建议在阴天、早晨或傍晚进行。在高密度发生区采取化学防治。可选用的高效、低毒药剂有：20%氯虫苯甲酰胺乳油 3000 倍液、30%阿维灭幼脲悬浮剂 2000～3000 倍液、5%氟氯氰菊酯乳油 2000～3000 倍液、苏云金杆菌水剂 500～1000 倍液、50%氟虫脲乳油 1000～1500 倍液等。

3.5.9　如何防治玉米地老虎

地老虎幼虫会将农作物幼苗近地面的茎部咬断，使整株死亡，造成缺苗断垄。地老虎在全国各地均以第 1 代发生为害严重，春播作物受害最重。主要的防治方法如下。

（1）诱杀。用糖醋液或黑光灯诱杀越冬代成虫，在春季成虫发生期设置诱蛾器（盆）诱杀成虫。

（2）药剂防治。在幼虫 3 龄前施药防治，可取得较好效果。①喷粉：用 2.5%敌百虫粉剂每亩 2.0～2.5kg 喷粉防治。②撒施毒土：用 2.5%敌百虫粉剂每亩 1.5～2kg 加 10kg 细土制成毒土，顺垄撒在幼苗根际附近，或用 50%辛硫磷乳油 0.5kg 加适量水喷拌细土 125～175kg 制成毒土，每亩撒施毒土 20～25kg。③喷雾：可用 90%晶体敌百虫 800～1000 倍液、50%辛硫磷乳油 800 倍液、50%杀螟硫磷 1000～2000 倍液、20%菊杀乳油 1000～1500 倍液、2.5%溴氰菊酯（敌杀死）乳油 3000 倍液喷雾防治。

（3）灌根。在虫龄较大、为害严重的田块，可用 80%敌敌畏乳油，或 50%辛硫磷乳油，或 50%二嗪农乳油 1000～1500 倍液灌根。

3.5.10　如何防治玉米蝼蛄

蝼蛄，俗名耕狗、拉拉蛄、扒扒狗，在四川被称为土狗子。此类昆虫身体呈梭形，前足为特殊的开掘足，雌性缺产卵器，雄性外生殖结构简单，雌雄可通过翅脉识别(雄性覆翅具发声结构)。蝼蛄是咬食作物根茎部的多食性地下害虫，危害玉米幼苗，造成缺苗断垄。

(1)农业防治。深翻土壤、精耕细作，造成不利蝼蛄生存的环境，减轻危害；夏收后，及时翻地，破坏蝼蛄的产卵场所；施用腐熟的有机肥料，不施用未腐熟的肥料；在蝼蛄危害期，追施碳酸氢铵等化肥，散出的氨气对蝼蛄有一定驱避作用；秋收后，进行大水灌地，使向深层迁移的蝼蛄，被迫向上迁移，在结冻前深翻，把翻上地表的害虫冻死；实行合理轮作，改良盐碱地(注：盐碱地土壤所含的盐分可能会影响到作物的正常生长)，有条件的地区实行水旱轮作，可消灭大量蝼蛄，减轻危害。

(2)灯光诱杀。蝼蛄发生危害期，在田边或村庄利用黑光灯、白炽灯诱杀成虫，以减少田间虫口密度。

(3)人工捕杀。结合田间操作，对新拱起的蝼蛄隧道，采用人工挖洞捕杀虫、卵。

(4)药剂防治。①种子处理：播种前，用50%辛硫磷乳油，按种子重量的0.1%~0.2%拌种，堆闷12~24h后播种。②毒饵诱杀：常用的是敌百虫毒饵，先将麦麸、豆饼、秕谷、棉籽饼或玉米碎粒等炒香，按饵料重量0.5%~1%的比例加入90%晶体敌百虫制成毒饵：先将90%晶体敌百虫用少量温水溶解，倒入饵料中拌匀，再根据饵料干湿程度加适量水，拌至用手一攥稍出水即成。每亩施毒饵1.5~2.5kg，于傍晚时撒在已出苗的菜地或苗床的表土上，或随播种、移栽定植时撒于播种沟或定植穴内。制成的毒饵限当日撒施。③土壤处理、灌溉药液：当蝼蛄危害发生严重时，每亩用3%辛硫磷颗粒剂1.5~2kg，兑细土15~30kg混匀撒于地表，在耕耙或栽植前沟施毒土。若苗床受害严重时，用80%敌敌畏乳油30倍液灌洞灭虫。

3.5.11　如何防治玉米蛴螬

蛴螬常咬断玉米根茎，使幼苗枯死，或使成株玉米的根系受损，引起严重减产。它的成虫金龟子，在玉米灌浆期危害果穗，特别是玉米苞叶包得不紧的果穗，金龟子成群聚集危害，受害严重的果穗从穗尖往下有1/3籽粒被啃食。

蛴螬种类多，在同一地区同一地块，常为几种蛴螬混合发生，世代重叠，发生和危害时期很不一致，因此只有在普遍掌握虫情的基础上，根据蛴螬和成虫种类、密度、作物播种方式等，因地因时采取相应的综合防治措施，才能收到良好的防治效果。

(1)做好预测预报工作。调查和掌握成虫发生盛期，采取措施，及时防治。

(2)农业防治。实行水、旱轮作；在玉米生长期间适时灌水；不施未腐熟的有机肥料；精耕细作，及时镇压土壤，清除田间杂草；大面积春、秋耕，并跟犁拾虫等。发生严重的地区，秋冬翻地可把越冬幼虫翻到地表使其风干、冻死，或被天敌捕食、机械杀伤，防效明显；同时，应防止使用未腐熟有机肥料，以防招引成虫来产卵。

（3）药剂处理土壤。每亩用 50%辛硫磷乳油 200～250g，加水 10 倍喷于 25～30kg 细土上拌匀制成毒土，顺垄条施，随即浅锄，或将该毒土撒于种沟或地面，随即耕翻或混入厩肥中施用；每亩用 2%甲基异柳磷粉 2～3kg 拌细土 25～30kg 制成毒土；用 3%甲基异柳磷颗粒剂、3%呋喃丹颗粒剂、5%辛硫磷颗粒剂或 5%地亚农颗粒剂，每亩 2.5～3kg 处理土壤。

（4）药剂拌种。用 50%辛硫磷、50%对硫磷或 20%异柳磷药剂与水和种子按 1∶30∶（400～500）的比例拌种；用 25%辛硫磷胶囊剂或 25%对硫磷胶囊剂等有机磷药剂或用种子重量 2%的 35%克百威种衣剂包衣，还可兼治其他地下害虫。

（5）毒饵诱杀。每亩用 25%对硫磷或辛硫磷胶囊剂 150～200g 拌谷子等饵料 5kg，或 50%对硫磷、50%辛硫磷乳油 50～100g 拌饵料 3～4kg，撒于种沟中，也可收到良好的防治效果。

（6）物理防治。有条件的地区，可设置黑光灯诱杀成虫，减少蛴螬的发生数量。

（7）生物防治。利用茶色食虫虻、金龟子黑土蜂、白僵菌消灭蛴螬幼虫。

3.5.12　如何防治玉米双斑萤叶甲

玉米双斑萤叶甲又称玉米双斑长足跗萤叶甲，属鞘翅目叶甲科。成虫体长 3.6～4.8mm，长卵形，棕黄色，前胸脊板宽大于长，表面隆起，每个鞘翅基半部有一圆形淡色斑，四周黑色，成虫能飞善跳，有群居性。成虫啃食玉米叶肉，留下表皮；抽雄后取食玉米花丝影响授粉，成虫也为害嫩粒，将籽粒吃掉或造成籽粒破碎。该虫以成虫群集危害，主要为害玉米叶片。成虫取食叶肉，残留不规则白色网状斑和孔洞，严重影响光合作用，8 月咬食玉米雌穗花丝，影响授粉。也可取食灌浆期的籽粒，引起穗腐。主要防治措施如下。

（1）及时铲除田边、地埂、渠边杂草，秋季深翻灭卵，均可减轻受害。

（2）发生严重的可用 50%辛硫磷乳油 1500 倍液，或 20%速灭杀丁乳油 2000 倍溶液，或 25%快杀灵 1000～1500 倍液，或 2.5%高效氟氯氰菊酯乳油 1500 倍液，或 20%杀灭菊酯乳油 1500 倍液，或 20%吡虫啉乳油 3000 倍液喷雾，重点喷在雌穗周围，喷药时间在 22 时以后，9 时之前。

3.5.13　如何防止鼠害

（1）毒饵诱食。一般用敌鼠钠盐粉剂与米粒含药效成分 0.1%的毒饵进行诱食毒杀。

（2）种衣剂处理。对播种用种子统一进行加工包衣处理，经过包衣处理的种子还可防鸟、病、虫等多种危害。

（3）地膜覆盖。地膜覆盖是玉米高产的一个重要途径，田间播种后，覆膜具有明显的遮盖、防鼠效果。

（4）营养钵育苗。一般春播玉米，种子播种在营养苗床内，四周覆盖塑料薄膜封闭保温，老鼠难危害。

第4章 川西平原马铃薯生产主要关键技术

4.1 川西平原马铃薯生产概况

4.1.1 川西平原马铃薯种植历史、生产现状如何？在农业生产中都有哪些重要意义

川西平原历来是我国重要的商品粮油作物主要产区和供应基地,种植马铃薯的历史悠久,根据地方志记载,最早可追溯到清朝嘉庆年间。道光年间,马铃薯因其适应性强,种植面积不断扩大,至清朝末年,马铃薯已在川西平原广泛种植,在人们的饮食生活中占有重要地位。20 世纪三四十年代,由于战乱频繁,灾害严重,马铃薯因适应性广、粮菜兼用、产量高,而受到人们的普遍重视,在川西平原乃至四川省种植区域和产量都有所增加。据 1934 年《民国华阳县志》中记录:"薯类似芋微小,俗呼洋芋。盖自海外来,近二三十年始有之。山民以当谷食品,与甘薯同功。"中华人民共和国成立以后,针对马铃薯种质资源匮乏、科研力量薄弱、生产器具落后等现实问题,四川开展了种质资源引进、新品种选育、生产条件改良、人才培养体系建设等工作,马铃薯种植面积和种植水平得到了大幅提升。

2015 年初,国家农业部提出"要通过推进马铃薯主粮化,因地制宜扩大种植面积",马铃薯逐渐成为继小麦、玉米、水稻之后的第四大主粮。2013 年,四川马铃薯种植面积76.8 万 hm^2,总产 1405 万 t(鲜重),种植面积和产量位居全国第一,分别占全国的 13.4%和 13.9%,全省马铃薯播种面积占粮食作物播种面积的比例由 2000 年的 4.43%提升至 2013年的 11.87%(图 4.1)。川西平原马铃薯播种面积近年来稳定在 4 万～5.3 万 hm^2,占该区域农作物总播种面积的 5%～7%;马铃薯鲜薯产量约 70 万 t,占川西平原粮食总产量的 5.5%左右,单位面积产量呈缓慢增长态势,目前马铃薯鲜薯产量达到 16.92t/ hm^2 左右。

马铃薯在川西平原农业生产体系中具有重要的战略地位,川西平原地处温带,气候温和、雨量充沛,非常适宜马铃薯生长发育。成都市作为全国首批"统筹城乡综合配套改革试验区",位于川西平原核心地带,随着乡村振兴战略的实施、高标准农田建设的深入推进,近年来涌现了一批适度规模化经营主体,为川西平原马铃薯实现集约化、规模化生产创造了条件。马铃薯是一种菜粮兼用型作物,营养丰富、用途多样、产业链长,对改善居民膳食结构,满足多元化的粮食需求具有重要作用。在当前土地资源、水资源约束不断加大的情况下,水稻、小麦、玉米的增产空间有限,而马铃薯适应性强,不仅能在干旱半干旱地区获得高产,还能进行冬季种植,但我国的马铃薯单产水平与世界发达国家相比还有

较大差距，这说明合理提高科技含量、开发推广新品种，马铃薯的单产水平还有较大的提升空间。面对严峻的粮食安全压力，马铃薯对保障粮食安全的意义愈发重大。

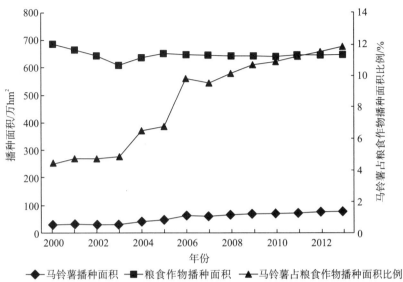

图 4.1 2000～2013 年四川省马铃薯、粮食作物播种面积及所占比例

4.1.2 川西平原马铃薯栽培有哪些模式

川西平原作为我国的传统农业耕作区域，形成了以水稻为核心的粮经周年复合高效立体种植模式，通过合理安排品种和茬口，能有效提高产出水平，保障粮食安全。马铃薯不论在川西平原水旱轮作的平坝区域，还是盆周低山丘陵区，在调结构、提产能、增效益等方面都显示出了重要作用，是多熟制模式配置中不可或缺的砝码。根据生态区的不同特点，马铃薯主要分为净作和间套作两种模式，在川西平原及盆周山区，马铃薯形成了盆周山区兼用型、平原坝区菜用型的生产类型。

在平原及丘陵稻田区，马铃薯以净作为主，搭配水稻，发展出马铃薯与水稻水旱轮作模式：一是秋马铃薯/油菜-水稻，在水稻收获后宽窄行，采用稻草覆盖种植秋马铃薯，11月上旬在马铃薯行间移栽 2 行油菜，马铃薯 11 月中下旬收获，油菜收获后正季移栽水稻，变过去的"麦或油-稻"两熟为三熟；二是"春(冬)马铃薯-水稻-秋马铃薯(秋菜)"，水稻收获后种植秋马铃薯，秋马铃薯或秋菜收获后，采用地膜覆盖净作种植冬、春马铃薯，4月底至 5 月初移栽水稻。例如，在金堂等区域，采用"薯-稻-薯"模式，冬马铃薯在 12月中、下旬栽种，地膜覆盖栽培，次年 4 月上、中旬收获，产量一般为 1500～1800kg(鲜重)/亩，较山区的春马铃薯早上市 2 个月左右，价格高，效益好。

在平原及盆周低山丘陵旱作区域，发展出了一整套马铃薯与其他作物间套作的模式：一是春(冬)马铃薯/玉米/甘薯，利用改制的预留空行增种一季早春马铃薯，在马铃薯行间种玉米，马铃薯收后再种一季甘薯；二是春(冬)马铃薯/玉米-秋马铃薯，利用改制的预留空行增种一季早春马铃薯，在马铃薯行间种玉米，玉米收后再种一季秋马铃薯；三是小麦

+冬马铃薯/玉米/甘薯(大豆)。通过合理利用光热资源,改进传统的生产方式,整合时空效应,科学间套,每个作物自身的优势都得到了充分发挥,并协同促进了复合群体结构的优化,增强了植物的抗逆性,对于促进农业增效、农民增收具有较高的现实价值。

按照马铃薯的播种和收获季节,可将川西平原马铃薯生产划分为秋、冬、早春3个种植季节。11月中旬至12月下旬播种,次年3月中旬至5月收获上市,为冬作马铃薯,该模式在平坝区分布较为广泛,采用平作起垄、地膜覆盖的方式进行种植;1月上旬至2月上旬播种,5月中旬至6月下旬收获上市,为早春马铃薯,目前川西平原龙门山脉沿线的盆周山区采用此模式,但在整个区域内分布较少;8月下旬至9月上旬播种,12月中上旬收获上市,为秋马铃薯。低温霜冻是影响早春、冬作马铃薯的主要因素,近年来已经开始探索保护地双膜覆盖种植冬马铃薯,试验表明,"大棚+地膜覆盖"可将冬马铃薯的播种时间提早到11月上旬,后期注意棚内温湿度调控,及时揭开地膜,做好病虫害防治,可将上市时间提早到次年3月上旬。

4.1.3 马铃薯的营养保健价值和开发前景怎样

马铃薯块茎含有丰富的淀粉,和大米、小麦一样非常适合作为主食,在欧洲,马铃薯也被称为"第二面包""地下苹果"。块茎是马铃薯储藏营养的器官,具有较高的营养价值、加工转化价值和食疗保健作用,其主要成分见表4.1。

表 4.1 马铃薯和其他粮食营养成分含量比较表(每 500g 的含量)

品名	蛋白质/g	脂肪/g	糖类/g	热量/cal	粗纤维/g	矿物质/mg				维生素/mg				
						钾	钙	磷	铁	胡萝卜素	维生素 B_1	维生素 B_2	维生素 B_3	维生素 C
鲜马铃薯	8.4	3.1	123	554	6.2	5.3	48	260	4.1	9.04	0.44	0.13	1.8	79
标准米	40.0	7.0	380	1745	2.0	5.0	70	1275	15.0	0	1.9	0.25	17.5	0
标准面粉	49.5	9.0	375	1780	3.0	5.5	190	1340	21.0	0	2.3	0.30	12.5	0
小米	48.5	8.5	385	1810	0.5	7.0	105	1200	23.5	0.60	3.3	0.45	8.0	0
玉米面	45.5	21.5	360	1815	7.5	6.5	110	1550	17.0	0.65	2.25	0.50	8.5	0
荞麦面	56.0	12.0	360	1770	6.0	10.5	50	900	6.0	0	2.05	0	11.0	0
莜麦面	78.0	16.0	335	1795	15.5	8.5	345	1950	19.0	0	2.0	0.70	12.5	0
黄豆	181.5	92.0	125	2055	24.0	25.0	1835	2855	55.0	2.0	3.95	1.25	10.5	0
黑豆	186.5	91.5	150	2170	17.0	25.0	1200	2650	27.0	1.8	3.3	1.2	1.3	0

(1)淀粉:马铃薯块茎中水分占 75%~80%,干物质占 20%~25%,淀粉占干物质的 60%~80%,所含淀粉兼有直链和支链结构,体积大,较禾谷类作物的淀粉更易于人体吸收。新鲜烹饪的马铃薯,其淀粉几乎完全被人体消化,因此马铃薯是一种易吸收的碳水化合物能量来源。

(2)蛋白质：新鲜马铃薯块茎蛋白质含量为 1.7%～2.1%。马铃薯块茎中的蛋白质种类非常多，其中含有 8 种人体必需氨基酸，如赖氨酸、苏氨酸和色氨酸的含量很高，尤其是蛋白质分子结构与人体的基本一致，吸收利用率几乎达到 100%。马铃薯中的高品质蛋白为人类氮元素的 RDA(推荐膳食营养供给量)提供了一定的比例。在同等条件下，马铃薯单位面积上的蛋白质产量是小麦的 2 倍、水稻的 1.3 倍、玉米的 1.2 倍。

(3)脂肪：马铃薯块茎中的脂肪含量较低，一般为 0.1%左右，相当于粮食作物的 1/5～1/2。

(4)粗纤维：新鲜马铃薯块茎中含有 0.6%～0.8%的粗纤维，低于玉米，高于大米和面粉的粗纤维含量。

(5)维生素：马铃薯块茎含有多种维生素，如维生素 A(胡萝卜素)、维生素 B_1(硫胺素)、维生素 B_2(核黄素)、维生素 B_3(烟酸)、维生素 B_6(吡哆醇)、维生素 B_9(叶酸)、维生素 C(抗坏血酸)、维生素 K(凝血维生素)。其中以维生素 C 的含量最为丰富，在鲜块茎中占 0.02%～0.04%。1 个 150g 重的马铃薯的维生素 C 含量约等同于 10 个相同重量的苹果的含量，B 族维生素含量是苹果的 4 倍。一个成年人每天吃 500g 马铃薯，即可满足人体对维生素 C 的全部需求。

(6)矿物质：矿物质占马铃薯块茎干物质的 2.12%～7.4%，一般 500g 鲜块茎中含钾 5.3mg、钙 48mg、磷 260mg、铁 4.0mg，还含有镁、碳、氯、硅、钠、硼、锰、锌和铜等。马铃薯的矿物质灰分多呈碱性，为一般蔬菜所不及，对平衡食物的酸碱度有较好效果。

(7)其他成分：马铃薯块茎中类胡萝卜素以紫黄质和叶黄素为主，特别是橙色肉质马铃薯的类胡萝卜素浓度比白色肉质马铃薯的高，长期食用对于眼部健康十分有益；另外，马铃薯中还含有一定量的黄酮醇类物质、花青素、地骨皮胺、绿原酸，这些物质分别对降低心脏疾病风险、清除体内自由基、降血压、抗病抑菌有一定作用。

马铃薯营养成分多样且丰富，具有非常高的保健价值。例如，马铃薯中丰富的 B 族维生素和纤维素，对延缓人体衰老有一定作用。中医认为马铃薯能和胃、温中、健脾、益气，对治疗胃溃疡大有裨益；块茎中的粗纤维还可以起到润肠通便的作用；另外，一些有色薯肉马铃薯品种，含有大量花青素，对于防癌、清除自由基、抗氧化有一定作用。

马铃薯有巨大的增产潜力、增收潜力和加工增值潜力，是单位面积和单位时间内作业效率最高的粮食作物，同时也兼具菜、饲和工业原料的功能。马铃薯已经成为"镰刀弯"地区调整种植结构、优化资源配置的重要作物。马铃薯的产业链也是所有作物中最长的，可加工成速冻薯条、油炸薯片、膨化食品、冲调食品，还可加工成全粉，是快餐薯泥等后延产品的中间原料；马铃薯淀粉经加工成的变性淀粉，被广泛应用于医药、造纸、纺织、铸造等多种工业。

4.1.4　适合川西平原栽培的马铃薯品种有哪些？具有哪些主要性状

高产、稳产、抗病、耐贮和优质是中国马铃薯最重要的育种目标。根据品种审定部门公告统计，截至 2016 年，中国共审定马铃薯品种 611 个(含国外引进品种)，其中绝大多数为鲜食品种，而加工品种以国外引进品种为主。川西平原冬无严寒，无霜期可达

260～300d，周年降雨充沛，非常适宜种植早熟、鲜食、粮菜兼用型马铃薯。根据生产实际，以下介绍部分适合川西平原及四川省区域种植的马铃薯品种。

1. 四川省农业厅发布的主导品种(2006～2016年)

(1)川芋10号：四川省农业科学院作物所育成，2006年通过四川省品种审定。中早熟，生育期81.6d，株高60.8cm，块茎椭圆形，薯皮浅红杂色，薯肉黄色，表皮光滑，芽眼浅、少，呈红色。结薯集中，单株结薯5.4个，大中薯率80.0%，休眠期中等，贮藏性好。鲜薯块茎淀粉含量19.80%、维生素C含量10.8mg/100g鲜薯、还原糖含量0.019%。晚疫病为高抗，抗病毒PVY、PLRV。该品种抗病、高产、优质、适应性广，加工、鲜食俱佳。省区试平均鲜薯产量24441kg/hm²，较对照川芋56增产35.06%，达极显著水平。适宜四川马铃薯主产区净作、间套和复种。

(2)川凉薯5号：凉山州西昌农科所高山作物研究站育成，2010年通过四川省品种审定。生育期83d左右；薯块椭圆形，黄皮黄肉，芽眼数量中、深度浅，耐贮藏；单株结薯13个，大中薯比例75.4%；贮藏性与对照米拉相当；块茎干物质含量19.7%、淀粉含量14.21%、还原糖含量0.085%、维生素C含量28.2mg/100g鲜薯、粗蛋白含量2.01%；高抗卷叶病毒病，抗晚疫病、癌肿病、轻花叶病毒病。省区试平均鲜薯产量24036kg/hm²，较对照米拉增产14.7%。适宜川西南山区、盆周山区、盆地丘陵区、川西平原区种植。

(3)达薯1号：达州市农业科学研究所育成，2012年通过四川省品种审定。生育期77d左右。株高60cm，主茎数3.8个，黄皮、黄肉，薯块扁圆形，芽眼少、浅，大中薯率80%左右。省区试平均鲜薯产量19560kg/hm²，较对照米拉增产14%。适宜四川省平坝区、中高山区及相似生态区域种植。

(4)川芋早：四川省农业科学院作物所育成，1998年通过国家品种审定。早熟，生育期70d，株高58cm；抗PVY、PLRV，较耐旱。薯形椭圆，薯皮、薯肉均为浅黄色，表皮光滑，芽眼浅，大中薯率85%以上。块茎休眠期短，淀粉含量14.19%、维生素C含量9.77mg/100g鲜薯、还原糖含量0.4%。省区试平均鲜薯产量21112kg/hm²，较对照疫不加增产24.4%。适合我国西南及南方低山和平丘区的二季作地区净作及间套复种。

(5)川凉薯2号：凉山州西昌农科所高山作物研究站育成，2009年通过四川省品种审定。生育期88d左右；株高55～65cm，主茎数3～4个；薯块大、整齐，薯形长圆，淡黄皮白肉，芽眼数量少、深度浅，休眠期较长、耐贮藏；单株结薯8.0个左右，单株重418.49g，大中薯比例77.78%以上；块茎干物质含量21.9%、淀粉含量16.05%、还原糖含量0.079%、维生素C含量19.6mg/100g鲜薯、粗蛋白含量1.97%。抗晚疫病，高抗轻花叶和卷叶病，感青枯病。省区试平均产量24908kg/hm²，较对照米拉增产23.13%。四川省适宜区域种植。

(6)川芋117：四川省农业科学院作物所育成，2010年通过四川省品种审定。中早熟型，生育期83d。块茎圆形，黄皮白肉，表皮光滑，芽眼中等。植株生长势强，大中薯率达73.6%。平均株高54.3cm，茎绿色，叶绿色，花白色。抗晚疫病，高抗轻花叶和卷叶病。食味好，耐贮藏。省区试鲜薯平均产量23070kg/hm²，较对照平均增产15%。适合在四川省中、低海拔地区的中浅山及平丘区排/透水性好的地方种植。

(7)川凉薯1号：凉山州西昌农科所育成，2008年通过四川省品种审定。中晚熟，全生育期 119d。株高 60～70 cm，主茎 4～5 个。薯形椭圆，黄皮白肉，芽眼浅，结薯集中，平均单株结薯 10.3 个，大中薯率 74.60%。休眠期中等，耐贮藏。抗卷叶病毒和晚疫病，感轻花叶病毒。薯块干物质含量 23.2%、粗蛋白含量 2.01%、淀粉含量 17.67%、还原糖含量 0.1%、维生素 C 含量 14.9mg/100 g 鲜薯。省区试鲜薯平均产量 35208kg/hm^2，较对照增产 15.9%。凉山州为适宜种植区。

(8) 川芋 56：四川省农业科学院育成，1987 年通过四川省品种审定。全生育期 105d，休眠期短，株高 50cm，宜间套作。薯形椭圆，黄皮黄肉，芽眼浅。抗晚疫病和癌肿病。省区试鲜薯平均产量 17715 kg/ hm^2。适宜四川省山区及半山区种植。

(9) 凉薯 8 号：凉山州西昌农科所高山作物研究站育成，2006 年通过四川省品种审定。生育期 78～100d，株高 50～80cm，块茎呈椭圆形，黄皮黄肉，表皮光滑，芽眼较浅，结薯集中；块茎休眠期中等，较耐贮藏；高抗晚疫病，抗 PVY、PVX 病毒病，抗癌肿病。薯块干物质含量 23.51%、淀粉含量 17.8%、还原糖含量 0.19%、维生素 C 含量 11.91mg/100g 鲜薯。省区试鲜薯单产 24630kg/hm^2，较对照增产 8.0%。适宜四川省凉山州二半山、山区及盆周山区种植。

(10) 青薯 9 号：该品种 2015 年通过四川省品种审定，适合在四川省马铃薯主产区种植，属于晚熟类型，生育期 86d 左右，株高 83cm 左右，商品薯率 66.6%，抗旱、耐涝、中抗晚疫病、高抗病毒病。2013～2014 年省区试平均亩产 1972.4kg，比米拉增产 39.7%；2014 年生产试验平均亩产 1913.9kg，较对照米拉增产 32.4%。

2. 生产上常用品种

(1) 费乌瑞它：1998 年青海省民和县农作物脱毒技术开发中心从天津市农科院植物研究所引进，经试种而成。2007 年通过青海省品种审定。早熟，生育期 80d，株高 43cm，生长势强。薯块长椭圆，表皮光滑，薯皮色浅黄。薯肉黄色，致密度紧，无空心，芽眼浅。单株结薯数 5 个，结薯集中，薯块整齐，耐贮藏，休眠期 (80±10d)。较抗旱、耐寒，耐贮藏。抗坏腐病，较抗晚疫病、黑胫病。块茎淀粉含量 16.58%、维生素 C 含量 25.18mg/100g 鲜薯、粗蛋白含量 2.12%、干物质含量 20.41%、还原糖含量 0.246%，鲜薯产量 22500～28500kg/hm^2。在四川省适宜地区种植。

(2) 中薯 5 号：中国农业科学院蔬菜花卉所育成，2001 年通过北京市品种审定。早熟，生育期 60d。株高 55 cm。块茎略扁、圆形，淡黄皮淡黄肉，表皮光滑，大而整齐，春季大中薯率可达 97.6%，芽眼极浅，结薯集中。炒食品质优，炸片色泽浅。较抗晚疫病、PVX、PVY 和 PLRV 花叶和卷叶病毒病，生长后期轻感卷叶病毒病，不抗疮痂病。块茎干物质含量 18.5%、还原糖含量 0.51%、粗蛋白含量 1.85%、维生素 C 含量 29.1mg/100 g 鲜薯。平均产量 30000 kg/ hm^2。在四川省适宜地区种植。

(3) 中薯 2 号：中国农业科学院蔬菜花卉研究所育成，1989 年通过北京市品种审定。早熟，出苗后 50d 可收获商品薯，商品薯率 90% 以上。结薯集中，单株结薯 4～6 个，块茎大而整齐，薯块圆形，皮光滑，芽眼中深，白皮白肉，高产、稳产，抗花叶和卷叶病毒。块茎休眠期短，适合二季作栽培，秋播易于催芽。缺点是高温缺水时易产生次生块茎。产量在 37500kg/ hm^2 以上。在四川省适宜地区种植。

(4)抗青 9-1：贵州省马铃薯研究所育成，2008 年通过贵州省品种审定。中熟品种，全生育期 88.7d，株高 73.6 cm。薯块扁圆形，芽眼浅，芽眼数中等，表皮光滑，黄皮黄肉，薯块大小中等、整齐度中等，大中薯率 75.0%。块茎干物质含量 23%、淀粉含量 14.31%、还原糖含量 0.07%、蛋白质含量 3.14%。省区试鲜薯平均产量 22245kg/hm²，较对照米拉增产 4.13%。在四川省适宜地区种植。

(5)兴佳 2 号：中熟马铃薯品种，2015 年由黑龙江省大兴安岭地区农业林业科学研究院选育。该品种在适应区种植生育期 87d 左右，株型直立，株高 71cm 左右，分枝较多。块茎椭圆形，淡黄皮浅黄肉；芽眼浅；块茎干物质含量 19.94%～19.98%、淀粉含量 12.91%～13.51%、维生素 C 含量 11.18～14.34mg/100g 鲜薯、粗蛋白含量 1.10%～2.13%。抗晚疫病，抗 PVX、PVY 病毒。结薯集中，商品薯率 83%。2012～2013 年区域试验平均产量 32221.5kg/hm²，较对照品种克新 13 号增产 19.6%；2014 年生产试验平均产量 36981.0kg/hm²，较对照品种克新 13 号增产 18.5%。

3. 特色马铃薯品种

(1)蓉紫芋 5 号：成都市农林科学院作物研究所等单位选育，2014 年通过四川省品种审定。早熟紫色鲜食品种，生育期 64 d 左右，株高 47 cm。薯块长椭圆形，紫皮、深紫肉，表皮光滑，芽眼少，深度浅；结薯较集中，平均单株结薯 6～8 个，平均单株薯块重 288 g，大中薯率 61.4%；休眠期短，出苗率 93%以上；块茎淀粉含量 12.5%、还原糖含量 0.20%、维生素 C 含量 22.6mg/100g 鲜薯、花青素含量 43.90mg/kg 鲜薯；耐贮藏，感晚疫病，中抗病毒病。省区试平均鲜薯产量为 12424kg/hm²，较对照川芋 56 增产 6.2%。适宜四川省中低海拔早熟马铃薯种植区种植。

(2)川芋彩 1 号：四川省农业科学院作物研究所育成，2013 年通过四川省品种审定。早熟，生育期 71d 左右。植株生长势较强，出苗率 92%左右，平均株高 54cm。块茎长圆形，皮红色，肉黄色带紫色环状花纹，表皮光滑，芽眼浅。大中薯率 61.1%，块茎淀粉含量 16.8%。抗晚疫病，中抗轻花叶病毒病和卷叶病毒病。省区试鲜薯平均产量 18465kg/hm²。适宜四川低山区及平丘区排/透水性好的壤土种植。

4.2 马铃薯生物学特征

4.2.1 马铃薯的生育期分为哪些阶段

马铃薯的生育期分为以下 6 个阶段。

(1)休眠期。新收获的马铃薯块茎给予最好的条件也不能发芽，必须经过一段时间（2～4 个月）才能发芽，这种现象称为块茎休眠。实际上，块茎休眠在母体植株的匍匐茎顶端开始膨大时就开始了，而且幼嫩块茎的休眠期较完全成熟块茎的休眠期长，为了便于计算休眠期，一般认为从块茎收获到其芽眼萌动的这段时期为休眠期。

(2)发芽期。从块茎芽眼萌动、发芽到出苗，该时期长短差异较大，一般为 20～30d。

此阶段主要是根和芽的生长。

(3)幼苗期。从出苗到第六叶或第八叶展平,即完成 1 个叶序的生长,称为"团棵",该时期时间较短,只有 15～20d。此阶段以茎叶生长和根系发育为主,同时伴随匍匐茎的伸长以及花芽和侧枝茎叶的分化。

(4)发棵期。从团棵到主茎的茎叶全部建成,即主茎的封顶叶(早熟品种一般为第 12 叶,中晚熟品种一般为第 16 叶)展平;早熟品种以第一花序开花并发生第一对顶生侧枝,晚熟品种以第二花序开花并从花序下发生第二对侧枝,为马铃薯的发棵期,为时 30d 左右。此阶段以茎叶迅速生长为主,逐渐转移到以块茎膨大为主的结薯期。

(5)结薯期。即块茎的形成期,发棵期完成后,便进入以块茎生长为主的结薯期。此阶段茎叶生长日益减少,基部叶片开始转黄和枯落,有机养分不断向块茎输送,块茎随之加快膨大,开花期后 10d 膨大最快,一般为 30～50d。

(6)成熟期。当 50%的植株茎叶变黄时,即进入成熟期,该时期块茎大小基本定型,且易从匍匐茎端脱落。

4.2.2　马铃薯对生长环境的土壤有什么要求

马铃薯要获得优质高产,必须选择适宜其生长的土壤:一是选择土壤肥沃、地势平坦、排灌方便、土层深厚、土质疏松的微酸性沙壤土或壤土(pH 为 5.0～6.5),这样的土壤保水、保肥性能好,有利于根系发育和块茎膨大;二是选择 3 年内没种植过马铃薯、番茄、辣椒、茄子等茄科作物的地块进行栽培,以减少病虫害的发生。

4.2.3　光照对马铃薯发芽、生长、结薯有什么影响

马铃薯是喜光作物,对光照强度和日照长短反应强烈。生长期内,日照时间长,光照充足,有利于花芽的分化和形成,也有利于植株茎叶等同化器官的建成,提高光合效率,实现高产。不同时期生长的侧重点不同,对光照的要求也不尽相同。

(1)光照对发芽的影响。将度过休眠期的块茎放于散射光下,可催成粗壮、绿色短状芽,播种时不易损伤,出苗整齐、健壮。黑暗条件下,块茎发出细嫩的芽,易折断,为减少播种时伤芽,应将芽块放于散射光下炼芽,待芽变绿后才可播种。

(2)光照对茎叶生长的影响。幼苗期以根系的发育为主,这一阶段需要强光照、短日照;发棵期以茎叶生长为主,这一阶段要求强光照、长日照和适当的温度,植株生长快,茎秆粗壮,枝繁叶茂。增强光合作用,促进光合产物的合成,是块茎膨大和产量积累的基础。

(3)光照对结薯的影响。块茎形成和膨大期,需要强光照、短日照和较大的昼夜温差,这是因为短日照可以起到良好的控茎叶生长的作用,减少光合产物在茎叶中的损耗,而较大的昼夜温差又能最大限度地保障淀粉积累,促进薯块的快速膨大。

4.2.4　马铃薯不同生长阶段需要什么样的温度条件？低温和高温对马铃薯生长有什么影响

马铃薯是喜冷凉气候作物，怕霜冻，又怕高温，不同生育时期对温度的要求不尽相同：发芽期，温度达到 5℃时芽眼萌动，7℃时开始发芽，10～12℃时生长较快，幼芽生长适宜温度为 13～18℃，温度低于 4℃时种薯不发芽，温度高于 36℃时种薯也不发芽且易腐烂；幼苗期和发棵期是茎叶生长和进行光合作用的营养生长阶段，最适宜的温度为 16～22℃，超过 25℃，茎叶生长缓慢，超过 35℃或低于 7℃，茎叶停止生长，气温为-1℃时幼苗受冻害，气温为-3℃时植株全部冻死；结薯期的温度直接影响块茎形成和干物质积累，以 16～18℃的地温、18～21℃的气温，对块茎的形成和生长最有利，日平均气温超过 21℃，块茎生长缓慢，日平均气温超过 24℃，块茎生长受到严重抑制，日平均气温达到 29℃、地温超过 25℃，块茎停止生长。此外，昼夜温差比较大的环境非常适合薯块的干物质累积，白天相对高温能够提高光合效率，增加干物质合成量，夜晚温度较低，能够减少植株对干物质的消耗。

通过播种期的调节，冬春作马铃薯播种时盖地膜可提高地温，促进其早出苗、早生长，同时防止倒春寒带来的冻害发生；块茎膨大期间适时、适量浇水，调节土温，满足马铃薯生长所需的温度条件，可发挥其最大的增产潜力，达到高产。

4.2.5　马铃薯不同生长阶段对水分的需求怎样？忽湿、忽干对马铃薯生长会造成什么影响

马铃薯不同生长阶段对水分的需求不同。

(1)发芽期需水量非常少，靠种薯内含有的水分便能正常发芽，土壤不宜过湿，以免通气性不佳，缺乏氧气导致种薯气孔张开感染病菌造成烂种、烂根；土壤也不宜过干燥，防止块茎中的水分反被土壤吸收，影响出苗。此阶段土壤含水量应为田间最大持水量的50%左右。

(2)幼苗期要保持土壤的通透性，利于根系发育，促进植株苗壮成长。此阶段土壤含水量应为田间最大持水量的60%左右。

(3)发棵期为茎叶快速生长和干物质开始急剧积累的时期，水分需求量大，前期土壤含水量应为田间最大持水量的70%～80%，提高根系对肥料的吸收率，促进茎叶生长，形成强大的绿色体，为结薯提供良好的基础；后期地下匍匐茎开始膨大，为促进光合产物向块茎运输，加快块茎干物质积累，应将土壤湿度降低到田间持水量的60%左右，适当控制茎叶徒长，减少对光合产物的消耗。

(4)结薯期对干旱极其敏感，即使轻微而短暂的缺水都会造成大幅减产，而干旱后再降雨或灌溉时，易造成块茎的二次生长，形成畸形薯。此阶段前期应使土壤水分保持在田间最大持水量的70%～80%，如遇干旱应及时灌溉；后期降低土壤湿度到50%～60%，有利于薯皮木栓化，以便收获。

土壤水分对马铃薯商品性影响很大，忽干、忽湿会造成薯块的二次生长。在结薯期，如遇高温干旱，块茎便停止生长，之后由于降雨或灌溉，使原本的块茎又处于适宜的生长条件，但此时的块茎表皮局部或全部已经老化不能继续膨大，而没有老化的部分芽恢复生长，从而形成各种各样的畸形薯，降低商品性。

4.2.6　各类矿质营养元素对马铃薯的生长有什么作用

马铃薯生长除了需要氮、磷和钾三种大量元素外，还需要 10 多种中量元素和微量元素。中量元素包括碳、氢、氧、钙、镁、硫；微量元素包括铁、锰、硼、铜、锌、钼等。其中，除碳、氢、氧是通过光合作用从大气和水中摄取外，其他营养元素主要是通过根系从土壤中吸收而来；种薯中的部分矿质元素，也被转移到新器官中。这些矿质元素，有的用于调节植物体内生理功能，有的作为有机体组成成分，也有两者兼备的。缺乏任何一种元素，都会引起植株生长失调，最后导致产量和品质降低。因此，在马铃薯生长过程中应注意全面的矿质营养，根据土壤类型，合理施肥。

氮素对马铃薯营养器官的形成和生长有良好的作用。氮素营养充足时，能促使茎叶生长，枝叶繁茂，同化面积大，延长叶片功能期，光合作用增强，利于养分积累，以提高块茎干物质含量、蛋白质含量和产量。氮肥不足时，会导致植株根系发育不良、生长缓慢，茎秆细弱，植株矮小，叶片小而薄，叶色变成黄绿或灰绿，叶片逐渐褪绿、脱落，导致减产和品质下降；施用氮肥过量时，会引起植株徒长，茎叶互相遮阴，光合效率下降，底部叶片不见光而变黄脱落，延迟结薯，产量降低。

磷素对马铃薯的生长、块茎的形成以及淀粉的积累都有良好的促进作用。磷肥充足时，能提高氮肥利用率，特别是可以促进根系的发育，幼苗发育健壮，促进植株早熟，增强植株的抗旱和抗寒能力，提高块茎品质、增强耐贮性。磷肥不足时，生育初期症状明显，根系发育不良，植株生长缓慢，茎秆矮小或细弱，分枝减少，叶片、叶柄和叶缘均向上竖立，叶片皱缩变小，叶色暗绿，植株缺乏弹性，光合效率低，老叶边缘显现焦斑，早期脱落；块茎内部发生锈褐色的创痕或斑点，创痕部分不易煮烂，影响产量和品质。

钾素主要起调节生理功能的作用，促进光合作用和提高 CO_2 的同化率，促进光合产物的运输，以及植株体内蛋白质、淀粉、纤维素的合成和积累，对马铃薯的产量和品质有重要影响。钾肥充足时，植株生长健壮，茎秆坚实，叶片增厚，可延迟叶片衰老，增强植株的抗寒和抗病性。钾肥不足时，植株生长缓慢，叶尖及叶缘上卷，叶片由绿色逐渐变成暗绿色、黄褐色，后期坏死、枯萎，光合作用减弱，还会导致根系发育不良，吸收能力减弱；块茎变小，产量低、品质差。

钙是构成细胞壁的重要元素，对细胞膜的构成和渗透性以及细胞的生长和分裂方面起重要作用。缺钙时，顶芽、侧芽、根尖等分生组织先受影响，细胞壁形成受阻，植株叶片变小，小叶边缘上卷而皱缩，叶片黄化，后期坏死；茎节缩短，叶片、叶柄及茎上出现杂色斑点；块茎变小、畸形，易发生空心或黑心，贮藏后有的芽顶端变褐坏死，严重时整个芽坏死。

镁是叶绿素的构成元素之一，因此它与植株的光合作用密切相关，同时也是多种酶的活化剂，影响呼吸作用、核酸和蛋白质的合成以及碳水化合物的代谢。缺镁时，影响叶绿素的合成，从基部叶片的小叶边缘开始褪绿变黄，逐渐向上部叶片发展，叶片脉间黄化，叶脉仍呈绿色，严重时，叶片由黄变褐，变厚、脆，向上卷曲，最后枯萎脱落，导致植株早衰而减产。

虽然马铃薯对铁、锰、硼、铜、锌、钼等微量元素的需要量少，但这些微量元素对其生长发育十分重要，有些影响分生组织和新细胞发育，有些影响酶的活性，有些影响光合作用。在植株营养生长阶段要及时并适量补充微肥，促进植株生长，增强植株生长势，提高产量。

4.2.7　梦生薯、裂薯是如何形成的

梦生薯是指种薯萌芽后受低温影响未能及时出苗，在土壤中直接膨大形成的小块茎。形成梦生薯的主要原因是种薯经过长期贮藏处于较老的生理年龄，生长势弱；或是贮藏期温度过高，致使种薯在播种前早已度过了休眠期，具备了发芽能力或已经长出较长的芽。这样的种薯如果条件合适可以正常出苗，但如果播种过早或覆土过厚，种薯长期处于低温的土壤中不能出苗，种薯内营养物质向芽中转移，芽内积累了大量的营养而在土壤内形成了小块茎，即"梦生薯"。

裂薯是指马铃薯块茎在一些不利的气候栽培条件下因块茎内部细胞分裂快，膨大快速，而外部细胞分裂慢，在块茎表面出现裂痕，甚至裂痕深（开裂）的现象。形成裂薯的原因有以下几个方面。

(1) 品种原因。不同品种的开裂敏感程度不一样。

(2) 施肥不当。在块茎生长后期，形状已经固定，皮层组织已硬化，如果施肥量过大，再加上适宜的温度（15～20℃）和充足的水分，就容易使马铃薯块茎膨大速度太快，从而使块茎产生开裂现象。

(3) 降水影响。在马铃薯块茎开始膨大时，如遇干旱就会使块茎膨大速度减慢，而在此时若遇大雨或者连续雨水，马铃薯因吸收水分充足，块茎膨大速度加快，致使块茎出现开裂现象。

(4) 温度影响。温度适宜时块茎迅速膨大，如遇高温或低温，致使块茎外层细胞分裂速度减慢，而内部细胞还在迅速分裂生长，导致块茎外层与内层细胞生长速度不一致，极易造成马铃薯块茎出现开裂现象。

4.2.8　为什么马铃薯留种连作会发生退化

马铃薯种薯连续种植后，出现植株变矮，茎叶异常，如花叶、叶片卷曲或皱缩等，块茎变小，产量降低，品质下降，这种现象称为马铃薯退化，主要是由感染病毒引起的。病毒通过机械摩擦、蚜虫、叶蝉或土壤线虫等媒介传播而侵染植株，由于马铃薯是以薯块进行无性繁殖，一旦感染了病毒就会在体内不断增殖并在新生块茎中积累。块茎不能自身排除病毒，而且会一代代（无性繁殖）传播下去，且逐年加重，因此导致种薯退化，大幅减产。

马铃薯连作的地块养分消耗单一,肥力水平下降,不利于养分的平衡供给,致使马铃薯生长不良,产量和品质下降;土壤微生物种群结构不合理,有害微生物数量逐渐占优势,有些病原菌可长期在土壤中存活,加重病虫害发生。因此,马铃薯忌连作,应与非茄科作物轮作。

4.3　马铃薯高产栽培技术

4.3.1　什么叫脱毒种薯?使用脱毒种薯有什么好处?脱毒种薯在川西平原的推广情况如何

脱毒种薯是指马铃薯种薯经过一系列技术措施(利用无性繁殖植物的顶端优势)清除薯块体内的病毒后,获得的无病毒或极少有病毒侵染的种薯,具有早熟、产量高、品质好等优点。马铃薯的顶端分生组织中病毒含量最少且复制速度最慢,目前常采用人工将茎尖剥离的方式脱毒,茎尖剥离得越小脱毒效果越好。

马铃薯的产量和品质与种薯密切相关,病毒一旦侵入马铃薯植株和块茎,就会引起马铃薯严重退化,并产生各种病症,导致产量大幅下降。使用脱毒种薯的植株生长势强,叶片平展、肥大,叶色浓绿,根系发达,光合作用强,大田平均增产30%~50%。如果原有品种退化严重,可成倍增产。

脱毒种薯生产技术于20世纪70年代中后期引入我国并逐渐完善,但由于生产周期长、成本高,长期以来推广缓慢。为推动脱毒种薯产业的发展,从2009年开始国家到地方先后制定了相关政策,实施生产补贴项目,涉及原原种、原种和一级种薯,不仅原有设施的作用得到充分发挥,而且发展成为从原原种到原种、一级种薯的完整种薯生产体系,通过各地、各方的努力,成效显著,脱毒种薯产业得到快速发展。川西平原的脱毒种薯推广面积由十年前的不到10%提高到目前的35%左右。

4.3.2　种薯质量标准和良繁体系建设情况如何

种薯质量的优劣直接关乎马铃薯的产量和品质。为有效控制种薯质量,我国先后颁布了《马铃薯脱毒种薯》(GB 18133—2000)和《马铃薯种薯产地检疫规程》(GB 7331—2003),前者主要内容包括脱毒苗、基础种薯、合格种薯的定义、来源、分级和标准等,后者规定了马铃薯种薯产地的检疫性有害生物和限定非检疫性有害生物种类、健康种薯生产、检验、检疫和签证等。但在执行过程中,国家颁布的标准和规程在一些地区未得到严格执行,缺乏严格的种薯质量控制,种薯市场混乱,种薯品质良莠不齐,导致我国马铃薯单产低,仅为高产国家的1/3。为提高我国马铃薯单产,应建立完善的良种繁育体系,严格执行种薯质量标准,规范种薯市场,清除市场上的伪劣种薯。

目前,我国根据马铃薯种薯生产现状,已建立并完善了脱毒种薯三级繁育体系,即微型薯原原种(G0)、原种(G1)、种薯(G2)三级体系,到了种薯级别(G2)后提供给农民做种进行商品薯生产。相较于欧美国家的种薯繁育体系,我国的三级种薯繁育体系具有周期短、代数短的特点,有利于发挥脱毒种薯的增产作用,避免种薯级别不清、种薯市场混乱的局面。

4.3.3 播种前选择什么样的地块为好?深耕和整地有什么要求

马铃薯是不耐连作的作物,如果连作,不但病害严重,而且土壤养分失调,导致产量低、品质差。因此,种植马铃薯的地块要选择三年内没有种过马铃薯和其他茄科作物的地块,最好选择地势平坦、排灌方便、土层深厚、土质疏松的微酸性沙壤土或壤土,pH 在 5.5~7.0。

马铃薯播种前要对地块进行深耕和整地。通过深耕使土壤变得疏松,既能提高透气性,还能保护土壤墒情,保肥抗旱,为马铃薯的根系发育及薯块膨大创造有利条件。深耕是保证马铃薯高产的基础,一般耕深 25~35cm,若土壤墒情不好,要提前灌溉一次,再进行深耕。深耕时,结合撒施农家肥(腐熟的牲畜粪便),为防治地下害虫,可混入 3% 的辛硫磷颗粒与农家肥一起深耕入土。

4.3.4 怎么确定马铃薯在川西平原的播种期

适时播种是马铃薯获得高产的重要条件之一。当地气候条件是确定马铃薯播种期的决定性因素,温度低于 4℃时种薯不发芽,温度过高时种薯也不发芽且易腐烂。当土壤表层下 10cm,土温达到 7~8℃时播种,也可将当地晚霜期结束前的 25~30d 定为播种期;如播种后盖膜,可提高地温 2~3℃,可提早 5~7d 播种。

川西平原即成都平原,位于四川盆地西部,东南侧为龙泉山,西北侧为龙门山,年均温 18℃左右。由于其独特的气候条件,可充分利用冬闲田和秋冬的光热资源,一年种植两季马铃薯,即冬春作马铃薯(11~12 月至次年 4~5 月)和秋作马铃薯(8~12 月)。冬春作马铃薯播种期要充分考虑出苗期,避免出苗时遭受晚霜冻害,川西平原冬春作马铃薯适宜的播种期为 11 月下旬至 12 月中上旬;秋马铃薯播种期以旬均气温稳定降至 25℃以下为宜,川西平原秋作马铃薯适宜的播种期为 8 月中下旬至 9 月初。

4.3.5 播种前为什么要进行催芽?如何打破休眠?催芽有哪些要求

种薯播种前进行催芽能保证全苗、促进早熟、增产:①当大田尚不具备播种条件时,人为创造条件进行催芽,让芽眼提前萌动,提前进入发芽期。播种后,只要其他生长条件适宜,就能很快生根、出苗,比未催芽处理的提早 7d 以上出苗,缩短了出苗时间,延长了生育期;②催芽过程中,可淘汰病烂薯,减少播种后田间病株率或缺苗断条,有利于全苗壮苗;③催芽处理的种薯出苗整齐,生育期基本同步,缩小单株间的产量差异,较不催芽的增产 10%~20%。

打破马铃薯休眠的方法主要有两种:①物理方法,采用变温处理可以缩短休眠期,先将种薯在 0～4℃低温贮藏 2 周或 2 周以上，再在 18～25℃温度下贮藏直至发芽。②化学方法，生产上主要采用赤霉素处理，一是用 10mg/L 赤霉素浸种 20～30min，或用喷雾器均匀喷湿种薯，晾干后保持在 18～25℃条件下直至萌芽；二是用 2mg/L 赤霉素+0.2mg/L 2,4-D 浸种 8h，晾干后保持在 20℃左右条件下直至发芽。

种薯要催出短壮芽，应注意以下几点：①应先切块后催芽，这样有利于打破顶端优势，使块茎所有芽眼都能萌发。②催芽时间根据品种、种薯生理年龄等确定，如果催芽时未过休眠期，应采用物理方法或激素进行处理，前者是用消毒后的刀在整薯的芽眼旁划一刀，后者是用一定浓度的赤霉素处理种薯。③催芽温度以 15～20℃为宜，温度过低，出芽慢；温度过高，芽徒长且细长，播种易折断，出苗瘦弱。④将出芽的切块或小整薯放在散射光下炼芽，待芽变绿或变紫后播种，保证出苗整齐、健壮。⑤催芽过程中要将切块的种薯放于阴凉处，使切面尽快愈合，应尽量散放切块催芽防止烂种，如堆放薯块则以 2、3 层为宜，避免太厚导致下层温度过高薯块芽徒长。

4.3.6　为什么提倡用小整薯播种

用小整薯播种有许多好处。①出苗率高，苗齐苗壮：整薯外面有一层木栓化表皮，可以使块茎内的水分和养分不易损失，可供种薯发芽和芽生长所需的充足水分和养分，保证出苗率高且苗壮，出苗率一般为 92%～98%；②发挥顶端优势，提高产量：整薯播种时，由于顶端优势块茎顶部会发出多个主茎，每个主茎可结 3～5 个块茎，主茎数多而增加结薯个数，达到高产，一般增产 15%～50%，最高可成倍增产；③减少病虫害：整薯播种可杜绝许多通过切刀传播的病害，如环腐病、青枯病等细菌性病害和马铃薯 X 病毒、纺锤块茎类病毒等病毒病，特别是对于秋作马铃薯，种薯切块后遇高温高湿伤口不能很快愈合，切面易感染细菌导致腐烂，极易引起大量烂种，必须用整薯播种。

4.3.7　切块播种有哪些利弊？切块播种有哪些要求？怎样进行种薯消毒处理

切块播种可以充分利用种薯每个芽眼，节约种薯，降低生产成本。特别是在播种时，种薯如果未通过休眠或种薯只有顶芽发芽、侧芽尚未发芽时，切块有利于打破休眠，可促使种薯的芽眼及早萌发和出芽。

切块播种在生产上也存在很多不足之处：①播种时若条件较差，如土壤过干或潮湿、地温过低或过高，或种薯本身抗性较差，切块的种薯容易腐烂或失水干缩，造成出苗不整齐，田间缺苗严重，最终导致产量降低。②种薯切块时若刀具未消毒会导致许多病毒、细菌性病害通过切刀在种薯间传播。③种薯切块后若伤口不能很快愈合，切面易感染细菌导致腐烂，特别是播种时高温、高湿，容易引起大量烂种，造成田间缺苗严重甚至减产。

种薯切块后需进行消毒处理后才能播种，否则切块易腐烂。常用的消毒方法有两种：①拌种。用 2kg 70%甲基托布津可湿性粉剂+200g 72%的农用链霉素均匀拌入 50kg 滑石粉，每 100kg 种薯用 2kg 混合粉剂拌匀处理，切块后 30min 内均匀拌于切面。②浸种：不同杀菌剂(多菌灵、甲霜锰锌等)的推荐用量+50g 72%的农用链霉素+50kg 水，配制成推荐浓度的杀菌溶液，将切块种薯浸泡其中，5～10min 后捞出晾干。

4.3.8　川西平原马铃薯一般播种密度多大？用种量如何确定

马铃薯播种密度应根据生产目的、品种类型、自然条件和播种方式等确定，川西平原可一年种植两季马铃薯，即冬春作马铃薯(11～12 月至次年 4～5 月)和秋作马铃薯(8～12 月)，采用一垄双行播种。冬春作马铃薯适宜的生长时间长，一般播种密度为 75000～90000 株/hm²；秋作马铃薯适宜的生长时间短，一般播种密度为 97500 株/ hm²。

马铃薯用种量与种植密度和种薯大小相关。如用小整薯播种，每公斤小薯的个数为 33 个(平均每个小薯约 30g)，计划播种密度为 75000 株/ hm²，则用种量=(75000/33)/ hm²=2272.7kg/ hm²；如用切块播种，每公斤切块数为 40 块，计划播种密度为 75000 株/ hm²，则用种量=(75000/40)/hm²=1875kg/hm²。

4.3.9　起垄栽培有哪些好处？冬春作马铃薯起垄后覆盖地膜有什么好处

起垄可以保持土壤的疏松度，增加透气性，提高马铃薯的存活率和产量。川西平原冬春作马铃薯常采用起垄覆膜栽培：首先整地、开沟，施入肥料和防治地下害虫的农药，然后单垄双行播种，覆土起垄，垄高 20cm、垄宽 80～100cm，喷施除草剂后覆盖地膜。覆膜时要紧贴垄面拉紧，垄的两边用土压实，垄面上每隔几米压土，防止膜被风掀起。

覆盖地膜的好处：①充分利用太阳能，提高地温 2～3℃，有利于促进种薯萌发和根系生长，达到早出苗、早结薯、早上市的目的；②减少地面水分蒸发，保持土壤含水量，有利于根系发育、早出苗、苗全、苗壮；③改善土壤理化性状，避免了风、雨对土壤的侵蚀，对杂草生长有一定抑制作用，为马铃薯生长发育提供良好条件；④提高产量，冬春作马铃薯采用起垄覆膜栽培，能适当早播促进早熟，一般增产 20%～30%，大薯率增加 25% 左右。

4.3.10　地膜覆盖应注意什么？出苗后什么时间进行破膜？不及时破膜会造成什么危害

覆盖地膜时应注意以下几个方面：①地膜的厚度和宽度，一般厚度为 0.3 丝，宽度根据垄宽确定，一般比覆盖的垄宽 10cm；②为防止薄膜被风刮起，覆膜时要紧贴垄面拉紧，垄两边用土压严，膜面要平，用脚踩实，在垄面上每隔几米压土；③因多为垄作覆膜，薯块以上覆盖土层厚度大，播种期早，植株根系扎的范围大，故需加大耕翻地深度，耕深 25～35cm 为宜；④地膜覆盖在前期无法培土，故需加大播种深度，一般薯块覆土厚度为 15～20cm，比露地播种深度的 8～10cm 加深 3～8cm；⑤播种后覆膜，出苗后不便中耕除草，需要在覆膜前喷施除草剂，以防止杂草生长，影响马铃薯幼苗生长；⑥出苗后应及时破膜或揭膜放苗。

马铃薯出苗后要适时破膜或揭膜。早春气温变化大，出苗后必须预防倒春寒带来的冷害冻害，以及高温导致的烧苗。晴天膜下温度高，出苗后若不及时破膜或揭膜放苗，幼苗易被高温烫伤或烫死，严重影响田间植株整齐度和后期的生长。为避免低温带来的冻害，破苗放苗时破膜口应尽量小，也可用细土封口，或覆盖稻草或其他秸秆盖住幼苗；揭膜放苗时应避开寒流天气，在晚霜结束后及时揭膜放苗。

4.3.11　马铃薯需要什么样的肥料？如何做到配方施肥

马铃薯是需钾肥最多的作物，其次是氮肥，磷肥最少，一般每生产 1000kg 马铃薯需 N5~6kg、P_2O_5 1~3kg、K_2O 12~13kg，氮、磷、钾的比例为 2.5∶1∶5.3，种植马铃薯必需适量增施钾肥。有机肥(农家肥)不仅含有马铃薯生长所需的氮、磷、钾三要素，还含有多种微量元素(镁、铁、锌、铜等)和有益微生物，能改良土壤，增强土壤保水能力，提高肥料利用率，为马铃薯生长和结薯创造有利条件。

配方施肥是根据马铃薯的需肥特点，在含测定土壤所含氮、磷、钾的基础上，综合考虑当地的施肥水平、施用肥料种类和数量、经济条件等因素确定，分为以下三个步骤：①根据土地面积，多点采样，进行土壤养分分析，以及施用有机肥的营养成分分析，计算土壤和有机肥中氮、磷、钾的含量，再乘以肥料有效利用率计算出可供马铃薯生长利用的氮、磷、钾量。②设定一个目标产量，根据马铃薯需肥规律，即每生产 1000kg 马铃薯需 N 5~6kg、P_2O_5 1~3kg、　K_2O 12~13kg，计算出需氮、磷、钾的总量，减去土壤和有机肥可提供的氮、磷、钾量，得出需要补充的三要素数量。③根据化肥种类的有效成分和有效利用率计算出需要施用的数量。

马铃薯不同生育期所需营养物质的种类和数量不同，幼苗期需肥量很少，发棵期需肥量迅速增加，到结薯初期达到顶峰，而后吸肥量急剧下降。因此，配方中有机肥作为基肥施用；化肥中 30%尿素作基肥施用，10%~20%尿素作为提苗肥追施，50%~60%尿素作为块茎膨大肥在封行前追施；K_2SO_4 50%作为基肥施用，50%作为块茎膨大肥追施；普钙作基肥施用。

4.3.12　马铃薯生长期间如何进行适时适量灌水？常用的灌溉方式有几种

马铃薯整个生育期中需要有充足的水分，每形成 1kg 干物质的需水量为 200~300kg。若土壤水分不足，会影响植株的正常生长发育，影响块茎膨大和产量。马铃薯不同生长期的需水量不同，应根据土壤墒情和不同生长期的需水量进行适量灌水，才能获得高产。不同生长期的需水量为：发芽期土壤含水量 50%，幼苗期土壤含水量 60%，发棵期和结薯期前期土壤含水量 70%~80%，结薯期后期为 50%~60%。在整个生长期间如降雨少导致土壤干旱时，应及时适量灌水，避免因土壤忽干忽湿导致疮痂病和二次生长的发生。

常用的灌溉方式有沟灌、喷灌和滴灌三种。

沟灌是在没有灌溉设施的条件下，垄作栽培常采用的一种灌溉方式。沟灌时，应根据情况不同确定逐沟灌或隔沟灌，不要大水漫过垄面，保持水量在垄沟的 2/3 处，防止土壤板结，保持垄面的透气性。如果垄条过长或坡度较大，可采用分段灌水的方法，这样既能防止垄沟冲刷，节约用水，又能使灌水均匀一致。

喷灌是将水经水泵加压通过压力管道送到田间，在经喷头喷射到空中，形成细小水滴，均匀喷洒到整个植株上，达到灌溉的目的。其优点包括：灌水均匀一致，节约用水，少占耕地，节省人力，适用于多种地形。我国生产上用得较多的喷灌方式有以下几种：①半移动式管道喷灌，即干管固定，支管移动。②中心支轴式喷灌，即有一个固定的中心点，支管一端固定在水源处，整个支管绕中心点绕行，工作时像时针一样运动。③移动式灌溉，即将灌溉支管连成一个整体，每隔一定距离以支管为轴安装一个大轮子，移动支管时用一个小动力机推动。④大型平移喷灌，即在时针式喷灌机的基础上研制出的可使支管作平行移动的喷灌系统。⑤绞盘式喷灌，即用软管给一个大喷头供水，软管盘在一个大绞盘上，喷头边走边喷。

滴灌是将水直接滴灌至植株根系的灌溉方式。其优点包括：不受地形地貌的影响，减少土壤水分蒸发，充分利用有限的水资源，节水效果显著，还可以根据作物不同生长阶段进行精量施肥。目前在干旱地区常采用膜下滴灌技术，这是一种结合了以色列滴管技术和国内覆膜技术优点的新型节水技术，水、肥、药等通过滴灌带直接作用于根系，加上地膜覆盖，减少蒸发，节水增产效果明显。

4.3.13 马铃薯出苗后至收获期如何进行田间管理

马铃薯的田间管理主要包括中耕除草、培土、浇水、施肥、病虫害防治和收获。

(1)及时破膜或揭膜放苗。播种 20d 后，常到田间查看，当 10%幼苗开始顶膜时破膜放苗，如遇寒流，在寒流后进行。放苗一般在晴天 10 时以前和 16 时以后进行，阴天可全天放苗。

(2)肥水管理。地膜覆盖栽培，施足基肥后一般不追肥，根据植株长势，可以在叶面喷施 KH_2PO_4 等追肥以补充后期养分；生长前期要控制水肥，中后期视土壤墒情适量灌水，收获前 10d 不灌水；及时清理沟渠以防田间积水。

(3)中耕除草培土。一般进行 2 次中耕，苗齐后进行第一次中耕，膜间深锄，除尽杂草，不可伤膜，封垄前进行第二次中耕培土，要浅锄多培土，培成高垄以利于结薯。

(4)病虫害防治。按"预防为主、综合防治"的方针，以"农业防治、物理防治、生物防治为主，化学防治为辅"的原则做到适时防治，早防早治。

(5)适时收获。收获应在晴天进行，做到轻拿轻放，速装速运，注意遮光，防止薯面变绿减低品质。

4.4 马铃薯病虫害及其防治方法

4.4.1 什么是马铃薯晚疫病？晚疫病易在什么气候条件下发生？有哪些症状

马铃薯晚疫病是由致病疫霉引起的一种毁灭性卵菌病害，导致马铃薯茎叶死亡和块茎腐烂。一般不低于 10℃，晚疫病都可能发生，在温度适应范围广的条件下，湿度对晚疫病的发生和流行具有决定性作用。持续高湿、温度 18～22℃时有利于病菌孢子囊的形成，冷凉又有水滴存在时有利于其萌发，产生游动孢子，而 24～25℃且有水滴存在时利于孢子侵染继而发生病害。若未来 48h 的气温不低于 10℃、空气相对湿度大于 80%且马铃薯植株上伴有晨露，21d 内会发生晚疫病；天气干旱或雨后即晴，病害不能流行，而持续阴雨则会导致病害迅速传播，如果防治不当，10～15d 病害会传播至全田，导致大量减产甚至绝收。

晚疫病能侵染马铃薯整个植株，但症状最明显的是叶片和块茎。叶片感病后，在叶尖或叶缘始见水浸状绿褐色斑点，病斑周围常有一圈浅绿色的晕圈。潮湿时病斑迅速扩大变为褐色，生出白色霉状物，雨后或有晨露时在叶背面特别明显。在空气湿度大的情况下，病斑迅速扩大或至全叶，且边缘伴有白霉，雨后或有晨露时在叶背轻易可见。干燥时病斑变褐干枯，质脆易裂，不见白霉，且扩展速度减慢。茎部和叶柄表现为长短不一的褐色竖条斑纹，或伴有稀疏白霉。病害严重时，马铃薯全株枯死，湿度大时则腐败气味明显。块茎染病初期形成不规则凹陷褐色或稍带紫色的病斑，高温高湿下迅速蔓延，向四周扩大或致块茎腐烂。感病薯块在田间或在贮藏期间发病均会引起烂薯。

4.4.2　常用于防治马铃薯晚疫病的保护性药剂、治疗性药剂有哪些

常用接触类保护剂有代森锰锌、丙森锌、氟啶胺、氟吡啶、百菌清、氢氧化铜、氧化亚铜、福美双、氰霜唑等；有限转移类保护剂有霜脲氰、噻唑菌胺、双炔酰菌胺、烯酰吗啉、咪唑菌铜、氟噻唑吡乙酮等。常用治疗性药剂有氟吗啉、嘧菌酯、苯氧菊酯、氟吡菌胺、精甲霜灵、苯霜灵、恶霜灵、霜霉威盐酸盐、氰霜唑等。生物预防可用食用苦参碱、大蒜素、亚磷酸钾等。以上药剂均可用于茎叶喷雾或者种薯处理。

4.4.3　马铃薯黑痣病的侵染和传播途径是怎样的？如何判别？有哪些防治方法

马铃薯黑痣病又叫丝核菌病，在整个马铃薯生育期都可发生并引起危害，主要为害幼芽、茎基部和块茎。病原菌以菌核在土壤或病薯块茎中越冬，其中病薯块茎是主要的初侵染来源和远距离传播途径。该病与土壤湿度和初春温度有关，土壤湿度大、春寒、土壤肥力中等的环境极易发生，播种期过早、播种后湿度大且温度低的区域病害严重。

幼芽染病后，有的在出土前腐烂形成腐芽，造成缺苗，出土后也不能正常生长，表现为植株下部叶片发黄，茎基部形成条状褐色凹陷斑且常覆有灰白色或紫色菌丝层，有时茎基部和块茎生出大小不等、形状各异、散生或聚生的尘埃状菌核。重病植株出现立枯、顶部萎蔫或叶片卷曲症状，块茎表面密布褐色菌核。

防治方法：①选用抗病品种。②建立无病种薯生产基地，选用无病种薯。③注意适期播种，避免早播。④种薯处理：播种前用多菌灵、嘧菌酯、氟唑菌苯胺、福美双、乙烯菌核利浸种或拌种。⑤发病初期，用 36%甲基硫菌灵进行叶面喷施。

4.4.4　什么是马铃薯早疫病？早疫病的传播途径如何？如何进行防治

马铃薯早疫病又叫夏疫病或轮纹病，主要为害叶片。如在马铃薯生长早期发生，可使叶片干枯、植株成片枯黄，从而导致产量严重下降，而生长后期发生则对产量影响不大。叶片发病初期，产生褐色圆形或近圆形病斑，呈同心轮纹状，后期病斑逐渐扩大且颜色变深至深褐色或黑色。湿度大时，病斑上可见黑色霉层。块茎感病时，表皮产生深褐色或黑色的稍凹陷病斑，皮下呈褐色干腐。

病原菌主要在病株残体和病薯块茎中越冬，翌年产生孢子(12～16℃)，并随风雨传播，发病最适温度为24～30℃、相对湿度80%以上，从气孔、伤口或表皮直接侵入，一般2～3d即可形成病斑，病害多从植株下部叶片发生并逐渐向上部叶片蔓延。

防治方法：①选择抗病品种，适当早收。②合理轮作，及时清除病株和病薯。③增施有机肥，适当提高氮肥和钾肥比例，提高植株抗病力。④发病前，喷施百菌清、杀毒矾、氢氧化铜等广谱性杀菌剂。⑤发病初期，可喷施代森锰锌、嘧菌酯、丙森锌、氟啶胺、百菌清、舌喜肟菌·戊唑醇苯醚甲环唑、吡唑醚菌酯等广谱性杀菌剂，每次喷施间隔7d左右。

4.4.5　马铃薯黄萎病有哪些症状？如何进行防治

马铃薯黄萎病又称早死病或早熟病，为土传性维管束病害。发病初期，出现复叶或植株一侧黄化而另一侧正常，后期叶片变褐、干枯但不脱落，直至全株枯死。剖开根茎，可见维管束变褐，挤压后无浑浊液体。病害从脐部传染至块茎，由此纵切可见半圆形变色环纹。

防治方法：①选择抗病品种。②实行4年以上轮作，选择非茄科作物，禾本科为佳，最好是水旱轮作。③施用充分腐熟的有机肥。④种薯可选用多菌灵浸种。⑤发病初期，选用多菌灵、苯菌灵、二元酸铜、十二烷胍等进行叶面喷施。

4.4.6　什么是马铃薯癌肿病？如何进行防治

马铃薯癌肿病又称肿瘤病，在生长期和贮藏期均可发生，主要为害地下部分，也可危害花、叶、茎。病株并无明显症状，或会出现分枝多、绿期长的差异。地下部分感病后，形成大小不一的花椰菜状肿瘤，初期为乳白色，后期逐渐变为粉色至褐色，最后发展成黑腐并有恶臭，挤压可见褐色黏液。贮藏期发病后会蔓延造成烂薯甚至烂窖。

防治方法：①马铃薯癌肿病是重要的检疫性病害，必须严格检疫，严禁疫区种薯外调和病原外移。②病区土壤利用生石灰消毒，或改种非茄科作物。③加强田间栽培管理，施用充分腐熟的粪肥，增施磷肥和钾肥，合理中耕，及时拔除病株并深埋或烧毁。④发病初期，可用三唑酮、噻唑钠、霜脲锰锌等药剂进行喷施。

4.4.7　马铃薯干腐病有哪些症状？侵染和传播途径是怎样的？如何进行防治

马铃薯干腐病又称腐烂病，主要为害块茎，是马铃薯最主要的贮藏期病害之一。块茎感病后，局部变褐发黑稍有凹陷，切开后可见病部为轮环状皱褶，并出现空心，空腔内长满菌丝，块茎内部变为深褐色，最终僵硬皱缩，呈现干腐状。

马铃薯干腐病由多种镰孢菌侵染引起，病原菌可在土壤中存活多年，在病株残体或土壤中越冬，在种薯切块时、块茎膨大期、收获期、运输贮藏等环节通过块茎伤口、芽眼、皮孔等侵入，但在贮藏期才表现出感病症状，5～30℃均能发病，而通风不良易于发病。

防治方法：①选用无病种薯，避免连作，播种前可用甲基硫菌灵浸种。②在马铃薯生长后期注意水分管理，降低湿度。③收获时注意减少损伤，收获后充分晾干再进行贮藏。④入窖前，将薯块用丙森锌、氯霉·乙蒜素喷洒，或混合 1%氢氧化钙。⑤贮藏环境保持通风干燥，以低温条件为佳，发现病薯、烂薯及时清理。

4.4.8　马铃薯粉痂病传播途径是怎样的？有什么症状？如何进行防治

马铃薯粉痂病又称疱斑病，主要为害马铃薯块茎和根部，也可侵染茎部。病原菌为粉痂菌，其休眠孢子可在土壤中存活 4～5 年，可在种薯或病株残体内越冬，所以种薯调运、田间肥水、带菌土壤等均为传播手段。病菌主要从根毛、皮孔或伤口侵入，其最佳侵染条件为土壤温度 20℃、湿度 90%左右、pH 弱酸性，故在雨水多、初夏凉爽时发病严重。

块茎感病初期，为粉痂病的"封闭疱"阶段，此时在表皮上出现针头大小的褐色小斑，外围有半透明晕环，然后小斑逐渐隆起变大，形成 3～5mm 的"疱斑"且表皮还未破裂。随病情发展，进入粉痂病的"开放疱"阶段，此时"疱斑"表皮破裂、反卷，可见橘红色皮下组织并散出大量深褐色粉状物，"疱斑"凹陷为火山口形状，外围有木质晕环。感病块茎收获初期隐见白色粉状物，后转为黑色病斑。

防治方法：①严格检疫，严禁病区种薯外调和病原外移。②病田实行 5 年以上非茄科作物轮作。③选用无病种薯。④增施基肥和磷肥、钾肥，适量施用石灰或草木灰降低土壤酸度。⑤加强田间管理，避免大水漫灌。⑥可选择丙森锌、氟啶胺随水冲施。

4.4.9　马铃薯炭疽病有哪些症状？如何进行防治

马铃薯炭疽病又称褐色炭疽病，主要为害茎秆和块茎，也会侵染匍匐茎、根部和叶片。马铃薯感病后，叶片颜色变淡，顶端叶片稍向上反卷。茎秆则变为暗灰色、灰褐色、褐色或深褐色，病斑边缘明显、中间部位凹陷，上生许多灰色至黑色小粒。发病后期，全株变褐、萎蔫死亡，茎基部呈现空腔且内有很多黑色小粒子。块茎表面有直径为 2～6mm 的圆形或椭圆性凹陷病斑，中部有略微隆起的脐状硬结。

防治方法：①选用健康种薯。②与非茄科作物进行合理轮作。③及时挖除并烧毁病株。④棚内种植要避免高温高湿。⑤发病初期，选用菌嘧酯·戊唑醇、绿叶丹、咪鲜胺、倍生、多菌灵、百菌清、炭疽福美、多·硫悬浮剂、甲基硫菌灵等进行喷雾防治。⑥生物防治：菌剂、氨基寡糖素。以上药剂均可在茎叶喷雾时使用或种薯处理时用作拌种剂。

4.4.10 马铃薯疮痂病的传播途径是怎样的？有哪些症状？怎么防治

马铃薯疮痂病又称粗皮病，主要为害块茎，引起其质量产量降低、不耐贮藏且商品性大大降低，导致经济损失。病原菌为疮痂链霉菌、酸疮痂链霉菌等，可在感病块茎和土壤中越冬，在块茎形成期或膨大期，由块茎伤口或皮孔侵入，薯皮薄的品种易感病。适宜发病温度为 25～30℃，土壤湿度偏高、pH 中性或弱碱性。

块茎感病初期，表皮产生褐色小点，扩大形成褐色圆形或不规则、表面粗糙的大斑，后期病斑开裂，中央凹陷，形成硬斑块即呈现疮痂状。与粉痂病不同的是，疮痂病病斑仅限于皮部，形成网纹状或裂口状病斑，而不深入块茎内部。

防治方法：①选用无病种薯，不从病区调种。②多施有机肥或绿肥。③与豆科、葫芦科、百合科蔬菜进行 4～5 年轮作。④选择保水性好的田块种植，注意干旱时及时浇水。⑤播种前，选用福尔马林浸种，晾干后播种。⑥花期，用春雷·氧氯铜进行喷雾防治。⑦发病初期，选用络氨铜、噻霉酮、水合霉素、噻菌铜进行防治。

4.4.11 马铃薯环腐病的传播和危害情况如何？症状有哪些？防治方法有哪些

马铃薯环腐病又称轮腐病、圈烂，为维管束病害，在马铃薯生育期和贮藏期均可发生。病原菌为密执安棒形杆菌环腐亚种，可通过带菌种薯、水和块茎传播。①切刀传播：种薯切块时，接触带菌薯块的刀未及时消毒，会连续传染多个薯块。②水传播：病原菌可通过雨水、灌溉水进行传播。③块茎传播：收获期或贮藏期，染病块茎和健康块茎接触传播。

地上部分在生长后期开始感病，表现为枯斑或萎蔫。前者初期为叶片叶脉褪绿发黄，后逐渐枯黄且叶片边缘向上卷曲，病情从下部叶片向上扩展至全株枯死。后者的病情则从顶部叶片开始向下扩展，叶缘内卷，急性萎蔫，全株褪绿下垂，最后倒伏枯死。块茎感病后，可见维管束变为浅黄色至黄褐色，后期出现环形腐烂，可挤出白色菌脓，切开块茎可见局部空腔。

防治方法：①选用无病种薯，播前剔除烂薯。②选用抗病品种。③进行整小薯播种。④切刀、容器严格消毒，选用 75%酒精、10%石灰水、5%来苏水等药液。⑤种薯处理，采用甲基硫菌灵浸种或敌磺钠拌种等。

4.4.12 马铃薯青枯病的侵染和传播途径有哪些？症状有哪些？防治方法有哪些

马铃薯青枯病又称细菌性青枯病，由茄劳尔氏菌引起，是马铃薯病害中仅次于晚疫病的重要病害，对马铃薯生产影响很大。带病薯块是侵染的主要来源，病菌可进入灌溉水或经由雨水传播，从茎基部或根部伤口侵入。一般 27～37℃均可发病，高温、高湿条件下极易发生，土壤偏酸则病情较重。

青枯病是典型的维管束病害。植株感病后，从下部叶片依次向上出现萎蔫，叶片变为浅绿色或者苍绿色，初期早晚可恢复正常，但 4～5d 后全株萎蔫，但茎叶仍保持青绿色，叶片不落。横剖茎秆和切开重病块茎，均可见维管束变为褐色，挤压可见白色菌脓溢出。

防治方法：①避免连作，与禾本科作物轮作 2～3 年。②选择抗病品种。③选择健康种薯，贮藏种薯避免高温高湿。④小整薯播种，如需切薯则要严格消毒切刀和器具，切薯后用草木灰拌种。⑤选择排水良好的田地播种，避免大水漫灌。⑥及时拔除田间病株并烧毁，以石灰消毒病穴。⑦发病初期，用络氨铜、绿乳铜或噻霉酮溶液进行喷雾防治，入窖前剔除病薯、烂薯。

4.4.13　马铃薯黑胫病和软腐病的侵染传播途径有哪些？有什么症状？怎么进行防治

马铃薯黑胫病又称细菌性黑胫病、黑脚病，由胡萝卜软腐欧文氏菌马铃薯黑胫亚种引起，主要由带病薯块传播。病薯切块以及灌溉水、雨水和昆虫均可传播，病菌由伤口侵入，也可经匍匐茎侵染新生薯块。贮藏期则通过病薯与健康薯接触传播。该病在苗期到生育后期发病可造成缺苗、断垄和块茎腐烂，贮藏期则引起烂薯。感病植株矮小，节间缩短，叶片上卷且黄化，最典型的症状是茎基部变为黑褐色，横切可见维管束呈褐色至黑褐色，软化腐烂，或有臭味，易拔起。感病薯块，病部从脐部开始扩展至全薯，变为黑褐色并腐烂发臭，横切可见维管束也呈黑褐色。

防治方法：①选择抗病品种。②选用无病种薯，建立无病留种田。③小整薯播种，如需切薯则要对切刀和器具进行严格消毒，切薯后用草木灰拌种后立刻播种。④及时拔除病株。⑤入窖前，剔除病薯、烂薯，避免高温、高湿。⑥发病初期用络氨铜水溶液灌根，或用喹菌铜喷雾防治。

马铃薯软腐病又称细菌性软腐病、马铃薯腐烂病，主要为害叶片、茎和块茎，由胡萝卜软腐欧文氏菌软腐致病变种引起。该病寄主广泛，可在马铃薯及其他寄主的病株残体内于土壤中越冬，带菌种薯是主要侵染源。病菌能从伤口或皮孔侵入，在高温高湿环境下，迅速传播。地上部分感病后，由老叶开始发病，可见不规则褐色病斑，之后叶片和茎基部出现软腐症状，具有恶臭味。块茎感病初期，在皮层可见水浸状病斑，高温高湿可促使病斑迅速扩大，病部软烂、湿腐，变为褐色至黑色，发出恶臭味。

防治方法：①选择无病种薯。②建议小整薯播种，避免土壤高湿下播种。③加强田间管理，严禁大水漫灌，避免高湿环境，及时挖除病株并用石灰消毒病穴。④收获和运输时避免块茎损伤。⑤入窖前剔除病薯、烂薯，用硫酸铜、漂白粉浸泡薯块灭菌，入窖后保持冷凉通风。

4.4.14　马铃薯卷叶病毒(PLRV)的危害、症状、传播途径是怎样的？如何防治

马铃薯卷叶病毒(PLRV)寄主范围广，为茄科植物，主要危害叶片，感病后植株矮小，叶片变硬、变脆、易折断，沿叶脉向上翻转，严重时卷曲成圆筒状。该病毒可在带病薯块

内越冬，田间主要由蚜虫吸食病株汁液后传播。

防治方法：①加强抗病、耐病品种选育。②建立无病毒留种地，推广茎尖脱毒技术，加强三级良繁体系建设，原种应在高纬度或高海拔地区生产。③选择脱毒种薯进行种植，加强种质资源和种薯卫生管理，加强检验检疫。④变温处理种薯，种薯在 35℃ 下处理 56d 或 36℃ 下处理 39d，可钝化病毒。⑤加强田间管理，实行高垄栽培，及时拔除病株，及时培土，注意中耕除草，避免偏施氮肥，增施磷肥、钾肥，控制秋水，严禁大水漫灌。⑥及时防治蚜虫，方法见 4.4.28 节。⑦发病初期，选用盐酸吗啉胍、烷醇·硫酸铜、辛菌胺·吗啉胍、吗胍·乙酸铜、宁南霉素、三氯异氰脲酸、香菇多糖水剂、氨基寡糖素等进行喷雾防治。

4.4.15　马铃薯 Y 病毒(PVY)的危害、症状、传播途径是怎样的？如何防治

马铃薯 Y 病毒(PVY)寄主范围较广，为多种茄科植物，能引起马铃薯条斑花叶病，主要危害叶片、叶柄和茎。植株感病后，上述部位产生褐色病斑，并逐渐连接成坏死条斑，病部易折断，最终引起严重花叶，导致叶片枯死。传播途径和防治方法参见 4.4.14 节。

4.4.16　马铃薯 X 病毒(PVX)的危害、症状、传播途径是怎样的？如何防治

马铃薯 X 病毒(PVX)寄主范围广，为茄科植物，能引起马铃薯花叶病，主要危害叶片，叶片感病后出现叶色不均即轻度花叶、斑驳或坏斑，有时可见叶脉透明。PVX 和 PVY 复合侵染引起马铃薯皱缩花叶病即萎缩病毒病，危害地上部分，感病后植株矮小，顶部叶片变小且严重皱缩，叶尖下弯，叶柄变短，叶片上有坏斑，严重时全株皱缩呈绣球状，最终枯死。传播途径和防治方法参见 4.4.14 节。

4.4.17　马铃薯 S 病毒(PVS)的危害、症状、传播途径是怎样的？如何防治

马铃薯 S 病毒(PVS)的寄主范围较窄，为少数几种茄科植物，主要危害叶片，能引起马铃薯潜隐花叶病，表现为轻度皱缩花叶或不显症，具体根据马铃薯品种和 PVS 病毒株系而有所差异。多数品种被 S 病毒侵染后，表现为叶片皱缩、叶尖下卷，叶色变浅但叶脉色变深。有的品种呈现轻度斑驳。有的品种感病后叶片严重皱缩，叶色呈现青铜色至古铜色，或出现小坏斑。有的品种则表现为不显症，即没有明显症状。PVS 与 PVX 复合侵染会使减产加重。传播途径和防治方法参见 4.4.14 节。

4.4.18　马铃薯纺锤块茎类病毒(PSTVD)的危害、症状、传播途径是怎样的？如何防治

马铃薯纺锤块茎类病毒(PSTVD)具有广泛的自然寄主，其引起的病毒病又称马铃薯块茎尖头病，对地上部分和块茎均有危害，对产量影响极大，轻则减产 20%～35%，重则

减产 60%以上。感病后，植株矮化、分枝减少，或呈现无症侵染，块茎则变小，呈哑铃形或纺锤状，芽眼变多变深，或有裂纹。有些马铃薯品种的感病块茎会发生肿瘤状畸形，彩色薯品种则出现表皮褪色。PSTVD 可通过被感染的马铃薯花粉或胚珠形成的实生种子带毒传播，接触或昆虫也可进行传播。防治方法参见 4.4.14 节。

4.4.19　什么是马铃薯丛枝病？如何防治

马铃薯丛枝病又称马铃薯疯病，病原为植原体，为害整个植株。带毒块茎出芽纤细，叶片变小且为单叶，地上植株严重萎蔫畸形。成株感病表现为顶部叶片变小、叶缘黄化，沿中脉向下卷曲，地上部分细枝丛生，叶片褪绿形成单叶，同时生出许多小薯，这些小薯直接萌芽又形成丛生细枝。

防治方法：①选用无病种薯。②及时拔除病株并烧毁，及时除草。③防治叶蝉，在成虫发生期，在田间放置黑光灯以诱杀成虫。在成虫和若虫发生期，用吡虫啉、哒嗪硫磷等进行喷雾防治；或利用天敌防治，如叶蝉赤眼蜂、叶蝉柄翅卵蜂等。

4.4.20　什么是马铃薯黄矮病？如何防治

马铃薯黄矮病由马铃薯黄化矮缩病毒引起，危害整个植株。感病后植株矮化、节间缩短，有丛枝现象，整体黄化，小叶卷曲或皱缩，茎部常开裂且开裂处可见锈斑。感病块茎的髓部及韧皮部有锈色至褐色的斑点或变色，维管束则很少变色。收获后不久的块茎，其中部芽端有明显变色斑。也有表现为不显症侵染。防治方法参见 4.4.19 节。

4.4.21　什么是马铃薯小叶病？如何防治

马铃薯小叶病是马铃薯常见病毒病之一，病原尚未完全明确，主要危害叶片，感病初期，新生复叶变小，叶缘上卷且叶面粗糙，小叶畸形。该病与马铃薯缺锌的前期症状类似，缺锌时追施硫酸锌溶液可缓解，而病毒病则与种薯质量紧密相关。防治方法参见 4.4.19 节。

4.4.22　马铃薯为什么会产生绿皮(青皮)块茎？如何防止其发生

马铃薯绿皮块茎是由于块茎长时间见光引起的。在田间，由于垄上覆土浅或培土不及时，薯块膨大露出地面，在日光照射下薯皮变绿产生绿皮(青皮)块茎。块茎储藏期间和市场上陈列时，受到散射光、自然光或灯光照射时，都会使块茎薯皮变绿。绿皮块茎会产生龙葵素，人食入含有龙葵素的马铃薯易引起中毒，因此，绿皮块茎没有商品价值。

防止绿皮块茎发生的措施：①马铃薯品种不同，绿皮的严重度和发展深度不同，某些易于接近土表结薯的品种青皮病发生多，因此，应选择块茎不易外露出土的品种；②播种开沟时要适当深，种薯块上要覆土 5~8cm 厚；③加强田间管理，生育期内应及时中耕培土，避免块茎露出土壤见光变绿，同时及时覆盖表露的块茎，可有效减少青皮；④薯块收获和运输过程中，及时覆盖、避光作业；⑤贮藏期间尽量避免散射光照射块茎，保持环境黑暗。

4.4.23　马铃薯块茎为什么会产生空心？如何防止空心的发生

块茎急剧增长、膨大是产生空心的原因，在较大的薯块上发生较多。由于种植密度过稀，生育期多肥、多雨，吸收了大量水分，块茎急剧增大，而光合作用产生的碳水化合物在块茎中积累较少，造成块茎体积大而干物质少，因而形成了空心。此外，钾肥缺乏也易发生空心。空心的块茎中心有一个空腔，呈放射状，空腔壁为白色或浅棕色木栓化组织，煮熟后发硬发脆，严重影响其食用和加工品质。

防止空心的措施：①空心与品种有关，应选择发病率低的抗性品种；②密度合理，防止缺株，调节株间距离，增加植株间的竞争，从而阻止块茎过速生长和膨大；③加强田间管理，保证生育期的水分供应，特别是薯块膨大期，保持适宜土壤湿度，避免出现旱涝不均的情况，促进块茎均衡一致的发育速度；④适量增施钾肥，减少空心发病率。

4.4.24　马铃薯畸形薯是怎么产生的？如何防治块茎畸形

马铃薯畸形薯主要是由二次生长造成的。二次生长的主要原因是高温、干旱等不良条件导致正在膨大的块茎停止生长，而后由于降雨或浇水，使原本的块茎又处于适宜的生长条件，但此时的块茎表皮局部或全部已经老化不能继续膨大，而没有老化的部分芽恢复生长，从而形成畸形薯。

防止畸形薯的措施：①选择不易发生二次生长的优良品种；②增施有机肥，提高土壤的保水保肥能力，避免土壤过干或过湿造成块茎畸形，特别是在黏性土壤中种植马铃薯更要注意增施有机肥，以改善土壤条件；③适量施肥，施肥过量易导致植株生长旺盛甚至徒长，如果相应的栽培管理措施没有及时跟上，就会抑制块茎的膨大，从而导致畸形；④及时浇水，根据马铃薯不同生育期的需水情况，适时适量灌溉，避免生长期间发生干旱现象；⑤加强中耕培土，改善土壤的通气性，减少土壤水分蒸发。

4.4.25　马铃薯块茎周皮为什么会产生损伤和脱落？如何防止块茎周皮脱落

马铃薯块茎周皮脱落是指块茎在收获时或收获后的运输、贮藏或其他作业中，造成块茎周皮的局部损失或脱落。脱落的周皮处呈暗褐色，影响块茎商品品质。主要原因是土壤水分、氮素营养过多，或日照不足、收获过早等，块茎木栓化的周皮尚未形成，易于损伤。

防止块茎周皮脱落的措施：①马铃薯生育期内避免施用过多氮肥，适时收获且收获前停止灌溉；②块茎收获后要进行预贮，使周皮木栓化；③收获和运输过程中要轻搬轻放，避免块茎之间的撞击和摩擦。

4.4.26　马铃薯块茎黑心是怎么产生的？如何防止

马铃薯块茎黑心主要在块茎中心部发生，中心部呈黑色或褐色，变色部分轮廓清晰、形状不规则，有的变黑部分分散在薯肉中间，有的变黑部分中空；变黑部分失水变硬，呈革质化，放置在室温下还可变软；有时切开薯块无病症，但在空气中，中心部很快变成褐色，进而变成黑色。主要由两个原因造成：①通风不良，块茎内部组织供氧不足导致呼吸窒息。②高温。贮藏的块茎，在缺氧的情况下，40～42℃时，1～2d；36℃时，3d；27～30℃时，6～12d 即能发生黑心。即使在低温条件下，若长期通风不良，也能发病。

防止块茎黑心的措施：在块茎储藏和运输过程中避免通风不良和高温；块茎储藏期间，不能堆积过厚，同时要保持良好的通气性和适宜的温度；运输过程中注意遮阴，避免长时间日晒。

4.4.27　什么是马铃薯褐斑病？产生原因有哪些？如何防止

马铃薯褐斑病的主要症状表现为在块茎中产生大小不等、不规则分布、干燥的褐色斑点，或是散布于整个块茎中的圆形或椭圆形大斑块，直径为 0.3～2.5cm，一般多分布于块茎维管束环周围及块茎顶部。

马铃薯褐斑病产生的原因主要有以下几个方面：①品种，由于不同品种的遗传因子不同，对环境条件的适应性也不同，其褐斑病的发生有明显差异，一般晚熟品种块茎褐斑病的发生率比早熟品种的发生率更高；②温度，普遍认为在马铃薯块茎生长期间高温干旱是发生马铃薯褐斑病最普遍的环境条件；③土壤湿度，土壤含水量为田间持水量的 65%～70% 时，褐斑率最低；④土壤成分，土壤缺钙或缺磷会导致某些敏感品种发生褐斑病。

防止马铃薯褐斑病的措施：①选择对褐斑病有抗性的品种；②适时播种，合理密植，播种前深翻土地，为块茎正常生长创造良好的土壤环境；③加强田间管理，在植株封行前中耕管理要厚培土，及时封垄，减少阳光对土温的影响，并保持土壤墒情；④配方施肥使马铃薯均衡生长发育，控制块茎生长速率，在土壤中施用足量的钙肥和磷肥，提高植株抗逆性。

4.4.28　为害马铃薯的蚜虫主要有哪几种？蚜虫对马铃薯会产生什么危害？如何防治蚜虫

为害马铃薯的蚜虫主要有桃蚜、棉蚜、马铃薯长须蚜、萝卜蚜、甘蓝蚜、菜豆根蚜等，其中以桃蚜为主要为害蚜虫。

蚜虫的成虫和若虫群集叶片和嫩茎吸食汁液，嫩叶受害后卷曲萎缩或成团，影响植株生长，造成减产。同时，蚜虫也是多种病毒病的传播媒介，特别是有翅蚜虫，蚜虫吸食带毒汁液后即终生带毒，有些病毒可以持久性、长距离传播，危害严重。另外，蚜虫分泌的蜜露还可引起煤污病的发生，使植株不能正常生长。

防治方法：①及时铲除田间杂草。②铺设银灰膜或悬挂银灰色膜条以驱避蚜虫。③天敌防治，蚜虫的天敌有瓢虫、食蚜蝇、寄生蜂等。④药剂防治：可选用吡虫啉、噻虫嗪、氯氟氰菊酯、甲醚菊酯、蚜虱净、啶虫脒、阿维菌素、苦参碱等进行喷雾防治。⑤棚内可悬挂黄色粘板，也可进行熏杀。

4.4.29　马铃薯二十八星瓢虫是怎样危害马铃薯的？主要特征和发生环境如何？怎么进行防治

马铃薯二十八星瓢虫的成虫和若虫取食马铃薯叶片和嫩茎，受害叶片仅留叶脉及上表皮，叶片出现不规则透明凹纹，甚至出现孔洞，之后变为褐色，虫害严重时叶片枯萎。

成虫体长 7～8mm，半球形，黄褐色或红褐色。前胸背板中央有 1 个三角形黑斑，两侧各有 1、2 个黑色小斑。两鞘翅上各有 14 个黑斑，其中第 2 列黑斑不成一条直线，两鞘翅合缝处有 1、2 对黑斑相连。卵呈长圆形，纵向成堆排于叶背，鲜黄色，后变为褐色。幼虫体长 8～9mm，淡黄褐色或灰褐色，长椭圆形，各节有黑刺。蛹长约 6mm，呈扁平椭圆形，浅黄色。该虫 1 年发生 2～4 代，以成虫集体越冬，翌年 5 月开始活动，成虫在 10～16 时最为活跃，在叶背取食。成虫具有假死习性，可分泌黄色黏液。

防治方法：①利用成虫假死习性，叩打植株使之坠落后人工捕获，集中处理。②人工摘除虫卵。③于幼虫期，选用辛硫磷、氰戊菊酯、氟氯氰菊酯、溴氰菊酯等喷施防治。

4.4.30　马铃薯块茎蛾有什么特征？会产生什么危害？怎么进行防治

马铃薯块茎蛾成虫体呈黄褐色至灰褐色，略微带有银色光泽，长 5～6mm，翅展约 14mm，前翅狭长为灰褐色，后翅为烟灰色，缘毛较长，翅尖突出。幼虫体长 10～15mm，呈灰白色或浅黄色，老熟时为粉红色或棕黄色。蛹长约 6mm，圆锥形，淡绿色变为棕色至黑褐色，背面中央有一角刺，末端向上弯曲。

块茎蛾主要以幼虫危害，沿叶脉潜入啃食叶肉，仅留下表皮，形成弯曲丝状蛀道，逐渐连成一片透明亮泡。也可钻进茎部为害，可致嫩茎、叶片枯死。块茎贮藏期或田间，幼虫蛀入块茎，在内部咬食成弯曲蛀道，严重时引起皱缩和腐烂，内成空壳。

防治方法：①加强种薯调运管理，严禁从疫区调运种薯。②在田间设置黑光灯诱捕成虫。③及时清除田间病株和病薯，并铲除寄主植物，与非寄主作物轮作。④块茎形成期及时中耕培土，防止块茎露出，成虫在上产卵。⑤对有虫种薯可用喷施敌百虫溶液。在成虫盛发期，用溴氰菊酯、乙氰菊酯、阿维·辛等进行药剂喷洒。在低龄幼虫期，喷施苏云金杆菌制剂进行防治。

4.4.31　蓟马会对马铃薯产生什么危害？怎么防治蓟马

蓟马一年四季均有发生，春、夏、秋三季主要发生在田地，冬季主要发生在温室大棚中。蓟马成虫和若虫主要吸食马铃薯植株幼嫩部位汁液，受害嫩叶变薄，中脉两侧有灰白色或灰褐色条斑，表皮呈灰褐色，嫩叶或嫩梢出现卷曲变形，植株生长缓慢。

防治方法：①从疫区调运种薯或其他寄主植物，需严格处理。②及时清除杂草，烧毁或深埋。③加强肥水管理，促使植株生长健壮，减轻为害。④利用蓟马趋蓝习性，在田间或大棚设置蓝色粘板，诱杀成虫，粘板高度与作物持平。⑤可选维瑞玛、沙蓟马进行药剂防治，根据蓟马昼伏夜出的特性，建议在下午进行药剂喷施。

4.4.32　潜叶蝇会对马铃薯产生什么危害？怎么进行防治

潜叶蝇幼虫在叶片组织中蛀食叶肉，只留表皮，可见叶片上形成曲折迂回的隧道，虫害严重时全株枯萎，造成减产和品质下降。

防治方法：①保护潜叶蝇天敌，如姬小蜂、潜叶蜂等，及时清除带虫叶片、植株和杂草，减少虫口数量。②可选用潜克、斑潜净、虫螨克乳油、灭蝇胺、农地乐乳油，于清晨或傍晚喷施，忌在晴天中午施药，间隔 7d，连续用药 3～5 次。③大棚内可用敌敌畏、氰戊菊酯等烟剂熏蒸杀虫，连续 2、3 次。

4.4.33　地老虎有哪几种？会对马铃薯生长产生什么危害？怎么进行防治

地老虎有黄地老虎、小地老虎、警纹地老虎、八字地老虎、显纹地老虎等，主要危害茎叶，在贴近地表处咬断茎秆，造成幼苗死亡，幼虫咬食嫩叶和幼茎，形成缺刻和孔洞。

防治方法：①及时清除田间杂草以减少成虫产卵量，或喷药后除草以防止幼虫钻入土中。②诱杀成虫：用黑光灯、杀虫灯、糖醋液、毒饵或地老虎喜食杂草堆草诱杀。③化学防治：制成敌敌畏毒砂撒在苗眼附近，用辛硫磷乳油灌根或喷雾，或选敌百虫、氰戊菊酯等兑水喷雾。

4.4.34　蛴螬是怎么危害马铃薯的？怎么防治蛴螬

蛴螬主要以幼虫危害马铃薯，咬食幼苗、嫩根、茎和块茎，造成幼苗枯死或块茎孔眼，引起腐烂等。成虫则咬食叶片。

防治方法：①冬季播种前深翻土壤，令蛴螬暴露受冻死亡或者被天敌捕食。②使用充分腐熟的农家肥。③设置黑光灯或杀虫灯诱杀成虫。④化学防治：用辛硫磷乳油、吡虫啉等拌种，或制成敌百虫毒砂撒在播种沟内，也可选用毒死蜱、西维因药剂兑水灌根。

4.4.35　金针虫有哪几种？是怎么危害马铃薯的？如何进行防治

金针虫是叩甲科幼虫的统称，主要有细胸金针虫、沟金针虫、宽背金针虫。主要以幼虫为害种薯、刚萌发幼芽和根部，或钻入块茎取食，形成蛀道。

防治方法：参见蛴螬防治方法。常用方法包括翻土晾晒、人工捕杀或诱杀，其中新枯萎的杂草堆诱杀效果较好。化学防治主要选用辛硫磷、甲基异柳磷、敌百虫、速灭杀丁、地虫磷、呋喃啉、毒死蜱、氟氯菊酯等进行药剂防治。

4.4.36　蝼蛄的发生与环境有什么关系？主要有哪几个种类？会对马铃薯产生什么危害？如何进行防治

蝼蛄又名拉拉蛄、地拉蛄，主要包括东方蝼蛄、华北蝼蛄、台湾蝼蛄和普通蝼蛄。该虫喜爱潮湿温暖的环境，同时具有趋光性，对香甜物质有强趋性，成虫、若虫均喜爱沙壤土或松软潮湿的土壤，昼夜温差小适于蝼蛄生活。早春时，越冬蝼蛄开始接近地表活动，当气温达到11℃时，其活动性增强，16~20℃时则猖獗发生，秋季气温降到10℃以下时，潜伏越冬。

该虫主要危害马铃薯地下部分，取食幼苗根部和块茎，或咬断幼苗，造成缺苗断垄。防治方法：①进行水旱轮作，冬季播种前深翻土壤，不施用未腐熟的有机肥，适时中耕。②设置黑光灯诱杀成虫和若虫。③毒饵诱杀：把秕谷、麦麸、豆饼等饵料炒香，加入敌百虫、辛硫磷等拌匀，傍晚撒入湿润地面。④选用辛硫磷乳油随水浇灌。

4.5　马铃薯机械化生产技术

4.5.1　川西平原马铃薯机械化作业现状如何

四川是全国马铃薯生产大省，目前全省的马铃薯种植面积和总产量均为全国第一。马铃薯作为特色优势产业，对保障粮食安全有重大意义，但长期以来马铃薯一直是劳动强度较高的一项农业生产。近年来城乡二元结构的不平衡性，导致农村劳动力外流加剧，劳动力成本高企成为限制四川省马铃薯产业发展的一个重要因素。四川省马铃薯种植面积大，但机械化种植起步晚。据统计，全国马铃薯的机耕、机播、机收平均水平分别为58.76%、23.97%、22.14%，而四川相应的水平分别为13.34%、0.08%、0.22%，与全国平均水平有较大差距。

川西平原地势平坦，无山地丘陵，具有实施马铃薯大型机械化作业的先天优势。近几年，随着土地流转经营权的放开，涌现了一批适度规模化经营主体。这些业主经营规模体量在数百亩至数千亩，大多以水稻为核心开展不同粮经作物规模化种植。其中有部分业主开展了冬春作马铃薯种植，在成都辖区内的各个区县市都有冬春作马铃薯规模化、机械化生产的典型代表。据不完全统计，在成都地区规模化种植马铃薯的地块中，平均机械化作业率已经达到70%左右。但成都地区地块破碎，很多农户不愿打破田块的自然界限，将粮田进行集中治理后交给大户经营，这就为机械化的推进带来了不小困难。川西平原马铃薯机械化生产的配套机型大多以中小型为主，基本上由我国北方的农机生产厂商设计制造，存在一些与川西平原当地生产不相适应的情况。近年来，国家现代农业产业技术体系成都综合试验站、四川省马铃薯创新团队、四川省农机化技术推广总站、四川省农业机械研究设计院、成都市农林科学院等多个机构及单位，针对川西平原马铃薯机械化生产中出现的问题，经过技术攻关，提出了针对性的解决方案，包括调整农艺措施、机械改造、品种选择、培训田间操作手等工作，建立了川西平原本地特色马铃薯规模化机械化生产体系，在川西平原多个点位进行了集成技术的试验和示范，对提高川西平原马铃薯机械化生产水平起到了巨大的作用。

4.5.2　机械化栽培与人工种植的马铃薯有何不同

马铃薯机械化生产技术的实质就是以机械化种植和机械化收获技术为主体，配套深耕、深松和中耕培土技术，从而改进现有马铃薯生产方式，促进马铃薯产业的快速发展。据资料显示，机械化种植可节约种薯 5%～8%，提高产量 8%～12%，提高工效 10～15 倍，节省雇工费用 750 元/hm^2，并且可以实现苗齐、苗壮及种植行距、株距、播深一致，有利于机械化中耕、培土和收获作业，还能减轻农民的劳动量，改善农村的耕种环境。收获后，根据马铃薯块茎的贮藏生理与用途，科学贮藏，可将损耗率降到最低，一般不超过 5%。如今，农村劳动力人口缺乏、劳动力成本高是我国农业生产面临的普遍问题，而实施机械化作业是提高劳动生产率，增加经济效益，促进农民增收，推动农村社会经济发展的必由之路。

农民种植的马铃薯大多是高投入、低产出，综合效益普遍较低；并且马铃薯种植是一项劳动强度大的生产活动，单纯靠人工栽培将使人工成本大幅上升，投入产出比极不对称。人工种植的马铃薯播种密度、株行距不能做到整齐划一，由于人为作业技术标准的不统一，会出现出苗时间不一致、田垄之间植株密度差异较大的情况，不利于后期田间管理，产量上也会受到一定损失。农民收获马铃薯大多用锄头刨，5、6 人每天能刨 1 亩，而用机器收获在 3 亩/h 以上，1 个机器能节省 60 多个劳动力，大大提高了马铃薯作业效率和农民种植马铃薯的积极性。

依靠传统方法种植和收获马铃薯劳动强度大，费工费时，效率低，且占用大量劳动力资源，影响劳动力转移和经济效益提高。随着马铃薯规模化种植业态在成都平原的出现，单纯依靠人力进行生产的种植方式已经与持续上涨的人工成本不相适应，针对上述情况，科研机构也在积极攻克机械化种植的技术难题，为马铃薯机械化种植提供有力的技术支撑。

2017 年成都市农林科学院作物研究所在大邑、双流、彭州多个点位开展了冬春作马铃薯全程机械化生产技术示范，实现了马铃薯栽培整地、播种、中耕除草、植保、收获各个关键生产环节的全程机械化作业。经过专家现场测产验收，机械化种植的马铃薯产量折合 2274kg/亩，收获机作业速率达 5 亩/h，明薯率平均为 97%，伤薯率 2%，收净率 97%，节约人工成本 650 元/亩，产量与人工种植的马铃薯持平，大大提高了综合收益。

4.5.3　机械化栽培应该选择什么样的土地？整地要求有哪些

马铃薯的产品是地下膨大的块茎，要求质地疏松、肥沃、耕作层深厚、透气性好、微酸性的沙壤土或壤土。这样的土壤有利于马铃薯的根系舒展、匍匐茎延伸，也有利于块茎的膨大，保水、保肥性好，对于提高块茎商品性有较好的促进作用。马铃薯喜微酸性环境，在选择地块前，应了解拟选择田块的土壤酸碱度，一般建议土壤 pH 为 4.8～7.0。还应了解前茬耕种的作物种类，马铃薯忌连作，应选择 3 年内没种植过马铃薯、番茄、辣椒、茄子等茄科作物的地块进行栽培，以减少病虫害的发生，有效防止细菌性病害。较宜选择大豆、玉米、棉花、芝麻、水稻或萝卜、白菜、甘蓝等作物进行茬口衔接。

机械化栽培对土壤含水量有一定要求，在选择地块时，应选择排灌方便、能灌能排的地块进行机械化耕种。川西平原土壤质地普遍黏重，对于机械化播种、收获的技术要求高。黏重土壤虽然保水保肥力强，但透气性差，在进行机播、机收时土壤容易形成大块土团，当土壤墒情较高时，土壤黏力系数增大，这些大块土团还会黏附在犁铧、轮胎表面，增大作业难度。因此，特别是在播种、收获前应对田块土壤含水量进行适当控制，以利于机器作业。

机械化作业对于地块平整度也有较高要求。应选择坡度小于 10° 的田块进行机械化作业。川西平原地势平坦，相邻地块坡度变化较小，有许多土壤质地良好，适宜机械化栽培的区域有：金堂县清江镇；青白江区城厢镇、祥福镇；大邑县苏家镇；双流区黄龙溪镇、黄水镇、彭镇；彭州市濛阳镇；眉山市彭山区、东坡区；什邡市等。

马铃薯根系大部分集中于土层下 35cm 处，如果土层深而疏松，可达土层下 70cm。机械化栽培整地应采取深耕与精细整地相结合的方式，这是高产稳产的基础。深耕一般在大春生产结束后，秋季进行，作业深度要求达到 35～40cm，起到消除杂草和病虫害的作用，打破犁底层，增加耕作层厚度，以增加土壤保墒能力。耕地过浅，土壤保墒能力差，马铃薯生长缓慢，块茎膨大受阻，影响产量和品质。在深耕过后，利用圆盘耙或旋耕机，对深耕的土层进行精细整地，耙平、耙碎土坷垃，使田块平整，土壤疏松。在精细整地过程中，可配合施入有机肥，增加土壤有机质，提高地力水平。

4.5.4 马铃薯机械化栽培的种薯应该进行哪些前处理？种薯切块有什么要求

为达到理想产量，在选择用于马铃薯机械化栽培的种薯时应首先淘汰病薯、烂薯、畸形薯，以 30～50g 的小整薯播种最好，整薯播种能充分发挥种薯的顶芽优势，出苗整齐且苗壮，同时可避免因切薯带来的细菌性病害。

种薯催芽可使马铃薯提早出苗，出苗整齐，增加马铃薯营养积累天数，提高产量。一般播种前 1 个月将种薯从储藏库中取出催芽。常用的方法有春化处理、湿沙催芽、晾晒催芽、化学催芽等。

(1) 春化处理。将选好的种薯摊放在有散射光线的室内，厚度 25cm 左右，或装入麻袋，保持温度 10～15℃，每 7～10d 翻动一次，经过 15d 左右，当催出短壮芽 0.5～1cm 时，就可切块播种。

(2) 湿沙催芽。把已切好的薯块与湿沙分层堆积，一层沙一层薯块，共摆放 4～6 层，高度在 50cm 以下，上面及四周盖上厚 6～7cm 的湿润细沙，温度保持在 15℃ 左右，当幼芽生长到 1～2cm 时就可播种。

(3) 晾晒催芽。把种薯放在有光线的房间内，使温度保持在 10～15℃，经常翻动，当薯皮发绿，芽眼萌动时，就可切块播种。

(4)化学催芽。一般采用赤霉素进行催芽。块茎对赤霉素特别敏感，使用浓度要适当，因块茎休眠期长短不一，应采用不同浓度和不同浸种时间，一般整薯在 5mg/kg 的水溶液中浸种 5min。配制的赤霉素溶液可连续使用 1d，1g 赤霉素配制的水溶液可浸 1000kg 种薯。赤霉素水溶液配制的方法：先用酒精或高度白酒溶解，然后加水搅拌，配成所需浓度。

机械化播种要求种薯切块大小均一，与播种勺相匹配，一般 50g 左右为宜，切面及个体差异越小越好。切块时每人最好配备 2、3 把小刀，并用 0.1%的高锰酸钾(KMnO₄)溶液进行切刀消毒，轮换使用。切块时要纵切，将顶芽一分为二，切块应为菱形状或立方块，不可切成条状或片状，每个切块上应含有 2、3 个芽眼。马铃薯块茎芽眼分布呈螺旋式排列，顶部密、脐部稀，块茎发芽有顶端优势，顶芽萌动发芽早，脐部芽眼萌动发芽慢。一般 50g 以下的种薯采取整薯播种，只切去脐部，有利于快速发芽。再将切块后的薯种用石膏粉或滑石粉加农用链霉素和甲基托布津(90：5：5)均匀拌种(药薯比例为 1.5：100)，并进行摊晾，使伤口愈合，勿堆积过厚，以防止烂种。切块应在播种前两天进行，并随切随用，长时间堆放易引起霉烂。

4.5.5　机械化播种深度、密度有什么要求？适合的播种机有哪些

马铃薯机械化播种，是马铃薯机械化作业的关键技术环节，此项技术融合了开沟、施肥、播种、覆土、起垄、覆膜等作业环节，集省事、省工、省力等优点于一体。此外，机械化播种实现了定量和定位施肥，提升了肥料利用率，减少了不规范施肥带来的生态污染。

播种时机把握准确，一般情况下，土壤含水率为 12%～15%，土层下 10cm 处温度 7～8℃，可考虑播种。成都平原冬春作马铃薯一般在 11 月下旬至次年 1 月上旬播种为宜。在机械化播种过程中，要求开沟一致、施肥均匀和不伤种薯，起垄高度、施肥深度和播种密度等都要符合马铃薯生产的农艺要求。具体播种深度、播种量的选择，要因时、因地做出调整。最好的办法是，在播种前进行试播，确保各项指标达到要求时方可进行正式播种。播种株距 Z(cm)：$0.9S \leq Z \leq 1.1S$(S 为当地农艺要求株距)，播种深度 h(cm)：$0.9H \leq h \leq 1.1H$(H 为当地农艺要求的播种深度)，各播幅内行距偏差不大于 1cm，邻接行距偏差不大于 5cm，株距合格率不低于 80.0%，播种深度合格率不低于 75.0%，施肥断条率不超过 3.0%，种薯破碎率不超过 2.0%，行距合格率不低于 90.0%，空穴率不超过 3.0%，起垄高度、宽度误差为 2～3cm，合格率不小于 80%。

播种过深或过浅都不适宜机械化生产，播种过深，出苗慢，且不利于机械化收获，增大收获机负载；播种过浅虽出苗快，但块茎在膨大过程中易裸露在土层外出现青皮，且匍匐茎易长出地面成为地上分枝，减少结薯数量。就川西平原而言，较为适宜的播种深度为 12～20cm(包括垄高)。对于保温、保湿好的土壤宜浅播，保温、保湿差的沙性土壤宜深播。

机械播种的行距一般为 90～110cm，株距的确定根据土壤肥力、品种熟期、气候条件等确定。川西平原早熟品种一般 97500 株/hm²，中熟品种 82500～90000 株/hm²，晚熟品种 75000～82500 株/hm²，所有品种不论熟期一般不宜超过 112500 株/hm²。

马铃薯种植机械按作业方式不同分为垄作、平作及垄作与平垄可调 3 种形式；按开沟

器形式可分为靴式开沟器和铧式开沟器两种。我国现有的马铃薯种植机械，其排种系统主要有勺链式和辐板穴碗式两种，在选择马铃薯种植机械时应根据当地实际，参考各机型的适应性、配套动力及作业性能等，合理选择可靠的机型。

根据农艺要求，在川西平原常用的马铃薯播种机一般有单垄双行、双垄双行、双垄四行三种作业方式。川西平原常用播种机的作业参数见表 4.2。

表 4.2   川西平原常用马铃薯播种机的主要参数

机具型号	工作行数	垄距/cm	株距/cm	窄行距/cm	理论播种密度/(株/hm²)	配套动力/kW
2CM-4	2 垄 4 行	100	20～30	25～30	66705～100050	66.00～73.50
2CM-4 (改进型)	2 垄 4 行	90	15～28	16～18	79410～148215	51.45～66.15
2CM-1/2	1 垄 2 行	100	20～30	25～33	66705～100050	25.70～36.75
2CMZ-2	2 垄 2 行	90	12～38	—	29250～92625	58.80～73.50

就马铃薯播种机的市场占有度而言，国内厂家如青岛洪珠、中机美诺、德沃科技、希森天成等企业都占有一定的市场份额。现介绍几种适合川西平原使用的马铃薯播种机。

(1) 青岛洪珠 2CM-2C 型播种机。结构形式：悬挂式；配套动力：18.4～25.7kW；外形尺寸 (长×宽×高)：2620mm×1340mm×1590mm；作业行数：1 垄 2 行；行距：220～280mm；株距：19.5～33cm；作业效率：≥0.12hm²/h；工作幅宽：800～1000mm。

(2) 青岛洪珠 2CM-4 型播种机。结构形式：三点悬挂；配套动力：22.06～36.77kW；垄宽：600～800mm；垄高：200～250mm；株距：200～350mm；作业行数：2 垄 4 行；行距：200～250mm；作业效率：≥0.30hm²/h。

(3) 希森天成 2CM-1/2 型播种机。结构形式：三点悬挂；配套动力：22.06～33.09kW；外形尺寸 (长×宽×高)：2600mm×1400mm×1650mm；适用行距：270～350mm；作业行数：1 垄 2 行；工作幅宽：850～1200mm；作业效率：≥0.10hm²/h。

(4) 中机美诺 1220A 型播种机。配套形式：三点悬挂；配套动力：≥36.77kW；外形尺寸 (长×宽×高)：2000mm×1840mm×1800mm。工作深度：12～17cm；株距：14～42cm；作业幅宽：75～90cm；作业效率：0.26～0.37hm²/h。

4.5.6   怎么进行机械化中耕？有什么要求？配套的中耕机有哪些

中耕是马铃薯种植的又一重要环节。良好的中耕除草、施用追肥、培土上厢能够有效增加马铃薯的产量，提高马铃薯种植的经济效益。在中耕过程中必须做到不伤垄、不伤苗，中耕机械必须符合马铃薯生产的农艺要求。作物行间的深中耕、培土、追肥等中耕作业，由人力、畜力进行往往因无法达到作业质量好、管理及时的要求而影响产量。对马铃薯的作业采用机械中耕不仅省时省力，而且可以达到增产增收的目的。马铃薯机械化的中耕管理技术主要是以机械化中耕为主，并配合机械化喷洒固体肥料和液体肥料等技术。中耕机能够一次性完成松土、除草、筑垄等作业；喷洒固体肥料主要是离心式撒肥机，离心式撒肥机具有较好的施肥均匀度，能有效减少肥料的过量施用，减少环境污染；肥料抛撒在地表后，经喷水灌溉或中耕培土，提高肥效，减少空气污染，适合大面积马铃薯作业；液体喷药机对马铃薯茎叶施加液态肥，保证其充足的养分需求。机械化中耕管理技术能够提高中耕效率，减少人工操作，提高马铃薯中耕的机械化水平。

苗齐后及时除草、松土，促进根系发育。一般播种后 30d 左右开始出苗，当植株长到 20cm 时进行第 1 次中耕培土，以铲除田间杂草。苗期根据长势情况可施尿素，现蕾时视情况而定，必要时进行第 2 次中耕培土。长势差的地块可叶面喷施 KH_2PO_4 并加少量尿素。应根据不同地区采用高地隙中耕施肥培土机具或轻小型田间管理机械，田间黏重土壤可采用动力式中耕培土机进行中耕追肥机械化作业。在砂性土壤垄作进行中耕培土施肥，可一次性完成开沟、施肥、培土、起垄等工序。

川西平原常用马铃薯中耕机如下。

(1) 青岛洪珠 2TD-S2 进口型中耕机。中耕除草可防止太阳晒坏土豆芽、防除草、防马铃薯青头、土豆植株健壮等优点。马铃薯出苗时不用抠破地膜，可自己长出。外形尺寸（长×宽×高）：1200mm×1130mm×1300mm；结构质量：300kg；配套动力：18.38～25.74kW；作业效率：0.26～0.4hm^2/h；作业垄数：1 垄。

(2) 中机美诺 1302 中耕机。培土宽度和深度可调，松土深度可调，松土铲易更换。配套动力：44.13～58.83kW；作业垄数：2 垄；工作幅宽：180cm；行距：90cm；作业效率：0.66～1hm^2/h；整机质量：700kg；外形尺寸（长×宽×高）：1900mm×2000mm×1100mm。

(3) 希森天成 3ZMP-110 中耕机。既可在覆膜地上作业，也可在露地作业。其行距、中耕深度都能在较大范围内调整。具有结构合理、操作维修方便、适用性广等特点。配套动力：≥35kW；外形尺寸（长×宽×高）：1200mm×1130mm×1300mm；整机质量：140kg；作业垄数：1 垄；作业效率：0.2～0.33hm^2/h。

4.5.7　如何进行机械化病虫草害的防治？配套的植保机具有哪些

根据马铃薯病虫草害的发生规律，按植保要求选用药剂及用量，按照机械化高效植保技术操作规程进行防治作业。一般在马铃薯 3～5 叶期喷施除草剂，要求在行间近地面喷施，并在喷头处加防护罩以减少药剂漂移。马铃薯生育中后期的病虫害防治，应采用高地隙喷药机械进行作业，要提高喷施药剂的对靶性和利用率，严防人畜中毒、生态污染和农产品农药残留超标。

在川西平原进行马铃薯规模化生产，主要抓好苗前、苗后的杂草防治及晚疫病、早疫病的药剂防治。播后苗前化学除草：70%嗪草酮 600～800g/hm^2+90%乙草胺 1500～2000mL/hm^2；苗后化学除草：砜嘧磺隆 75g/hm^2，用水量 300～450L/hm^2；喷药时期：马铃薯拱土期到株高 12cm 前施药。

晚疫病防治选用 70%丙森锌可湿性粉剂 600～800 倍液，或 75%百菌清可湿性粉剂 600 倍液，或代森锰锌 80%可湿性粉剂 400～500 倍液，喷雾施药；晚疫病治疗性药剂一般选用 68.75%氟菌霜霉威悬浮剂 900～1125mL/hm^2，或 50%氟啶胺悬浮剂 400～495g/hm^2，或 60%锰锌·氟吗啉可湿性粉剂 1005～1335g/hm^2，或 10%氟噻唑吡乙酮可分散油悬浮剂

225 mL/hm^2，喷雾施用。

早疫病防治一般选用的药剂有丙森锌 70%可湿性粉剂 1350～1725g/hm²，或 70%代森锰锌可湿性粉剂 400～500 倍液，或 25%嘧菌酯悬浮剂 1000 倍液或甲基硫菌灵 1000 倍液，每隔 7～10d 喷施一次，共喷 2、3 次。

川西平原常用的马铃薯植保机械介绍如下。

(1)亿丰丸山 3WP-500CN 自走式喷杆喷雾机。适合马铃薯生长中后期植保。外形尺寸(长×宽×高)：3500mm×1810mm×2290mm；功率：10.7kW；轮距：1540mm；有效离地高度：1140mm；最低离地高度1055 mm；质量：880kg；操作方式：全油压动力转向装置；行走速度：0～11km/h(移动行走)，0～4.2km/h(播散)；药箱容量：500L；喷雾作业压力：1.0～2.5MPa；喷雾用泵类型：三缸活塞泵；喷雾转速：1520r/min；展臂装置类型：双臂式、手动开合、电动上下；喷嘴个数：26 个；侧喷嘴：4 个；喷嘴离地高度：471～1395mm；喷幅：12m；最高作业作业效率：2hm²/h。

(2)洋马 3WP-600(HV19V)自走式喷杆喷雾机。适合马铃薯生长中后期植保。外形尺寸(长×宽×高)：4080mm×2020mm×2840mm；功率：13.8kW；轮距：1500mm；离地间隙：1050mm；质量：1170kg；行走速度：1.3～11.1km/h(前进)；驱动方式：四驱驱动；药箱容量：600L；喷雾作业压力：0.5～3.0MPa；喷雾用泵类型：三缸柱塞泵；流量：60L/min；喷雾转速：1000r/min；喷嘴个数：38 个；喷幅：11.9m；最高作业作业效率：4hm²/h。

(3)极飞 P30 2018RTK 植保无人机。适合马铃薯生育期任何节点植保。飞控平台：SuperX3 RTK；载荷：15kg；遥控系统：A2 智能手持地面站；喷幅宽度：3.5m；电池型号：B12800；外形尺寸(长×宽×高)：1240mm×1945mm×440mm；旋翼数量：4 个；喷头类型及特点：高速离心雾化喷头，可将高浓度的农药雾化为 100μm 以下的小颗粒，螺旋桨旋转产生的下压气流，可让药粒均匀地附着到农作物叶片的正反面和茎部；最高作业作业效率：5.3hm²/h。

4.5.8　机械化栽培为什么要进行杀秧？杀秧时间如何确定？配套的杀秧机具有哪些

马铃薯机械化收获对于块茎薯皮的成熟度有较高要求，若收获时薯皮木栓程度高，就可减少机械损伤，避免因机械损伤引发的细菌入侵而致霉烂，也可保持良好外观，提高鲜薯商品质量。因此，收获前要进行杀秧处理，地上部茎叶被消灭后，地下块茎停止生长，块茎成熟比较快，外皮变硬、水分减少，促进薯皮木栓化。同时，杀秧后也可减少收获机作业过程中易出现的缠绕、壅土和分离不清等现象，以利于机械化收获。由杀秧到块茎薯皮木栓化形成的时间取决于块茎成熟度及品种特性，一般成熟的块茎需要 7d，未成熟的幼嫩块茎需要 10～15d。杀秧时间还要综合考虑市场价格、产量、市场需求等因素确定。

常用的杀秧方法有化学杀秧法和机械杀秧法。化学药剂杀秧一般在收获前 15d 进行，选用克无踪 3000mL/hm²、立收谷 3000mL/hm²、敌草快 2250mL/hm² 等灭生性除草剂进行全天喷施，若植株繁茂，一次喷施不能完全除去地上部茎叶时，可 7d 后补喷 1 次，避免高温作业，宜在傍晚进行。

使用杀秧机进行杀秧要在收获前 7～10d 进行，机械化杀秧时田间土壤不能太湿，下雨后不要使用机械杀秧，杀秧前一周不能浇水。

川西平原常用的马铃薯杀秧机介绍如下。

(1)青岛洪珠 1JH-360 大型杀秧机。工作原理：特殊刀片，高速运转，产生负压，垄底的秧苗吸起，高速运转的刀片将其粉碎。主要优点：垄沟倒伏的秧苗也能被吸起粉碎。结构质量：850kg；外形尺寸(长×宽×高)：3600mm×1000mm×950mm；配套动力：58.88～82.25kW；工作行数：4 行；作业效率：1.33～2hm²/h。

(2)青岛洪珠 1JH-100 小型杀秧机。工作原理：特殊刀片，高速运转，产生负压，将垄底的秧苗吸起，高速运转的刀片将其粉碎。主要优点：垄沟倒伏的秧苗也能被吸起粉碎。结构质量：190kg；外形尺寸(长×宽×高)：1100mm×1200mm×950mm；配套动力：14.70～25.74kW；工作行数：1 行；作业效率：0.27～0.33hm²/h。

(3)中机美诺 1802 杀秧机。机具特点：甩刀结构形式多样，组合运动轨迹与薯垄形状和宽度一致；甩刀按双螺旋线排列在刀辊轴上，保证刀辊受力均匀；双侧传动带有超越离合器，停机后，可有效保护传动系统；甩刀高速运转，在机具壳体内形成负压，使倒伏茎秆也能被切，打碎的茎秆铺放在地面；作业效率高，茎秆粉碎效果好。结构质量：900kg；外形尺寸(长×宽×高)：2400mm×2050mm×1300mm；配套动力：44.13～58.83kW；工作行数：2 行；留茬高度：可调；作业效率：0.53～0.73 hm²/h。

4.5.9　如何进行机械化收获？马铃薯收获机有哪些

马铃薯机械化收获是马铃薯机械化生产的重点环节,收获作业量占马铃薯生产总作业量的 30%～35%。马铃薯机械化收获包含挖掘、升运、分离和铺薯等作业工序，联合收获机还能完成马铃薯薯块的收集和装运等作业。要根据马铃薯成熟度适时收获，作业质量要求：马铃薯挖掘收获明薯率≥97%、埋薯率≤3%、轻度损伤率≤5%、严重损伤率≤2%。马铃薯收获机械按作业的连续性可分为分段收获和联合收获两种，联合收获时先用切割机割去茎叶，而后用联合收获机一次性挖掘块茎、分离土壤，捡拾块茎并进行集装。目前，运用较广的是分段式收获机械，它的作业过程是，割除茎叶后，用收获机从土壤中挖出块茎并初步分离，铺放成条，然后人工捡拾块茎，集中运送。马铃薯收获机械在收获过程中应尽可能减少块茎的丢失和损伤，同时使土壤、薯块、杂草、石块彻底分离，块茎的含杂率不能超过 10%。在马铃薯收获前要对土壤水分进行控制，川西平原土壤质地大多偏黏重，若在收获前雨水集中或浇水，则田间持水量较高，土块容易起团，黏附在收获机械表面，不利于土壤分离，影响作业效率和薯块外观。另外，挖掘深度要通过田间调试确定，最适宜的挖掘深度是挖掘起的土壤量最少，而伤薯、漏挖现象较少，这样可以减少作业阻力。一般挖掘深度根据土壤质地和耕作方式在 10～20cm 内调整。起垄耕作和质地较软的土壤挖掘深度可适当增加，平作和质地较硬的土壤挖掘深度可适当减少。挖掘铺放到土层表面的薯块要及时进行人工捡拾，避免太阳光长时间直接照射而引发日烧病和黑心病，对于无法及时捡拾装车的薯块可利用杀秧后留下的秧蔓搭盖。

川西平原常用的马铃薯收获机介绍如下。

（1）青岛洪珠 4U-90 收获机。产品特性：新款（动刀）收获机，在原有普通收获机的基础上，下土铲改为活动铲，减少阻力，防止堵土，对拖拉机马力要求降低；切草盘可切碎田地里的土豆秧和杂草，效果显著，通过性好，有效提升了收获效率。结构质量：230kg；外形尺寸（长×宽×高）：1450mm×1150mm×900mm；配套动力：14.70～25.74kW；驱动轴转速：360r/min；工作深度：20～30cm；收获宽度：60～85cm；垄距：90～120cm；收净率：99.50%；作业效率：0.23hm²/h。

（2）中机美诺 1120A 大垄双行收获机。适应土壤类型：沙土、沙壤土。结构质量：500kg；外形尺寸（长×宽）：1950mm×1030mm；配套动力：22.06～36.77kW；驱动轴转速：540r/min；工作深度：0～30cm；收获宽度：70～90cm；垄距：100～110cm；收净率：99%；作业效率：0.10～0.20hm²/h。

（3）希森天成 4UX-100 收获机。产品特性：收获效率高，破损率低，破皮率低；采用挖掘装置入土角与输送分离装置升运角相一致设计，有效解决了铲后积土问题；采用过载保护，有效保护机具；运转轻快无震动，不堵草，漏土快，结构简洁，使用寿命长。结构质量：322kg；外形尺寸（长×宽×高）：2020mm×1146mm×1350mm；配套动力：22.00～29.40kW；驱动轴转速：400r/min；工作深度：15～25cm；收获宽度：65～90cm；垄距：100cm；收净率：98.50%；作业效率：0.07～0.18hm²/h。

4.5.10 川西平原马铃薯全程机械化生产目前有哪些瓶颈及现实问题

目前制约川西平原马铃薯全程机械化发展的主要问题如下。

（1）地块破碎，机械化种植难以规模开展。目前，农村耕地资源三权分立，所有权归集体所有，农户具有使用权，开发者享有经营权。农户在最初分得土地时，往往以沟渠、田埂、林盘等自然屏障为界，在土地流转过程中，农户较难割舍这些自然界限，土地整理时一般都要尊重农户意愿，保留自然界限，这就使得相邻地块难以集中连片，给机械化作业带来了一定难度。机械开进田间后，由于上述界限的存在，地块有效作业面积较小，机械作业半径减少，机械原有的工作效率难以得到最大发挥。

（2）川西平原土壤质地黏重，现有机型大多是北方厂家研制，存在"水土不服"的窘境。川西平原大部分土壤较黏，土壤板结易形成土块，同时也易黏在机械上。在机械化生产实践中，无论是小型的覆土机械，还是大型的播种一体化机械及大型收获机都面临这一问题，即播种过程无法实现起垄、施肥、播种、覆膜一次作业，且覆土不严；收获过程中泥土黏在收获的薯块上不易分离，导致收获产物不宜收净、易损伤、品质变差等。

（3）川西平原独特的气候特征带来的问题。因川西平原的特殊气候，马铃薯的生长季节分别是 9～12 月和 12 月至翌年 5 月，分为秋薯和冬薯。对于这两季的马铃薯，生长季节短，因此，在品种选择上，就必须选用生育期短的中早熟品种。而中早熟品种的马铃薯，因生育期短，植株个体发育不强，在传统栽培上，为弥补这一缺陷，通常采用密植手段，通过增加单位面积种植密度来提高产量，使单产能达到较高水平。目前川西平原的马铃薯种植中，一般采用 90000～105000 株/hm² 的密度，甚至有达到 120000 株/hm² 的情况。但目前引进的大规模机械，多是针对北方田地气候设计，种植密度为 60000～75000 株/hm²，在实际生产中，出现了机械化生产远不如人力生产单产高的现象。

(4)农机与农艺融合度还有待提高。受自然环境、气候条件、农民传统种植习惯等因素影响，目前四川省马铃薯生产以间套种为主，以提高产量和复种指数为主要目标，种植模式多，种植技术千变万化，与机械化种植模式严重脱节。在川西平原存在着作物茬口衔接不紧密的问题，如目前很多优质水稻品种以中晚熟为主，水稻收割一般延迟到 9 月初，甚至 10 月，田间持水量大，排水晒田的时间短，很多区域已经放弃秋薯的种植。

4.6　马铃薯收获与贮藏技术

4.6.1　怎么确定马铃薯的收获期？怎么收获马铃薯

当马铃薯植株大部分茎叶由绿变黄，达到枯萎时，块茎停止膨大进入休眠期，此时是马铃薯的收获期。但马铃薯并不像其他作物那样需等到生理成熟期才能收获，在实际生产中可以根据栽培目的、经济效益、天气等多种因素适时收获，收获的早晚可影响其产量性状、种性、贮藏特性和商品性，因此适时收获马铃薯十分重要。①品种。不同马铃薯品种的生育期差别很大，收获时只有充分考虑其品种特性才能保证产量性状。②栽培目的。作为商品薯生产，要充分考虑市场价格波动因素，虽然早采收产量低，但早上市价格高，经济效益也较好；作为种薯生产，要充分考虑收获早晚对马铃薯种性和贮藏性的影响，过早或过晚，都可能降低种薯的健康性状；作为加工原料生产，必须等到马铃薯生理成熟期才能收获，此时产量最高、干物质含量最高而还原糖含量最低。③天气和病害。收获期的确定还应考虑当地气候条件，根据天气预报，及早杀秧，避开雨季、高温等不利自然因素，减少晚疫病的发生，稳定产量、保品质。④栽培模式。川西平原冬春作马铃薯收获后，下茬要播水稻，马铃薯需要及时收获；套作其他作物时也需要及时收获马铃薯，以免影响其他作物的正常生长。

收获马铃薯分为人工收获和机械收获，两种方式都要经过杀秧、挖掘、装袋、运输、预贮等过程。收获应选择晴天和土壤干爽时进行，先提前杀秧，深翻土壤，挖掘块茎要彻底，减少破损，在田间稍微晾晒，拣薯装袋，及时运输，避免块茎在烈日下暴晒导致品种变劣。

4.6.2　马铃薯收获前有什么措施促进薯皮木栓化

收获时如果薯皮幼嫩，未形成木栓层，则在收获和运输过程中易破皮和擦伤，病菌易侵入，在贮藏过程中易引起腐烂。一般情况下，收获前 7~15d 将植株杀死即进行杀秧，就能促使薯片木栓化和块茎老化，显著减少收获、运输和贮藏中的表皮损伤。其方法有以下几种：①压秧。用机引或牲畜牵引的木棍将植株压倒在地，植株停止生长，养分转入块茎，并促使薯皮木栓化。②割秧。用镰刀将马铃薯地上部分割除。③化学杀秧。用安全化学药剂将马铃薯植株杀死，如克无踪、敌草快等。④适当晚收。当马铃薯植株被霜冻杀死后，不要立即收获，应适当延长 7～10d，待薯皮木栓化后再收获。

4.6.3 马铃薯收获后如何进行挑拣和分级

马铃薯收获后，要进行挑拣和分级，主要是剔除病、烂、伤薯等，做到入贮前的薯块"一干六无"，即薯皮干燥、无病薯、无烂薯、无损伤、无冻薯、无裂皮、无泥土和其他杂质。同时将大小不同的薯块分开，以便于区分、贮藏和运输。薯块大小不同，装袋后间隙不同，通气性也不同，且休眠期也不相同，故应分开贮藏。

4.6.4 马铃薯贮藏过程生理特性会经历哪些阶段？有哪些变化

马铃薯贮藏过程中，仍在进行新陈代谢，块茎受温度、湿度、光照等因素影响，其呼吸强度、生理和化学成分也有相应的变化。刚收获的马铃薯呼吸强度很高，水分蒸发明显；当表皮充分木栓化后，随着休眠的深入，呼吸强度减弱，养分消耗降到最低；块茎休眠结束后，呼吸强度又开始升高，芽眼萌动，进入萌芽期。温度是影响块茎呼吸的主要因素，温度为 2～4℃时，呼吸强度最弱；5℃以上则随温度的升高呼吸强度增强。此外，湿度增加，或在光照下，呼吸作用也会增强。

马铃薯在贮藏过程中，其营养化学成分会不断发生变化：①块茎中淀粉转化成糖，这个过程与温度密切相关，当温度在 0～10℃时，淀粉随着温度的降低而迅速转化成糖，温度在 10℃以上时，淀粉含量稳定。②块茎中维生素 C 含量随贮藏期的延长而减少，但进入萌芽期后维生素 C 含量又会增加。③块茎在贮藏期间，茄素（龙葵素）的含量也会增加，以幼芽中含量较多。

4.6.5 如何进行预贮和预冷处理

马铃薯收获后应堆放在阴凉通风的室内、窖内或荫棚下预贮，时间为 10～15d，一般薯堆不宜高过 0.5m，宽度不超过 2m，并在堆中放置通风管，以便通风降温。同时应避光预贮，避免见光薯皮变绿，影响品质。

现代化的贮藏库房，薯块进库时应先做预冷处理，首先将温度控制在 15～20℃，促使块茎伤口愈合，7～10d 后逐渐降低温度至不同用途马铃薯要求的贮藏温度。同时加强通风，降低新收获块茎的湿度，加快薯皮干燥，抑制病害发展。

4.6.6 目前的马铃薯贮藏设施有哪些模式

马铃薯贮藏设施主要有以下几种模式：①沟藏，贮藏沟深 1～1.2m，宽 1～1.5m，长度不限，薯块堆放后覆土或干沙保温，并在沟内每隔 1m 左右放置通风管道，严冬季节要堵塞通风管道，防止雨雪浸入。②窖藏，不同地区有不同的窖藏方式，主要有棚窖、土窑窖、井窖、拱形窖等，一般都由窖门、窖身、通风道或通风孔三部分组成。③贮藏库贮藏，现代化的贮藏库利用先进设施设备严格控制温度、湿度，通风效果好，利于长期贮藏大量马铃薯，马铃薯入库后，库温应缓慢降至不同用途马铃薯要求的贮藏温度。

4.6.7　贮藏马铃薯前怎么对贮藏库进行清理

马铃薯贮藏前要对贮藏库进行清理：①清杂，在马铃薯贮藏前一个月要将库内杂物、垃圾清理干净，并通风换气。②消毒，在马铃薯入库前 10d 左右将库内清扫干净后进行消毒处理，可以用硫黄粉（$8 \sim 12 \mathrm{g/m^3}$）或 $KMnO_4$（$4\ \mathrm{g/m^3}$）+甲醛（$6\ \mathrm{g/m^3}$）或百菌清烟剂等药剂进行熏蒸，还可用石灰水或 $2\% \sim 4\%$福尔马林 50 倍液均匀喷洒墙壁和地面，消毒液喷洒时要均匀，不留死角，消毒或熏蒸密封 2d 后通风备用。

4.6.8　怎么确定马铃薯贮藏库的容量

马铃薯贮藏数量与贮藏库的容量有一定的比例关系，不能随意堆放。如果马铃薯块茎堆放过多，易造成缺氧呼吸，不易散热，容易造成薯块霉变腐烂，做种薯则不能顺利发芽出苗，影响产量。堆放过少，则浪费库存空间。适宜的堆放高度不能超过贮藏库高度的 2/3，总的贮藏量不得超过贮藏库容量的 65%。如果堆放过多过厚，贮藏中期上层块茎容易受冻，后期下部块茎容易发芽，同时也会造成上下层温度不一致，难以调整库内温度。据测算，入库后每立方米的块茎重量一般为 $650 \sim 750 \mathrm{kg}$，根据贮藏库的容量，可计算出适宜贮藏的马铃薯块茎数量。在较好的储藏条件下，储藏 200d 的块茎淀粉平均损失 7.9%左右，如存贮量过大，薯块呼吸释放的热量、水分和 CO_2 等不能及时散发，就会影响薯块正常呼吸，引起块茎发芽和腐烂，还原糖升高，从而降低原料薯的品质。

$$最大的贮藏量(\mathrm{kg}) = 库窖总容积(\mathrm{m^3}) \times 750 \times 0.65$$

举例说明：库长 100m、宽 50m、高 3m，适宜的贮藏量=$100 \times 50 \times 3 \times 750 \times 0.65 = 7312.50\mathrm{t}$，即库容为 $15000\mathrm{m^3}$ 的贮藏库最大可贮藏 7312t 马铃薯。

如果采用先进的强制通风系统和恒温恒湿贮藏库贮藏马铃薯，其贮藏量可不受上述条件限制。

4.6.9　入库后马铃薯怎么进行堆码

按不同品种、不同用途、不同等级分类贮藏。堆放、码垛时轻装轻放，由里向外，依次堆放。

（1）散装：人力搬运，轻装轻放，以防碰擦伤；由里向外，依此堆放。马铃薯堆放高度不宜超过贮藏库高度的 2/3。强制通风恒温库，散堆高度可达 $3 \sim 4\mathrm{m}$。自然通风窖薯堆高度不超过 2m，一般在 1.5m 左右，温度较高的窖薯堆高度应在 1.3m 以下。否则会造成空气流通不畅、温度过高、氧气供应不足。在堆放时要沿库长方向堆放，侧边用板条、秸秆等透气物隔挡以增加贮藏间隙，以通气、不漏薯为宜；有条件的业主，可在堆垛下面增加强制通风管道，并与强制送风机连通，使贮藏库中形成一个立体通风系统。

(2)袋装：装入小孔编制网袋，35～45kg/袋，袋装垛藏，高7～9层，以"井"或"兀"字形码垛，垛与垛相距0.8～1m，便于通风、观察、出窖。

(3)箱装：有木条箱、塑料箱或可防潮防腐蚀金属筐等多种包装形式。如使用容积为1.8～3.6m³的木条箱包装时，码放高度不超过6层，垛与垛之间留有运输和检查作业的过道。

不论哪种堆码方式，马铃薯块茎都不宜堆放过高。不同品种承受压力的能力不同，随着贮藏时间的延长，挤压损伤会越来越严重，当块茎受到挤压后，表面会出现凹陷，如果短期压迫或压迫时间不长，凹陷会随着压力的解除而慢慢消失。如果薯块长期被压迫，组织会受到永久性破坏，即使压力解除，也会造成一定程度的损伤，主要会造成薯块重量上的损耗，严重的会导致大量薯块发芽和腐烂。

另外，马铃薯种薯贮藏库应做到专库专用，同一贮藏库不宜堆放过多品种或多种级别，特别是试验品种、原原种、原种都应单存单放，以防混杂和病害传染，影响种薯纯度和质量。

4.6.10 影响马铃薯贮藏品质的环境因素有哪些？鲜食马铃薯和加工原料薯分别需要怎样的贮藏条件

影响马铃薯贮藏效果的因素包括内因和外因。内因主要是指马铃薯品种自身的抗病性和耐贮性；外因则是指贮藏时的环境条件，包括环境的温湿度、气体成分、光照条件以及机械伤、病虫害等。其中外因是影响贮藏效果的关键因素，对贮藏效果影响较大。

(1)块茎的完整性。完整的没有损伤的马铃薯易于储藏，损伤严重、愈伤组织没有形成的马铃薯在储藏期间易受病菌的侵染，而不易于储藏。

(2)温度。温度是马铃薯储藏最主要的影响因子，如果温度过低，马铃薯生命力减弱，薯块容易受冻，甚至薯块的细胞间隙会结冰，使马铃薯的细胞组织受到严重迫害，当温度在0～1℃时，薯块容易感染干烧病、薯皮斑点病等真菌病，造成贮藏损失；如果温度过高，薯块代谢旺盛，呼吸作用迅速，水分易损失，衰老加快，马铃薯块茎的休眠期也会缩短，马铃薯容易发芽，影响加工品质，也可能引起烂薯现象。

(3)湿度。湿度也是影响马铃薯储藏的重要因素，湿度太低会造成薯块失水过多，导致块茎变软、萎缩，从而失去食用和种用品质，湿度太高会造成薯块腐烂、发霉和提早发芽。贮藏期间最适湿度为85%～90%。

(4)CO_2浓度。马铃薯在储藏期间，由于呼吸作用，会释放CO_2和热量等，如果储藏环境中CO_2的浓度过高，并缺乏新鲜空气，会妨碍马铃薯的生理活动，容易造成薯块染病乃至腐烂。但有研究表明：适度CO_2浓度可延长块茎的休眠，利于马铃薯的贮藏，通过控制CO_2浓度可以延长马铃薯的保鲜期。

(5)光照。马铃薯要在黑暗条件下储藏，如果薯块长期受到光照，会导致块茎变绿、变味，产生对人畜有害的龙葵碱毒素，影响品质。散射光能抑制马铃薯块茎发芽，并减慢薯芽的生长速度。种薯下窖前通过5～7d光照处理，能够提高种薯的抗病力和耐贮性，可以减少真菌侵染，防止疫病在贮藏期发生。

鲜食马铃薯贮藏主要是抑制发芽，防止薯皮变绿。适宜贮藏的温度为2～4℃，相对湿度为85%～90%，湿度过高易增加腐烂，湿度过低失水增加、薯皮皱缩。光照能促使马铃薯发芽,增加薯块内龙葵碱含量。正常薯块的龙葵碱含量未超过 0.02%,对人畜无害,但薯块受光照或发芽后,龙葵碱含量急剧增高,对人畜有毒害作用。因此马铃薯应在黑暗条件下贮藏。

随着社会的进步和发展,薯条、薯片及薯泥等西式马铃薯加工产品在中国越来越受到欢迎,随之发展的是马铃薯加工产业。为了保证加工原料的供应,马铃薯原料的贮藏显得越来越重要。油炸薯片、速冻薯条的原料马铃薯若贮藏在 4℃低温下,块茎的淀粉通过酶的作用,大量转化成糖,使加工薯片、薯条的颜色变深,影响食用风味和外观品质。加工油炸薯条的原料薯短期贮藏温度应控制在 10～15℃,长期贮藏温度以 7～8℃为宜。大量原料薯需要低温贮藏,用于加工时,可将低温贮藏的块茎放于 15～18℃条件下 14～21d 进行回暖处理,可使低温转化的糖再逆转为淀粉。

4.6.11　贮藏过程中如何进行温度、湿度的管理

马铃薯贮藏管理工作要做到"三个及时":①及时调节库内温度,最大限度保持库内温度适宜且恒定;②及时通风,保证库内湿度适宜,降低 CO_2 浓度,散失薯堆热量,处理库内冷凝水;③及时检查,防止冷害、冻害及病虫害发生,剔除病薯。在马铃薯刚入库阶段,薯块准备进入休眠,呼吸旺盛、释放热量较多,这一阶段的管理工作应以通风换气、降温散热为主。进入休眠期后,散热量减少,这个时期主要进行防冻、保温。随着时间推移,入库约 80d 以后,薯块呼吸作用加强,很容易出现"伤热"和"烂薯"现象,因此要及时去除覆盖物,做好通风措施,避免外界高温使库内温度升高过快。

整个马铃薯贮藏期,库内空气相对湿度应控制在 85%～95%。马铃薯入库前期湿度较大,应采用石灰吸湿法或加强通风降低湿度。进入休眠期后,马铃薯容易受冻,因此要加强增温、保湿,及时观察温湿度变化,适时通风。

以原料薯为例,刚入库时应迅速把温度降到 10～13℃,并维持 15～20d,使薯皮尽快木栓化,形成保护层。之后窖温应逐渐降至 1～4℃,转入正常储藏(温度在 8～10℃时薯块呼吸强烈,菌类繁衍,薯块易腐烂;温度在 0～1℃时薯块中的淀粉开始转化为糖分,食味变甜)。在此期间要保持温度相对稳定,湿度必须保持在 85%～93%。在这样的温湿度范围内,块茎不会因失水太多而萎蔫,也不会因湿度太大而腐烂。

4.6.12　贮藏过程中会发生哪些病害?如何进行处理

马铃薯贮藏期间普遍发生的病害主要有 6 种,即真菌性病害 4 种:干腐病、晚疫病、湿腐病和坏疽病;细菌性病害 2 种:环腐病、软腐病。其中晚疫病在贮藏中前期表现极为明显,干腐病在贮藏后期表现较为突出,这两种病害是马铃薯贮藏期间的主要病害。

马铃薯贮藏期间发生的病害是由收获前、收获时或收获后病菌侵染造成的,与薯块的带菌量关系密切,贮藏环境条件的影响也很重要,尤以温度和通气最为关键。总体上,贮藏温度在 5～30℃均可发病,以 15～20℃为适宜发病条件,而 25～30℃伴以潮湿条件易引起薯块腐烂。

由于马铃薯贮藏期病害的发生是病菌在田间生长期初次侵染和贮藏期二次复合侵染，以及马铃薯贮藏期许多其他因素综合作用引起的，因此，应采取"预防为主，综合防治"的策略，从大田收获、入库和储藏等关键环节进行综合防治。

(1) 选择抗病良种。选用优良品种是马铃薯优质、高产、高效栽培的基本条件。优良的马铃薯品种除了要求高产、优质外，还要适应性好、抗病虫和抗逆能力强，为此，因地制宜选择综合抗病良种是做好马铃薯贮藏期病害防治的基础。同时，脱毒马铃薯不但能减少病害的发生，还是获得高产的有效措施，因此应大力推广种植脱毒品种。

(2) 种薯精选消毒。为了减少初侵染源，播种前要精选种薯，淘汰带菌块茎。播种切块时应对切刀进行消毒，可用 75%酒精消毒或将切刀在开水中煮或放在火上烧一下，可有效防止病菌随切刀传播，避免切刀传病。同时做好种薯的消毒工作，可用抑快净 600～800 倍液浸泡或喷洒薯块，晾干后切块播种，可减少田间病株数量。

(3) 加强栽培管理。一是进行轮作倒茬。实行轮作是减少马铃薯病害发生的有效措施，可与禾谷类作物实行 4～5 年轮作，忌和茄科作物轮作。二是调整好播种时间。春薯适时早播，夏薯适时晚播，避开高温多雨季节，能有效减少病害的发生。三是加强水肥管理。增施有机肥和酸性肥料，特别是增施磷肥和钙肥，禁施碱性肥料，可以提高薯块细胞壁钙的含量，增强抗病性。此外，合理灌溉也有利于马铃薯生长发育，提高抗病能力。四是培土和防地下害虫。马铃薯生长后期，培土和防治地下害虫可减少游动孢子侵染薯块的机会；病害流行年份，收获前两周割秧，可避免薯块与病株接触，降低薯块带菌率。五是剔除发病植株。马铃薯生长期间要经常检查，一旦发现病株要结合中耕剔除并带出田外，减少传病机会。

(4) 注意适时收获。马铃薯收获过晚易受冻害，收获过早产量低，种皮薄，不耐贮藏，因此适期收获对储运十分重要。一般要求在土壤温度低于 20℃时收获，可以大大降低侵染概率。另外，收获时要尽量避免薯块被机械碰伤，减少侵染通道。

(5) 进行科学预贮。收获后应在通风处预贮 2 周左右，使薯皮老化，伤口愈合。长期贮藏前应去掉种薯表面泥土，剔除杂薯、烂薯、病薯、畸形薯和伤薯，并用 75%百菌清可湿性粉剂，或 80%代森锰锌可湿性粉剂 500 倍液，或 58%甲霜灵锰锌可湿性粉剂 600 倍液对薯块表面进行喷雾处理，待表面药液稍干后分级贮藏，避免传病和机械混杂。

(6) 选择贮藏库。在寒冷干燥地区，贮藏马铃薯除了采用现代化的、永久性仓库外，乡村多采用通风库贮藏。库址要选地势高、地下水位低、排水良好、土质坚实、少阳通风的地方，并在收获前 1 个月修好，以充分干燥。无论新库和旧库，都要用石灰水喷洒消毒。

(7) 控制贮藏条件。不同品种要分别贮藏，以防休眠期长短、耐贮性强弱不一致造成互相影响，最起码要将种用薯和菜用薯分别贮藏。同时，根据马铃薯贮藏期的生理变化和气候变化，应两头防热、中间防寒。通过合理通风和密闭，控制贮藏库的温湿度，贮藏初期，4 个星期内注意保持通风干燥，相对湿度保持在 75%左右，避免薯块表面潮湿和窖内缺氧，以减少发病。

(8) 开展化学防治。马铃薯贮藏期的病害防治应以预防为主，不论是侵染性病害还是非侵染性病害，在不能辨认病害种类时，凡发现薯块开始腐烂，必须坚持检查剔除病薯，装袋后隔离堆放，防止传染。一旦发病严重，要选用化学药剂科学防治，适用于贮藏期干腐病和晚疫病防治的药剂有抑快净和 25%甲霜灵。

4.6.13 在贮藏过程中为什么要使用抑芽剂？如何选用抑芽剂

马铃薯储藏期使用抑芽剂或防腐剂等药剂处理，能够较好地抑制其发芽，延长储藏时间，并能有效降低马铃薯储藏期病害的发生，减少腐烂。

氯苯胺灵（CIPC）是一种收获后使用的抑芽剂，粉剂的使用剂量为 $1.4\sim2.8g/kg$，将粉剂撒入马铃薯堆中，上面扣上塑料薄膜或帆布等覆盖物，$24\sim48h$ 后打开，经处理后的马铃薯在常温下也不会发芽。该抑芽剂必须在马铃薯愈伤后使用，否则，它会干扰马铃薯的愈伤，造成马铃薯贮藏中腐烂。出休眠期前的马铃薯使用该药抑芽效果好，出休眠期后再使用，抑芽效果明显减弱。用 α-萘乙酸甲酯或 α-萘乙酸乙酯处理马铃薯，抑芽效果也较好，每 10t 薯块用药量为 $0.4\sim0.5kg$，与 $15\sim30kg$ 细土制成粉剂撒施在薯堆中。应在休眠中期进行，不能过晚，否则会降低药效。

MH（青鲜素）对马铃薯也有抑芽作用，但需在薯块采收前 $3\sim4$ 周进行田间喷洒，用药浓度为 $3\%\sim5\%$，遇雨时应重喷。但近年发现青鲜素有致癌可能，我国现已禁用，联合国粮农组织和世界卫生组织的资料也表明，青鲜素属于低毒化合物，LD_{50} 为 $4000mg/kg$，对人体有一定的致癌作用。

除上述几种常见抑芽剂外，近年来，研究人员还发现了一些前沿的抑芽技术和物质，主要包括外源乙烯、1,4-二甲基萘（DMN）、香芹酮等。

4.7 马铃薯加工技术

4.7.1 国内外马铃薯主食产品都有哪些类型？加工业发展现状如何

马铃薯可加工成马铃薯条、马铃薯片、马铃薯烘烤和油炸食品，还有以马铃薯全粉为主要原料制作的固态饮料。西方发达国家的马铃薯加工技术发展成熟，有上百年的发展历史。国际马铃薯加工业发展非常迅速，大致分为两种类型：一类主要是在大规模马铃薯精淀粉生产基础上发展淀粉衍生物的生产，如波兰、捷克等许多东欧国家；另一类主要是发展薯条、薯片、全粉及各类复合薯片等快餐及方便食品，如美国及荷兰、德国等国家的许多马铃薯加工企业（表 4.3）。

此外，发达国家马铃薯的加工量及消费量占总产量的比例较高，每人每年平均消费马铃薯食品折合为鲜薯，英国 100kg、美国 60kg（其中油炸土豆片为 9kg）、法国 39kg、德国 19kg。如美国一半以上的马铃薯用于深加工；荷兰 80%的马铃薯用于深加工后进入市场；日本每年加工用的鲜马铃薯占总产量的 86%；德国每年进口的马铃薯食品主要是干马铃薯块、丝和膨化薯块等，每年人均消费马铃薯食品 19kg，全国有 135 个马铃薯食品加工企业；英国每年人均消费马铃薯近 100kg，以冷冻马铃薯制品最多；瑞典的阿尔法·拉瓦-福特卡联合公司，是生产马铃薯食品的著名企业，年加工马铃薯 1 万 t 以上，占瑞典全国每年生产马铃薯食品的 1/4；法国是快餐马铃薯泥的主要生产国；波兰是世界上最大的马铃薯淀粉、马铃薯干品及马铃薯衍生品生产国，并在加工工艺、机械设备制造方面积累了丰富的经验，具有独特的生产技术手段。

表 4.3   国外发达国家马铃薯产品比例情况

（单位：%）

国家	干制品	薯条	薯片	其他
德国	39.6	39.0	11.8	9.7
英国	11.8	44.3	42.6	1.3
荷兰	16.7	74.8	8.0	5.0
法国	47.1	28.1	18.7	6.1
比利时	14.5	55.2	24.3	6.0
意大利	5.4	13.6	40.7	40.3
瑞士	25.4	54.3	13.0	7.3
芬兰	36.3	54.5	9.0	0.2
挪威	22.0	20.0	58.0	—

过去我国马铃薯绝大部分用于鲜食或作饲料和工业原料，只有少部分用于食品加工。近年来，新兴的马铃薯食品品种逐渐增多，除传统的淀粉、粉条（丝）、粉皮外，还有速冻薯条、油炸薯片、复合薯片、薯泥、薯饼、膨化食品、以全粉为原料的各种马铃薯食品等，受到消费者的普遍欢迎，消费量逐年增加，加工产品越来越多。代表我国马铃薯加工技术水平的是薯类淀粉及其制品加工、马铃薯膨化小食品加工、油炸鲜马铃薯片以及少量的全粉和速冻马铃薯条加工，加工量约占马铃薯总量的 4%。要增加马铃薯在居民日常生活中的消费比例，必须结合消费习惯，开发新型的主食类产品，如馒头、面包、面条等产品，但由于我国缺乏此类食品加工技术，在一定程度上限制了马铃薯食品消费的可持续增长。

4.7.2   目前已经开发了哪些马铃薯主食产品？市场推广情况如何

通过大量研究，目前提出了 20%～30%马铃薯全粉的主食产品为第一代马铃薯主食产品，45%以上马铃薯全粉的主食产品为第二代马铃薯主食产品；马铃薯馒头、面包、饼、糕点、饼干等发酵类主食产品的马铃薯全粉占比不低于 30%、不超过 55%，马铃薯面条、米粉等非发酵类主食产品的马铃薯全粉占比不低于 20%、不超过 50%；第二代马铃薯主食产品营养更加合理均衡，更符合或接近人体代谢的营养需求。

科研院所、高等院校、企业相继开发出了一批马铃薯馒头、面条、米粉、面包、糕点、烤馕等具有中国特色的传统主食和特色食品。国家马铃薯主食产品及产业化开发科研团队开展马铃薯主食产品研发攻关，研制出了馒头、面条、复配米等 10 余个系列 150 余种产品。在 2016 年中国马铃薯产业开发高层研讨暨成果发布会上，以实物形态发布了马铃薯主食产品开发研究成果，展出马铃薯面条类、饼类、复配米类、冲调类、杂粮类和其他产品共 6 大类 154 个产品。浙江省有关高校、科研院所与企业合作，研制出马铃薯全粉占比10%～70%的"人工米"、20%～30%马铃薯全粉包子、30%马铃薯全粉面包、30%马铃薯全粉年糕、50%马铃薯全粉米线、30%马铃薯全粉曲奇饼干、100%马铃薯全粉早餐速食薯泥等产品，在省内试销，获得消费者认同。甘肃中医药大学，已开发出 20%～30%马铃薯全粉玫瑰烤馍、焜锅馍等 8 个烤馍品种，马铃薯全粉油饼、麻花等 7 个油炸馍品种，马铃薯全粉馒头、花卷等 4 个蒸馍品种，在本地试销，受到市民欢迎。

《中国居民膳食指南(2016)》明确指出，中国居民食用餐盘的配搭原则之一是"食物多样、谷薯为主"，并明确推荐薯类的日食用量为 50～150g，按此推算，我国的马铃薯年均消费量为 18～54kg/人。但不同消费者的饮食习惯与食物营养认知存在差别，其消费量与消费方式也存在较大的差异。有调查指出，2010～2012 年中国居民的人均马铃薯消费量为每天 29.2g，食用人群的马铃薯日消费量为 72.8g，不足推荐量上限的一半。通过对消费者自认食用马铃薯的适当量的调研数据显示，有 43.95%的消费者与《中国居民膳食指南(2016)》的推荐量保持一致，认为马铃薯日均消费量应在 50～150g；有 12.56%的消费者认为日均消费量应低于 50g，还有 34.53%的消费者不知道食用多少为合理。消费者对马铃薯的食用量的把握还有待普及。

4.7.3　马铃薯主食产品加工一般都需要哪些设备

通过十几年的研究，我国已经研发出 8 大类产品，主要包括马铃薯淀粉、马铃薯颗粒全粉、马铃薯雪花全粉、马铃薯复合薯片、马铃薯油炸薯片、速冻马铃薯薯条、马铃薯薯饼薯泥、马铃薯薯渣蛋白饲料。其中关键设备多达上百台(套)，已经完全自主研发成功并达到国产化生产，如淀粉生产线完全替代进口设备线，投资费用仅为国外设备的 1/3。近十几年，我国的马铃薯加工设备有了长足进步。中国农业科学院农产品加工研究所成功试制出专用一体化仿生擀面机、马铃薯新型醒面装置、马铃薯面团熟化设备、一步成型米粉机、马铃薯冲调粉造粒设备等关键设备，完成了面向家庭使用的小型马铃薯面条机及米粉机的设计研发。

以"三粉"加工为例，马铃薯加工设备一般由清洗机械、制粉机械、淀粉乳洗涤机械、加工粉制品机械构成。清洗机械的主要作用是在加工成淀粉之前，对马铃薯进行清洗、去皮；制粉机械的功能是将清洗后的马铃薯进行充分破碎，使淀粉颗粒能最大限度地游离出来；淀粉乳洗涤机械的功能是对淀粉进行洗滤和脱水，提高淀粉质量，使其韧性加强、色泽洁白、含水分少，便于下一步进行粉丝、粉皮等粉制品的制作；加工粉制品机械用于将淀粉加工成粉丝、粉条、粉带、川粉。

4.7.4　马铃薯油炸片加工工艺流程包括哪些

目前油炸马铃薯已经成为主要的休闲食品，在我国各个城市的销售量都很大，在超市货架上通常摆满了琳琅满目的马铃薯油炸加工产品，不同品牌、不同风味的油炸薯片消费量正在不断增加。

油炸马铃薯片加工工艺看似简单，但却是一项涵盖了生物、油脂化工、热工等多项高新技术的项目。油炸马铃薯要求专用型品种，即还原糖含量不超过 0.3%；比重不低于

1.08；油炸薯片要求薯形为圆形或短椭圆形，芽眼浅，白皮白肉，块茎无青皮、无空心、无虫口等。

薯片加工工艺流程：原料→清理与洗涤→去皮和修整→切片→洗涤→色泽处理→煮片→油炸→调味→包装→成品。

(1)清理与洗涤。马铃薯原料薯经过输送带时，人工捡除腐烂、畸形等不符合规格的块茎和杂物。然后到清洗机内，清洗马铃薯薯皮上的泥土，同时放少量粗砂砖块，旋转摩擦20～30min，洗去表面泥沙，并脱去马铃薯1/3～2/3的表皮。

(2)去皮和修整。去皮方法有两种：一是手工去皮，同时挖去芽眼及变绿的部分；另一种是碱液去皮，先将土豆浸泡在15%～20%的碱液中，保持温度70℃，时间2～3min，待表皮软化后取出，及时用清水冲洗干净，剥去表皮并用刀挖去芽眼及变绿部分。

(3)切片与洗涤。手工切片厚薄不均匀，一般采用旋转刀片自动切片。切片厚度根据块茎的采收季节、贮藏时间、水分含量而定。刚采收的马铃薯块茎饱满，含水量高，切片厚度掌握在1.8～2.0mm。贮藏时间长的马铃薯，水分蒸发量大，块茎固形物含量高，切片厚度以1.6～1.8mm为佳。切好的薯片经清水冲洗，烘干。

(4)色泽处理与煮片。马铃薯切片表面接触空气变褐，因此，在油炸之前，须用热水漂烫，或在切片时用化学溶剂处理，防止马铃薯切片变色。切好的薄片放入沸水中煮片，土豆片的放入量根据水量而定，当土豆片浮起后，马上捞出(内无生心即可)，捞出的土豆片及时放入冷水中冲洗，除去土豆片表面的淀粉，减少油炸时互相粘连，同时沥干水分或离心甩去水分。

(5)油炸。加工量少时，可采用间歇式的油炸锅。加工量多时，多采用自动进料连续油炸设施，每小时可加工2～4t马铃薯。用于炸薯片的油种类较多，如花生油、豆油、棕榈油和氢化植物油等，其中以氢化植物油最好，炸出的薯片可以较长时间贮藏，不易霉变。

(6)调味与包装。油炸土豆片离开油锅后应立即加入调味料进行调味。调味时将调味料放在100目筛内，使调味料均匀地筛到土豆片上，然后冷却至常温，根据不同的设计要求进行称重，分装，入库和销售。

4.7.5　马铃薯淀粉与小麦淀粉有什么不同？淀粉加工原理和工艺如何

小麦淀粉是将含水分为14%、粗蛋白质含量约10%的软质小麦，用含0.2%二氧化硫(SO_2)的浸泡水在39℃温度下，浸泡12h，吸水增加到55%。然后依次经过粗碎、胚分离、细磨、纤维分离、蛋白质分离、清洗、脱水、干燥等工序，得到的成品淀粉中粗蛋白质含量在0.4%以下，回收率最高达83%。小麦淀粉的直链淀粉含量约28%。小麦淀粉呈扁豆状或圆球状，直径5～40μm，糊化温度为50～86℃。以小麦淀粉为代表的谷类淀粉一般粒径相对较小，糊化后糊浆黏度低，糊浆稳定性好，纯度和白度高，淀粉粒整齐，制品的成本低。小麦淀粉是精粮，主要应用于食品做增稠剂、胶凝剂、黏结剂、稳定剂等，也有的用其做淀粉糖(食用糖的一种，但比蔗糖健康)，工业上应用不多。

马铃薯淀粉粒径比禾谷类淀粉粒径大，黏性大，糊化温度低，吸水力强，糊浆透明度高，尤其其支链淀粉分子上结合有磷酸基，使得马铃薯淀粉具有其他淀粉不具备的优良的糊化特性和独特用途,生产量和商品量是仅次于玉米淀粉的植物淀粉。马铃薯淀粉为椭圆形,直径 $15\sim100\mu m$,偏心排列,直链淀粉含量约 21%,糊化温度为 $57\sim87℃$。马铃薯淀粉由于颗粒内部结构较弱,能促进膨胀作用,因此其溶胀势均比小麦淀粉和玉米淀粉的高。

相较于其他品种的淀粉,马铃薯淀粉的优良品质和独特性能主要体现在以下几个方面:①马铃薯淀粉具有很高的黏性,可作为增稠剂使用,即使小剂量使用时,也能获得适合的黏稠度;②马铃薯淀粉分子聚合度高(约3000)、颗粒大,因此具有高膨胀度,保水性能优异,适用于膨化食品、肉制品及方便面等产品;③马铃薯淀粉的蛋白质、脂肪残留量低,含磷量高而且颜色洁白,具有天然的磷光,溶液的透明度也很高,因此能改善产品的色泽和外观;④马铃薯淀粉的口味特别温和,没有玉米或小麦淀粉的典型谷物风味,即使风味敏感型产品也可使用;⑤由于马铃薯淀粉糊化温度低,黏度的增加速度快,有利于节省能耗。值得一提的是,由于其支链淀粉含量较高,很少会出现凝胶和老化现象。

马铃薯应在收获后一个月内加工。一般的马铃薯淀粉生产工艺如下。

(1)清洗。马铃薯送到除石机,以除去石块及其他重杂质;再输送到鼠笼式清洗机,对马铃薯进行初清洗;再由水输送到桨式清洗机,进行彻底清洗。

(2)破碎。清洗后的马铃薯由带有可调速驱动电机的给料螺旋输送机输送至锉磨破碎机,锉磨机转子装有锯条状刀片用来破碎马铃薯。

(3)淀粉提取。破碎的马铃薯自行落入地坑中,用螺杆泵打入三级离心筛,将淀粉乳与纤维分离,分离后的纤维脱水后由螺杆泵送到储渣池。

(4)浓缩。筛分后的马铃薯粗淀粉泵送到旋流除砂站除去泥沙,淀粉乳经除砂后打入浓缩旋流器,然后泵输送至淀粉清洗工段。

(5)淀粉洗涤。经浓缩的淀粉乳,被泵送至 12 级淀粉洗涤系统,在这里,淀粉和细小的纤维分离。

(6)淀粉脱水。精制的淀粉由"残留滤饼"式真空脱水机脱水,脱水后的淀粉由螺旋输送机或皮带输送机输送至淀粉干燥工段。

(7)干燥。经过脱水后的湿淀粉含水率不超过 40%,由给料机经扬料器送入气流干燥机组进行干燥;经脱水至 40%的湿淀粉由给料机和扬料器送入气流干燥机的立管中,由换热后温度在 $145\sim160℃$ 的热风吹向上走,在脉冲管中湍动进行热交换,干燥完的淀粉被风带走进入旋风分离器进行废气与物料的分离,成品淀粉用螺旋输送机和斗提机送至成品仓,进行包装。

(8)包装。进入成品仓的含水率未超过 18%的干淀粉经杠杆给料机进入自动装袋称,打包后由成品皮带输送机送入成品库储存。

4.7.6 马铃薯全粉和淀粉有何区别?全粉有什么用途

马铃薯全粉又称马铃薯粉,包括雪花粉和颗粒粉两种。马铃薯全粉在加工过程中采用了回填、调质、微波烘干等先进的工艺生产方法,最大限度地保护了马铃薯的组织细胞不被破坏,保持细胞的完整性,也保持了马铃薯的天然风味和营养品质。当全粉加入适量的水后，可获得具有鲜马铃薯香气、风味、口感和营养价值的薯泥，还可做糕点、膨化食品等。

马铃薯淀粉与全粉截然不同，马铃薯淀粉是将细胞全部磨碎，使淀粉沉淀出来，干燥而成。淀粉已不具备马铃薯鲜薯的风味。由于加工机械和程序的不同，淀粉可分为精淀粉和粗制淀粉。精淀粉的需求量很大，可作为糕点等的添加剂、鳗鱼的饲料、生产变性淀粉等。

马铃薯全粉是一种低脂肪、低糖分，能最大限度保持马铃薯中原有的高含量维生素 B_1、维生素 B_2、维生素 C 和矿物质钙、钾、铁等营养成分的马铃薯制品，可制成婴儿或老年消费者理想的营养食品。其复原效果好、口味纯正的特点被广大消费者所接受，其食用方法简单、易消化的优点更被中老年和婴幼儿所喜爱。

以流行世界的马铃薯全粉为原料，可开发各种高营养食品，广泛适用于食品加工，如复合薯片、膨化食品、婴儿食品、快餐食品、速冻食品、方便土豆泥、法式油炸薯条及鱼饵等，也是饼干、面包、香肠加工的添加料。使用该产品，对于改善食品口感、调整食品营养结构及提高经济效益有显著促进作用。

马铃薯为低热量、高蛋白、含多种维生素和矿物质的食品。因此，国内外营养学家誉之为"十全十美的食物"，人体需要的各种营养素几乎都具备。美国农业研究机构的试验证明：每餐只吃全脂牛奶和马铃薯，就可以得到人体所需的所有营养元素。早期的航海家们，常用马铃薯来预防坏血病。马铃薯全粉对于推进全营养膳食，改善我国居民的饮食结构，提高营养与健康水平，具有重要意义。

4.7.7 马铃薯粉条有什么生产标准

马铃薯粉条是将马铃薯粉碎研磨为粉状后通过一系列工艺制作而成的细长条状食品，颜色多为白色，含有丰富的钙、磷、铁、钾等矿物质及维生素 C、维生素 A 及 B 族类维生素，口感爽滑、老少皆宜，有和胃、调中、健脾、益气的功效。

1. 加工原料要求

(1)新鲜马铃薯鲜薯应无腐烂变质及病虫害，马铃薯淀粉应符合《食用马铃薯淀粉》的规定(GB/T 8884—2017)。

(2)加工过程使用的食品添加剂应符合《食品添加剂使用卫生标准》(GB 2760—2014)的规定。

2. 加工用水要求

加工用水符合《生活饮用水卫生标准》(GB 5749—2006)的规定。

3. 环境与设施设备卫生要求

加工过程中的卫生控制，应符合《食品生产通用卫生规范》(GB 14881—2013)的规定，洗涤剂和消毒剂的使用应符合《食品安全国家标准洗涤剂》(GB 14930.1—2015)和《食

品安全国家标准　消毒剂》(GB 14930.2—2012)的要求。

4. 人员要求

从业人员的健康管理、个人卫生与健康应符合《食品生产通用卫生规范》(GB 14881—2013)中的相关规定。

5. 成品检验

(1)感官指标。①色泽：具有马铃薯粉条的自然颜色，有光泽，呈半透明状；②气味：具有马铃薯粉条的正常气味，无异味；③口感：不酸、不黏、不沙质，复水后柔软、滑嫩、筋道，无异味；④杂质：无肉眼可见杂质，无粉点、无黑点；⑤组织形态：条直，粗细、宽窄均匀，无并条、无酥条、无碎条；

(2)卫生指标：应符合《食品安全国家标准　淀粉制品》(GB 2713—2015)的规定。

(3)理化指标：水分不超过 15%；淀粉不低于 75%；溶水干物量不超过 10%。

6. 成品包装

包装材料应清洁、无毒、无污染、无异味，符合食品卫生要求。包装应牢固、无破损，计量准确，封口应严密，且能耐受装卸、运输和贮藏。塑料包装材料应符合《食品包装用聚氯乙烯成型品卫生标准》(GB 9687—1988)、《食品包装用聚丙烯成型品卫生标准》(GB 9688—1988)和《食品包装用聚苯乙烯成型品卫生标准》(GB 9689—1988)的规定。

7. 成品标志

标签应符合《食品安全与国家标准　预包装食品标签通则》(GB 7718—2014)的规定，包装贮藏图示标志应符合《包装储运图示标志》(GB/T 191—2008)的规定。

8. 成品运输

运输工具应清洁、卫生，备有防雨、防雪、防尘等设施。运输作业中应防止污染，不得与有毒、有害物品同时运输。

9. 贮存

马铃薯粉条的贮存应符合《食品生产通用卫生规范》(GB/T 14881—2013)规定。贮存期间，严禁日光直射。

4.7.8　马铃薯薯泥加工工艺流程有哪些

成都市农林科学院与四川紫金都市农业有限公司共同研制出了节能高效的马铃薯鲜薯制作冷冻薯泥新工艺，其特点是率先采用胶体磨均质研磨和三级冷冻脱水，具体步骤如下。

(1)选料。按照专用品种进行订单收购，以网袋包装。杜绝虫眼薯、烂薯以及 100g 以下不适于加工的细薯。

(2)清洗。将网袋中的马铃薯倒入洗薯机中清洗。

(3)整理。从洗薯机清洗后，人工挑选，按已经完成清洗并干净的整薯(进入切分)、虫眼薯及不规则薯(随后人工刀挖，清除全部泥土)、小薯(不再切分，直接熟化)、烂薯(丢弃)、需再一次清洗的薯(再洗即干净的薯)进行整理。

(4)切分。根据后续产品，将干净的整薯切条、切丁。

(5)护色。将马铃薯薯条在复合护色硬化液中(柠檬酸 0.06%，植酸 0.006%，氯化钙 0.01%)浸泡 30min。

(6)控温熟化。将薯条放入托盘，托盘置于蒸架上，放入蒸熟机里蒸煮，在 90℃高温蒸汽中蒸煮 15min 左右，直至达到合适的糊化度。

(7)均质制泥。将熟化后的马铃薯薯条进行胶体磨均质，薯泥含水量达到 75%。

(8)拌料。将马铃薯全粉和薯泥混合均匀，得到成品薯泥，直接密封后包装进入冷库贮藏。

(9)冷冻脱水。将捣碎填制泥新工艺获得的含水量达到 75%的马铃薯薯泥自然冷却至室温，在-28℃冷库速冻 72h 后完成一级脱水，含水量降至 65%，然后置于-18℃冷库储存。加工馒头时利用微波干燥设备将冷冻薯泥升温至不破坏营养成分的 90℃进行解冻，微波干燥脱水将薯泥中含水量降至 58%，然后自然放置至室温，用于添加面粉制作马铃薯主食化产品。其余冷冻薯泥可以长期在-18℃冷库中低温保存。

第5章　四川地区油菜生产关键技术

5.1　四川地区油菜生产概况

5.1.1　什么是油菜

油菜是指以收籽榨油为主要栽培目的的十字花科芸薹属作物的若干个种和变种的统称。我国油菜分为白菜型油菜、甘蓝型油菜和芥菜型油菜三种类型。1949 年前后，我国长江流域等油菜主产区以白菜型油菜为主，病害重，产量很低。后甘蓝型油菜由欧洲经日本引进而来，与白菜型油菜相比其产量更高，抗病性更强。此后我国长江流域等油菜主产区基本完成了以甘蓝型油菜替代白菜型油菜的物种更替。现在，四川盆地所谓的油菜，一般都指甘蓝型油菜。

5.1.2　油菜有哪些用途

油菜主要用于收籽榨油食用。菜籽油作为主要的食用油源，含有丰富的脂肪酸和多种维生素，营养丰富，易于消化，最重要的是它还是最健康的植物油，其饱和脂肪酸含量不超过 7%，是所有植物油中饱和脂肪酸含量最低的，长期食用有利于人类的心血管健康。它还对胆功能有益，有促进胆的嗜脂作用。在肝脏病理状态下，其脂肪也能被肝脏正常代谢，是其他动物油所不及的。菜籽油还含有丰富的亚油酸和亚麻酸。亚油酸和亚麻酸都是动物必需的脂肪酸。亚油酸在动物体内参与磷素合成，并以磷脂形式出现在线粒体和细胞膜中，新生组织和受损组织修复都需要亚油酸，缺乏亚油酸会引起生长停滞，产生脱毛和雌性不孕症。菜籽油在食品工业中也有重要作用，用低芥酸菜籽油制造奶油，因其不含胆固醇，且价格低廉，很受消费者欢迎。

菜籽油在工业上的用途很多，高芥酸菜籽油可作铸钢、航天、航海等工业的高级润滑油和塑料工业的填充物、金属热处理的淬火油。菜籽油加工后，其用途更为广泛。如菜籽油经硫化处理后的黑油膏，可用作天然橡胶和合成橡胶的软化剂；菜籽油经硫酸化和磺化后可代替蓖麻油生产太古油，又可进一步制成软白皮油，它是制革工业的软化剂；菜籽油经脱氢处理后可代替桐油作涂料，干燥快，耐日晒雨淋。菜籽油的下脚料也有很多用处，如毛菜籽油在碱炼过程中产生的皂脚，可以提炼多种用途的脂肪酸，油脚还可以提炼磷脂。双低菜籽油还可作为生物柴油的生产原料。

此外，油菜茎叶发达，油菜苗或油菜薹也常被人们作为蔬菜食用，或者作为绿肥肥田，或作为饲料饲养牲口。油菜花也是重要的蜜源植物，可以有效促进养蜂业的发展。另外，随着近年来休闲观光农业的蓬勃发展，油菜花的观赏功能也被开发出来，彩叶、彩色花油菜相继被开发，大大丰富了油菜的观赏以及大地景观配置。

5.1.3 我国油菜产业发展的优势是什么

我国是油菜生产大国，油菜是我国种植面积最大的油料作物，每年菜籽油的产量是我国食用油的40%左右，同时我国的油菜产量和油菜种植面积均居世界首位。

我国油菜种植集中，长江流域发展潜力巨大。中国油菜分为冬油菜和春油菜两大产区。冬油菜种植面积、产量均占90%以上，主要集中在长江流域，其中湖北、湖南、四川3省合计占全国的50%左右。春油菜主要集中在青海、内蒙古地区，甘肃、陕西和新疆地区也有部分春油菜种植，春油菜播种面积在900万亩左右。中国长江流域及南方稻区的冬闲田面积达3.8亿亩。这些地区绝大部分都是油菜适宜种植区，但目前实际稻田种植不到1亿亩，生产潜力巨大。据业内专家分析，如果充分挖掘油菜生产资源潜力，可将目前国内不足40%的植物油自给率提高到60%以上。

我国油菜产业发展优势明显。与大豆、棕榈油等其他大宗油品相比，菜籽油在油品质量上有优势，"低芥酸"菜籽油有"东方橄榄油"的美誉，饱和脂肪酸含量最低(7%)，不饱和脂肪酸含量达90%以上，非转基因、农药施用量少，品质上优于茶油和橄榄油。在地域上，长江流域既是冬油菜的主产区，也是油菜籽的主要加工区及菜油和菜粕的消费区，具有一体化发展区域优势。此外，油菜多用途发展具有潜力和优势，如观光油菜、菜用油菜。

油菜对保障国内食用油供给安全和促进农民增收、就业具有重要意义。油菜是长江流域地区的冬季农作物，不与粮食作物争地，通过与水稻等作物轮作，可提高土壤有机质和水稻等后茬作物产量，是有效利用南方稻区冬闲田、促进全年增产增收的优良作物，可为中国1亿多种油菜农民提供600亿～700亿元的农业生产收入，占种植业收入的30%左右，在优势产区产值超过小麦。多年实践证明，与油菜轮作后的水稻每亩可提高产量10%左右。此外，油菜产业每年还为养殖业提供600万t以上优质饲料的蛋白质原料。

5.1.4 我国油菜产业发展面临的挑战是什么

近年来我国的油菜产业受进口冲击影响较大。中国在加入WTO前，大豆的关税就已降至较低水平。加入WTO后，大宗的食用油籽及植物油市场更是全面放开，进口激增不仅挤占了国内市场份额，并且国际市场价格大起大落对国内产业造成了严重损害。2008年中国冬油菜遭遇冻害，食用油价格先升后降导致国内约一半中小加工企业亏损破产，近年表现为价格长期低迷，农民收益受损，菜籽油库存积压严重，产业丧失发展动力。

受油籽及植物油进口高位增长及价格下跌影响，国内菜籽油市场价格持续低迷。植物油和油籽之间具有较强的替代性，其进口的高位增长和进口价格的长期下跌对菜籽油市场均造成较大冲击，国内市场菜籽油价格也长期处于下跌态势。

国产菜籽油市场份额被进口植物油和油籽严重挤占。2001年以前，菜籽油在中国植物油消费总量中居第一位，加入 WTO 以后，中国油菜籽需求增长缓慢，一个重要的原因是进口大豆和棕榈油挤压了油菜籽的市场空间。目前，中国大豆进口量占主要油料需求量的一半以上，大豆油占食用油市场的 45%，而菜籽油居第二位，占 23%，棕榈油居第三位，约占 14%。中国进口棕榈油主要用于掺兑到其他植物油中作为调和油销售，每年约 400 万 t 以上的棕榈油进入中国食用油市场，几乎与中国自产菜籽油产量相当。近两年，随着国产油菜生产成本的持续提高，以及国际市场棕榈油价格的走低，二者之间的价格差距越来越大，菜籽油市场份额被进口棕榈油严重挤占。

5.1.5　为什么四川是我国油菜的主产区

油菜为十字花科芸薹属作物，喜冷凉，整个生育期几乎都是在日均温度 18℃以下完成的。油菜种子发芽的下限温度是 3℃，日均温度 10℃以上即抽薹。开花适宜温度为 16℃左右，低于 3℃或高于 22℃开花明显减少。角果成熟最适宜温度为 22℃左右。油菜前期需水多，喜湿润，土壤最大持水量以 60%～80%为宜。对土壤的要求不甚严格，不论是在酸性红壤，还是在砂土和黏土上都能正常生长。对土壤 pH 的适宜范围广，一般以弱酸性或中性土壤为好。四川盆地气候温和湿润，相对湿度大，云雾和阴雨日多，冬季无严寒，利于秋播油菜生长。加之温、光、水、热条件优越，油菜生长水平较高，耕作制度以两熟制为主。此外，四川省历来有食用菜籽油的传统，菜籽油被誉为"川菜之魂"，因而油菜种植面积很广，全省除攀枝花市以外，所有的地市都有油菜种植，主要分布在成都、德阳、绵阳、眉山、遂宁、内江等地市。油菜是四川第一大油料作物和不可替代的冬季作物。

5.2　油菜生产的生物学特征

5.2.1　油菜发育过程包括哪几个阶段

油菜发育过程包括苗期、蕾薹期、开花期、成熟期。

(1)苗期。油菜从出苗至现蕾称为苗期。现蕾是指揭开主茎顶端 1、2 片小叶能见到明显花蕾的时期。冬油菜苗期较长，一般超过 120d，占全生育期的一半或一半以上。油菜苗期通常又分为苗前期和苗后期。

(2)蕾薹期。油菜从现蕾至初花称为蕾薹期。我国冬油菜蕾薹期一般在 2 月中旬至 3 月中旬，具体时间因品种和各地气候条件而有差异。油菜一般先现蕾后抽薹，但有些品种，或在一定栽培条件下，先抽薹后现蕾，或现蕾、抽薹同时进行。油菜在蕾薹期营养生长和生殖生长同时进行，在我国长江流域甘蓝型油菜蕾薹期一般为 25～30d。

(3)开花期。油菜从开始开花到开花结束称为开花期，花期长 30～40d。开花期的迟早和长短，因品种和各地气候条件而有差异，白菜型品种开花早，花期较长；甘蓝型和芥菜型品种开花迟，花期较短。早熟品种开花早，花期长，反之则短；气温低，花期长。油菜开花期是营养生长和生殖生长最旺盛的时期。

(4)成熟期。从终花期至角果种子成熟称为成熟期。成熟期是生殖生长期，除角果伸长膨大，籽粒充实外，营养生长已基本停止。

5.2.2　什么是春油菜和冬油菜

根据油菜的生物学特性，春化阶段对温度的要求，将油菜分为冬油菜和春油菜两种类型。冬油菜是秋季或初冬播种，次年春末夏初收获的越年生油菜，分布于冬季较温暖、油菜能安全越冬的地区。我国种植的油菜90%属冬油菜，主要种植于南方以及北方的部分冬暖地区，以长江流域最为集中。春油菜是春季播种，秋季收获的一年生油菜，主要分布于油菜不能安全越冬的高寒地区，或前作物收获过迟冬前来不及种植油菜的地区。中国北部、西部和东北部，以及欧洲北部等高纬度或高海拔低温地带，均以种植春油菜为主。加拿大几乎全为春油菜，由于一般是在3～4月播种，也称夏油菜。四川除西北部高海拔地区为春油菜区外，其余都为冬油菜区。

5.2.3　什么是春性油菜品种、半冬性油菜品种和冬性油菜品种

根据油菜对通过春化作用的要求的不同，可将其分为春性油菜品种、半冬性油菜品种和冬性油菜品种。冬性和半冬性品种生长发育过程中，需要经过一段较低的温度条件，才能进入生殖生长、花芽分化和开花期。如一些冬油菜晚熟和中晚熟品种，对低温要求严格，需要在0～5℃的低温下经15～45d才能进行花芽分化，否则，只长叶不能开花。另外，一些中熟和早中熟品种对低温的要求虽不及晚熟品种严格，但仍需有一段低温条件才能完成系统发育过程，从营养生长进入生殖生长。春性油菜品种的正常生长发育则不需低温春化作用。四川省的油菜品种主要是春性品种和半冬性品种。

5.2.4　什么是优质油菜

优质油菜是指品质优良的油菜品种，主要体现为油和饼粕的品质都比一般油菜优良。目前的优质油菜有"单低"油菜品种、"双低"油菜品种。单低油菜一般指油中芥酸含量较低的品种，常规油菜品种油的芥酸含量为40%～55%，而单低油菜品种原种油的芥酸含量未超过1%。双低油菜品种是指油菜籽中芥酸含量很低，饼粕中的硫代葡萄糖苷含量也很低，一般油菜饼粕中的硫代葡萄糖苷含量为80～180μmol/g·饼，而双低油菜品种的硫代葡萄糖苷含量低于30μmol/g·饼。低芥酸油菜中，芥酸含量低，必需脂肪酸特别是油酸和亚油酸含量明显升高，使油菜的营养价值和利用价值显著提高。低硫苷油菜中硫代葡萄糖苷的含量明显比常规油菜中的含量低，其饼粕添加在饲料中也无任何副作用。而且，低硫苷品种的油中硫化物含量也大幅降低，油的质量得到改善，有利于人体健康。但双低油菜也存在一些问题，如产量较低、抗逆性差、生育期偏长、某些优质性状不稳定等。此外，黄籽油菜为种皮为黄色的甘蓝型油菜品种，这种油菜籽含油率很高，纤维素含量较低，油质清澈透明，也属于优质油菜的范畴。黄籽油菜中油和蛋白质含量比黑籽油菜高很多，

而且多酚氧化物和纤维素含量较低，因此，油色清亮，饼粕营养价值较高。

5.2.5　为什么要大力发展双低油菜

　　未经品质改良的油菜品种的芥酸和硫代葡萄糖苷含量一般都比较高。芥酸对机体的潜在危险是从动物试验中发现的。20 世纪 50 年代左右，有研究者在给幼小动物作营养试验时无意中发现，在饲料中添加大量菜籽油后会引起大鼠、田鼠和鸭子等试验动物的一系列心脏病变。病变早期，心肌里面夹杂有不少脂肪小滴；晚期，脂肪滴虽然消失，却又出现心肌纤维变性和单核细胞浸润。长期用这种饲料喂养动物，动物会出现体重下降、生长不好等现象。为了进一步证实这个发现，有人专门在饲料中添加大量含芥酸的三芥酯，也出现了同样的结果。于是，人们就基本肯定了大量芥酸对心肌有损害作用。据科学家分析，芥酸对心肌的损害作用与芥酸在体内代谢不全有关。动物摄入大量芥酸后，体内各器官来不及将它充分氧化分解，因此不能按正常途径将甘油芥酸酯转变为甘油油酸酯，过多的甘油芥酸酯便沉积在骨骼肌、心肌等处，引起心肌病变。在低芥酸油中，随着芥酸含量减少，其他必需脂肪酸相应升高，有益人体健康。菜籽中的硫代葡萄糖苷本身无毒，榨油后的菜籽饼吸水或受潮时，在芥子酶的作用下，水解为异硫氰酸盐、硫氰酸盐、恶唑烷硫铜及腈等毒性很强的中间产物，影响适口性，牲畜食用过多则会中毒，引起甲状腺肿大、新陈代谢紊乱以致死亡。双低菜籽油的脂肪酸组成是植物油中最合适的，被列为对人体健康有益的营养食品。双低油菜是油、饲兼用作物，也是农业产业化的好项目。种植优质油菜的目的是获得优质菜籽油和菜籽饼，这不仅有利于满足城乡居民的消费需求，提高居民健康水平，还可带动养殖业、加工业、蜂业等相关产业的发展，增强我国油菜产品的市场竞争力。

5.2.6　冬油菜有哪些常见的复种模式

　　冬油菜复种模式如下。
　　(1)水稻、油菜两熟制，包括中稻、油菜两熟和晚稻、油菜两熟两种方式。
　　(2)双季稻、油菜三熟制。
　　(3)一水一旱、油菜(或一旱一水、油菜)三熟制。
　　(4)旱作玉米(或高粱、甘蔗、甘薯、烟草等)、油菜两熟制。
　　四川盆地以(1)、(4)种最为常见。

5.3　油菜育苗移栽技术

5.3.1　冬油菜育苗移栽有哪些好处

　　(1)能解决季节矛盾，促进粮(棉)油增产。长江流域各冬油菜主产省区，油菜多栽培在稻田，稻-稻-油一年三熟制种植面积大，油菜一般要求在 9 月播种，而晚稻一般要在 10

月下旬至 11 月上旬才能正常成熟，两种作物的季节矛盾很大；棉-油一年两熟制地区也占一定比例，棉花收获则要到 11 月上旬才能拔秆，如果等到水稻、棉花收获后再整地直播油菜，就会使播种季节推迟，气温偏低，出苗晚，生长缓慢，较易遭受冻害，造成大面积减产。而育苗移栽，可以做到适时早播，充分利用有利的生产季节，有效解决多熟制中油菜与前作的季节矛盾，实现一年多熟平衡增产，有利于稻、棉丰收。

(2) 有利于培育壮苗，提高油菜单产。壮苗是油菜高产的基础，壮苗积累的干物质多，移栽后新根发生早、成活快，生长势强，根多叶茂，光合作用旺盛，吸收肥水能力强，抗逆性强。油菜育苗移栽可利用苗床适期早播，充分利用有利生长季节，使得冬前有足够的营养生长，从而弥补因过晚播种导致生长不足的缺陷。油菜育苗移栽的苗床面积小而集中，便于精细整地、及时检查和加强管理，有利于培育壮苗。

(3) 有利于保证密度，获取高产。在移栽取苗时，还可以剔除病弱苗、杂株，选用整齐一致的壮苗进行移栽。并可根据各地实际情况，合理安排行、株距，达到匀苗密植，消除直播时断垄、缺苗现象，保证合理的栽培密度，有利于获得高产。

(4) 育苗移栽油菜用种量较少，一般每亩苗床播种 0.5～0.75kg 种子，可育出幼苗 10 万～16 万株，可移栽大田 10 多亩。

油菜育苗移栽是一项高产、稳产的栽培技术。

5.3.2　油菜育苗移栽有哪些缺点

油菜移栽时根系受损伤，移栽后有缓苗期，明显延缓生长，并因根部及叶柄基部造成伤口，给软腐病菌创造了侵入的途径，造成较高的发病率；此外，精细育苗、移栽较费工，会增加生产成本。

5.3.3　油菜育苗中常见的问题有哪些

(1) 苗床面积小，整地不细。有的农户不愿用好地作油菜苗床，往往在田边零散地育苗，苗床面积往往不足，并且田不平、土不细、沟不明、杂草多，严重影响了齐苗和育壮苗。

(2) 苗床底肥少。有的地方利用河埂、堤坡、路边等空隙地作苗床，这些地方土质瘠薄、肥力不高，即使播种前撒施人粪尿或土杂肥，也很难满足油菜苗床所需的养分和水分，导致出苗难和生长迟缓。

(3) 播种量偏多。不少农户信守"有钱买种，无钱买苗"的传统观念，播种宁多勿少，苗床播种量多达 15 kg/hm^2，加上间苗不及时，往往造成苗荒苗弱。

(4) 种子不纯。由于大多数农民不知道油菜种子的世代优势，长期不换种。即使是一个好的新品种，如果几年不换种，就会因自然杂交而种性退化，难获高产。

(5) 虫害严重。油菜苗期常受蚜虫、猿叶虫、菜青虫、黄条跳甲等害虫危害，往往因苗床面积小，不愿意喷施农药，或农药不对口等原因，造成卷叶、破叶、断头、无心等虫伤苗，移栽后生长缓慢，甚至死亡。

5.3.4　油菜应如何培育壮苗

(1)选用纯良种，彻底淘汰杂劣种。各地应根据当地的气候、土壤、耕作制度来选择适合的品种。应种植原种一代种子，充分利用种子的世代优势。

(2)选好留足苗床。苗床是培育壮苗的基础，一定要选用好地。苗床要求土地平整、土质肥沃、土壤疏松、排灌方便。苗床面积充足，苗床：大田比以 1：5 为宜。

(3)整地施肥。播前翻地，做到土块细碎不成粉，床面平整没有窝，表土松疏下层实，杂草除净水分适。作畦，一般床面宽 1.5～2.0m、沟深 15cm，四周应开好低于厢沟的围沟。结合整地，用土杂肥 7500kg/hm^2 拌 Ca(H$_2$PO$_4$)$_2$375～600kg/hm^2 作底肥，结合整地埋入表土层；另用腐熟人粪尿 7500kg/hm^2 兑水 22.5～37.5t/hm^2 泼浇，使表层 6.7～10.0cm 的土壤湿透，以保证在 3～4d 发芽期内土不干白。铁硼土壤还应施硼肥 1500～2250g/hm^2。

(4)适时早播匀播。油菜种子细小，要均匀播种，播后覆盖细土或渣肥，使种子和土壤密切接触，保墒提墒，促进早出苗、出齐苗。实践证明在一定适龄期范围内，播种期越早，相对产量越高，因此应适期早播。苗床播种量以 6.0～7.5kg/hm^2 为宜，为使种子分布均匀，可以将种子与 75～150kg/hm^2 细土混合后播种。

(5)间定苗。间苗采取"五去五留"的原则，即去小苗留大苗、去弱苗留壮苗、去病苗留健苗、去杂苗留纯苗、去密苗留匀苗。苗床一般间 3 次苗，齐苗时第 1 次间苗，间除丛苗，不使幼苗密集丛生；第 1 片真叶时第 2 次间苗，要求叶不搭叶，苗不靠苗；3 片真叶时第 3 次间苗，留稀留匀，间距 8～10 cm，留苗 108 万～135 万株/hm^2。

(6)抗旱施肥。油菜播种后常出现干旱，对种子发芽产生影响，导致出苗困难，生产中应根据田间油菜生长状况挑水泼浇，沟灌渗透抗旱。为避免油菜苗发生烂根死苗，沟灌时不能大水漫灌。油菜苗有 2、3 片真叶后，若叶色由绿转黄，生长滞后，应及时追肥。油菜育苗期间，常有干旱发生，并致底肥不能发挥作用，应及时抗旱、追肥。用尿素 75kg/hm^2 或人粪尿 7.5～15t/hm^2 兑水泼施。移栽前 6～7d，用尿素 60kg/hm^2 追施"送嫁肥"，以利于移栽后及早返青。

(7)及时防治害虫。油菜苗期主要有蚜虫、菜青虫等虫害发生，应及时用药防治。一般用 2.5%敌杀死 225～300mL/hm^2，或 20%速灭杀丁兑水 750kg/hm^2 喷雾，或用 80%敌敌畏、40%乐果乳油 1000～1500 倍液喷雾。移栽前 4～5 d 打药 1 次，以免带虫下田。

(8)应用多效唑育苗。油菜苗期使用多效唑，能有效地控制秧苗的高度，使叶片、叶柄、茎明显缩短，使叶片增厚、叶色加深、根茎增粗，增强秧苗的抗植伤能力，栽后活棵早 2～3d，幼苗抗寒性、耐旱性、抗病性也明显增强，一般增产 15%左右，是培育油菜壮苗，防止高脚苗、歪根苗、弱小苗和旺长苗的有效措施，尤其在苗床不足、播量过大的情况下，应用效果更佳。使用技术：在油菜苗 3～4 叶期，一般苗床用 15%多效唑可湿性粉剂 600～750g/hm^2，苗床肥力高、秧苗长势旺的，用量可增加到 825～900g/hm^2，兑水 750kg/hm^2 均匀喷雾，使油菜苗的各个部位均匀受药。如果喷后 8h 内遇雨，应药量减半补喷 1 次。注意苗床瘠薄、秧苗长势差或播种过迟的，不宜施药，白菜型油菜也不宜施药。

(9)育苗及时移栽。油菜苗生长期间，气温逐渐下降，油菜的出叶速度减慢。因此，及时移栽可提高油菜苗的成活率，缩短缓青期。

5.3.5 油菜如何翻耕移栽

(1)适时移栽。苗龄达 30～35d 为最适移栽期，一般为 10 月中下旬。

(2)精细整地、合理施肥。大田要精耕细耙，做到墒平垡细、沟深沟通。行距 0.3～0.4m，移栽株距 0.15～0.18m，亩栽 10000～11000 株。移栽前在定植沟内施肥，每亩施尿素总量的 30%、普钙总量的 90%、K_2SO_4 总量的 90%、硼砂 0.5kg 做底肥。

(3)提高栽种质量。移栽前苗床要浇一次水，做到带土取苗、带土移栽、随拔随栽，栽好后每亩用腐熟细碎的农家肥 1000～1500kg 盖在定植沟内，浇足扎根水。以后视苗干湿情况每隔 3～5d 浇一次水，及时查苗补缺，保证苗齐苗全。

(4)加强中耕管理。移栽成活后结合浇水，每亩用尿素总量的 40%兑水浇一次提苗肥，油菜进入抽薹期时结合中耕锄草，每亩用尿素总量的 20%撒施在定植沟内盖上一层土，同时灌一次水，油菜进入开花期后再灌一次水。

5.3.6 什么是稻板田油菜免耕移栽技术

稻板田油菜免耕移栽技术是水稻收获后，直接在稻茬板田移栽油菜，不经过耕翻整地过程的技术。本技术与油菜大壮苗育苗技术结合，可以充分利用冬前良好的光温条件，秋发快长，较快搭好油菜营养苗架，实现春后油菜高产。同时通过免耕还能降低劳动力成本，保持土壤结构，透水透气，有利于农业生产的可持续发展。

5.3.7 油菜免耕移栽技术要点有哪些

(1)育苗。选择优良品种，9 月上中旬育苗播种。

(2)化学除草。在油菜移栽前 3～5d，采用克无踪、扑草净等除草剂，对土壤表面均匀喷雾除草。

(3)开沟作厢：按厢宽 1.5m、沟宽 0.25m、沟深 0.2m 开好厢沟，按沟宽 0.3m、沟深 0.25m 开好围沟和腰沟，做到三沟相通，开沟时将沟土打碎均匀平铺于厢面。

(4)大田移栽。选择壮苗带土移栽，结合浇定根水每亩施尿素 2～3kg 提苗。每亩栽植 6000～8000 株。

(5)田间管理。每亩施用复合肥 30～40kg，早施提苗肥，稳施薹肥，注意防治病虫草害。

5.3.8 什么是油菜开沟摆栽技术

油菜开沟摆栽技术是为克服长江流域多熟制地区油菜茬口矛盾，传统移栽模式用工多、效益低、手工移栽密度过低等问题，研发出的一种油菜种植技术。该技术采用机械开沟、摆栽油菜苗、覆盖压土等一次作业，完成多道工序，实现了油菜适期早栽、合理密植、保温保墒、培育壮苗、抗灾减灾和丰产稳产。

5.3.9　油菜开沟摆栽技术要点有哪些

前茬作物收获后,及时翻耕后用专用机械或专用犁铧定厢开苗沟,然后将油菜苗紧贴于苗沟内侧摆放,随后用土盖根压实。栽后及时清沟理墒,沟深 20cm 以上。

注意事项:一是摆栽时必须压实压根土,确保根土密接;二是适当缩小株距,或采用双栽,提高移栽密度;三是注意清沟理墒,防止渍害。

5.4　油菜直播生产技术

5.4.1　油菜直播的优点和缺点有哪些

随着农村土地流转和劳动力的转移,油菜直播这种轻简高效的栽培技术逐渐发展起来。与育苗移栽油菜相比,直播油菜具有根系发达、抗逆性强、省工省时等优点。但是,直播油菜也存在用种量大、长势不匀等问题。

5.4.2　为什么说直播油菜根系发达

直播油菜主根粗长,根系入土深,干旱季节,沙性土壤油菜主根深达土层 1m 以上,能吸收土壤深层的水分和养分,因而其抗旱、抗倒伏能力强,能较好地避免因土壤冻结造成的翻根倒苗现象。直播油菜没有因移栽而造成的生育停滞阶段,所以耐寒、抗冻能力也较强。

5.4.3　为什么说直播油菜抗逆性强

在干旱、土壤贫瘠或低温地区,特别是在土壤黏重的田块,直播油菜较移栽油菜更具优越性。它的根系与土壤接触良好,成活率高,可以提早苗期生长发育。此外,直播油菜的播种期较晚,在一定程度上错过了油菜病毒病与菌核病的主要感染期。受病菌侵染的概率降低,能减轻病害,因而直播油菜发病程度一般较移栽油菜轻。

5.4.4　为什么直播油菜容易出现长势不匀

直播油菜往往由于抢时整地,质量不易达到要求,播种后常常出苗不齐,间苗、治虫、管理面积大,花费劳力多,稍有疏忽,易造成高脚苗或线苗。如间苗、定苗时,照顾到壮苗,又可能照顾不到行株距,往往造成田内植株生长不整齐。由于直播油菜须根数量较少,因此其吸收耕作层内土壤养分的能力较弱,长势也不强。

5.4.5 如何选择适宜直播的油菜品种

由于受茬口和种植密度的影响，油菜直播宜选择早熟耐迟播、种子发芽势强、抗倒性好、主花序长、株型紧凑、抗病性强的双低油菜品种。

5.4.6 直播油菜的播种方法有哪些

直播油菜的播种方法有撒播、点播和条播三种。

(1)撒播。要求整地要细，上虚下实。优点是操作简单，省工；缺点是用种量大，出苗多，苗不匀，间苗、定苗用工多，管理不方便。

(2)点播。开穴点播，按预定规格开穴(一般开成平底穴)，然后用种子 $3kg/hm^2$ 与人畜粪 3.00 万～3.75 万 kg/hm^2 加 $450kg/hm^2$ K_2SO_4、$300kg/hm^2$ NH_4HCO_3、$3.75kg/hm^2$ 硼砂和适量的细土或细沙充分拌和，分厢定量播种(每穴 5～6 粒)，以免造成苗挤苗，生长不整齐。播种后，用细土粪盖籽。

(3)条播。在楼播、机播时多采用此法。播种时每厢应按规定行距拉线开沟，播种沟深度为 3～5cm，宽幅条播沟略宽，单行条播沟稍窄。在冻害严重的地区，采用南北厢向、东西行向，对减轻冻害有利。条播要求落籽稀而匀，用干细土拌用，顺沟播下，播种量 3～$3.75kg/hm^2$。播量过大，间苗不及时，造成苗挤苗，增加间苗工作量。

5.4.7 油菜免耕直播技术的技术要点有哪些

油菜免耕直播技术特别是稻茬油菜免耕直播技术，不仅省去了播种前的耕地、整地，而且省去了育苗、移栽等技术环节。这样不仅降低了整个种植过程的劳动强度，而且提高了劳动效率，在很大程度上解决了农村地区农忙期间的用工矛盾。

(1)开好三沟，排灌畅通。"一油一稻"是主要耕作方式。应用油菜免耕撒直播技术，在单季稻收割时，要求稻茬齐泥收割，不能留高桩。收后立即开好三沟(畦沟、腰沟、围沟)，畦沟畦宽 1.5m、沟宽 20cm、沟深 15cm；腰沟沟宽 20cm、沟深 18cm；围沟沟宽 20cm、沟深 21cm。将沟土打碎均匀撒于畦面，以利畦面平整。

(2)适时适量分畦播种。要求适期早播，一般播期为 9 月中旬至 10 月初。播量视种子发芽率、土壤墒情而定，一般亩播 0.15～0.25kg 为宜。人工播种时，可带秤下田，分畦定量播种。一般先用少许细砂拌种子，再进行播种，先播定量的 2/3，再用剩下的 1/3 补匀，力求全田均匀。如土壤墒情差，播后要及时抗旱，确保一播全苗。

(3)及早间苗，合理密植。结合中耕追肥及间苗、定苗。撒直播一般在 2、3 叶时间苗，4、5 叶时定苗。定苗后一般留 18～22 株/m^2，留苗 1.0 万～1.2 万株/亩。

(4)多次中耕，培土壅根。由于免耕直播油菜没有进行耕翻，土壤板结，杂草多，同时不利根系下扎，因此，必须在苗期深中耕 2、3 次，结合中耕进行培土壅根，消灭杂草，疏松土壤，促进根系下扎，以防后期倒伏。

(5)科学肥料运筹。免耕撒直播油菜施肥原则是：基肥足而全，追肥早而淡，腊肥搭配磷、钾，薹肥重而稳，同时重视硼肥的施用。播前每亩施人畜粪 500～750kg、Ca(H$_2$PO$_4$)$_2$ 25kg、尿素 10kg、KCl 10kg。轻施提苗肥，结合间、定苗(3～5 叶期)，亩用 250～500kg 人畜肥兑 3kg 尿素、0.15kg 硼砂浇施。腊肥一般在 12 月中旬施用，以暖性半腐熟猪牛栏草粪和草木灰为主，覆盖苗面，壅施苗基。并亩用 10kg 磷钾肥，施入附近，以促进根系生长，增强抗性，确保壮苗越冬。开春后施一次薹肥，一般亩用 500～750kg 人畜肥加 2kg 尿素和 0.2kg 硼肥兑水浇施。初花期、盛花期叶面喷施 2 次肥，每次亩用硼肥 0.15kg、KH$_2$PO$_4$ 0.2kg 叶面喷施。需注意的是，目前市场上的假冒伪劣硼肥较多，购买时要慎重，以免上当受骗。

(6)搞好化学除草。三沟开好后，亩用 41%农达水剂 200～300mL 加水 50kg 均匀喷雾，用药后 2～3d 直接播种。前茬让茬后立即播种的田块，根据草情合理选用对应除草剂，以禾本科杂草为主的油菜田，可亩用 10.8%高效盖草能乳油 20～30mL 兑水 50kg，于杂草 3～5 叶期喷雾防除；以阔叶杂草为主的，亩用高特克 25～30mL 兑水 50kg，于油菜 6～8 叶期喷雾防治；禾本科杂草、阔叶杂草混生的，亩用 17.5%快刀乳油 100～140mL 兑水 40kg，于杂草 2～4 叶期喷雾防除。

(7)抗旱防渍，防治病虫害。若遇秋、冬干旱，一般灌溉 1、2 次。同时坚持做好雨前理墒。培土护根，雨后清沟，防涝防渍，降低田间湿度。由于直播油菜比育苗移栽的密度大，一般在抽薹盛期，做好打黄叶、脚叶工作，以利通风透光，减轻病虫害。苗期重点防治蚜虫、菜青虫，可用大功臣、虫杀净等药剂防治。花期重点防治菌核病，可在初花期、盛花期用 35%菌核光 75～100g 或 25%使百克乳油 30mL 兑水 50kg 进行喷雾防治，也可用菌核净、克菌灵等药剂防治。

5.4.8　油菜翻耕直播技术的技术要点有哪些

(1)精细整地，施足基肥。直播油菜根系入土较深，大部分根群集中于表土下 20～30cm 处。为了便于根系生长，充分利用土壤深层的养分和水分，在不破坏犁底层的前提下，力求深耕，一般在 20cm 以上。同时使表土土疏碎细，水气协调，田面平整，为迅速出苗和苗全苗齐创造良好的土壤环境。稻茬油菜，翻耕后要立即细整细耙，力求达到深沟、田平、土碎、无杂草，土壤水分为最大持水量的 60%～70%。施足基肥确保油菜苗生长正常，根系发达。基肥以有机肥为主，氮、磷、钾、硼肥配合施用，可起到改良土壤、保肥、保水作用，有利于根系生长。在施足基肥的前提下，实行分层施肥，将基肥中 80%的土杂肥和 40%的化肥在耕地时施入。40%的氮肥在耕后耙前撒施表层，随后耙地，其余部分作种肥施用。一般每公顷用土杂粪 600～750kg、三元复合肥 225kg 左右、硼砂 7.5～10kg。

(2)适期播种，增大密度。直播油菜无起苗环节，生长无停滞阶段，因此同一品种直播应比移栽延迟 10～15d 播种。播种过早，苗期气温高，生长旺盛，年前易抽薹开花，发生冻害，年后出现早衰。播种过迟，生长缓慢，不能壮苗越冬，年后发棵差。直播油菜播种期延迟，营养生长期相对缩短，植株矮化，分枝角果减少，单株生长力下降，因此应适度加大种植密度，增大群体株数，以弥补个体发育不足，使群体产量提高。

(3) 及时间苗、定苗和补苗，提高播种质量。直播的油菜常因播种不匀造成幼苗拥挤、断垄缺苗现象，所以应及时进行间苗、定苗和补苗，浇施水肥等。第一次间苗宜在第一片真叶期，第二次间苗宜在 2～3 片真叶期，4～5 片真叶期开始定苗、补苗。定苗密度依品种特性、播种迟早、土壤质地和肥力而定，一般以 18 万～22.5 万株/hm² 为宜。第二、三次间定苗结合施苗肥，并进行中耕。中耕时将行穴土壤锄细锄松。特别是水稻田直播油菜，要求早中耕、深中耕、勤中耕，这样还能弥补播种前整地粗放的不足。

直播油菜其他田间管理措施如施肥、排涝、抗旱、防治病虫害等，与移栽油菜基本一致。

5.5　油菜"菜油两用"生产技术

5.5.1　什么是油菜"菜油两用"生产技术

油菜"菜油两用"生产技术，是指利用油菜再生分枝开花结实的特点，在收获一茬菜薹的情况下，收获一茬油菜籽的一种增产增效种植模式，是农民增收的一条新途径。"菜油两用"油菜、菜薹均作为蔬菜食用，味道甘美，营养丰富。在四川尤其在春节前后摘一次油菜薹，可解决此期蔬菜供应相对较紧张的问题，对产量没有影响甚至有增产作用，实现一种两收，大幅提高了油菜种植的经济效益。同时，摘薹后实现了分枝矮化，还能提高油菜的抗倒伏能力。2013 年 2 月 1 日，由四川省农业厅科教处委托三台县农业局邀请相关专家，对国家现代农业产业技术体系四川创新团队油菜轻简高效栽培及新耕作制度研究岗位，在四川省三台县金石镇桐子村四社示范的优质油菜"菜油两用"技术进行了现场摘薹测产验收。优质油菜"菜油两用"技术核心示范 150 亩，摘薹验收三点，实测面积 360.0m²，实收菜薹 183.5kg(采收 2 次)，折合亩产 339.8kg，按市场实价 3.0 元/kg 计算，亩新增产值 1019.4 元。另外，近年来随着直播栽培模式的推广，也有通过间苗采收菜苗作为蔬菜食用的"菜油两用"模式，同样提高了油菜种植的经济效益。

5.5.2　"菜油两用"油菜品种如何选择

"菜油两用"油菜应选择苗期、薹期生长势强，易攻早发，生育期偏早，再生能力强，恢复性能好的杂交双低品种。普通甘蓝型油菜的菜薹具有苦涩味，食味差，一般不作蔬菜食用。双低油菜通过改善品质，去除了甘蓝型油菜的苦涩味，菜薹可作蔬菜食用；其菜薹的维生素 C、维生素 B_1、维生素 B_2 和人体必需的微量元素锌、硒含量均高于油冬儿青菜菜薹，营养价值较高。双低油菜菜薹直接炒熟食用，色泽青绿，口感较糯，并有淡淡清香味。菜薹进行冷冻保鲜，在蔬菜淡季销售；或深加工成脱水蔬菜销售，均可取得较好的效益。双低油菜采摘主薹对油菜籽收获产量无明显影响。四川盆地的"菜油两用"油菜种植宜选择龙庭 1 号、中油杂 11、蓉油 18、川油 58 等品种。

5.5.3　双低油菜"菜油两用"技术如何培育壮苗

为使油菜薹能在 12 月前后上市，以提高效益，播种时间以 8 月底至 9 月初为宜，每亩播种量 0.4kg。苗床选择土质肥沃、排灌方便、地势平坦的地块，苗床与本田比例为（1∶5）～（1∶6），结合整地亩施腐熟有机肥 5000kg、复合肥 25kg、硼肥 1kg，耙平做厢，厢宽 1.5m。一叶一心间苗，三叶一心定苗，均匀留苗 110～130 株/m²，及时亩施尿素 2.5kg 或清水粪提苗。移栽前 5～7d，亩追施尿素 2.5～4kg；苗期注意防治蚜虫、菜青虫。

抢早移栽，加强田间管理。整田和移栽与传统的油菜高产栽培相同，移栽要抢早，并分苗移栽即先栽大苗，再栽小苗；移栽密度以每亩 5000～7000 株为宜。在做好中耕、除草、防病治虫和及时排渍抗旱的基础上，适量增施肥料，整田时施足底肥；活棵后早施追肥，亩施尿素 5～7kg 促早发；11 月上旬亩压土杂肥 3000kg 并施尿素 10kg；摘薹前 7～10d，亩施尿素 5～7kg。

5.5.4　双低油菜"菜油两用"技术如何科学摘薹

油菜薹采收过早会影响植株光合作用和茎枝生长，影响产量；采收过晚则纤维含量高、口感差，影响分枝。菜薹抽出 25～30cm 高时，摘薹 10～15cm，保留薹桩 15cm 左右最为适宜。一般每亩摘薹 250～300kg。要先抽薹先摘，后抽薹后摘，切忌大小一起摘而影响菜薹产量和油菜籽产量。最迟摘薹时间不能超过 1 月底。

5.5.5　什么是景观油菜栽培

近年来，伴随全球农业的产业化发展，人们发现，现代农业不仅具有生产性功能，还具有改善生态环境质量，为人们提供观光、休闲、度假的生活性功能。随着收入的增加、闲暇时间的增多、生活节奏的加快以及竞争的日益激烈，人们渴望多样化的旅游，尤其希望能在典型的农村环境中放松自己。于是，农业与旅游业边缘交叉的新型产业——观光农业应运而生。其中，油菜因花色艳丽、花量大、花期长、种植方便等优点而成为主角之一。为增加油菜的观赏性和趣味性，通常将油菜或与其他作物搭配种植成景观。例如，2016 年春天，崇州市重庆路的油菜花田中就出现了用油菜和麦苗绘制的蜜蜂造型。景观油菜栽培带动了观光旅游的发展，对于促进一、三产业融合，提高油菜种植效益具有重要作用。

5.5.6　油菜景观栽培有哪些注意要点

油菜景观栽培的主要目的是观赏，创新油菜栽培模式，有效延长观赏期，如冬春油菜混播、春油菜错期播种、春油菜秋播等模式。

5.6 油菜病虫草害防治技术

5.6.1 如何识别油菜霜霉病？其发病规律和防治方法有哪些

1. 识别方法

油菜霜霉病是我国各油菜区的主要病害，长江流域、东南沿海油菜受害重。春油菜区发病少且轻。油菜幼菜受害，子叶和真叶背面出现淡黄色病斑，严重时苗叶和子茎变黄枯死。该病主要为害叶、茎和角果，致受害处变黄，长有白色霉状物。花梗染病，顶部肿大弯曲，呈"龙头拐"状，花瓣肥厚变绿，不结实，上生白色霜霉状物。叶片染病，初现浅绿色小斑点，后扩展为多角形的黄色斑块，叶背面长出白色霜霉状物。

2. 发病规律

油菜霜霉病由寄生霜霉真菌芸薹属专化型侵染所致。病原菌以卵孢子在病株残体上、土壤中越夏。秋季卵孢子萌发，侵染秋播幼苗。冬季温度下降至 5℃以下时，病菌以菌丝或卵孢子在寄主病组织内越冬。来年气温回升至 10℃左右，病组织上又产生孢子囊传播再侵染，引起花序、花器、角果等部位发病。一般氮肥施用过多、过迟，或株间过密、郁闭湿度大的地块发病重；地势低洼、排水不良、田间湿度大的地块发病加重；早播比较晚播的地块发病重。

3. 防治方法

(1)因地制宜种植抗病品种；实行 2 年轮作；加强田间管理，适期播种，合理密植；配方施肥，合理施用氮磷钾肥，提高抗病力；雨后及时排水，防止湿气滞留和淹苗。

(2)种子处理，用种子重量 1%的 35%甲霜灵拌种。

(3)重点防治旱地栽培的白菜型油菜，一般在 3 月上旬抽薹期，当病株率达 20%以上时，开始喷洒 75%百菌清可湿性粉剂 500 倍液，或 58%甲霜灵·锰锌可湿性粉剂 500 倍液，或 69%烯酰锰锌可湿性粉剂 1000 倍液，每亩喷施兑好的药液 60～70L，隔 7～10d 喷施 1 次，连续防治 2、3 次。

5.6.2 如何识别油菜白锈病？其发病规律和防治方法有哪些

1. 识别方法

油菜白锈病从苗期到成株期都可发生，危害叶片、茎、花、荚。叶片发病，先在叶面出现淡绿色小点，后变黄绿色，在同处背面长出白色隆起的疱斑，一般直径为 1～2mm，有时叶面也长疱斑，发生严重时，密布全叶，后期疱斑破裂，散出白粉。茎和花梗受害，显著肿大，扭曲像"龙头"，也长白色疱斑。种荚受害，肿大畸形，不能结实。

2. 发病规律

油菜白锈病适于低温高温的环境条件，地势低洼、排水不良、土质黏重、浇水过多、偏施氮肥过多的地块发病均较重。病原菌以卵孢子在病株残体上、土壤中和种子上越夏、越冬。秋播油菜苗期卵孢子萌发产生游动孢子，借雨水溅至叶上，在水滴中萌发从气孔侵入，引起初次侵染。病斑上产生孢子囊，又随雨水传播进行再侵染。冬季以菌丝或卵孢子在寄主组织内越冬。白锈病是一种低温病害，只要水分充足，就能不断发生，连续为害。品种间抗病性有差异。

3. 防治方法

(1)因地制宜种植抗病品种；实行 2 年轮作；收获后结合深翻整地，清除田间病残体；加强田间管理，适期播种，合理密植，雨后及时排水；配方施肥，合理施用氮磷钾肥，提高抗病力；及时摘除老病叶和"龙头"。

(2)选用无病种子，并在播种前进行种子处理，可用 10%盐水选种，将下沉的种子用清水洗净后晾干播种。

(3)发病初期，可用 25%甲霜灵可湿性粉剂 800 倍液，或 58%甲霜灵·锰锌可湿性粉剂 500 倍液，或 80%多菌灵可湿性粉剂 1000 倍液，或 69%烯酰锰锌可湿性粉剂 500 倍液等喷雾防治，每 7d 天喷 1 次，连喷 2、3 次。喷药要选晴天，注意叶的正反面都要喷。

5.6.3 如何识别油菜菌核病？其发病规律和防治方法有哪些

1. 识别方法

油菜菌核病在全国各油菜产区都有发生，南方冬油菜区和东北春油菜区发生较为普遍。本病由核盘菌[*Sclerotinia sclerotiovum* (Lib.) de Bary]真菌侵染引起，一般发病率为 10%~30%，严重者可达 80%以上，减产达 10%~70%，粗脂肪含量降低 1%~5%。该病菌除为害油菜外，还为害十字花科蔬菜、烟草、向日葵和多种豆科植物。油菜各生育期及地上部各器官组织均能感病，但以开花结果期发病最多，茎部受害最重。

(1)茎部染病：初现浅褐色水渍状病斑，后发展为具轮纹状的长条斑，边缘褐色，湿度大时表生棉絮状白色菌丝，偶见黑色菌核，病茎内髓部烂成空腔，内生很多黑色鼠粪状菌核。病茎表皮开裂后，露出麻丝状纤维，茎易折断，致病部以上茎枝萎蔫枯死。

(2)叶片染病：初呈不规则水浸状，后形成近圆形至不规则形病斑，病斑中央黄褐色，外围暗青色，周缘浅黄色，病斑上有时轮纹明显，湿度大时长出白色绵毛状菌丝，病叶易穿孔。

(3)花瓣染病：初呈水浸状，渐变为苍白色，后腐烂。

(4)角果染病：初现水渍状褐色病斑，后变为灰白色，种子瘪瘦，无光泽。

2. 发病规律

油菜菌核病病原菌以菌核在土壤、病株残体、种子中越夏(冬油菜区)、越冬(春油菜区)。菌核萌发产生菌丝或子囊盘和子囊孢子,菌丝直接侵染幼苗。子囊孢子随气流传播,侵染花瓣和老叶,染病花瓣落到下部叶片上,引起叶片发病。病叶腐烂搭附在茎上,或菌丝经叶柄传至茎部引起茎部发病。在各发病部位又形成菌核。菌核越夏、越冬后,在气温15℃条件下萌发,形成子囊盘、子囊和子囊孢子。子囊孢子侵入寄主的最适温度为 20℃左右。开花期和角果发育期降雨量多、阴雨连绵、相对湿度在80%以上有利于病害的发生和流行;偏施氮肥、地势低洼排水不良、植株过密的地块发病都较严重;芥菜型、甘蓝型油菜比白菜型油菜抗病。

3. 防治方法

(1)因地制宜种植抗病品种;实行 2 年轮作;收获后结合深翻整地,清除田间病残体;加强田间管理,适期播种,合理密植,雨后及时排水;配方施肥,合理施用氮磷钾及硼锰等肥提高抗病力;及时摘除老病叶。

(2)播种前进行种子处理,用 10%盐水选种,剔除浮起的病种子及小菌核,选好的种子晾干后播种。

(3)稻油栽培区,在 3 月上中旬油菜盛花期选用 50%腐霉利可湿性粉剂 1000 倍液,或50%异菌脲可湿性粉剂 1500 倍液,或 40%菌核净可湿性粉剂 1000 倍液喷雾防治。

5.6.4　如何识别油菜黑斑病?其发病规律和防治方法有哪些

1. 识别方法

油菜黑斑病各油菜产区都有发生,以长江流域和华南地区发生较多。本病由芸薹链格孢菌[*Alternaria brassicae*(Berk.)Sace.]、芸薹生链格孢菌[*A.brassicixola*(Sehw.)Wiltshire]和萝卜链格孢菌(*A.raphani* Gr.et Skoloko)等真菌侵染所引起。除为害油菜外,还为害甘蓝、白菜、萝卜等十字花科蔬菜。油菜生长后期发生较多。叶上病斑呈黑褐色,有明显同心轮纹,外围有黄白色晕圈,潮湿时病斑上产生黑色霉层,即病原菌分生孢子梗和分生孢子。叶柄、茎和角果上病斑呈椭圆形或长条形,黑褐色。病果中种子不发育,角内可生菌丝体。

2. 发生规律

病原菌以菌丝或分生孢子在病株残体上或种子内外越夏或越冬。带菌种子萌芽后,病菌侵染幼苗,越冬分生孢子或新生分生孢子,随气流传播进行再侵染。高温高湿有利于发病,特别在角果发育期多雨,极有利于孢子传播与侵染。

3. 防治方法

(1)选用抗病品种;与非十字花科蔬菜实行 2 年以上轮作;合理密植,施足底肥和磷钾肥，增施有机肥料，合理灌水，雨后及时排水，加强通风；及时摘除病叶。

(2) 播种前精选种子，并进行种子消毒。用温汤浸种，或用种子重量 0.4%的 50%福美双可湿性粉剂或用种子重量 0.2%～0.3%的 50%异菌脲可湿性粉剂拌种。

(3) 发病初期用。用 75%百菌清可湿性粉剂 500 倍液，或 58%甲霜灵·锰锌可湿性粉剂 500 倍液，或 40%乙磷铝可湿性粉剂 400 倍液喷雾防治，每 7d 喷药 1 次，连续防治 2、3 次。

5.6.5　如何识别油菜猝倒病？其发病规律和防治方法有哪些

1. 识别方法

油菜猝倒病为苗期常见病害，常造成死苗。油菜出苗后，在茎基部近地面处产生水渍状斑，后缢缩折倒，湿度大时病部或土表生白色棉絮状物，即病菌菌丝、孢囊梗和孢子囊。

2. 发病规律

病菌以卵孢子在 12～18cm 深的土层越冬，并在土中长期存活。翌春，遇有适宜条件萌发产生孢子囊，以游动孢子或直接长出芽管侵入寄主。此外，在土中营腐生生活的菌丝也可产生孢子囊，以游动孢子侵染幼苗引起猝倒。田间的再侵染主要靠病苗上产出的孢子囊及游动孢子，借灌溉水或雨水溅附到贴近地面的根茎上导致更严重的损失。病菌侵入后，在皮层薄壁细胞中扩展，菌丝蔓延于细胞间或细胞内，后在病组织内形成卵孢子越冬。病菌生长适宜温度 15～16℃，适宜发病地温 10℃，温度高于 30℃受到抑制，低温对寄主生长不利，但病菌尚能活动，尤其是育苗期出现低温、高湿条件，利于发病。当幼苗子叶养分基本用完，新根尚未扎实之前是感病期，这时真叶未抽出，碳水化合物不能迅速增加，抗病力弱，遇有雨、雪等连阴天或寒流侵袭，地温低，光合作用弱，幼苗呼吸作用增强，消耗加大，致幼茎细胞伸长，细胞壁变薄，病菌乘机侵入，因此，该病主要在幼苗长出 1～2 片叶之前发生。

3. 防治方法

(1) 选用耐低温、抗寒性强的品种，如蓉油 18 号等。

(2) 可用种子重量 0.2%的 40%拌种双粉剂拌种。必要时可喷洒 25%瑞毒霉可湿性粉剂 800 倍液，或 3.2%恶甲水剂 300 倍液，或 95%恶霉灵精品 4000 倍液，或 72.2%普力克水剂 400 倍液，喷施药液 2～3L/ m^2。

(3) 合理密植，及时排水、排渍，降低田间湿度，防止湿气滞留。

5.6.6　如何识别油菜根肿病？其发病规律和防治方法有哪些

1. 识别方法

油菜根肿病主要为害油菜根部，病株主根或侧根肿大，畸形，后期颜色变褐，表面粗糙，腐朽发臭，根毛很少，地上部生长不良，造成叶片变黄萎蔫，严重时全株死亡。

2. 发病规律

油菜根肿病病原菌随病根腐烂后散入土中或存于病残体内越夏、越冬，通过耕作、土壤、风雨等传播，酸性土壤(pH5.4～6.5)适于发病，pH7.2 以上一般不发病。土壤含水量为20%～40%时发病加重，含水量低于 18%时病菌受抑制或死亡，发病适温 19～25℃。

3. 防治方法

(1)选用抗病品种；与非十字花科蔬菜实行 2 年以上轮作；施消石灰改良土壤；合理密植，施足底肥和磷钾肥，增施有机肥料，合理灌水，雨后及时排水，加强通风；及时摘除病叶。四川盆地直播油菜还可以适时晚播，避开高温发病条件。

(2)育苗移栽的油菜采用无病土育苗，或播前用科佳(氰霜唑)或富帅得(氟啶胺)消毒苗床。必要时用科佳粉剂 500 倍悬浮液灌根，每株灌 0.4～0.5L。

(3)推迟播期，四川地区将油菜播期推迟到 10 月中下旬，可有效降低根肿病的发生。主要利用温度和田块湿度自然控制根肿病的发生。

5.6.7 如何识别油菜黑胫病？其发病规律和防治方法有哪些

1. 识别方法

油菜各生育期均可感染黑胫病。病部一般呈灰白色枯斑，斑内散生许多黑色小点。子叶、幼茎上病斑形状不规则，稍凹陷，直径 2～3mm。幼茎病斑向下蔓延至茎基及根系，引起须根腐朽，根颈易折断。成株期叶上病斑呈圆形或不规则形，稍凹陷，中部为灰白色。茎、根上病斑初呈灰白色长椭圆形，逐渐枯朽，上生黑色小点，植株易折断死亡。角果上病斑多从角尖开始，与茎上病斑相似。种子感病后变白皱缩，失去光泽。

2. 发病规律

油菜黑胫病的病原菌为茎点霉。病菌以子囊壳和菌丝的形式在病残株中越夏和越冬，子囊壳在 10～20℃、高湿条件下放出子囊孢子，通过气流传播，成为初侵染源。潜伏在种子皮内的菌丝可随种子萌发直接蔓延，侵染子叶和幼茎。植株感病后，病斑上产生的分生孢子器放出分生孢子，借风雨传播，进行再侵染。病菌喜高温、高湿条件。发病适温24～25℃，此病害潜育期仅 5～6d 即可发病。育苗期灌水多、湿度大，病害尤重。此外，管理不善、苗期光照不足、播种密度过大、地面过湿，均易诱发此病害发生。

3. 防治方法

(1)重病地与非十字花科蔬菜及芹菜进行 3 年以上轮作；高畦覆地膜栽培，施用腐熟粪肥，精细定植，尽量减少伤根；避免大水漫灌，注意雨后排水；保护地加强放风排湿；定植时严格剔除病苗；及时发现并拔除病苗，收获后彻底清除病残体，并深翻土壤。

(2)种子消毒：可用 50℃温水浸种 20min；或用种子重量 0.4%的 50%福美双可湿性粉

剂，或种子重量 0.2%的 50%托布津可湿性粉剂拌种。苗床处理：每亩用 50%多菌灵可湿性粉剂，或 70%甲基硫菌灵，或 50%敌磺钠可溶性粉剂 8g，加 20 倍细土混匀撒施，进行苗床消毒。

(3)发病初期，可用 50%多菌灵可湿性粉剂 600～800 倍液，或 70%代森锰锌可湿性粉剂 800 倍液，或 50%乙烯菌核利可湿性粉剂 600～800 倍液，或 50%异菌脲可湿性粉剂 800 倍液，隔 15d 左右喷洒 1 次，连续防治 2、3 次。

5.6.8　如何识别油菜软腐病？其发病规律和防治方法有哪些

1. 识别方法

油菜软腐病又名根腐病，以冬油菜区发病较重，初在茎基部或靠近地面的根茎部产生水渍状斑，后逐渐扩展，略凹陷，表皮微皱缩，后期皮层易龟裂或剥开，内部软腐变空，植株萎蔫，严重的病株倒伏干枯而死。

2. 发病规律

病原菌主要在病株残体内繁殖、越夏、越冬，由雨水、灌溉水、昆虫传播，从伤口侵入。高温高湿有利于发病，连续阴雨有利于病菌传播和侵入。

3. 防治方法

(1)播前 20d 耕翻晒土，施用酵素菌沤制的堆肥或充分腐熟的有机肥；合理掌握播种期，采用高畦栽培，防止冻害，减少伤口。

(2)发病初期，用 72%农用硫酸链霉素可溶性粉剂 3000～4000 倍液，或 14%络氨铜水剂 350 倍液，隔 7～10d 喷洒 1 次，连续防治 2、3 次。油菜对铜制剂敏感，要严格控制用药量，以防药害。

5.6.9　如何识别油菜病毒病？其发病规律和防治方法有哪些

1. 识别方法

病毒病是油菜栽培中发生普遍且危害严重的一种病害，一般发病率为 10%～30%，严重的高达 70%以上，致使油菜减产，品质降低，含油量降低。

不同类型油菜感染病毒病后表现出的症状不同。

(1)白菜型油菜、芥菜型油菜：主要表现为沿叶脉两侧褪绿，叶片呈黄绿相间的花叶，明脉或叶脉呈半透明状，严重时叶片皱缩卷曲或畸形，病株明显矮缩，多在抽薹前或抽薹时枯死。染病轻和发病晚的虽能抽薹，但花薹弯曲或矮缩、花荚密、角果瘦瘪、成熟提早。

(2)甘蓝型油菜：出现系统型枯斑，老叶片发病早，症状明显，后波及新生叶。初发病时产生针尖大小透明斑，后扩展成直径为 2～4mm 的圆形黄斑，中心呈黑褐色枯死斑，坏死斑四周呈油渍状。茎薹上现紫黑色梭形至长条形病斑，且从中下部向分枝和果梗上扩展,后期茎上病斑多纵裂或横裂,花、荚果易萎蔫或枯死。角果产生黑色枯死斑点,多畸形。

2. 发病规律

油菜病毒病是由多种病毒侵染所致,其中以芜菁花叶病毒为主,其次是黄瓜花叶病毒和烟草花叶病毒。病毒病不能经种子和土壤传染,但可由蚜虫和汁液摩擦传染。在田间自然条件下,桃蚜、萝卜蚜和甘蓝蚜是主要的传毒介体,蚜虫在病株上短时间取食后就具有传毒能力。芜菁花叶病毒是非持久性病毒,蚜虫传染力的获得和消失都很快。田间的有效传毒主要是依靠有翅蚜的迁飞来实现。在周年栽培十字花科蔬菜的地区,病毒病的毒源丰富,病毒也就能不断地从病株传到健株引起发病。病毒病的发生与气候关系密切,油菜苗期如遇高温干旱天气,影响油菜的正常生长,降低抗病能力,同时有利于蚜虫的大量发生和活动,则引起病毒病的发生和流行,反之,则不利于其发生。

3. 防治方法

(1)因地制宜选用抗病毒病的油菜品种;改善耕作制度,油菜田尽可能远离十字花科菜地;调整播种期,雨少天旱应适当迟播,多雨年份可适当早播;田间发现病株及时拔除,清除发病中心;科学施肥,增施磷钾肥,避免偏施氮肥,提高植株抗病力;合理灌溉,雨后及时排水,降低田间湿度;收获后及时清除田间病残体,减少来年菌源。

(2)注意防治蚜虫。可用 10%吡虫啉 2000~2500 倍液,或 20%啶虫脒 1500 倍液,隔 5~7d 施药 1 次,连施 3、4 次,或用黄板诱杀蚜虫。

(3)发病初期,可喷洒 2%氨基寡糖素水剂 800 倍液或三氮唑盐酸吗啉胍 1000 倍液+植物生长调节剂芸苔素,隔 10d 施用 1 次,连续防治 2、3 次。

5.6.10 油菜出现黄叶症的原因是什么

(1)苗期氮肥不足,叶色呈均匀黄绿色或黄色,茎下部叶叶缘有的发红并逐渐扩大到叶脉,出现黄叶现象。

(2)苗期缺硫,叶片小而少,叶色呈淡绿色发黄。

(3)叶片只黄不枯而后脱落,属土壤酸害黄叶。

5.6.11 如何防治油菜黄叶症

(1)苗期氮肥不足,每亩可用尿素 7~10kg,或碳酸氢铵 15~20kg,或人粪尿 1000kg 兑水浇施;还可用 1%尿素液进行叶面喷施。

(2)苗期缺硫,可结合中耕亩施石膏粉 5kg。

(3)酸害黄叶,每亩可施 50kg 石灰或 50kg 草木灰。

5.6.12　油菜出现红叶病的原因是什么

(1)苗期干旱植株矮小,叶片呈淡黄红色。

(2)苗期雨水过多时,积水伤根,造成僵苗,叶片呈暗红色。

(3)直播油菜田播量过大,油菜苗拥挤,影响幼苗的养分吸收,叶片发黄变红。

(4)苗期天气干燥,有菜蚜大发生危害的地方,可致叶片发红。

5.6.13　如何防治油菜红叶病

(1)因苗期干旱引起的红叶病,应及时灌水。

(2)因苗期雨水过多,积水伤苗引起的红叶病,应及时做好清沟排水工作。

(3)因密度过大油菜苗拥挤引起的红叶病,应及时间苗并补施 1 次速效氮肥。

(4)因苗期天气干燥,菜蚜危害引起的红叶病,应狠抓蚜虫防治。可用大蒜汁液或抗蚜威等兑水喷洒防治。

5.6.14　油菜出现褐色焦边叶的原因是什么

油菜出现褐色焦边叶是因土壤缺钾引起的,先从老叶开始渐向心叶发展,初呈黄色斑,叶边缘逐渐出现焦边和淡褐色枯斑,呈明显的烫伤状后枯萎。

5.6.15　如何防治油菜褐色焦边叶

油菜出现褐色焦边叶时,每亩可施氯化钾 7～10kg 或草木灰 80～100kg,或用 80%的 KH_2PO_4 150g 兑水 60kg,叶面喷施 2、3 次。

5.6.16　如何防治油菜暗紫色症

油菜暗紫色症即植株生长慢而矮小,比正常植株少 2～3 片叶,叶色无光泽,叶柄紫色,叶脉边缘呈紫红斑或紫色斑块。此状属缺磷引起,每亩可施过磷酸钙 25～30kg,或用 80% KH_2PO_4 100～150g 兑水 60kg,叶面喷雾 2、3 次。

5.6.17　如何防治油菜紫蓝斑叶症

油菜紫蓝斑叶症多因缺硼引起。当油菜缺硼时,有的根端有小瘤状突起,根颈膨大,无根毛或侧根,叶色暗绿,叶片小而脆,并出现紫蓝色斑状,叶缘倒卷。对于缺硼田块,每亩可用 150g 硼砂与磷钾肥一起浇施,或亩用 100g 硼砂兑水 50kg 进行叶面喷施,连续喷施 2、3 次即可。

5.6.18　如何识别油菜蚜虫

油菜蚜虫主要有甘蓝蚜、萝卜蚜(又称菜缢管蚜)和桃蚜三种,俗称蜜虫、腻虫、油虫等。

1. 甘蓝蚜

(1)有翅胎生雌蚜:体长约 2mm,具翅 2 对、足 3 对、触角 1 对、浅黄绿色,被蜡粉,背面有几条暗绿横纹,两侧各具 5 个黑点,腹管短黑,尾片圆锥形,两侧各有毛两根。

(2)无翅胎生雌蚜:体长约 2.5mm,无翅,具有 3 对足、1 对触角,体呈椭圆形,体色暗绿,少被蜡粉,腹管短黑,尾片圆锥形,两侧各有毛两根。

2. 萝卜蚜

(1)有翅胎生雌蚜:体长约 1.6mm,具翅 2 对、足 3 对、触角 1 对,体呈长椭圆形,头胸部黑色,腹部黄绿色,薄被蜡粉,两侧具黑斑,背部有黑色横纹,腹管淡黑,圆筒形,尾片圆锥形,两侧各有长毛 2、3 根。

(2)无翅胎生雌蚜:体长约 1.8mm,黄绿色、无翅,具足 3 对、触角 1 对。躯体薄被蜡粉,腹管淡黑,圆筒形,尾片圆锥形,两侧各有长毛 2、3 根。

3. 桃蚜

(1)有翅胎生雌蚜:体长约 2mm,头胸部黑色,腹部绿、黄绿、褐、赤褐色,背面有黑斑纹;腹管细长,圆柱形,端部黑色;尾片圆锥形,两侧各有 3 根毛。

(2)无翅胎生雌蚜:体长约 2mm,体全绿、黄绿、枯黄、赤褐色并带光泽,无翅,具足 3 对、触角 1 对,腹管和尾片特征同有翅胎生雌蚜。

5.6.19　油菜蚜虫有哪些危害和生活习性

1. 危害

油菜蚜虫群体集聚在叶背及心叶,刺吸汁液,使受害的菜叶发黄、卷缩、生长不良。嫩茎和花梗受害,多呈畸形,影响抽薹、开花和结实。菜蚜也是病毒病的传播者,使产量损失更严重。

2. 生活习性

(1)甘蓝蚜以卵在十字花科蔬菜上越冬,越冬卵次年 4 月孵化,5~9 月在十字花科蔬菜上为害,秋初则转害油菜,在春季和秋末盛发。

(2)菜缢管蚜以卵在十字花科蔬菜上越冬,越冬卵于次年 3、4 月孵化,6 月以后在十字花科蔬菜上为害,秋季转入油菜地为害,在春秋两季盛发。

(3)桃蚜以卵在桃枝或蔬菜上越冬,次年 2、3 月孵化,随即迁飞为害油菜和十字花科蔬菜,夏季为害茄子、烟草、大豆等,秋季再迁飞为害油菜及十字花科蔬菜,晚秋产卵越冬，一般以 3～6 月盛发。

油菜蚜虫喜温暖，较干旱的气候，春秋两季气候温暖，最适于它们生长繁殖，所以一般春末夏初和秋季为害严重。一只雌蚜能产 70～80 只小蚜虫，最多能产 100 只以上。出生的小蚜虫发育最快的经过 5～7d 就能繁殖，数量发展很快，特别是在干旱的条件下，能引起大发生。

5.6.20　如何防治油菜蚜虫

1. 农业措施

选抗虫优良品种；在秋季蚜虫迁飞之前，清除田间杂草和残株落叶，以减少虫口基数。

2. 药剂防治

(1) 掌握虫情，在油菜苗期和薹花期，当有蚜株率达 10%时，用 40%乐果乳剂 3000 倍液、50%敌敌畏乳剂或马拉硫磷乳剂 2000 倍液、70%灭蚜松可湿性粉 2000 倍液进行常规喷雾；或每亩施用 1.5%乐果粉剂 1.5kg。对有机磷有抗性的蚜虫，每亩可用 20～30mL 辟蚜雾，兑水 60kg 喷雾。

(2) 在移栽时用乐果浸苗，方法是握住一把苗的根基，将苗叶在 40%乐果乳剂 2000 倍液里浸一浸。用这种方法消灭秧苗上的蚜虫比较彻底，而且移栽到大田后还有一段时间的保护作用。

(3) 在油菜抽薹开花初期，如有蚜虫集中在嫩茎和花梗上危害时，则用 40%乐果乳剂或 10%吡虫啉可湿性粉剂 3000 倍液喷治，及早把蚜虫消灭在点片发生的阶段。

3. 物理防治

油菜蚜虫和其他蚜虫一样，环境好时一般产生无翅蚜，环境变劣时产生有翅蚜，迁飞为害。有翅蚜对黄色有趋集性、对银灰色有负趋集性，可用盛水黄皿或涂凡士林的黄色板来诱测油菜蚜虫迁飞期；利用银灰色塑料薄膜遮盖育苗，以驱避蚜虫。

5.6.21　如何识别油菜潜叶蝇

油菜潜叶蝇成虫头部黄褐色，触角黑色，共 3 节。复眼红褐色至黑褐色。胸腹部灰黑色，胸部隆起，背部有 4 对粗大背鬃，小盾片三角形。足黑色，翅半透明有紫色反光。幼虫蛆状，乳白色至黄白色。头小，口钩黑色。

5.6.22　油菜潜叶蝇有哪些危害及生活习性

油菜潜叶蝇在大部分油菜产区都有发生。油菜潜叶蝇(*Phytomyza horticola* Gowreau)也叫豌豆潜叶蝇，寄主范围广，食性很杂。幼虫在叶片上下表皮间潜食叶肉，形成黄白色或白色弯曲虫道,严重时虫道连通,叶肉大部食光,叶片橘黄早落。

油菜潜叶蝇较耐低温而不耐高温。夏季 35℃以上便不能成活而以蛹越夏,常在春秋两季为害。成虫多在晴朗白天活动,吸食花蜜或茎叶汁液。夜晚及风雨日则栖息在植株或其他隐蔽处。卵散产于嫩叶叶背边缘或叶尖附近。产卵时用产卵器刺破叶片表皮,在被刺破小孔内产卵 1 粒。卵期 4~9d,卵孵化后幼虫即潜入叶片组织取食叶肉,形成虫道,在虫道末端化蛹,化蛹时咬破虫道表皮与外界相通。

5.6.23 如何防治油菜潜叶蝇

(1)农业措施。早春及时清除杂草,摘除底层老黄叶,减少虫源。

(2)毒糖液诱杀成虫。用甘薯、胡萝卜煮汁(或 30%糖液),加 0.05%敌百虫,每 10m^2 油菜地点喷 10~20 株,隔 3~5d 喷 1 次,共喷 4、5 次。

(3)药剂防治。在幼虫刚出现为害时,用 40%乐果乳油 1000 倍液,或 50%敌敌畏乳油 800 倍液,或 90%敌百虫晶体 1000 倍液等药剂进行喷雾防治。

5.6.24 如何识别油菜菜蛾

油菜菜蛾属鳞翅目,菜蛾科,别名小菜蛾、方块蛾、小青虫、两头尖。全国各地均有分布。常为害油菜、甘蓝、紫甘蓝、青花菜、薹菜、芥菜、花椰菜、白菜、萝卜等十字花科蔬菜。幼虫长约 10mm,黄绿色,有足多对,具体毛,前背部有排列成两个"U"形的褐色小点。成虫为灰褐色小蛾,具翅 2 对、触须 1 对,触须细长,呈外"八"字着生,翅展 12~15mm,体色灰黑,头和前背部灰白色,前翅前半部灰褐色,具黑色波状纹,翅的后面部分灰白色,当静止时翅在身上叠成屋脊状,灰白色部分合成 3 个连续的菱形斑纹。卵扁平,椭圆状,约 0.5mm×0.3mm,黄绿色。

5.6.25 油菜菜蛾有哪些危害及生活习性

(1)危害。初卵幼虫钻食叶肉;二龄幼虫啃食下表皮和叶肉,仅留上表皮,形成许多透明斑点;三、四龄幼虫食叶成孔洞或缺刻,严重时可将叶片吃光,仅留主脉,形成网状。

(2)生活习性。以成虫在残株、落叶、草丛中越冬,以 3~6 月、8~11 月盛发,尤以秋季虫口密度大,为害重。成虫 19~23 时活动最盛,有趋光习性。卵产于叶背主脉两侧或叶柄上,孵化后幼虫先潜食叶片,后啃食叶肉,幼虫有背光性,多群集在心叶、叶背、脚叶上为害。菜蛾对温度适应力强,发育的最适温为 20~30℃,主要在春末夏初(4~6月)和秋季(8~11月)为害严重,秋季重于春季。

5.6.26 如何防治油菜菜蛾

(1)清洁田园,蔬菜收割后,或在早春虫子活动前,彻底清除菜地残株、枯叶,可以消除大量虫口。

(2)诱杀成虫。用黑光灯诱杀成虫，或用性引诱剂诱杀成虫。可在傍晚于田间安置盛水的盆或碗，在距水面约 11cm 处置一装有刚羽化雌蛾的笼子，诱杀成虫。或利用性引诱剂诱杀成虫，每亩用诱芯 7 个，把塑料膜(33cm 见方)4 个角捆在支架上盛水，诱芯用铁丝固定在支架上弯向水面，距水面 1~2cm，塑料膜距油菜 10~20cm，诱芯每 30d 天换 1 个。

(3)药剂防治。在卵盛孵期或 2 龄幼虫期用 90%晶体敌百虫 1000 倍液，8010、8401、青虫菌 6 号或杀螟杆菌(含孢子 100 亿个/g 以上)500~800 倍液，或 5%卡死克乳油进行常规喷雾。或用 2.5%敌杀死乳油 20~40mL/亩，兑水后进行低容量喷雾。或用抑太保(IKI-7899)、氟虫腈、AC303630 等杀虫剂。

(4)生物防治。利用寄生蜂、菜蛾绒茧蜂(印尼的一种姬蜂)等天敌控制菜蛾的发生。

5.6.27　如何识别油菜菜粉蝶

菜粉蝶(*Pievisrapae Linnaeus*)俗称菜青虫，全国各地均有分布。成虫体长 12~20mm，翅展 45~55mm，体灰褐色。前翅白色，近基部灰黑色，顶角有近三角形黑斑，中室外侧下方有 2 个黑圆斑。后翅白色，前缘有两个黑斑。卵如瓶状，初产时淡黄色。幼虫 5 龄，体青绿色，腹面淡绿色，体表密布褐色瘤状小突起，其上生细毛，背中线黄色，沿气门线有 1 列黄斑。蛹呈纺锤形，绿黄色或棕褐色，体背有 3 个角状突起，头部前端中央有 1 个短而直的管状突起。

5.6.28　油菜菜粉蝶有哪些危害及生活习性

(1)危害。幼虫为害油菜等十字花科植物叶片，造成缺刻和空洞，严重时吃光全叶，仅剩叶脉。

(2)生活习性。1 年发生 3~9 代，以蛹在枯叶、墙壁、树缝及其他物体上越冬。次年3 月中、下旬出现成虫。成虫夜晚栖息在植株上，白天活动，以晴天无风的中午最活跃。成虫产卵时对含有芥子油的甘蓝型油菜有很强的趋性，卵散产于叶背面。幼龄幼虫受惊后有吐丝下垂的习性，大龄幼虫受惊后有卷曲落地的习性。4~6 月和 8~9 月为幼虫发生盛期，发育适温为 20~25℃。

5.6.29　如何防治油菜菜粉蝶

(1)农业措施。清除田间残枝落叶，及时深翻耙地，减少虫源。

(2)生物防治。亩用 Bt 乳剂或青虫菌 6 号液剂(含芽孢 100 亿个/g)500g 加水 50kg，于幼虫 3 龄以前均匀喷雾。

(3)化学防治。未进行生物防治的田块，可用 20%灭扫利乳油 2500 倍液，或 5%来福灵乳油 3000 倍液，或 2.5%灭幼脲胶悬剂 1000 倍液，均匀喷雾。

5.6.30　旱茬油菜田常见杂草有哪些

随着国民经济的增长和居民生活水平的提高，油菜需求量不断增大，种植面积逐年增加，油菜已成为很多地区冬季种植的主要经济作物，对当地农民增收起到了重要作用。然而田间除草费工、费时，是严重阻碍农户扩大种植的重要因素，做好油菜田杂草防除，对推动油菜产业的发展尤为重要。

旱茬油菜田前茬主要是玉米，杂草构成群体以旱生杂草牛膝菊、小藜、鼠麹草、鬼针草、牛繁缕、猪殃殃、猪毛菜等阔叶杂草为优势种群。发生规律是前茬收获时主要以牛膝菊、小藜、鼠麹草、鬼针草等为优势群体存在于田地中。油菜播种后主要以牛繁缕、猪殃殃、猪毛菜等杂草迅速萌生形成优势群。杂草发生与整地质量和土壤墒情有较大关系，如果整地精细，播种后 3~5d 内未遇雨，杂草发生较慢且发生较少，反之整地不好，播种后遇雨，杂草迅速萌生。

5.6.31　稻茬油菜田常见杂草有哪些

通过调查，稻茬油菜田杂草优势种群以看麦娘、牛毛草、狗牙根、棒头草、香附子等禾本科杂草为主。水稻多于 8 月中旬收获，收获后及时排水，于 9 月下旬耕耙种植油菜。杂草发生时间和发生数量与土壤墒情关系密切，如油菜种植时土壤水分相对较小，易精细整地，杂草大量萌生出现在油菜出苗 10~15d 后，如种植时土壤水分较大，不易精细整地，杂草萌生与油菜出苗同时发生，杂草数量大。

5.6.32　油菜田杂草消长规律是什么

油菜种植时间为 9 月中旬至 10 月上旬，杂草发生高峰一般在 10 月初至 11 月上旬，持续 40~45d。在此期间田间湿度大，杂草生长快，而油菜苗由于根系不发达，生长慢，是造成冬油菜草荒的主要时期，也是杂草对油菜的主要危害期。11 月中旬后，油菜苗逐渐长大，根系增多，生长加快，对杂草生长起到了一定的抑制作用，杂草生长减慢。进入 12 月，气温降至最低，油菜封行，杂草基本停止生长。来年 3 月下旬开始，大部分杂草陆续开花结实，在油菜收获前种子成熟脱落进入田间，成为下茬或下年的杂草种子。

5.6.33　杂草对油菜有哪些危害

油菜田杂草对油菜的危害主要在苗期，造成油菜弱苗、瘦苗、高脚苗，抽薹后分枝少，结荚少，结实率下降，严重的造成油菜苗烂根、死苗，使油菜田缺苗，最终严重减产。

5.6.34 如何防除旱茬油菜田杂草

应根据油菜田间杂草种群发生特点，选用相应的除草剂，在适当时间进行防除，尽量使防除效果达 90% 以上。注意选用除草剂时，必须严格按照除草剂性质特点和使用剂量施用，特别是播后苗前和苗后除草剂的选用要做到安全有效，对新采用的除草剂要通过多点试验后再推广使用。

(1) 在前茬收获后采用灭生性除草剂(药剂百草枯) 及时对田块中存在的杂草进行处理。可用 20% 百草枯水剂 1800～2000 mL/hm², 兑水 450 kg/hm² 喷雾，处理效果达 98% 以上。

(2) 在播种当天下午采用丁草胺对播种田块进行处理。使用方法：60% 丁草胺水剂 2000～2250 mL/hm² 兑水 675 kg/hm² 喷雾，40d 后对杂草的综合密度防效可达 85%～88%。该处理方法成本低，效果理想，若当地油菜播种期湿度大，种子发芽快，要特别注意用药剂量和用药时间，用药时间最好在播种当日，不能超过次日。

(3) 在油菜苗 4～5 叶、杂草 2～3 叶时，采用草除灵或草除精喹禾灵处理。使用方法：50% 草除灵悬浮剂 450～550mL/hm², 或 17.5% 草除精喹禾灵 750～900mL/hm², 兑水 450kg/hm² 喷雾，30 d 后对杂草的综合密度防效可达 92%。

5.6.35 如何防除稻茬油菜田杂草

稻茬油菜田杂草防除依据杂草存在和发生规律，主要采用播后苗前、苗后防除 2 种方式。

(1) 在播种当天或次日采用异丙草胺或丁草胺处理。使用方法：72% 异丙草胺 2250～2500 mL/hm², 或 60% 丁草胺水剂 2000～2250 mL/hm², 兑水 675 kg/hm² 喷雾。

(2) 在油菜苗 4～5 叶、杂草 2～3 叶时采用精喹禾灵、草除精喹禾灵处理。使用方法：10.8% 精喹禾灵水剂 750～900 mL/hm², 或 17.5% 草除精喹禾灵 750～900 mL/hm², 兑水 450kg/hm² 喷雾，30 d 后对杂草的综合密度防效可达 96%。

5.7 油菜收获技术及加工

5.7.1 油菜成熟过程的特点

油菜整株角果的成熟过程与其花芽分化的顺序是一致的，即先主序后分枝。主花序角果的成熟顺序是下部先成熟，然后中部和上部依次成熟。一次分枝上的角果成熟过程和顺序与主花序的一致。

由于油菜籽具有先开花，先成熟；后开花，后成熟，角果成熟参差不齐的特性，给油菜的收获带来了困难。因此，科学确定油菜籽的适宜收获时期是丰产的关键。

5.7.2　如何正确判断油菜收获期

(1) 根据油菜外部长相、角果色泽确定收获期。有些油菜种植经验丰富的群众以油菜的外部长相、色泽作为判断油菜适宜收获期的标准，如"角果枇杷黄，收割正相当"。此时大田植株约 2/3 的角果呈现黄绿色至淡黄色，主花序基部角果开始转现枇杷黄色；分枝上还有 1/3 的黄绿色角果，并富有光泽，只有分枝上部尚有部分绿色角果，故称"半黄半青"期；大多数角果内种皮已由淡绿色转现黄白色，颗粒肥大饱满，种子表现出本品种固有光泽；主茎和分枝叶片几乎全部干枯脱落，茎秆也变为黄色。

(2) 根据种子色泽变化确定收获期。种子色泽的变化也可以作为确定收获期的尺度。即摘取主轴和上、中部一次分枝的角果共 10 个，剥开观察籽粒色泽，若褐色粒、半褐半红色粒各半，则为适宜的收获期。由于种植密度不同，分枝数量多少也不相同。在确定油菜的适宜收获期时，各部位摘取角果数的比例也不应相同。密度为 1 万株/亩时，摘取主轴、上、中部分枝的角果比例为 3∶3∶4；若密度为 1.5 万~2 万株/亩时，摘取角果的比例应为 4∶4∶2；当密度超过 2.5 万株/亩以上时，其比例为 5∶4∶1。实践证明，采用这种不同比例的取角方法确定收获期，具有一定的准确性。

5.7.3　传统油菜收获方法的流程有哪些

(1) 收割。油菜收获均应在早晨带露水收割，以防主轴和上部分枝角果裂角落粒。收获过程力争做到"四轻"(轻割、轻放、轻捆、轻运)，力求在每个环节上把损失降到最低限度。油菜收割时，边收，边捆，边拉，边堆，不宜在田间堆放、晾晒，以防裂角落粒。

(2) 堆垛与成熟。由于油菜在八成熟时收获，为促进部分未完全成熟的角果后熟，应将收获后的油菜及时堆垛后熟。若直接散放田间晾晒，角果皮将会迅速失水变干，茎秆和角果皮中的营养物质不能再向籽粒运输，角果秕粒增多，降低产量和品质。据调查，八成熟的油菜收获后，直接晾晒的比堆垛后熟的产量低 4.9%~6.3%，含油量低 1.3%~2.1%。堆垛的垛形有圆柱形、方形等，无论选择哪种垛形，都要选择在地势较高、不积水的地方。为避免垛下积水，应在垛下垫已捆好的角果向上的油菜捆或废木料等，以利排水、防潮和防止菜籽霉变。为了便于油菜茎秆和角果中的养分继续向种子运输，堆放油菜时，应把角果放在垛内，茎秆朝垛外，以利后熟。

(3) 脱粒。经过堆放 4~6d 的油菜，角果经果胶酶分解，角果皮裂开，菜籽已与角果皮脱离。这时，可选择晴朗的天气，抓紧时间摊晒、碾打、脱粒、扬净，当菜籽水分降到 8%~9%时即可入库。

5.7.4　油菜联合收获的技术要领有哪些

用联合收割机收获油菜，其中很重要的一点是掌握好油菜的收获时间。过早收获，油菜成熟过度，作业中拔禾轮的割台推运器的转动会将油菜荚碰落，造成浪费。因此，必须掌握好油菜的收获时间。试验结果表明,在油菜上部果荚能用手搓开、下部果荚气温高时一碰即落的情况下收获最好。成熟不一致的田块,在有 50%的果荚气温高时可碰落、青果荚不超过 35%~50%的情况下收获最佳。另外,油菜的最佳收获时刻是早、晚或阴天。在成熟后期,应尽量避开中午气温高时收割。

1. 对联合收割机的要求

(1)要求收割机的技术性能好,各连接、输送部位要求封闭严密,工作中不允许有漏粮现象发生。

(2)收获时机车的行驶速度不能过快,只能采用中、低挡工作。

(3)拔禾轮的转速要调到最低,以减少对油菜的撞击次数;前后位置要调到最后,并根据油菜的长势和倒伏情况合理调整其高低位置。如安装有弹齿板应去掉,以减少对油菜的撞击。

(4)根据油菜的成熟情况和脱粒效果合理调整滚筒转速和凹板间隙,成熟较好或高温天气可降低转速和调大间隙,在保证脱净率的前提下减少菜籽的破碎率。

(5)根据机车工作效率和损失情况合理调整风量,茎秆潮湿时风量应调大,干燥时应适当调小。其风向应调至清选筛的中前方。

(6)清选上筛、尾筛开度应适当调大,使部分未脱净的青荚进入杂余升运器进行再次脱粒。下筛的开度应调小或换用细孔筛。

(7)机车的各项调整应以收获时的损失情况为依据。

2. 对农艺的要求

(1)各农业单位应根据自己的机械力量合理安排油菜的种植面积。

(2)为了解决作物成熟时间集中而机械力量不足的问题,部分油菜可提前人工割倒,横排铺放或放成一定宽度的禾铺,经 2~3d 晾晒后用收割机捡拾脱粒。用这种方法可提前7~10d 收获。

(3)为了便于机收,油菜种植厢面宽度应与割台宽度相适应,且田头应有两厢宽的横厢,作为机车的转弯地带。

(4)在机收的前 7~10d,应按厢沟将油菜分好厢,以减少机收时分禾器对油菜的撞击损失。

(5)在油菜的种植时间和品种上应合理安排,并注重肥水管理。同一田块力求成熟度一致,大批种植的成熟季节应拉开一定距离。

(6)在油菜的生长后期,可采用化学药品喷雾催熟的办法使油菜成熟一致,以减少收获时青黄不一而造成的浪费。

油菜的收获季节性相当强,在高温天气下仅有一周左右的时间。因此,一旦油菜达到可机收的程度,必须日夜抢收。只要掌握好油菜的收获时间,配合机车的正确调整,机收损失率可控制在 2%以内。

5.7.5　油菜分段收获的技术要领有哪些

油菜分段收获由机械割晒和机械捡拾脱粒两次作业完成。分段收获与直接收获相比，具有收割早、适收期长、对作物适应性强、收获损失小、籽粒破碎少、籽粒含水量低、便于贮藏的优点。特别是我国南方的移栽油菜由于株型大、分枝多、角果易开裂，联合收获损失率高而且不易控制，不同田块、品种、成熟度、株型等都对收获损失率有重要影响。而采用分段收获技术能有效避免上述因素的影响，对作物状态适应性强，既可以满足直播油菜也可满足移栽油菜的收获要求，既可适应南方越冬油菜又可适应北方春油菜的收获要求，收获期延长，有利于提高单机作业量，并且能够将收获损失率控制在较低水平(6%以下)。

增产增效情况：油菜分段收获比人工收获的菜籽损失率低 40% 以上，作业效率提高 10 倍以上，节省生产成本 50% 以上。

技术要点：应选择适于收获的时机，及时收获，降低损失率，提高收获的机械化效益。

(1)收获期的选择。油菜分段收获的最适时期是在全株有 70%～80% 的角果呈黄绿至淡黄色，籽粒由绿色转为红褐色时，先用割晒机把油菜割倒铺放，待晾晒 3～7d 后，选择早晚或阴天，避开中午气温高时进行捡拾脱粒，完成收获过程。

(2)合理调整机具。根据油菜株型和倒伏情况，调整割晒机割刀与拨禾轮的相对位置及拨禾轮转速(适宜转速 19～23r/min)；速度不能过快，只能选择中、低挡速度工作。

(3)捡拾脱粒机。根据收获田块的平整程度调节捡拾器仿形移动量，并固定其位置。根据油菜晾晒的成熟度、脱粒效果、清选和损失情况，合理调整滚筒转速、凹板间隙及风机进风量。

5.7.6　油菜化学催熟的方法有哪些

随着农业产业结构的调整，油菜种植面积逐步扩大，同时油菜收获机械化探索也应运而生，但由于油菜固有的特性而使油菜机械收获作业效率较低。油菜为十字花科，芸薹属，总状无限花序，着生于主茎或分枝顶端，具有无限开花结角的习性，因此油菜主茎及各分枝的角果成熟时间相差较大。生产上通过在油菜正常成熟前喷施化学催熟剂，促使油菜角果一致成熟，为油菜规模种植奠定了较好的基础。常见的化学催熟剂有敌草快催枯、农达、CEPA、ABA 等。

敌草快催枯效果显著，但对油菜的产量影响较大，因此，建议在油菜正常成熟前 5～6d 使用。农达药效反应较慢，因此建议在油菜正常成熟前 10d 使用。农达对环境安全，在土壤中无残效作用，不影响下茬作物生长，建议在生产上可采用 0.5%农达+0.15%ABA 处理，或者低浓度的敌草快+0.5%CEPA，在油菜成熟期喷施，实施机械化收获的效果较好。

5.7.7　油菜籽的储藏特性是什么

油菜籽最显著的特点是粒小、皮薄，与空气接触面积大，很容易吸收潮气。油菜籽收获前后正值梅雨季节，不易干燥，入库水分高，如处理不及时，很快就会发热霉变并发芽。

1. 影响出油率

在高温季节，水分过高时，油菜籽可在一夜之间全部霉变。油菜籽发热霉变后，对出油率的影响具体如下。

(1)擦去籽粒表面的白霉点，皮色正常或变白但肉色保持淡黄色的，不影响出油率。

(2)皮色变白，肉质变红，有酸味的，出油率下降。

(3)结块，有酒味的，严重影响出油率。

(4)皮壳破烂，肉质呈白粉状的，不出油。

2. 影响油品品质

储藏时，若油菜籽自身呼吸作用在料堆中产生的热和水分不能迅速除去，会加剧油菜籽中真菌的生长，产生结块，引发霉变，导致油脂的酸值和过氧化值升高，油品颜色变暗，质量等级下降。

5.7.8　油菜籽的储藏技术要点有哪些

1. 及时收获，充分干燥，摊凉入仓

收获后，抓紧晾晒，降低油菜籽水分含量。遇晴天，待晒场晒热后，再晒油菜籽，晒时薄摊勤翻，将晒后的油菜籽摊凉之后入仓。入库前必须对空仓进行消毒、杀虫，做好仓库维护工作。要保证入仓油菜籽质量，尽量减少杂质。

2. 清除杂质

油菜籽的发热与含杂质高有一定关系，在入库前应进行 1 次风选，清除杂质，增强储藏期间的稳定性。此外，对油菜籽的水分和发芽率进行 1 次检验，以掌握油菜籽入库前的情况。

3. 严格控制入库水分

油菜籽入库的水分标准应根据当地气候特点和储藏条件来决定。就大多数地区一般储藏条件而言，油菜籽水分应控制在 9%～10%，可保证安全，但如果当地高温多湿以及仓库条件较差，最好能将水分控制在 8%～9%。夏天空气相对湿度在 50%以下时，油菜籽水分应降到 8%以下；若空气相对湿度在 85%以上，种子会很快吸湿潮解，含水量上升到 10%以上。因此，阴雨天不宜入库。我国冬油菜产区油菜收获脱粒后恰遇夏季高温高湿时期，油菜籽的含水量容易升高，含水量常在 20%以上，高的可达 50%左右，若含水量超过 12%，就很容易在短期内发热霉变。在这种情况下，可采取以下措施：用塑料薄膜密封加磷化铝熏蒸，即将湿油菜籽用塑料薄膜严密覆盖，四周用泥土压实封紧，不能透气，然后投入磷化铝 3～4 片/m³。这是应急措施，保存时间不能超过 1 周，应待机晾晒，防止继续发热。在启封时严禁人员进入薄膜内，以免因膜内充满的二氧化碳引起窒息。

4. 低温储藏

储藏期间除必须控制水分外，种温也是一个重要因素，必须按季节严加控制，在夏季一般不宜超过 30℃，春秋季不宜超过 15℃，冬季不宜超过 8℃，种温与仓温相差如超过 5℃就应采取通风降温措施。刚经烈日晒过的油菜籽大量入库，由于库房密封条件好，空间又小，立即关闭仓门后种温将高于仓内气温，温差较大，由种子散发的热蒸汽遇冷后易在种堆表面形成雾滴，使种堆局部积聚水露，发热变质，所以热种子入库后要待种子冷却后再关闭仓门。种子冷却一般可结合风选，既能充分降温散湿，同时还可清除尘埃杂质和病菌等，增强储藏的稳定性。

5. 合理堆放

由于大的储仓易造成温度升高和湿度转移，因此油菜籽应储存在较小的、便于处理的仓库内。油菜籽体积小和随意流动的特性决定了要有高质量的储存仓以避免泄漏，屋顶和门的开口、建筑结构的结合点甚至小漏洞都要封严以避免损失。木制仓库易导致种子泄漏，也易使种子遭受潮气和害虫为害。铁制仓库几乎不需维护，可以很容易密封，以抵挡害虫和天气影响。

油菜籽入库时必须按水分含量高低、品质好坏分别堆放。存放方式有袋装存放和散装存放。散装存放在北方应用较多，袋装存放在南方使用较多。

散装种子堆放的高度应随种子水分含量的高低而增减，种子水分含量在 7%～9% 时，堆高 1.5～2m；水分含量在 9%～10% 时，堆高 1～1.5m；水分含量在 10%～12% 时，堆高在 1m 左右；水分含量超过 12% 时，应晾干后再进仓。散装的种子表面尽量耙成波浪形，加大种子与空气的接触面，有利于堆内湿热的散发。

袋装存放的原则是根据油菜籽水分含量的高低确定堆放的包数。一般来说，水分含量在 8% 以下的油菜籽，可堆成 10 包高；水分含量在 8%～9% 的油菜籽，可堆 8～9 包高；水分含量在 9%～11% 的油菜籽，可堆成 6～7 包高；水分含量在 11% 以上的油菜籽，最多只能堆放 5 包；水分含量超过 12% 时，不宜存放，应及时晾晒，满足水分条件后再行入库。

6. 及时查看

油菜种子吸湿性强，干燥种子接触地面和墙壁，容易引起发热霉烂。因此，堆垛下面要铺垫芦草、木板、小圆木等物，防止地下湿气上升。堆垛与墙壁之间至少相距 50cm 以上。

5.7.9 油菜籽如何加工

油菜籽经榨制得到透明或半透明状、色泽金黄或棕黄的液体，即通常所称的菜籽油，俗称菜油。菜油是我国主要的食用油之一，也是世界上第三大植物油，与豆油、葵花籽油、棕榈油一起，并列为世界四大油脂。

油菜籽加工成菜油一般有两种方法：压榨法和浸出法。压榨法是用物理压榨方式；浸出法是根据化学原理，用食用级溶剂取油的方式。浸出制油工艺是目前国际上公认的最先进的生产工艺。

　　油菜籽经过清理、破碎、软化、轧胚、蒸炒等流程后，用压榨法或浸出法制得毛油。毛油不能直接食用。菜油加工时，一般先压榨取油，然后将压榨后的饼粕通过浸出再取油。油菜籽毛油经脱胶、脱脂、脱杂和脱水后，成为可以食用的四级成品菜油。四级菜油再经脱酸、脱臭、脱色等精炼后，成为精炼油。一般企业加工的精炼油主要是一级油，一级油主要通过小包装的形式在市场上销售。少数企业的精炼油达不到一级标准，成为二级和三级菜油，二、三级菜油在现货市场上数量很少。

5.7.10　菜籽油如何划分等级

　　根据国家标准《菜籽油》（GB/T 1536—2004），按照其精炼程度，菜籽油可分为四个等级，依次从较低的四级到一级，级别越高，其精炼程度越高。不同级别的菜籽油各项成分和质量的限定值不同，在用途上也有所区别（表 5.1）。

　　一级油和二级油的精炼程度较高，经过了脱胶、脱酸、脱色等过程，具有无味、色浅、烟点高、炒菜油烟少、低温下不易凝固等特点。精炼后，一、二级油有害成分的含量较低，如菜籽油中的芥子甙等可被脱去，但同时也流失了很多营养成分。

　　三级油和四级油的精炼程度较低，只经过了简单脱胶、脱酸等程序。其色泽较深，烟点较低，在烹调过程中油烟大。由于精炼程度低，三、四级食用油中杂质的含量较高，但同时也保留了部分营养成分。

　　无论是一级油还是四级油，只要其符合国家卫生标准，就不会对人体健康产生任何危害，消费者可以放心选用。一、二级油的纯度较高，杂质含量少，可用于较高温度的烹调，如炒菜等，但不适合长时间煎炸；三、四级油不适合高温加热，但可用于做汤和炖菜，或用来调馅等。消费者可根据自己的烹调需要和喜好进行选择。

表 5.1　压榨成品菜籽油、浸出成品菜籽油质量指标

项目		质量指标			
		一级	二级	三级	四级
色泽	罗维朋比色槽 25.4mm	—	—	黄≤35 红≤4.0	黄≤35 红≤7.0
	罗维朋比色槽 133.4mm	黄≤20 红≤2.0	黄≤35 红≤4.0	—	—
气味滋味		无气味、口感好	气味、口感良好	具有菜籽油固有的气味和滋味，无异味	具有菜籽油固有的气味和滋味，无异味
透明度		澄清、透明	澄清、透明	—	—
水分及挥发物/%		≤0.05	≤0.05	≤0.1	≤0.2
不溶性杂质/%		≤0.05	≤0.05	≤0.05	≤0.05
酸值(KOH)/(mg/g)		≤0.2	≤0.3	≤1	≤3
过氧化值/(mmol/kg)		≤5	≤5	≤6	≤6

续表

项 目		质 量 指 标			
		一级	二级	三级	四级
加热试验(280℃)		—	—	无析出物,罗维朋比色黄色值不变,红色值增加小于0.4	微量析出物,罗维朋比色,黄色值不变,红色值增加小于4.0,蓝色值增加小于0.5
含皂量/%		—	—	0.03	—
烟点/℃		≥215	≥205	—	—
冷冻试验(0℃储藏 5.5h)		澄清 透明	—	—	—
溶剂残留量 /(mg/kg)	浸出油	不得检出	不得检出	≤50	≤50
	压榨油	不得检出	不得检出	不得检出	不得检出

注:①划有"—"者不做检测。压榨油和一、二级浸出油的溶剂残留量检出值小于 10mg/kg 时视为未检出。②黑体部分指标强制。

5.7.11 油菜饼粕如何加以利用

(1)饲料蛋白质原料。榨油后的菜籽饼,其蛋白质含量高达 38%~43%,营养价值与大豆饼相近,是良好的精饲料。现在推广的双低油菜,其榨油后的菜籽饼中硫苷含量低,增加了动物的适口性,同时也降低了硫苷对动物的毒害作用。菜籽饼中含有 20%可消化蛋白,其效率比值、净利用率和生物效价均高于大豆饼;蛋白质中赖氨酸含量近于大豆饼,而蛋氨酸和胱氨酸含量均高于大豆饼;与大豆饼相比,菜籽饼中含有较多的脂肪、维生素 E 和各种微量元素。因此菜籽饼常常用来作家畜、家禽饲料的添加成分。大豆饼中因含有胰蛋白酶,不加热除去活性的情况下,幼崽动物食用后容易出现拉稀症状。双低油菜籽饼粕因硫苷含量低,可以作为很好的动物饲料的蛋白质来源。

(2)粮、经、果肥料。菜籽饼有机质含量为 80%左右,养分齐全,含氮 4.6%、磷 2.5%、钾 1.4%,而且肥效持久。菜籽饼(粕)作肥料应充分发酵沤熟后才能施用,否则易招致蝇虫危害作物根系,导致死苗。油菜籽饼也被认为是有机肥料的一种,而且无毒副作用,在蔬菜、水果、粮食作物的无公害、绿色食品、有机食品的生产中被广泛利用。

(3)油菜籽饼制作酱油。油菜籽饼制作酱油,是利用菜籽饼中的蛋白质资源,其主要原理是菜籽饼中的蛋白质经盐酸作用分解成各种氨基酸,而氨基酸经纯碱中和后又生成各种氨基酸钠盐,其中以谷氨酸钠盐最多,这种盐具有一定的滋味和香味。

主要参考文献

蔡鹏，2014. 地膜马铃薯田间管理技术要点[J]. 科学种养，（8）：13-14.

蔡仁祥，吴早贵，周建祥，等，2016. 中国马铃薯主食化——浙江省的发展对策[J]. 基因组学与应用生物学，35（2）：467-471.

曹冬梅，方继友，曹丕元，2013. 玉米密植条件下行端边际效应及其对产量结果真实性的影响[J].作物杂志，（2）:122-125.

曹建娜，2014. 有机稻生产过程中病虫草害防控技术[J]. 福建农业科技，（6）：43-44.

曹玲，2003. 美洲粮食作物的传入、传播及其影响研究[D]. 南京：南京农业大学.

曹志平，乔玉辉，2010. 有机农业[M]. 北京：化学工业出版社.

曾凡逵，许丹，刘刚，2015. 马铃薯营养综述[J]. 中国马铃薯，29（4）：233-243.

陈婵娟，陈将赞，丁灵伟，等，2015. 40%氯虫·噻虫嗪不同用量对单季稻前期控虫效果试验[J]. 中国稻米，21（5）：91-93.

陈春燕，刘强，蔡臣，等，2016. 四川省马铃薯生产态势及比较优势分析[J]. 山西农业科学，44（1）：80-84.

陈洪春，2016. 马铃薯灌溉技术[J]. 农业开发与装备，（4）：118.

陈金宏，邵耕耘，杨呈芹，等，2009. 水稻赤枯病的发生与防控[J]. 现代农业科技，（24）：181-181.

陈仕高，李克阳，田文华，2016. 病虫害重发地区的有机稻生产技术探讨[J]. 基层农技推广，4（12）：76-78.

陈小菁，2015. "小土豆"牵动大战略——三问马铃薯主粮化战略[J]. 农村·农业·农民（A版），（2）：14-16.

陈新标，毛豪仁，段红霞，2018. 浅析优质水稻无公害栽培技术[J]. 种子科技，（7）：51+54.

陈新宏，赵继新，武军，等，2008. 超高产小麦新品种小偃216的选育及其配套栽培技术研究[J]. 农业科技通讯，（7）：141-143.

陈修宏，2018. 直播水稻田间除草技术[J]. 现代农业科技，（7）：143.

陈长海，许春林，毕春辉，等，2012. 水稻插秧机侧深施肥技术及装置的研究[J]. 黑龙江八一农垦大学学报，24（6）：10-12.

崔杏春，李武高，2016. 马铃薯良种繁育与高效栽培技术[M]. 北京：化学工业出版社.

邓春凌，2010. 马铃薯块茎休眠极其打破的方法[J]. 中国马铃薯，24（3）：151-152.

房红芸，郭齐雅，于冬梅，等，2016. 2010～2012年中国居民马铃薯及其相关产品消费现状[J]. 卫生研究，45（4）：538-541.

高聚林，刘克礼，张永平，等，2003. 春小麦磷素吸收、积累与分配规律的研究[J].麦类作物学报，23（3）：113-118.

高玉莲，2010. 浅谈春玉米适时早播增产原因及注意问题[J].种子科技，28（12）:45-46.

郭靖，章家恩，2015. 福寿螺的生物防治现状、问题与对策[J]. 生态学杂志，34（10）：2943-2950.

郭星，杨伟囡，赵欢，2013. 小麦栽培技术研究[J]. 北京农业，（9）：4-5.

国家质量监督检验检疫总局，2004. GB/T 1536—2004，菜籽油[S]. 北京：中国标准出版社.

何容信，刘长海，李宝刚，2008. 水稻种植业中的清洁生产技术[J]. 现代农业科技，（23）：250-250.

胡时友，刘凯，马朝红，等，2016. 中微量元素肥料配合施用对水稻生长和产量的影响[J]. 湖北农业科学，55（20）：5196-5198.

华淑英，2016. 水稻无公害优质高产栽培技术集成研究示范与推广[J]. 农业与技术，36（12）：76.

淮贺举，陆洲，秦向阳，等，2013. 种植密度对小麦产量和群体质量影响的研究进展[J]. 中国农学通报，29（9）：1-4.

惠贤，郭忠富，海小东，等，2015. 玉米高产栽培新技术[M]. 北京：中国农业科学技术出版社.

贾倩，胡敏，张洋洋，等，2015. 钾硅肥施用对水稻吸收铅、镉的影响[J]. 农业环境科学学报，34（12）：2245-2251.

蒋天琦，2016. 不同灌水方法与施氮量对水稻养分吸收及产量的影响[D]. 大庆：黑龙江八一农垦大学.

颉敏华，李梅，冯毓琴，2007. 马铃薯贮藏保鲜原理与技术[J]. 农产品加工(学刊)，(8)：47-50.

巨晓棠，刘学军，邹国元，等，2002. 冬小麦／夏玉米轮作体系中氮素的损失途径分析[J]. 中国农业科学，35(12)：1493-1499.

孔午圆，郑华斌，刘建霞，等，2014. 水稻机插秧及育秧技术研究进展[J]. 作物研究，(6)：766-770.

黎鹏，2015. 马铃薯机械化种植技术[J]. 农业开发与装备，(4)：95.

李昌华，曾可，韦善清，等，2011. 不同耕作方式下水分管理对水稻水分利用的影响[J]. 作物杂志，(4)：81-84.

李翠新，陈强，2008. 食用菌栽培废料的再利用[J]. 中国食用菌，(4)：6-7.

李华鹏，2016. 成都平原马铃薯机械化生产中存在的问题及解决建议[J]. 四川农业科技，(1)：55-56.

李继玲，王英日，2013. 几种叶面肥在水稻上的应用比较试验[J]. 农学学报，3(8)：29-31.

李晶，任建飞，2006. 稻茬免耕小麦栽培及病虫草防治技术[J]. 植物医生，(4)：39-40.

李竞生，王学贵，代海霞，等，2008. 几种杀菌剂对水稻稻曲病的防治研究[J]. 现代农药，7(3)：52-54.

李瑞，卢钰升，徐培智，2015. 浅谈水稻免耕抛秧栽培技术的研究进展[J]. 中国农学通报，31(3)：1-6.

李瑞德，2018. 小麦虫害防治技术[J]. 河北农业，(1)：36-37.

李少昆，2010. 玉米抗逆减灾栽培[M]. 北京：金盾出版社.

李世娟，周殿玺，兰林旺，2002. 不同水分和氮肥水平对冬小麦吸收肥料氮的影响[J]. 核农学报，16(5)：315-319.

李婷婷，胡钧铭，韦彩会，等，2016. 水稻叶片营养吸收机制及专用叶面肥发展趋势[J]. 江苏农业科学，44(12)：12-16.

李晓欣，胡春胜，程一松，2003. 不同施肥处理对作物产量及土壤中硝态氮累积的影响[J]. 干旱地区农业研究，(3)：38-42.

李燕山，隋启君，2009. 马铃薯褐斑病的研究进展[J]. 中国马铃薯，23(2)：102-105.

李玉翠，2017. 高产小麦栽培技术与实施要点之研究[J]. 农业与技术，37(12)：101.

梁南山，郑顺林，卢学兰，2011. 四川省马铃薯种植模式的创新与应用[J]. 农业科技通讯，(3)：120-121.

林亚玲，杨炳南，杨延辰，2012. 马铃薯加工现状与展望[J]. 农业工程技术(农产品加工业)，(11)：18-21.

刘红芳，宋阿琳，范分良，等，2016. 施硅对水稻白叶枯病抗性及叶片抗氧化酶活性的影响[J]. 植物营养与肥料学报，22(3)：768-775.

刘纪麟，2002. 玉米育种学[M]. 北京：中国农业出版社.

刘巧，杨淞，赵柳兰，等，2014. 四川地区外来生物福寿螺的繁殖力[J]. 生态学杂志，33(4)：1042-1046.

龙国，王锦，梅艳，等，2009. 马铃薯整薯播种在生产上的应用效果及产量形成因素分析[J]. 安徽农业科学，37(28)：3541-3544+3661.

鲁剑巍，李荣，2010. 玉米常见缺素症状图谱及矫正技术[M]. 北京：中国农业出版社.

马春红，赵霞，2014. 玉米简化栽培[M]. 北京：中国农业科学技术出版社.

马琨，张丽，杜茜，等，2010. 马铃薯连作栽培对土壤微生物群落的影响[J]. 水土保持学报，24(4)：229-233.

马树庆，刘玉英，王琪，2016. 玉米低温冷害动态评估和预测方法[J].应用生态学报，(10):1905-1910.

茅孝仁，史久浩，2011. 大球盖菇高效栽培技术[J]. 上海农业科技，(2)：68-69.

孟祥立，邵俊良，王仁清，等，1996. 地下害虫发生动态及防治策略[J]. 河南农业，(10)：11.

莫钊文，潘圣刚，王在满，等，2013. 机械同步深施肥对水稻品质和养分吸收利用的影响[J].华中农业大学学报，32(5)：34-39.

倪四良，2008. 当前水稻施肥中存在的问题及解决对策[J]. 作物研究，22(2)：124-126.

牛新印，都法安，孙冰洁，2003. 超高产小麦新品种新原958的选育及栽培技术[J]. 河南农业，(9)：33.

农业部优质农产品开发服务中心，2016. 马铃薯优质高产高效生产关键技术[M]. 北京：中国农业科学技术出版社.

庞淑敏，方贯娜，李建欣，等，2016. 提高马铃薯商品性栽培技术问答[M]. 北京：金盾出版社.

齐连芬，宋聚红，张军，2012. 马铃薯常见生理病害形成原因及防止对策[J]. 中国园艺文摘，28(10)：144-145.

钱晓晴，沈其荣，徐勇，等，2003．不同水分管理方式下水稻的水分利用效率与产量[J]．应用生态学报，14（3）：399-404．

秦越，马琨，刘萍，2015．马铃薯连作栽培对土壤微生物多样性的影响[J]．中国生态农业学报，23（2）：225-232．

全刚，刘志，2017．有色稻研究现状[J]．种子，（4）：51-53．

全国农业技术推广服务中心，2017．玉米主要病虫害测报与防治手册[M]．北京：中国农业出版社．

饶玉春，郑婷婷，马伯军，等，2012．微量元素铁、锰、铜对水稻生长的影响及缺素防治[J]．中国稻米，18（4）：31-35．

任丹华，刘小谭，杨玖芳，2015．浅谈四川省马铃薯机械化生产现状与发展前景[J]．四川农业与农机，（2）：45-46．

任万军，杨万全，邓玲，等，2008．四川水稻机插旱育秧生长特点与配套技术初探[J]．农机化研究，（1）：138-141．

桑海旭，王井士，刘郁，等，2013．水稻纹枯病对水稻产量及米质的影响[J]．北方水稻，43（1）：10-13．

石洁，王振营，2010．玉米病虫害防治彩色图谱[M]．北京：中国农业出版社．

四川省农业厅植保站，2000．四川省小麦白粉病测报与防治技术研究报告[A]//小麦白粉病测报与防治技术研究[C]，40-43．

四川省统计局，2017．四川统计年鉴2016[M]．北京：中国统计出版社．

宋益民，刁亚梅，顾春燕，等，2012．10种杀菌剂防治水稻纹枯病的田间药效比较[J]．现代农药，11（2）：54-56．

孙宝国，2015．以科技创新实现马铃薯主食化[J]．农业工程技术，（2）：23．

孙浩燕，2015．施肥方式对水稻根系生长、养分吸收及土壤养分分布的影响[D]．武汉：华中农业大学．

孙慧生，仪美芹，2016．马铃薯生产技术百问百答[M]．北京：中国农业出版社．

孙永健，郑洪帧，徐徽，等，2014．机械旱直播方式促进水稻生长发育提高产量[J]．农业工程学报，30（20）：10-18．

唐涛，刘都才，刘雪源，等，2014．噻虫嗪种子处理防治水稻蓟马及其对秧苗生长的影响[J]．中国农学通报，30（16）：299-305．

滕淑霞，2008．马铃薯机械化技术及配套机具[EB/OL]．http://njj.zhangye.gov.cn/tgpx/kjxm/200803/71290.html，2008-3-11/2018-11-19．

田应雪，2016．小麦栽培技术及病虫害防治措施探讨[J]．农业与技术，36（20）：110．

童丹，2013．中国马铃薯加工及产业现状[J]．青海农林科技，（1）：40-43．

汪爱娟，王国荣，孙磊，等，2015．稻曲病防治药剂筛选及防控技术研究[J]．中国稻米，21（6）：45-51．

王迪轩，陈军燕，2013．玉米优质高产问答[M]．北京：化学工业出版社．

王贵生，2000．河北省小麦白粉病测报与防治技术研究报告[A]//小麦白粉病测报与防治技术研究[C]，13．

王品，魏星，张朝，等，2014．气候变暖背景下水稻低温冷害和高温热害的研究进展[J]．资源科学，36（11）：2316-2326．

王强，陈雷，张晓丽，等，2015．化学调控对水稻高温热害的缓解作用研究[J]．中国稻米，21（4）：80-82．

王西瑶，胡应锋，结子汪桂，2008．马铃薯贮藏与加工技术（续完）[J]．农业技术与装备，（1）：58．

王小萱，2015．我国将加大马铃薯主食产业化社会覆盖度[N]．中国食品报，2015-09-28．

王小萱，2016．中国马铃薯产业迎来黄金时代[N]．中国食品报，2016-02-29．

王银霞，王庆铎，2017．水稻缺素症状及补救措施[J]．农民致富之友，（14）：83．

王志high，谭济才，刘军，等，2009．福寿螺综合防治研究进展[J]．中国农学通报，25（12）：201-205．

位国建，荐世春，崔荣江，等，2017．水稻机插秧同步侧深施肥技术分析及试验[J]．农机化研究，39（9）：190-194．

魏玉光，赵丽琴，2007．水稻测土配方施肥效果探究[J]．黑龙江农业科学，（2）：37-39．

魏章焕，张庆，2015．马铃薯高效栽培与加工技术[M]．北京：中国农业出版社．

温小红，谢明杰，姜健，等，2013．水稻稻瘟病防治方法研究进展[J]．中国农学通报，29（3）：190-195．

吴国斌，2000．四川资中小麦白粉病测报与防治技术探讨[A]//小麦白粉病测报与防治技术研究[C]，3．

吴晓玲，任晓月，陈彦云，等，2012．贮藏温度对马铃薯营养物质含量及酶活性的影响[J]．江苏农业科学，40（5）：220-222．

吴志华，2013．浅析小麦高产优质的种植技术[J]．中国农业信息，（1）：56．

肖京辉，肖京华，2008. 春季要谨防麦田地下害虫——金针虫[J]. 河北农业科技，（6）：29.

肖文娜，2010. 化学催熟技术在油菜上的应用研究[D]. 合肥：安徽农业大学.

谢开云，何卫，曲纲，等，2011. 马铃薯贮藏技术[M]. 北京：金盾出版社.

熊明彪，雷孝章，等，2004. 长期施肥条件下小麦对钾素吸收利用的研究[J]. 麦类作物学报，（1）：51-54.

徐富贤，熊洪，张林，等，2015. 再生稻产量形成特点与关键调控技术研究进展[J]. 中国农业科学，48（9）：1702-1717.

徐丽华，2012. 水稻施肥技术[J]. 现代农业科技，587（21）：94-95.

徐祥龙，2014. 水稻侧深施肥插秧机应用技术总结[J]. 农业机械，（23）：104-107.

许佳莹，朱练峰，禹盛苗，等，2012. 硅肥对水稻产量及生理特性影响的研究进展[J]. 中国稻米，18（6）：18-22.

杨志珍，黄河，2003. 施用微量元素肥料对水稻产量与品质的影响[J]. 湖南农业科学，（1）：34-35.

姚英政，董玲，黎剑，等，2016. 冷榨与热榨工艺对双低菜籽油品质影响[J]. 粮食与油脂，29（3）：28-31.

由海霞，2005. 不同密度小麦群体的光合作用特性研究[J]. 中国农学通报，（4）：162-165.

于天峰，夏平，2005. 马铃薯淀粉特性及其利用研究[J]. 中国农学通报，（1）：55-58.

于天军，张殿军，张世龙，等，2005. 水稻控制灌溉谨防氮肥过多成害[J]. 黑龙江水利，（3）：41.

于振文,2013. 作物栽培学各论[M]. 北京：中国农业科学出版社.

玉兰，李静，2013. 马铃薯的储藏技术[J].现代农业，（2）：42-43.

詹金碧，江健，2017. 水稻赤枯病识别及施肥管理控制试验[J]. 农技服务，34（1）：78-79.

张斌，2017. 马铃薯栽培及病虫害绿色防控[M]. 北京：中国农业出版社.

张炳炎，2017. 马铃薯病虫害诊治图册[M]. 北京：机械工业出版社.

张帆，沈超，徐敬洪，等，2015. 成都平原水稻旱机直播技术研究[J]. 农业科技通讯，（12）：225-227.

张国庆，李平安，2003. 抗旱高产小麦新品种长6878栽培技术[J]. 种子科技，（6）：54.

张晗，于海艳，陈松，2016. 高产小麦栽培技术[J]. 中国农业信息，（13）：90.

张金萍，张建民，2016. 水稻白叶枯病防治技术[J]. 现代农村科技，（7）：26.

张晶，石扬娟，任洁，等，2014. 硅肥用量对水稻茎秆抗折力的影响研究[J]. 中国农学通报，30（3）：49-55.

张玉聚，孙化田，楚桂芬，2002. 除草剂安全使用与要害诊断原色图谱[M]. 北京：金盾出版社.

赵怀勇，何新春，张红菊，等，2009. 整薯播种对马铃薯生长发育及产量和品质的影响[J]. 甘肃农业大学学报，44（3）：53-57.

郑家国，杨文钰，池忠志，等，2010. 四川盆地稻田周年高产高效种植模式[J]. 四川农业科技，（5）：20-21.

郑甲成，刘婷，张百忍，等，2010. 几种微量元素作用及对水稻发育的影响[J]. 吉林农业大学学报，（s1）：5-8.

中国营养学会，2016. 中国居民膳食指南（2016）[M]. 北京：人民卫生出版社.

周俊杰，闫聚财，2017. 探究高产小麦栽培技术要点[J]. 农民致富之友，（24）：147.

周素萍，周成，柳春柱，2008. 我国马铃薯机械化生产技术研究[J]. 农业科技与装备，（3）：94-95+98.

周训谦，肖洁，张佩，等，2015. 贵州马铃薯机械化生产技术选择[J]. 贵州农业科学，43（3）：67-70.

朱大伟，张洪程，郭保卫，等，2015. 中国软米的发展及展望[J]. 扬州大学学报（农业与生命科学版），36（1）：47-52.

朱永川，熊洪，徐富贤，等，2013. 再生稻栽培技术的研究进展[J]. 中国农学通报，29（36）：1-8.

左青，张新雄，2010. 我国油菜籽种植和加工现状[J]. 中国油脂，35（5）：1-3.

彩色图版

1-1　水稻大田景观

1-2　油菜大田景观

2-1 水稻新品种-蓉 7 优 528（国审稻 20176015）

2-2 稻田养鸭

2-3　水稻机插秧

2-4　水稻机械化直播

3-1　小麦地套种大球盖菇技术

3-2　小麦地套种大球盖菇技术

4-1 玉米覆膜栽培

4-2 玉米授粉

4-3 玉米机械化收获

4-4 玉米机械化收获

5-1　彩色马铃薯品种蓉紫芋 5 号

5-2　雾培繁育脱毒马铃薯原原种结薯情况

5-3　马铃薯机械化播种

5-4　自走式喷杆机防治马铃薯病害

6-1　油菜机械化移栽

6-2　油菜机械化收获

6-3　油菜花期飞防

6-4　机收油菜成熟度